제3판

관광 현상에 대한 문화적 이해

문화관광론

Culture & Tourism

사단법인 **한국관광학회** 기획

조광익·심창섭·최석호·황희정·윤혜진·송화성

이윤정·김소혜·김형곤·서용석·정란수 공저

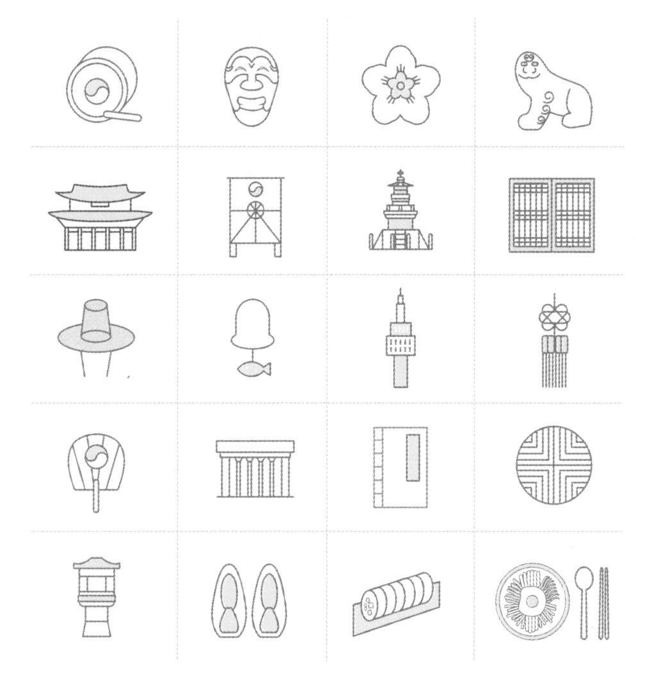

제3판 서문

『문화관광론: 관광 현상에 대한 문화적 이해』 개정판이 발간된 후 2년 만에 제3판을 발간한다. 그동안 『문화관광론』은 대학의 강의교재로서 나름의 호평을 받은 것으로 듣고 있다. 올해 1월 초에 백산출판사로부터 『문화관광론』 추가 인쇄 요청을 받은 이후, 지난 개정판의 3쇄본을 발간하는 것보다는 개정 작업을 통해 조금이나마 수정 보완하는 것이 좋겠다고 생각했다. 그동안 강의교재로 사용하면서 눈에 띄었던 결함을 지나치고 싶지 않았기 때문이다. 그리하여 시간이 넉넉하지 않았음에도 불구하고 『문화관광론』 개정 작업을 시작하게 되었다. 다만, 이번 개정은 필자들의 여러 사정과 시간의 촉박함 등으로 인해 지난 개정판을 수정 보완하는 데 주안점을 두었다. 본격적인 개정 작업을 시작하기에는 물리적, 심리적으로 시간이 많지 않다는 점이 가장 크게 작용했다. 2024년 봄 학기 시작이 얼마 남지 않은 시점이었으니. 이로 인해 지난 개정판에서 약속했던 보완 작업은 이번 개정에서는 이루어지지 못했고, 아쉽지만 다음을 기약할 수밖에 없게 되었다.

이번 개정을 통해 새롭게 추가된 주제나 장(章)은 없지만, 일부 장의 제목이 수정되고, 몇몇 필자들의 가필과 수정을 통해 상당히 많은 보완이 이루어진 장이 여럿이다. 특히 이번 개정에서는 단행본으로서 『문화관광론』의 형식적 통일성을 높이고 완결성을 제고하려고 하였다. 이를 위해 각 장의 구성에서 참고문헌 작성에 이르기까지 형식적인 통일을 위해 노력

했다. 또 거의 모든 장에서 윤문을 통해 오탈자 등을 수정하고 문맥을 다듬어 가독성을 높이고자 하였다. 특히 5장과 7장, 11장 등 일부 장에서는 통계자료 업데이트와 함께 관련 내용 기술이 보완되거나, 새로운 내용 기술이 추가되었다. 예컨대 코로나 팬데믹이나 메타버스 등 신기술 등장과 같은 거시 환경 변화에 대한 기술이 덧붙여진 장이 있다. 이러한 작업을 통해 『문화관광론』이 조금이나마 관광학 강의교재로서의 면모가 일신되었다고 생각된다. 이번 제3판에서 보완되지 못한 부분은 기회 되는 대로 전면적인 개정을 통해 보완할 것임을 약속드린다.

관광학 분야의 표준적인 강의교재를 지향하는 『문화관광론: 관광 현상에 대한 문화적 이해』의 개정 작업은 앞으로도 계속될 계획이다. 이러한 개정은 일종의 생명체로서 『문화관광론』의 '지속'이라고 유비적으로 표현될 수 있다. 지속(duree)은 프랑스의 현대 철학자인 베르그손(H. Bergson)의 개념이다. '지속의 철학자'라고 할 수 있는 베르그손은 과학의 시간, 시계의 시간과 대립하는 '지속'이라는 개념을 고안한다. 그는 세계가 지속의 형태로 존재하고, 지속이야말로 세계의 본질이라고 본다. 계속 변화하면서 자기를 유지하는 것이 사물의 본질이라는 것이다. 그의 지속 개념은 계속 변화되면서도 유지된다는 이중적인 의미를 가지고 있다. 사물의 불변하는 본질이 있는 것이 아니라 모든 것은 변화와 운동 속에 있음을 강조한다. 전통철학과 달리 베르그손은 인간의 사유능력 중 '직관'이 '지성'보다 우위에 있다고 주장하는데, 여기서 직관이란 감각 직관이 아니라 지속을 공감하는 것이다. "지속을 직관하라." 지속의 형태로 존재하는 세계를 파악하는 방법이 '직관'이다. 과학의 시간이 등질적이고 등가적이라면, 지속은 '두께가 있는 시간'이자, 체험되는 시간이며, 각각의 지속은 고유의 흐름을 가지고 있다. 지속을 알 수 있게 해주는 대표적인 사례가 바로 기억이다. 기억은 현재에서 과거까지를 모두 담고 있기 때문이다. 기억이

야말로 나의 연속성을 보장하는, 바로 나인 것이다. 생명의 본질 또한 지속이다. 이러한 지속의 기본적 특징은 '엘랑비탈'(élan vital), 즉 '생의 약동'이다. 엘랑비탈은 자기를 계속 극복하고 뛰어넘는 운동이자, 미래로 뻗어갈 수 있는 힘, '창조적 진화'를 의미한다. 『문화관광론』의 '창조적 진화'도 계속될 것이다.

끝으로, 연구와 강의 준비, 개인 업무 등 여러 바쁜 일정에도 불구하고 이번 개정판을 위해 원고를 수정 보완해준 필자들께 감사한다. 덕분에 짧은 기간이었지만, 10개 장에서 많은 수정 보완 작업이 이루어질 수 있었다. 특히 교정, 교열 등 지루하고 고된 작업에는 이번에도 가천대 심창섭 교수와 사행산업통합감독위원회 서용석 박사의 수고가 더해졌다. 두 분께 감사드린다. 또 언제나처럼 세심하게 편집 작업을 수행해준 백산출판사 관계자들께도 감사드린다.

2024. 2. 14.

필자들을 대표하여 조광익

(대구가톨릭대 관광학과 교수)

개정판 서문

'관광 현상에 대한 문화적 이해'라는 부제의 『문화관광론』 초판이 출간된 지 2년이 지났다. 『문화관광론』은 대학에서 "관광 교육의 내실화"를 목적으로 사단법인 한국관광학회에서 기획하여 출판되었고, 많은 대학에서 문화관광 관련 교과목의 교재로 활용되었다. 『문화관광론』의 출간을 위한 기획과 원고 집필 등에 필요한 시간이 짧아 초판에는 상당한 아쉬움이 있었음에도, 강의교재로서 좋은 평가를 받았다고 한다. 참으로 다행스럽고 고마운 일이 아닐 수 없다. 출판을 위한 준비기간이 짧은 데 주원인이 있었겠지만, 『문화관광론』 초판에는 몇 가지 한계가 있었다. 우선 필자 간의 의사소통의 제약으로 인해 중복되는 장(章)이 하나 있었고, 교과서나 교재를 지향하는 단행본임에도 형식적 측면에서의 일관성이나 통일성이 다소 미흡한 측면이 있었다. 또 각 장(章)의 논의 수준이나 내용이 균질적이지 않은 측면도 있었다.

무엇보다 『문화관광론』에서 전제하는 '문화' 및 '문화관광'의 층위가 전통적인 인류학적 시각에 많이 의존하고 문화관광 '현상'을 액면 그대로 받아들이는 경우가 많았다. 『문화관광론』에서는 문화관광을, 협의의 의미인 '문화적 대상에 초점을 맞춘 관광'(tourism of culture)도 아니고 광의의 의미인 '문화적으로 동기부여된 관광'(cultural tourism)도 아닌, '관광의 문화적 측면'(cultural aspects of tourism)으로 정의하고 있다. 이러한 입장에서 관광을 문화적 텍스트로 간주하고, 이론적 논의를 통해 문화관광의 의미를 보여주고자 하였다. 하지만 초판에서는 이러한 시각이 두드러지게 드러나지 못하였다. 겉으로 드러난 문화관광 현상에 주목한 나머지, 그러한 현상을 산출하고 지탱해주는 사회 현실에 대한 관심이 미흡하였다. 탈근대적인 문화현상의 하나로서 문화와 문화관광에 대한 이론적 탐구는 사회구조와 무관할 수 없을 것이다.

문화는 특정한 '생활양식'이기도 하지만 '의미생산 과정이자 실천'이기도 하다. 따라서 문화는 이데올로기나 계급 지배, 사회구조와 같은 폭넓은 문맥과 관련된다. 이러한 문화 이해를 토대로 문화관광에 대한 사회적, 역사적 의미를 분석하는 담론적 논의와 함께 탈근대 사회에서 문화관광 현상의 물질적, 이데올로기적 토대에 대한 이론적 논의가 필요하다. 이러한 논의를 통해 현대 사회에서 차지하는 문화관광의 의미가 드러날 수 있을 뿐 아니라 문화관광이 어떻게 사회적 질서와 지배 유지에 일조하는가 하는 측면이 드러날 수 있을 것이다. 탈근대 담론과 함께, '상부구조'로서의 문화와 문화관광에 대한 인식, '이데올로기적 장치'로서의 문화관광에 대한 논의, 헤게모니와 이데올로기적 접합으로서의 문화관광에 대한 논의가 필요하겠다. 이를 위해서는 우선적으로 문화관광의 담론분석, 문화관광과 제국주의('오리엔탈리즘'), 문화관광과 미디어, 페미니즘 등의 주제가 보완되어야 할 것이다. 하지만 초판에서는 이러한 비판 이론적 입장과 (후기) 구조주의적 시각에서의 문화관광에 대한 논의가 미완의 과제로 남았다.

이러한 한계에도 불구하고 예정된 시간에 쫓겨 『문화관광론』 초판을 부득이 출간하지 않을 수 없었다. 그런 만큼 개정판의 필요성은 컸으나, 2019년 말~2020년 초부터 시작된 뜻밖의 코로나19(COVID-19) 팬데믹과 출판사 사정 등 몇 가지 이유로 개정판의 출간 작업은 지연되었다. 다행히 지난 해부터 초판 출간에 참여한 필자들과 함께 『문화관광론』의 개정 작업을 시작하여 오늘에 이르렀다.

이번 개정판에서는 앞서의 한계가 어느 정도 보완된 측면도 있고, 또다시 미완으로 남겨진 경우도 있다. 이번 개정판의 변화를 짚어보면 다음과 같다. 첫째, 이번 개정을 통해 두 개의 장(章)이 새롭게 추가되었다. 하나는 문화관광의 관점에서 근대성과 탈근대성을 고찰한 부분(제2장)이고, 다른 하나는 그동안 주로 관광개발의 관점에서 논의되어온 '오버투어리즘'(overtourism) 현상을 문화관광의 맥락에서 고찰한 장(제6장)이 추가되었다. 특히 (문화)관광과 (탈)근대성을 논의하는 2장은 초판에서부터 계획되었으나 실리지 못하고 이번 개정을 통해 수록되게 되었다. 둘째, 이번 개정에서는 완결성을 높이기 위해 모든 장(章)이 초판을 토대로 수정 · 보완되었다. 작게는 단순한 오탈자의 수정에서부터 크게는 내용의 수정과 보완에 이르기까지 많은 변화가 이루어졌다. 각 장의 제목 또한 일관성이 있도록 간결하게 수정되었다. 이러한 수정 · 보완이 어려운 장은 다음 기회를 기약해야만 했다. 셋째, 단행본으로서의 형식적 통일성을 높이고자 하였다. 초판에서는 각 장(章)별 형식의 일관성이 다소 아쉬웠으나 물리적인 시간 제약으로 인해 수정되지 못하였다. 개정판에서는 각 장별 형식적 통일성을 높이고 일관성을 제고하기 위해 노력하였다. 넷째, 가독성을 높이고자 하였다. 이를 위해 학술논문식의 문체는 가급적 지양하려고 했고, 평이한 서술을 위해 노력하였다. 초판에서는 학술논문의 '이론적 배경'에서 많이 사용되는 스타일의 문장이 많았으나, 개정판에서는 최대한 이를 수정하여 쉽게 읽힐 수 있도록 하였다. 다섯째, 『문화관광론』의 일부 내용상의 중복을 수정하였다. 초판에서는 몇몇 장에서 내용적으로 일부 중복되는 부분이 있었으나, 개정판에서는 이를 수정하였다. 여섯째, 각 장별로 사례(case study)를 추가하려고 하였다. 특히 문화관광 현상을 기술한 2부에서는 사례를 통해 독자들의 내용 이해에 도움이 되고자 하였다. 이러한 많은 보완에도 불구하고 여전히 아쉬움이 남는다.

끝으로, 『문화관광론』 개정 작업에 도움을 주신 분들께 감사 인사를 드리고 싶다. 우선 강의와 연구 등 바쁜 학사 일정에도 불구하고 이번 개정판을 위해 원고를 수정·보완해준 필자들께 고마움을 전하고 싶다. 이번 개정 작업을 통해 많은 이들의 참여와 협력이 더 나은 결과를 가져온다는 평범한 사실을 다시 한번 확인하게 되었다. 특히 개정판 작업 전(全) 과정에서 수고를 아끼지 않은 가천대 심창섭 교수와 바쁜 일정에도 불구하고 몇몇 장의 원고를 읽고 의견을 제안해준 배화여대 윤혜진 교수, 한양대 김소혜 교수께 감사드린다. 이분들은 또한 교정·교열 등 따분하고 번거로운 막바지 출간 작업을 필자와 함께 했다. 그리고 개정판의 편집과정에서 필자들의 요청을 성실하게 수행해준 백산출판사 김호철 편집부장을 비롯한 관계자들께 감사드린다. 사단법인 한국관광학회의 기획과 회원들이 참여한 『문화관광론』 개정판이 강의와 연구에서는 물론 관광 실무 현장에서도 더 많이 읽히고 사용되었으면 하는 바람을 가져본다.

2022. 2. 15.
필자들을 대표하여 조광익
(사단법인 한국관광학회 부회장 겸 편집위원장, 대구가톨릭대 관광학과 교수)

초판 서문

문화는 관광의 조건이며, 동시에 그 산물이다:

한국 관광학의 규범화와 대학 관광 교육을 위한 『문화관광론』의 쓸모

대학에 정규 교육과정이 개설되고, 연구자 공동체인 학회의 설립을 학문의 '제도권으로의 진입'으로 이해한다면, 국내에서 관광학이 제도권 학문으로 인정을 받게 된 것은 반세기를 헤아린다. 우리 사회에서 4년제 대학에 관광 관련 학과가 개설된 것은 1964년이고, 관광 연구자 집단인 '한국관광학회'가 설립된 것은 1972년이다. 한국교육개발원의 교육통계에 따르면, 2018년 현재 대학에 개설된 관광 관련 학과는 107개에 이르고, 관광 관련 학회가 25개를 넘어섰을 정도로 한국의 관광학은 커다란 외형적인 성장을 이루었다. 하지만 이러한 외적 · 양적 성장에 걸맞은 학문 내적 성숙, 내실있는 학문적 발전이 뒷받침되었는지에 대한 질문에는 쉽게 답하기 어렵다.

국내 관광학 연구의 불균형과 편향은 많이 지적되어온 데 비해, 대학에서의 관광학 교육에 대한 관심과 논의는 상대적으로 미흡한 실정이다. 특히 제도권 학문으로서, 하나의 사회과학 분과 학문으로서 반세기의 학문적 위상에 걸맞은 교육이 이루어지고 있는지 의문이다. 대학에서 관광학의 교육과정 및 교육내용의 정립과 표준화, 교육의 평가와 환류에 이르는 관광학 교육 전반에 대한 관심과 논의가 필요한 시점이다. 가령 대학의 관광학 교육에 있어 어떠한 내용을 어느 수준까지, 어떻게 교육해야 하는지, 대학과 대학원에서의 관광학 교육내용과 교육방법 등은 어떻게 달라야 하는지, 전문대학에서의 교육내용과는 또 어떻게 차별화되어야 하는지 등 고등교육 과정으로서 관광학 교육에 대한 고민과 토론이 시급하다.

또 관광학 교육에 있어 이론을 강조할 것인지, 실용을 강조할 것인지, 혹은 이를 어느 정도 절충·병행하는 것이 적정한지, 이론 중심의 교육이라면 어떠한 이론을 어느 수준으로 교육해야 하는지 등, 고등교육으로서 관광학 교육에 대한 심도있는 논의가 필요하다. '실용학문'이라는 관광학의 특성을 감안하더라도, 사회과학 분과학문으로서의 이론 교육을 도외시할 수 없고, 실천학문으로서 '관광 현실' 교육 또한 외면할 수도 없다. 현실적으로 취업을 목표로 하는 학생의 기대와 '실용성'이라는 관광학의 특성을 고려할 때는 더욱 그렇다.

간단히 말하자면, 이는 제도권 학문으로서 관광학의 규범화 정도가 매우 낮다는 의미이다. 대학 교육, 고등 교육의 측면에서, 관광학이 제도권 학문으로서 갖추어야 할 체계성 및 표준화 정도가 미흡하다는 것이다. 학문 외적인 측면에서 관광학은 제도권 학문으로 인정되고 사회과학으로서 사회적인 요청과 수요에 부응하고 있으나, 학문 내적인 측면에서는 아직도 고등 학문으로서의 정립이 미흡하고 관광 교육의 체계성과 일관성, 교육내용의 표준화와 통일성이 미흡하고 아쉽다는 것이다.

제도권 학문으로서 관광학의 학문적 체계성과 표준화가 필요하다는 주장이 마치 교리나 도그마처럼 학문의 불변성에 대한 원리주의적인 인정을 의미하는 것이 아니다. 고등 학문으로서의 다양한 변주와 변이, 변화가능성에도 불구하고 불변하는 공통적이고 표준적이며 일관성 있는 관광학의 교육내용이 전제되어야 한다는 것이다. 또한 고등교육 과정인 대학에서의 관광학 교육내용이 모두 동일해야 한다는 의미도 아니다. 오히려 정반대이다. 교육자에 따라, 대학이나 학과의 특성화 방향에 따라 관광학의 교육내용은 상이할 수밖에 없을 것이다. 그럼에도 불구하고 모든 관광 교육자들이 준거해야 할 관광학의 교육 기준과 원칙, 교육내용 등이 마련되어야 하고 이에 근거하여 다양한 변화가 이루어져야 한다는 것이다. 하지만 우리의 경우 고등 학문으로서 대학에서의 관광학 교육에서의 규범화와 표준화 미비는 안타까운 실정이다.

고등 학문으로서 관광학의 규범화 정도가 낮고 고등 교육으로서 대학에서의 관광학 교육의 표준화 정도가 낮은 것은 현실적으로 많은 어려움을 야기한다. 우선 대학 내적으로 관광학 교육에 필수적인 표준적인 교과서나 교재의 제작을 어렵게 하고, 관광학 교육내용에 대한 평가의 준거가 미흡하여 교육내용에 대한 평가를 어렵게 한다. 하지만 관광 학자 · 교육자들이 동의하는 표준적인 교과서나 교재가 제작 · 제공된다면, 이러한 문제는 해소될 수 있을 것이다. 표준적인 관광 교과서나 교재에 근거하여 강의하고 평가가 이루어진다면 관광 교육의 표준화 문제는 어느 정도 해소될 수 있을 것이기 때문이다. 이를 위해서는 교과서나 교재 제작에 대한 관광학 교육자들의 광범위한 공감이 필요함과 동시에 실제 이러한 역할을 수행할 수 있는 수준 높은 교과서나 교재가 만들어져야 한다.

표준적인 관광학 교육내용의 부재, 체계적인 관광학 교육체계의 미비는 관광학 내부나 대학 내부의 문제로 그치지 않는다. 대학에서 관광학의 교육과 관련된 평가나 등급결정 등과 같은 교육(학)적인 문제에 그치는 것이 아니라 학문 외적인 문제를 야기한다. 이는 주로 사회 · 제도적인 평가, 시험, 인증 등과 관련된다. 관광학 교육과 관련한 대학에서의 학위수여나 평점 부과 등이 아닌 대학 외부에서, 관광학 전공자에 대한 사회적인 평가 시의 문제, 노동시장 진입 과정에서의 문제, 자격증 등 관광 정책 · 제도의 문제와 연관된다.

대학이 노동시장에 접근하는 주요 통로라 할 때, 관광학의 낮은 규범화는 관광학 전공자의 노동시장 진입 시 불리한 여건에 처하게 한다. 규범화가 낮은 학문은 노동시장 진입을 위한 평가대상 학문으로서의 지위를 확보하기가 쉽지 않다. 이는 관광학의 낮은 학문적 위상과도 연관되는 문제이기도 하다. (낮은 학문적 규범화와 낮은 학문적 위상 사이의 관계는 닭과 달걀의 관계에 비유될 수도 있을 것이다.) 사회현상을 이해하고 해석하는 사회과학으로서, 사회문제를 해결하고 사회와 상호작용하는 실용학문으로서 관광학은 제도권이 설정한 각종 자격시험이나 인정시험 등에 직면하게 될 때, 낮은 규범화와 표준화 문제는 현실적인 문제로 부각되게 된다. 가령 관광통역안내사와 같은 자격증 시험 출제나 한국문화관광연구원, 한국관광공사 등의 입사시험에서 관광학 전공과목 시험문제를 출제하거나, 관광 중등교원 임용시험 문제 출제 시에 관광학의 낮은 규범화와 교육내용의 표준화 미비는 출제시험/문제의 타당성과 신뢰성, 정당성에 의문을 들게 한다. 즉 무엇을 출제하고(평가내용), 무엇을 평가할 것이며(평가목표), 어느 수준까지 평가할 것이며(평가수준), 어디에서 출제할 것인가(평가자료) 하는 현실적인 난관에 봉착하게 되어 출제의 근거와 정당성이 흔들리게 된다. 고등 학문으로서 관광학 교육내용에 대한 표준적인 기준이나 평가준거가 부재하기 때문이다. 실제로 시중에 출판되어 판매되고 있는 관광학 교재를 볼 때, 이러한 문제는 전혀 기우가 아니다. 이것이 본서를 출간하게 된 중요한 배경의 하나이다.

이처럼 국내 관광학 교육에서 체계성과 표준화의 미흡, 한마디로 '관광학의 낮은 규범화'는 표준화된 교육자료의 발간 필요성을 웅변해준다. 본서는 부족하나마 '문화관광론'의 표준적인 교육내용을 제안함으로써 '문화관광론'에서의 표준적인 교육자료, 표준적인 교재로서의 역할을 하고자 하였다. 물론 책임 편집을 맡은 필자의 능력 부족과 문화/관광 연구자 풀의 부족 등 제반 여건을 고려할 때 이러한 목표가 단박에 달성되기란 쉽지 않을 것이다. 특히 본서의 경우 짧은 준비 및 집필기간으로 이러한 어려움은 가중되었다. 하지만 본서가 이러한 표준적인 교육을 위한 교재, 교육자료로서의 첫 발걸음이라는 점에서 그 의의가 작지 않을 것으로 기대한다.

관광학의 다양한 강의 · 교육 분야 중에서 본서인 『문화관광론』을 출간하게 된 것은 관광에서 문화의 중요성 때문이다. "문화는 언어의 조건이며, 동시에 그 산물"(J. 듀이)이라는 말에 빗대면 '문화는 관광의 조건이며, 동시에 그 산물'이라고 이해할 수 있다. 본서의 1장에서 보듯이, 문화는 생활양식을 넘어 '의미를 나타내는 실천행위'이자, '인간의 실천의 조건'이다. 현대 사회에서 관광은 단순히 휴식이거나 쉼, 경험이거나 체험, 혹은 단순한 여행활동 이상의 의미를 갖는다. 현대 사회에서 관광은 일종의 기호와 같은 것이다. 관광의 장이 의미를 생산하는 공간이 된다. 문화관광이 '문화적으로 동기부여된 관광'이라거나 '박물관, 미술관, 유적지 등 문화적 성격을 지닌 목적지로의 여행'을 의미하는 것으로 보는 것은 문화관광을 매우 협소하게 이해하는 것이다. 문화관광은 '문화적 의미의 관광', '관광의 장에서의 문화적 실천행위'로 폭넓게 이해될 필요가 있다.

'문화관광'이 관광의 장에서의 의미 생산이라는 문제를 제기하고, 다양한 문화이론을 토대로 관광 현장에 적용함으로써 관광 여행 현상에 대한 다양한 문화적 이해와 해석이 가능한 점을 고려하여 『문화관광론』의 출판이 기획되었다. 본서가 대학에서의 관광 교육에 기여할 수 있을 뿐 아니라 관광학의 이론적 논의와 토론을 촉발할 수 있기를 기대한다.

본서는 제24대 (사)한국관광학회(회장 김남조 교수)가 기획하고 '학술출판위원회'에서 작업한 결과물이다. 본서는 (사)한국관광학회에서 추진해온 일련의 관광학 도서 출판 사업의 연장으로 기획되었다. 그동안 (사)한국관광학회에서는 백산출판사와 손잡고 『관광학총론』(2009), 『한국현대관광사』(2012), 『관광학원론』(2017), 『관광사업론』(2017)을 꾸준히 출판해왔다. (사)한국관광학회에서 관광학 도서 출판을 추진하는 것은 국내 관광학의 연구와 교육 내실화를 통해 관광학의 학문적 체계화에 기여하려는 시도로 이해된다. 본서는 이러한 출판 기획의 연장선에 있다. 본서의 출간을 위해 그동안 (사)한국관광학회에서 이루어진 관광학 도서 출판 작업을 평가하고, 몇 가지 한계점을 보완하려고 하였다. 특히 본서의 출간에 있어 국내 관광학의 연구와 교육 현실을 짚어보고 실천적인 대안을 제시하려는 의도가 중요하게 작용하였다.

관광 현상을 문화 현상으로 이해하고 해석하는 시도인 『문화관광론』의 기획 · 편집 시에 고려한 강조점은 다음과 같다. 첫째, 국내 관광학 교육 내용의 표준화에 기여하고 활용도가 높도록 전문연구서보다는 교과서나 교재로 활용될 수 있도록 하자는 것이다. (사)한국관광학회에서 기획 · 출판한 도서는 내용이 방대하거나 전문연구서의 특성으로 인해 대학 교육 현장에서 활용도가 높지 않다는 평가가 많았다. 이 점을 고려하여 『문화관광론』은 대학 교육 현장에서 활용될 수 있도록 하고자 하였다. 동시에 문화관광에 관심이 있는 연구자도 참고할 수 있도록 관련 분야의 연구동향이나 쟁점 등 전문적인 내용 또한 포함하자는 것이었다. 이를 위해, 대학의 교육과정에 많이 포함되어 있는 주제 · 분야로서, 가능한 대학의 교육현장에서 사용될 수 있는 교재를 목표로 하였다. 또한 관광학 분야 중 교재 출판이 많이 이루어진 주제 · 분야는 제외하고, 교재가 출판되지 않았거나 출판이 어려운 분야를 선정하려고 하였다. 이 같은 이유로 대학의 관광학 교육과정에 포함된 교과목 중 '관광학원론', '관광경영학원론' 등과 같은 개론서나 원론서는 제외하고, '관광자행동론', '관광마케팅론' 등 관광자 행동 관련 교재 출판도 많이 이루어져 제외하였다.

둘째, 『문화관광론』의 출판 과정에서 가능한 한 많은 연구자의 참여가 이루어질 수 있도록 하였다. 이를 위해 먼저, (사)한국관광학회 '학술출판위원회'에서 도서 출판 분야와 주제, 『문화관광론』의 전체 목차 구성, 필자 구성 등 실질적인 논의가 이루어지도록 하였다. 논의 과정에서 '문화관광'에 대한 학술출판위원 사이의 이견이 노출되기도 하였다. 이는 문화와 문화관광에 대한 관점과 견해의 차이로 인한 것으로, 문화관광을 어떻게 정의할 것인가 하는 문제로 귀결되어 본서의 구성 문제와 밀접하게 연관되게 된다. 여기서 이를 상론할 수는 없으나, 대략 한편에서는 '문화관광'을 협의로 이해하여 '문화적 형태의 관광'으로 정의하고, 이론보다는 다양한 현상 위주로 구성되어야 한다는 의견이 제시되었고, 다른 한편에서는 '문화관광'을 관광 여행의 장에서 이루어지는 문화적 의미 생산이라는 광의의 관점에서 접근하는 것으로, 이론과 담론 중심의 구성을 강조하는 의견이었다. 이러한 의견의 차이는 1장에서 보는 바와 같이 '문화관광' 개념과 '문화관광'을 보는 시각의 차이에서 기인하는 것으로 새삼스러운 것은 아니다. 이로 인해 본서의 구성은 담론/이론 파트와 현상/실제 파트를 종합 · 절충하는 형태로 구성되었다. 다만, 담론/이론 파트의 경우, 짧은 집필기간과 필자 사정 등으로 계획보다 축소된 형태로 구성되었다. 또한 학술출판위원회와 별도로 『문화관광론』 출판을 위한 '감수위원회'를 구성하여, 감수위원회에서 필자들의 원고를 읽고 감수하는 과정을 거치게 하였다.

셋째, 『문화관광론』의 출판과정과 내용을 (사)한국관광학회 회원들과 공유함으로써 많은 연구자들이 참여하고 다양한 의견이 『문화관광론』 출판에 반영될 수 있는 '열린 출판'이 되도록 노력하였다. 이를 위해 (사)한국관광학회 학술대회에서 학술출판위원회 특별세션('『문화관광론』 출판')이 두 차례 마련되어 다양한 내용의 발표와 토론이 이루어졌다. 먼저 지난해 7월 한양대학교에서 개최된 (사)한국관광학회 제84차 학술대회에서는 국내 대학의 관광학 교육과정 분석과 『문화관광론』의 출판의 필요성, 국내외 문화관광 관련 도서의 내용 분석, 외국 대학에서의 문화관광 교육 현황 등이 발표 · 토론되었으며, 올 1월 수원대에서 개최된 제85차 학술대회에서는 본서의 1차 원고를 토대로 몇몇 장별 주요 내용이 발표되고 토론되었다. 이를 통해 본서의 장별 구성이 보완되었고, 본서의 통일성이 제고되었다.

넷째, 본서의 필자 선정에 있어 가능하면 해당 주제의 전문가나 연구 경험이 있는 필자가 집필하도록 하였고, 문화관광에 대한 새롭고 참신한 시도를 위해 가능한 신진연구자에게 집필기회를 제공하려고 하였다.

마지막으로, 본서의 주 독자는 대학의 고학년으로 설정하되, 문화관광에 관심있는 대학원 학생들의 참고자료가 될 수 있도록 전문적인 내용도 반영하고 본서를 통해 해당 주제의 연구방향을 시사받을 수 있도록 편집하고자 하였다. 또한 집필 시 그동안의 국내외 연구성과를 집대성하고 최대한 객관적으로 기술하되, 쟁점사항에 대한 집필자의 의견도 일부 반영할 수 있도록 하였다. 각 장의 말미에 '생각해볼 문제'를 제시하여 학습내용을 확장할 수 있도록 하였고, '더 읽어볼 자료'를 제시하여 추가 심화학습이 가능하도록 하였다.

이러한 과정을 통해 본서의 출간이 이루어지게 되었다. 특히 본서가 출간되기까지 많은 분들의 도움과 노고가 있었다는 점을 밝히고 싶다. 본서의 기획단계에서부터 마지막 출판까지 많은 관심을 가지고 적극적인 지원과 도움을 아끼지 않은 (사)한국관광학회 회장 김남조 교수님께 감사드린다. 또 본서를 위해 함께 토론하고 준비한 학술출판위원들과 흔쾌히 원고 청탁에 응해준 연구자, 두 차례의 학술대회 특별세션에서 발표자와 토론자로 수고해주신 연구자들께도 감사드린다. 특히 여러 가지 바쁜 일정에도 불구하고 본서의 출판을 위해 열정을 아끼지 않은 가천대 심창섭 교수의 노고에 감사를 표하고 싶다. 촉박한 출판 일정에도 불구하고 본서를 읽고 감수해준 한상현 교수, 이계희 교수를 비롯한 감수위원들께도 학술출판위원회를 대표하여 감사의 말씀을 드린다. 본서의 편집과정에서 수고하신 백산출판사 김호철 부장과 편집부 여러분께도 감사 인사를 드린다.

이처럼 많은 분들의 도움과 노고 덕분에 본서가 출간되었으나, 본서의 흠결과 한계는 어디까지나 책임편집을 맡은 필자와 학술출판위원회의 몫이다. 본서의 기획과 출판까지 1년여의 짧은 작업 기간으로 인해 애초의 계획과 달리 상당히 미흡한 느낌이 없지 않다. 본서가 대학 교육 현장에서 사용될 교과서 혹은 교재를 목표로 하였기 때문에 1학기(15~16주)의 강의분량을 고려하고, 강의자가 취사선택할 수 있는 여지를 주기 위해 애초에는 모두 18개 장으로 구성할 계획이었다. 하지만 현실적인 여건으로 인해 현재와 같이 12개 장으로 축소되었다. 특히 본서에 포함되지 못한 관광과 (탈)근대성, 도시재생과 도시관광, 페미니즘과 관광 등 최근의 관광 현상에 대한 유의미한 이해를 가능하게 하는 담론/이론적인 부분은 추후 본서의 개정을 통해 보완할 계획이다.

본서가 (사)한국관광학회가 기획·편집한 일련의 관광학 도서 출간 작업의 일환이자, 학회 차원의 공동작업의 결과물이라는 점에서 여타의 교재 출판과는 다른 의의가 있다. 아무쪼록 본서가 대학의 교육과 강의 현장에서 많이 활용될 수 있기를 바란다. 이를 통해 본서가 국내 관광학의 교육 내용의 표준화와 체계화에 기여하고, 관광학의 규범화에 일조할 수 있기를 희망한다. 독자와 연구자 여러분의 애정 어린 관심과 조언을 기대한다.

2019. 2. 7.

필자를 대표하여 조광익

(사단법인 한국관광학회 부회장 겸 학술출판위원장, 대구가톨릭대 관광학과 교수)

차 례

문화관광 담론

1장 문화관광이란 무엇인가?

조 광 익 (대구가톨릭대학교 교수)
심 창 섭 (가천대학교 교수)

1장 문화관광이란 무엇인가?

조 광 익 (대구가톨릭대학교 교수)
심 창 섭 (가천대학교 교수)

Highlights

1. 문화의 개념과 특징을 이해한다.
2. 문화와 관광의 관계를 이해한다.
3. 문화관광 개념에 대한 다양한 관점과 차이를 이해한다.
4. 관광을 문화현상으로 이해하는 방법을 연습한다.
5. 문화관광의 주요 쟁점이 무엇이 있는지 생각해본다.

| 1절 | 문화와 관광[1)]

1. 문화의 개념

문화관광을 정의하고 이해하기 위해서는 문화를 정의하고 이해하는 것이 필요하다. 하지만 문화처럼 정의하기 어려운 용어도 없다. 영국의 문화 이론가인 레이몬드 윌리엄스(Williams, 1983)는 문화를 "영어 단어 중에서 가장 난해한 단어의 하나"라고 하였다. 문화는 일상생활에서 다양한 의미로 사용되고 있기 때문이다(Storey, 1993). 대중문화, 고급문화, 지배문화, 생활문화, 음주문화, 하위문화, 문화적 삶, 문화생활, 문화이론 등에서 보듯이 문화는 그 쓰임이 매우 다양해서 한마디로 명확하게 정의하기 어렵다.

1) 이 절은 김병용 · 조광익(2019)의 5장의 일부 내용을 수정 · 보완한 것이다.

문화는 다음과 같이 몇 가지 의미를 지니고 있다. 첫째, 문화는 라틴어 'cultus'에서 유래하였는데, 이는 '토양을 경작하다'는 의미를 지니고 있다. 이런 의미에서 보면 문화는 농사를 짓거나 세포(cell)를 배양하는 것으로 정의될 수 있다. 인간의 노력으로 자연에 변형을 가하고 자연을 활용하는 것이다. 인간의 의지나 생각대로 자연(nature)을 바꾸는 것이 문화라고 할 수 있다. 이 경우 문화는 인간의 노동과 노력의 산물로 이해될 수 있다. 둘째, 문화는 문명화(civilization)를 의미한다. 사회는 야만에서 문명으로 나아가는 것이며, 유럽식의 문명 발전 과정, 즉 계몽의 전개가 문화라는 것이다. 이러한 시각은 유럽중심적 사고와 계몽주의와 관련된다. 셋째, 문화는 한 인간이나 시대 또는 집단의 특정 생활방식을 가리키는 것이다. 이러한 정의는 인류학적인 정의라고 할 수 있다. 우리의 삶의 모습이나 생활양식이 문화라는 것이다. 넷째, 문화는 지적, 정신적, 심미적인 계발의 일반적 과정을 일컫는다. 이러한 정의는 문화는 무언가 고급스럽고 고차원적인 것, 세련되고 품위있는 것, 혹은 좋은 것을 말하는데, 고급문화나 대중문화와 같은 방식으로 문화를 구분할 때가 그 좋은 예이다. 다섯째, 문화는 지적인 작품이나 실천행위, 특히 예술적인 활동을 일컫는다. 이는 문화가 무엇인가를 의미하거나 의미를 생산하는 것, 또는 의미생산의 근거가 되는 것을 그 주된 기능으로 하는 텍스트나 문화적 실천행위를 말한다. 즉, 문화란 곧 의미를 나타내는 실천행위라는 것이다. 이때의 문화는 일종의 기호와 같은 것이라 하겠다. 예를 들어, 오늘날 여름휴가를 맞아 해외여행을 떠나는 행위는 단순한 여행활동 이상의 의미를 갖는다. 그것은 해외여행을 할 수 있을 만큼의 시간적 · 경제적 여유가 있음을 드러내는 실천행위라고 할 수 있다.

문화에 대한 다양한 정의는 문화관광의 개념을 정립하는 데 모두 관련을 지을 수 있다. 관광은 태초에 형성된 자연 그대로뿐만 아니라 이 위에 다양한 개인과 집단이 서로 다른 방식으로 변형을 가한 결과와의 상호작용이다. 또한 관광은 현대인의 삶의 일부가 되었고 문화관광 또한 오늘날 많은 사람들이 좋아하는 관광형태로서 우리 삶의 필수불가결한 부분이 되었다는 의미에서 그렇다. 더 나아가 관광 특히 문화관광이 타인과 자신을 구별하고 자신의 정체성을 형성하며, 나아가 자신을 과시하는 문화적 기호일 수 있다는 점에서 관광이나 문화관광은 그 자체로 의미를 생산하는 인간의 활동이라는 의미에서 그렇다. 또 관광이 지적이고 정신적이며 심미적인 계발의 과정이라고 간주될 수 있기 때문이다.

2. 문화의 특징

네덜란드의 심리학자인 호프스테드(Hofstede, 1995)가 말한 바와 같이 문화는 일종의 '정신 프로그램'(mental program) 혹은 '정신의 소프트웨어'(software of the mind)이다. 한 사람의 정신 프로그램은 그가 자란 생활환경과 사회환경 속에 뿌리를 두고 축적된다. 문화는 부분적으로 같은 사회환경 속에서 살고 있거나 산 적이 있는 사람들과 공유하는 것이기 때문에 집합적인 현상을 띠고 있다. 이 점에서 문화는 한 집단 또는 한 범주를 구성하는 사람들을 다른 집단 또는 범주의 성원들과 달라지게 만드는 집합적 정신 프로그램이다. 이러한 문화의 특성을 몇 가지로 정리하면 다음과 같다(Hofstede, pp. 24-33).

첫째, 문화는 유전되는 것이 아니라 학습되는 것이다. 또 문화는 개인의 사회환경에서 나오는 것이지 유전인자에서 나오는 것이 아니다(<그림 1-1> 참조). 문화의 습득은 가족 안에서 시작되고 이어 이웃, 학교, 서클, 직장, 지역사회 안에서도 일어난다. 예를 들어 인간이면 누구나 음식을 먹지만 어떤 사회에서 생활하는가에 따라 서로 다른 음식을 먹는 방식을 갖게 된다.

둘째, 문화는 인간성(human nature)과도 구별되고, 개인의 성격(personality)과도 구별된다. 인간성은 모든 인간에게 보편적인 것인 반면 문화는 특정한 시대나 집단에 한정되고 성격은 개인에 따라 다르다(<그림 1-1> 참조). 예를 들어 인간은 누구나 부모의 죽음을 슬퍼하지만 특정 시대나 집단에 따라 서로 다른 애도의 문화를 갖고 있으며 개인은 성격에 따라 다른 방식으로 슬픔을 표현한다.

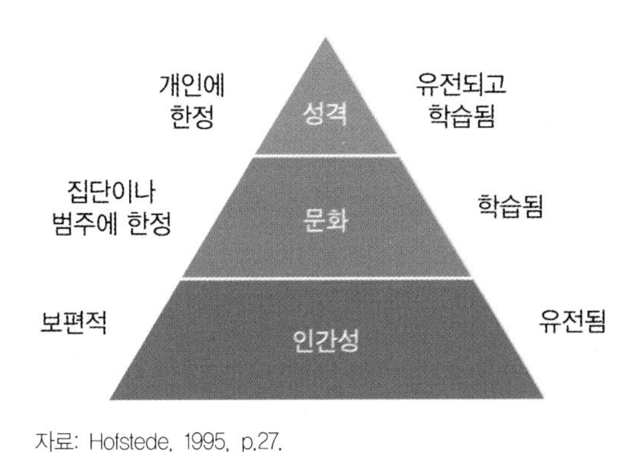

자료: Hofstede, 1995, p.27.

〈그림 1-1〉 **문화와 인간성 및 성격의 관계**

셋째, 한 문화가 다른 문화의 활동에 대해 '저속하다'거나 '고상하다'고 판단할 절대적인 기준은 없다. 마찬가지로 한 집단이 다른 집단보다 본질적으로 우월하거나 열등하다고 간주할 만한 과학적 근거는 없다. 문화 상대주의(cultural relativism)는 자기 집단과 다른 집단이나 사회를 다룰 때 판단을 보류할 것을 요구한다. 즉 자기가 속한 집단과 다른 집단의 문화는 '차이'(difference)를 지닐 뿐 '옳고 그름'(right and wrong) 및 '우열'(superior and inferior)의 판단 대상이 될 수 없다.

마지막으로, 문화를 표현하는 수준은 다양하다. 문화의 수준을 표현하는 여러 용어 중에 상징, 영웅, 의식, 가치가 있다. 문화의 가장 피상적인 수준에 해당하는 것이 상징이며, 가장 깊은 수준에 해당하는 것이 가치이다. 그리고 영웅과 의식은 이 둘의 중간 수준에 해당한다(<그림 1-2> 참조).

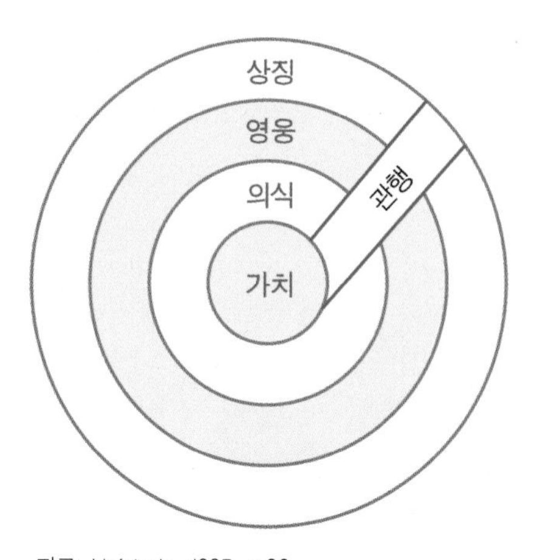

자료: Hofstede, 1995, p.30.

〈그림 1-2〉 **문화 표현의 여러 수준**

여기서 상징(symbols)은 어떤 문화를 공유하는 사람들에게만 통하는 특별한 의미를 지닌 말, 동작, 그림 또는 대상을 말한다. 영웅(heroes)이란 어떤 문화 안에서 높이 받는 특징을 지닌, 그래서 행동의 귀감이 되는 사람들을 말한다. 의식(rituals)이란 엄밀한 의미에서 원하는 목표달성에는 불필요한 것이지만 한 문화 안에서는 사회적으로 없어서는 안될 것으로 간주되는 집합적 활동들을 가리킨다. 상징, 영웅, 의식을 통틀어 관행(practices)이라고 부른다. 가치(values)는 문화의 핵으로서 어떤 한 상태보다 다른 상태를 선호하는 포괄적인 경향성을 말한다.

3. 문화와 관광의 관계

문화와 관광의 관계를 이해하기 위해서는 관광의 본질에 대해 생각해 볼 필요가 있다. 관광은 본질적으로 인간이 자연, 역사, 유산, 인물, 인공물 등 다양한 관광의 대상을 경험(체험)하는 것이다. 관광의 본질이 경험이라는 사실은 다음과 같은 측면에서 관광이 문화적 행위임을 보여준다.

첫째, 관광은 서로 다른 문화가 만나는 것이다. 관광은 사람과 사람, 사람과 문화가 만나는 것이다. 일차적으로 관광은 관광자(guest)와 현지 주민(host)이 직접 또는 간접적으로 만나는 것이며, 관광자는 관광지의 자연과 주민의 문화를 보기 위하여 주민의 사회에 이방인의 자격으로 등장하게 되는 것이다. 사람과 사람들의 집단이 다른 문화와 접촉할 때 문화의 변동이 발생한다. 이로 인해 관광은 필연적으로 관광자와 현지 사회(host) 모두에 문화적 변화를 가져온다. 이것이 관광의 사회문화적 영향이다. 먼저 관광자 자신의 문화와 다른 문화를 접함으로써 관광자의 인식과 사고, 행동이 변화하게 된다. 관광자 스스로 변화되는 것이다. 현지 사회 또한 상이한 문화를 가진 관광자와의 접촉으로 인해 고유한 전통의 문화가 변화하게 된다(전경수, 1987).

둘째, 관광은 특정 시대나 집단의 생활양식이다. 대표적인 예는 근대관광의 효시라고 할 수 있는 그랜드 투어(Grand tour)를 들 수 있다. 그랜드 투어는 16세기 중반부터 시작되었는데, 주로 영국의 귀족계급의 자제들이 교육 및 문화적 목적을 위해 1~3년간에 걸쳐 유럽대륙을 광범하게 순회하는 여행이었다. 그러나 경제수준이 향상하고 여가시간이 늘어나면서 관광은 정도의 차이는 있을지라도 대부분의 사람들이 즐기는 삶의 필수요소가 되었다. 오늘날 관광은 과거에 비해 손쉬워진 여행이라는 수단을 통해 누구나 참여하는 일상적 행위가 되었다. 즉 각 시대의 관광의 모습은 관광 행위이기에 앞서서 해당 시대와 사회를 잘 반영한 문화적 행위로 이해될 수 있다.

셋째, 자본주의 사회에서는 모든 것이 상품화된다. 관광도 예외가 아니다. 자본주의 사회에서 문화와 (그 생산지인) 사회의 상품화가 곧 관광이다. 자본주의는 문화와 사회가 관광상품으로 등장하는 특수한 생산양식이라고 할 수 있다. 즉 자본주의 생산관계 속에서 나타나게 되는 관광은 관광지 주민이 생산하고 영위하고 그 속에서 살고 있는 사회와 문화를 상품으로 팔게 되는 특수한 거래관계를 형성하게 되고, 이로 인해 주민의 문화는 어떤 형태로든 관광자에게 팔려나가게 된다. 이것은 관광에서 쉽게 볼 수 있는 '문화의 상품화'이며, 이러한 문화상품화의 목적은 다름 아닌 경제적 이윤추구, 관광을 통한 수입의 확보에 있다. 관광자를 위한 이러한 문화상품화는 문화의 화석화를 초래하게 된다. 문화의 상품화는 전통적 문화양식이 외부인들의 기호와 편의에 맞도록 변경되는 것일 뿐만 아니라, 심지어 문화적 상품화를 통한 문화의 의미 상실을 가져올 수 있다. 이렇게 되면 문화는 치약이나 맥주 등과 같은 소비 상품으로 변모되게 된다. 이러한 극단적인 문화의 상품화는 일련의 파행적 문화파괴 내지 문화말살 현상을 야기하게 된다. 관광에서의 이러한 문화 상품화는 지역주민의 자기비하, 자아상실 또는 소외감정 등과 같은 지역주민의 심리적 차원에서의 사회적 비대칭성을 야기할 수 있고, 신성성의 상실, 공연의 요식화 등 문화의 진정성 상실이나 화석화를 가져올 수 있다. 또한, 서민문화의 세속영역이 고급문화 계층의 신성영역으로 전환되는 경우도 있다. 가령 세속영역의 일상용품이 주민들의 생활세계를 떠나 민속품이라는 이름하에 박물관의 진열대에 전시되게 되면 그 물품은 문화적 맥락에서 이탈되면서 동시에 주민의 문화는 화석화의 과정을 겪게 된다. 뿐만 아니라 문화의 상품화는 고급문화와 서민문화 사이의 갈등과 같은 계층 간의 갈등현상을 야기하기도 한다.

| 2절 | 문화관광의 개념화

1. 문화관광의 개념[2)]

문화와 관광이 결합된 문화관광 또한 정의하기 쉽지 않은 용어이다. 특히 문화관광을 문화관광(the tourism of culture)이냐 혹은 문화적 관광(the cultural tourism)으로 보느냐에 따라 그 의미가 크게 달라진다(김사헌 · 박세종, 2013). 전자는 문화에 대한 관광이나 대상(물)인 문화 자체를 관광하는 행위를 의미한다. 이때의 문화관광은 애초부터 목적성을 띤 관광, 즉 박물관, 유적지 등 문화적 성격을 지닌 목적지로의 여행을 의미하는 협의의 정의이다. 이에 비해 후자는 문화적인 관광, 다시 말해 문화적인 취향이나 성향을 띤 관광을 지칭한다. 이 경우 문화관광은 문화적인 동기에 의거한 관광을 의미하는 광의의 정의이다. 앞에서 살펴본 것처럼, 문화의 의미가 다양하기 때문에 문화를 어떻게 이해하느냐에 따라 문화관광의 정의도 달라질 수 있다.

문화가 지적 · 정신적 · 심미적 계발의 과정이라는 의미가 있음을 상기할 때, 관광동기의 측면에서 문화적인 관광은 유흥이나 휴식과 같은 동기가 아니라 문화적 혹은 비문화적인 유무형의 대상 관찰을 통해 자신의 지식 습득 욕구나 자아실현 욕구를 충족시키고자 하는 여행자 자신의 내적성향 혹은 내적동기에 의해 유발된 관광행위를 의미한다. 이 점에서 전자가 대상에만 초점을 맞춘 목적성의 관광이라면 후자는 여행자의 심리에 초점을 맞춘 내재적 동기의 관광이라고 할 수 있다. 전자가 협의의 문화관광이라면 후자는 광의의 문화관광이라고 할 수 있겠다. 또 전자의 경우에는 문화를 박물관, 유물 · 유적, 음악회 등과 같은 생산물(product)로 문화를 이해하는 것이고, 후자의 경우에는 문화를 성향, 취향, 행동양식 등과 같은 과정(process)으로 이해하는 것이라고 할 수 있다(김사헌 · 박세종,

---

2) 이 항은 김병용 · 조광익(2019)의 5장의 일부 내용을 수정 · 보완한 것이다.

2013). 이를 요약하면 다음 〈표 1-1〉과 같다.

〈표 1-1〉 **문화관광의 개념**

문화관광	정의	문화의 의미
협의의 문화관광	• 문화대상 자체의 관광행위(tourism of culture) • 박물관, 유적지 등 명백한 문화자원을 관광 대상으로 하는 목적형	• 생산물로서의 문화(product-based culture): 박물관, 유물 · 유적, 예술품, 음악, 문학작품 등
광의의 문화관광	• 문화적인 성향의 모든 관광(cultural tourism) • 자아실현 욕구 등 내적동기의 충족을 포함한 문화성향	• 과정으로서의 문화(process-oriented culture): 문화적 성향, 문화적 취향, 문화적 행동양식

자료: 김사헌 · 박세종, 2013, p.245.

앞서 논의된 문화관광에 대한 두 가지의 개념화에 더하여 문화관광은 관광의 문화적 측면(cultural aspects of tourism)에 대한 논의까지 포괄할 필요가 있다. 최근 관광에 대한 학술적 접근은 관광을 산업으로 바라보는 경제학적 측면이나 관광자의 미시적 행태에 초점을 맞추는 경영학 · 심리학적 측면에의 집중이 점점 더 심화되고 있다. 그러나 관광은 관광자의 소비를 통해 경제적 효과를 발생시키는 산업이기 이전에 그 자체로 하나의 사회문화적 현상이다. 즉 서로 다른 문화적 배경과 개인적 특성을 지닌 사람들이 조우해 만들어내는 관광현상과 이것이 우리 사회에 미치는 영향을 이해하기 위해서는 그 이면에 있는 역사적 맥락 및 시 · 공간적 특징이 발현된 문화적 텍스트로서 접근될 필요가 있다(Wearing & Wearing, 2001; Uriely, 2005). 이를 위해서는 철학, 인류학, 사회학, 문화연구 등의 인문학적 측면에서 관광현상 및 관광자와 관련하여 지금까지 축적된 논의와 개념들이 관광학의 지붕아래 자리를 차지할 공간이 필요하며 그 위치는 문화관광이 가장 적합할 수 있다.

2. 문화관광의 세부 영역

문화관광은 개념화 및 범위의 설정에 따라 포함될 수 있는 세부 영역에도 차이를 지닐 수 있으나 관련 자료에 근거할 때 ① 개념, ② 이론, ③ 분야, ④ 관리 등 네 개의 세부 영역으로 구분하는 것이 가장 적합해 보인다(<표 1-2> 참조). 네 개의 세부 영역은 상호 배타적인 영역이라기보다는 서로 밀접한 관련성을 갖지만 서로 다른 차원에서 문화관광에 접근하기 위한 방식이라고 할 수 있다.

1) 개념(concept)

이 영역은 문화관광의 근간을 이루는 핵심 개념을 포함한다. 문화(culture), 관광(tourism), 유산(heritage), 문화재(cultural assets), 지역문화(local culture), 문화관광(cultural tourism) 등이 이 영역에 포함될 수 있다. 문화관광을 관광의 다른 영역과 구별되게 만드는 가장 근원적인 정체성을 형성하는 개념들로서 문화관광의 범위를 규정하고 문화관광에 포함될 수 있는 여러 주제들의 기준점 역할을 하게 된다.

2) 이론(theory)

이 영역은 문화관광을 이해하고 분석하기 위해 필요한 주요 이론을 포함한다. 포스트모더니즘(post-modernism), 진정성(authenticity), 세계화(globalization), 관광자의 시선(tourist gaze), 문화자본(cultural capital) 등이 이 영역에 포함될 수 있다. 문화관광에서는 관광을 경제 요소로 접근하기보다는 하나의 문화적 텍스트로 접근하는 데 적합한 인문학적 이론이 보다 강조될 필요가 있다.

3) 분야(fields)

이 영역은 문화관광의 범위에서 발견되는 관광의 대상에 따른 대표적인 분야를 포함한다. 역사관광(history), 전통/민속관광(tradition and folk), 종교/순례관광(religion and pilgrimage), 예술/음악/미술관광(art), 대중문화/엔터테인먼트관광(entertainment) 등이 이 영역에 포함될 수 있다. 문화관광의 대상은 시·공간적 맥락에 따라 다양할 수 있으며 관광 분야의 고도화에 따라 점차 세분화될 것으로 예상된다.

4) 관리(management)

이 영역은 문화관광자원을 효과적으로 활용하기 위해 필요한 관리의 수단을 포함한다. 문화관광자(cultural tourists), 문화관광 매력물(cultural tourist attractions), 문화관광 상품(cultural tourism products), 문화관광 해설(cultural tourism interpretation), 문화관광과 지속가능성(sustainability) 등이 이 영역에 포함될 수 있다. 다른 유형의 관광과 구별되는 문화관광의 특수성을 반영한 관광자·관광대상에 대한 이해 및 문화의 보전·활용이 조화를 지향하는 관리 방안이 포함될 필요가 있다.

〈표 1-2〉 **문화관광의 세부 영역**

개념(concept)	이론(theory)
• 문화(culture) • 관광(tourism) • 유산(heritage) • 문화재(cultural assets) • 문화관광(cultural tourism)	• 포스트모더니즘(post-modernism) • 진정성(authenticity) • 문화자본(cultural capital) • 세계화(globalization) • 관광자의 시선(tourist gaze)
분야(fields)	**관리(management)**
• 역사관광(history) • 전통/민속관광(tradition and folk) • 종교/순례관광(religion and pilgrimage) • 예술/음악/미술관광(art) • 대중문화/엔터테인먼트관광(entertainment)	• 문화관광자(cultural tourists) • 문화관광 매력물(attraction) • 문화관광 상품(products) • 문화관광 해설(interpretation) • 문화관광과 지속가능성(sustainability)
기타(others)	
• 박물관(museum) • 축제이벤트(festival and event) • 음식관광(food tourism) • 도시관광(urban tourism) • 오버투리어즘(overtourism) • 테마파크(theme parks) • 유네스코(UNESCO) 세계문화유산	• 공정관광(fair tourism) • 관광복지(barrier free tourism) • 젠더이슈(gender) • 문화적 다양성(cultural diversity) • 문화적 자본(cultural capital) • SNS, AR/VR, 가상관광(virtual tourism) • TV 여행프로그램(TV travel shows)

| 3절 | 문화관광자

1. 문화관광자에 대한 시각

문화관광 및 문화관광자에 대한 사회적 시선은 긍정론과 부정론으로 구분될 수 있다. 문화관광을 긍정적으로 보는 입장은 문화관광이 일반적인 대중관광과 구별되는 수준높은 관광이라고 평가하지만, 부정적인 입장에서는 문화관광 또한 일반 관광과 다를 바 없는 새로운 유형의 관광 소비일 뿐이라고 평가한다. 문화관광에 대한 이러한 평가는 관광과 관광자에 대한 시각과 연관된다. 또한 관광이 문화와 언제나 밀접한 연관관계를 가지고 있기 때문이기도 한다.

관광자에 대한 시각은 크게 긍정론과 부정론으로 구분된다. 관광자에 대한 부정적인 시각은 미국의 역사학자이자 비평가인 대니얼 부어스틴(Boorstin, 1962)이 대표적이다. 그는 오늘날의 관광자들이 진짜를 경험하지 못한 채 의사 사건(pseudo-event), 가짜 이벤트만 보고 속아 넘어가는 바보(nitwit)라고 주장한다. 대표적인 예가 여행사의 패키지관광을 선호하는 대중관광자라 할 수 있다. 그는 미국의 관광자가 실제(reality)는 경험하지 못한 채 환상과 가짜 이벤트를 경험하고 즐기며 진실성과는 동떨어진 가짜 매력물에 속어 넘어간다고 비판한다. 그는 관광자를 '경박스러운 속물'로 매우 혹평하는 데 반해 여행자에 대해서는 '진정성을 찾아다니는 현대의 순례자'로 매우 긍정적이고 우호적으로 평가한다. 그래서 그는 "나는 여행자고 너는 관광자다"라는 말로 이를 압축한다.

관광자에 대한 긍정적인 시각은 미국의 사회학자인 맥카넬(D. MacCannell)과 인류학자인 그래번(N. Graburn)이 대표적이다. 그래번(Graburn, 1977)은 관광을 '신성한 여정'(sacred journey)이라고 보았고, 맥카넬(MacCannell, 1976)은 관광자를 '현대의 순례자'(a pilgrim of the modern age)라고 긍정적으로 평가하였다. 특히 부어스틴과 달리 맥카넬은 관광자는 기본적으로 진지하게 진정성을 추구하는 자라고 해석한다. 물론 맥카넬도 관광자가 관광경험의 진정성(authenticity)을 성취하는 경우는 드물다고 보는데, 그것은 관광자 자신 때문이 아니라 관광자가 관광지에서 기존 관광환경에 의해 만들어진 관광공간 혹은 '무대화된 진정성'(staged authenticity)에 갇혀 있기 때문이라고 본다. 관광자 자신도 어찌할 수 없이 만들어진(manipulated) 관광환경 때문이라는 것이다. 맥카넬은 관광자가 일상생활로부터 탈피하여, 여행 대상지의 현지 문화 속에서 그 문화권에만 존재하는 고유하고 진정하는 것을 추구하는 여행자라는 것이다. 그 동기가 순수하고 경건하기 때문에 대부분의 관광자는 마치 경건하게 성지를 찾아나서는 순례자와 다를 바 없고, 그러므로 관광은 일종의 현대판 순례와 같은 것으로 주장한다.

관광과 관광자에 대한 이러한 긍정론과 부정론을 절충하려는 노력도 물론 있다. 대표적으로 이스라엘의 여가·관광 사회학자인 코헨(E. Cohen)을 들 수 있다. 그는 관광자의 동기와 취향이 하나가 아니고 다양하다는 전제하에 관광자를 목적지 지역주민 및 현지사회와의 접촉(상호작용) 정도에 따라 방랑자(the drifter), 탐구자(the explorer), 개별 대량관광자(the individual mass tourists), 조직된 대량관광자(the organized mass tourists) 등으로 구분하고 있다. 코헨의 이러한 구분은 관광자가 단일한 집단이 아니라는 점을 보여줌으로써 관광과 관광자에 대한 긍정적인 입장과 부정적인 입장을 절충하려는 시도라 할 수 있다.

문화관광자 또한 마찬가지라 하겠다. 문화관광 또한 관광의 일부이고, 문화관광자 또한 관광자이기 때문에 관광과 관광자에 대한 시각이 그대로 적용될 수 있다. 문화관광을 긍정적으로 평가하는 학자는 리차드(Richard, 1996), 맥커처(McKercher, 2002) 등을 들 수 있다.

2. 문화관광자의 유형

관광자가 한 집단이 아니라 다양하고, 관광이 한 유형이 아니라 다양한 유형이 있어, 관광이나 관광자를 단도직입적으로 '좋다' 혹은 '나쁘다'는 식으로 단정할 수 없다. 문화관광자의 경우도 마찬가지라고 할 수 있다. 앞에서 살펴본 바와 같이, 문화관광이라는 개념은 광범위하고 막연하다. 일반적으로 문화관광은 문화적 동기에 따른 관광을 의미한다. 문화관광을 광의의 개념으로 이해하는 것이다. 구체적으로는 주된 방문목적이나 현지에서의 문화경험의 강도에 따라 문화관광 여부를 판단하고 분류하는 것이다.

맥커처(2002)는 방문동기와 문화체험의 강도에 따라 문화관광자를 다섯 가지 유형으로 분류하고 있다. '우연적 문화관광자', '의도적 문화관광자', '우발적 문화관광자', '피상적 문화관광자', '일시적 문화관광자'가 그것이다(<그림 1-3> 참조). 방문지 결정에서 문화관광의 중요성이 크고 문화체험의 강도가 높은 관광자가 문화관광자이고, 이와 달리 방문동기에 있어서 문화관광의 중요성이 낮고 문화체험의 정도가 낮은 관광자는 우연적 문화관광자에 해당된다.

- 의도적 문화관광자: 여행의 주된 목적이 문화의 이해에 있으며 문화경험의 강도가 깊은 여행자
- 우발적 문화관광자: 여행의 목적이 본래 문화관광 목적의 여행이 아니었으나 문화를 깊이 경험한 여행자
- 피상적 문화관광자: 여행의 주된 목적은 문화였으나 얕은 수준의 오락 중심의 문화를 경험한 여행자
- 일시적 문화관광자: 여행의 목적이 문화를 감상할 목적이었으나 문화를 얕게만 경험한 여행자
- 우연적 문화관광자: 여행의 주된 목적이 문화를 감상할 목적이 아니었으나 현지에서 얕은 수준의 문화를 경험한 여행자

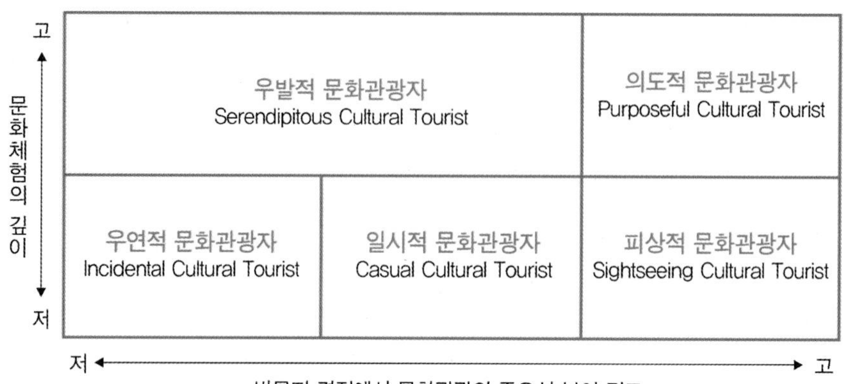

자료: 김사헌 · 박세종, 2013, p.248.

〈그림 1-3〉 **McKercher의 문화관광자 유형**

4절 문화관광의 주요 쟁점

1. 탈근대성과 관광

탈근대성(Post-modernism)은 중세 이후 서구 문명의 철학적 기반이 되어 온 근대성(Modernism)에 대한 반동으로 요약할 수 있으며, 20세기 후반 등장한 사회 각 분야의 변화의 방향을 포괄하는 개념이다. 탈근대성에 대한 합의된 정의는 없지만 근대성의 핵심가치인 합리성, 과학적 사고, 보편성, 객관성, 효율성 등에 대한 회의적 시각을 공유한다. 탈근대성은 다양성, 다원성, 불확실성, 우연성, 해체 등의 가치를 중심으로 논의가 지속되고 있다. 지금까지의 인류의 근대화 과정이 인간의 이성에 대한 신뢰를 바탕으로 보편타당한 정답을 찾는 것을 추구해 왔다면, 탈근대성은 개인의 서로 다른 특수성에 따른 무수한 다양성을 강조하고 있다(Baudrillard, 1983; Eco, 1986; Urry, 1990). 탈근대성에 대한 관심은 철학, 문학, 예술 등의 분야에서 시작되어 정치, 건축, 경영 등의 분야를 거쳐 관광 분야에도 탈근대 관광(Post-modern tourism)이라는 관점으로 여러 주제를 포함해 논의가 확대되고 있다(Munt, 1994; Uriely, 1997). 탈근대 관광의 맥락에서 논의되고 있는 주제는 광범위하지만 여러 주제를 관통하는 큰 흐름 다음의 세 가지로 요약될 수 있다.

첫째, 탈근대 시대에는 관광과 일상의 구분이 모호해진다. 전통적으로 관광학에서 관광과 일상(everyday life)은 대응되는 개념으로 이해되어 왔다. 즉 평범한(ordinary) 일과로 특징지어지는 일상과는 달리 관광은 특별한(extraordinary) 시·공간으로 떠나는 현상으로 인식되었다. 그러나 경제발전, 교통의 발달, 여가시간 증대 등으로 인해 관광 참여가 급격히 증가하면서 관광은 더 이상 특별한 것이 아닌 누구나 참여하는 일상의 일부로 인식되기 시작했다(Uriely, 2005). 더욱이 매스미디어와 가상현실 등 ICT의 발달로 인해 일상으로부터의 물리적 이격은 더 이상 관광의 필수조건이 아니며 개인들은 여행을 떠나지 않고도 일상 속에서 다양한 방식으로 관광에 참여할 수 있게 되었다. Lash & Urry(1994)는 특별함과 물리적 여행 등 전통적 관광의 기본적 속성을 잃어버린 탈근대 관광의 특징을 '관광의 종말'(The End of Tourism)로 묘사하고 있다.

둘째, 탈근대 시대에는 관광의 영역이 넓어진다. 전통적인 관광산업에서 관광자들이 찾는 관광대상은 주로 자연경관, 역사유적, 문화유산 등에 주로 집중되었으나 관광 참여가 늘어나면서 관광대상의 범위가 소도시, 골목, 마을, 숨은 맛집 등 관광목적지의 모든 요소로 확장되고 있다. 또한 사회 각 분야 간 상호연계성이 강화되는 탈근대 사회의 특징상 관광산업 역시 기존의 여행업, 숙박업, 외식업 등의 전통적 분야뿐만 아니라 교육, IT, 의료 등 다양한 분야와의 융복합이 늘어나고 있다. 동시에 관광자 역시 위락적 목적 뿐만 아니라 비즈니스, 교육, 쇼핑 등 다목적으로 관광에 참여하고 있어 전통적인 관광자 정의가 무의미해지고 있다(Ryan, 2002). 즉 관광을 기존의 틀로 설명하는 것이 점차 어려워지고 있으며 영역의 확장은 더욱 가속화될 것으로 보인다. Munt(1994)는 '모든 것이 관광'(everything is tourism)이라는 표현을 통해 영역의 한정이 무의미한 탈근대 관광의 특징을 묘사하고 있다.

셋째, 탈근대 시대에는 관광의 대상보다는 관광자에 대한 이해가 중요하다. 다른 산업 분야에서도 공급자 중심에서 소비자 중심으로의 변화가 일어나고 있는 것과 같은 맥락으로 탈근대 관광에서는 관광자의 중요성이 강조되고 있다(Wearing & Wearing, 2001; Wickens, 2002). 패키지 형태의 단체관광으로 대표되는 전통적인 관광에서는 관광산업에 의해 제공되는 관광의 대상을 어떻게 매력적으로 공급할 것인지가 초점이었다면 포스트모던 관광에서는 같은 관광대상에 각자의 배경, 동기, 욕구, 기대를 바탕으로 서로 다른 의미를 부여하는 관광자들의 의미화(signification) 과정을 이해하는 것이 필요하다. 즉 모든 관광자를 만족시킬 수 있는 보편성(universality)에 대한 집착에서 벗어나 저마다의 맥락을 고려한 탈근대 관광자의 개별 관광경험에 대한 상대적 해석에 대한 노력이 필요하다.

2. 글로벌라이제이션과 관광

20세기 후반 급속도로 진행된 교통과 통신의 발달이 고도화된 자본주의와 시너지 효과를 일으키면서 상품, 자원, 자본, 노동력, 지식, 문화 등 모든 요소들이 국경을 넘어 교류되는 소위 글로벌라이제이션(globalization, 세계화)이 전 세계에 걸쳐 확산되고 있다. 경제적 측면에서는, 세계무역기구(WTO) 체제의 안착과 자유무역협정(FTA)의 확대로 인해 전 세계가 하나의 시장으로 재편되면서 자원의 활용에 있어 효율성이 극대화되는 결과를 가져온 반면, 선진국과 후진국의 차이를 더욱 고착화시킨다는 비판도 제기되고 있다. 문화적 측면으로는, 전 세계를 대상으로 상품과 서비스를 판매하는 다국적 기업으로 인해 세계 어디에서도 유사한 패션, 전자제품,

음식, 음악, 영화 등을 즐길 수 있게 되었으며 커뮤니케이션 기술의 발달로 실시간으로 국경을 넘은 문화적 교류가 이루어지고 있다. 이 가운데 관광 분야는 국가 간의 인구와 문화의 교류를 촉진하는 역할을 통해 글로벌라이제이션 확산의 한 축을 담당하고 있는 동시에 급격한 글로벌라이제이션이 가져오는 관광목적지의 지역 정체성 변화에 대한 우려도 지속되고 있다. 관광 분야에 글로벌라이제이션에 대한 지금까지의 논의는 다음의 두 가지 서로 다른 관점으로 요약될 수 있다.

첫 번째 관점은 글로벌라이제이션으로 인해 관광목적지의 진정성이 상실되고 있다는 것이다(Bauman, 1998; Featherston, 1991). 각 국가나 지역은 저마다의 지리적, 자연환경적 맥락 속에서 특수한 역사적 전통을 통해 형성해 온 독특한 정체성을 형성해 왔으며 이러한 진정성이 관광자에게 매력으로 인식되어 관광목적지로 자리매김해 왔다. 그러나 글로벌라이제이션의 확산은 전 세계가 건축, 경관 등 물리적 측면부터 음식, 패션, 언어 등 문화적 측면에 이르기까지 유사성이 높아지는 결과를 가져오고 있다. 특히 서구의 선진국을 중심으로 진행되는 글로벌라이제이션은 저개발 국가의 문화를 침탈하는 문화적 제국주의로 인식되기도 하며, 수익의 극대화를 추구하는 다국적 기업이 글로벌라이제이션의 첨병으로 활약하면서 전 세계적인 표준화가 일어나고 있다. 이 과정에서 각 관광목적지가 지닌 지리적 위치는 의미를 잃고 고유한 정체성이 희미해지는 소위 장소상실(placelessness)로 까지 이어지게 된다(Relph, 1976). 즉 글로벌라이제이션으로 인한 진정성의 상실은 일상과 관광목적지 간의 차이(difference)에 근원을 둔 관광이라는 현상이 직면한 근본적인 도전으로 인식되고 있다. 따라서 많은 국가들은 향후 더욱 가속화될 관광자의 증가와 서구 자본 및 다국적 기업의 공격적 확장으로부터 독특한 지역정체성을 보전하기 위한 노력을 지속하고 있다.

두 번째 관점은 글로벌라이제이션은 자연스러운 인류의 진보 과정으로 이 과정을 통해 관광목적지는 새로운 정체성을 얻게 된다는 것이다(Tomlinson, 1999; Wang, 2007). 현대 사회를 살고 있는 현대인에게 글로벌라이제이션은 이미 특별한 변화라기보다는 삶의 일부이며 지역의 전통과 글로벌라이제이션의 만남 역시 불가피한 일상적 과정으로 인식되고 있다. 즉 글로벌라이제이션을 표준화나 획일화로 단순화시키는 것은 지나친 비약이며 각 관광목적지는 글로벌라이제이션으로부터 일방적으로 변화를 강요받는 수동적인 희생양이라기보다는 글로벌 환경에서 일어나는 다양한 변화들을 능동적으로 취사선택해 긍정적 방향으로 이끌어 낼 수 있는 주체로서 이해될 수 있다. 오히려 글로벌라이제이션이 가져오는 표준화의 과정은 닫힌 경쟁이 아닌 열린 경쟁을 통해 지역이 관광목적지로서 지닌 고유한 정체성이 무엇인지를 깨닫고 글로벌 환경 속에서 재창조할 수 있는 계기가 될 수 있다. 즉 이 관점에서 지역의 정체성이라는 것은 결코 절대적으로 고정된 것일 수 없으며 상대적이고 맥락적인 것으로 해석되어야 하며 글로벌라이제이션 역시 현 시점의 지역 정체성을 구성하는 하나의 요소로 이해될 수 있다(Pritchard & Morgan, 2000; Roudometof, 2005). 혼종(hybridity), 글로컬라이제이션(glocalization) 등으로도 개념화되는 이 과정은 글로벌라이제이션이 일상화된 현대관광에서 관광목적지가 어떤 부분에서 변화에 개방적이어야 하며 어떤 부분을 끝까지 보전해야 하는가에 대한 건설적 논의로 발전되어야 할 것이다.

3. 도시화와 관광

20세기 초반까지 전 세계의 인구 가운데 도시에 거주하고 있는 인구는 15% 수준에 머물렀으나 한 세기 동안 진행된 급속한 도시화로 인해 도시 거주 인구 비율은 2007년 처음 50%를 넘어섰고 2018년 현재 54%, 2050년엔 68%까지 이를 것으로 예상되고 있다(United Nations Population Fund, 2018). 인류가 처음 겪어보는 빠른 도시화는 인류의 삶에 많은 영역에 영향을 미치고 있으며 관광 분야에도 근본적인 변화를 가져오고 있다. 일부 대도시가 관광산업에서 중요한 관광목적지로서 역할을 해오고 있는 것도 사실이나, 일반적으로 관광학에서 도시지역은 주거, 업무, 상업 등 '일상'의 영역으로서 비도시지역에 위치한 관광목적지(destination)와 대비되는 출발지(origin)으로 인식되어 왔다(Law, 1992). 그러나 빠른 도시화와 관광 참여의 증가가 동시에 일어나면서 도시지역은 관광시스템 상에서 관광목적지로서의 역할이 점차 강화되고 있다. 많은 인구와 다양한 기능으로 인한 불균질한(heterogeneous) 공간이자 국가 및 지역의 중심지(hub)로서 지속적인 교류와 변화가 일어나는 도시가 갖는 관광목적지로서의 특징은 기존의 전통적 관광이론으로 충분히 설명되지 못할 수 있다(Pearce, 2001). 도시화 속에서 관광 분야가 직면하고 있는 이슈들은 다음의 두 가지로 크게 요약될 수 있다.

첫째, 도시에서 관광의 범위와 관련된 이슈이다. 도시를 방문하는 사람들은 위락적 목적뿐만 아니라 비즈니스, 교육, 상업, 의료 등 다양하며 이들이 찾는 관광지의 유형 역시 역사자원이나 자연자원뿐만 아니라 마을, 골목, 거리, 맛집 등 매우 광범위하다. 즉 다양한 목적의 관광자와 다채로운 관광지의 무수한 조합을 고려하였을 때 도시 내에서 관광 분야와 직·간접적으로 관련성을 갖지 않는 분야는 없다고 말할 수 있을 정도로 관광의 범위가 광범위해졌다. 또한 도시의 특성상 도시민의 여가공간과 관광자의 관광공간의 구분이 모호하여 도시민의 도시 내 여가활동을 관광의 관점에서 함께 고려해야 하는 상황이 되었다(Ashworth & Page, 2011; Edwards et al., 2008; Pearce, 2001). 다시 말해 관광이라는 현상이 이루어지는 공간적 배경이 도시로 변하면서 관광개발, 관광정책, 관광경영의 과정에서 비도시 지역에서 이루어지던 전통적인 관광에 비해 고려해야 할 요소가 크게 늘어난 것이다. 대부분의 도시에서 관광산업이 가장 우선순위가 되지는 않더라도 관광자의 방문이 일상화된 현대 도시에서 관광의 기능은 도시 내 모든 시스템과 산업분야에서 상시 고려해야 할 중요한 요소로 자리매김하게 되었다.

둘째, 관광자가 경험하고자하는 도시의 매력과 관련된 이슈이다. 전통적의 관광학의 관점에서 관광자는 방문한 지역의 고유한 자연과 문화를 경험하고자 하는 존재로 이해되어 왔다. 그러나 현대사회에서 도시는 다양한 인구와 기능이 밀집한 공간으로서 한 도시를 특정 정체성으로 설명하는 것은 사실상 불가능하다. 동시에 도시는 정치적, 경제적, 사회문화적 중심지로서 지식과 정보가 끊임없이 소통되고 새로운 트렌드가 발생하는 곳으로 정체성의 지속적인 변화가 일어나게 된다(Beedie, 2008; Metro-Roland, 2011). 이러한 무한한 다양성과 끊임없는 변화는 도시를 박제된 공간이 아닌 살아있는 유기체로 만들고 있으며 관광자들은 연출되지 않는 도시의 살아있는 일상을 매력적으로 인식하게 된다(심창섭 · 칼라산토스, 2012). 물론 도시 내에 위치한 역사자원, 자연자원도 도시의 매력을 구성하는 요소임에는 틀림없지만 도시민의 표정과 옷차림부터 길거리의 간판, 들리는 음악까지 도시 내에서 관광자가 인지하거나 느낄 수 있는 유 · 무형의 모든 요소들이 관광자들이 도시를 방문하는 매력이 된다. 요컨대, 잘 보전된 지역의 진정성을 관광자를 위해 잘 준비해 제공하고자 하는 관광개발의 전통적인 방식이 도시공간이 중요한 비중을 차지하고 과도한 개입을 지양하는 현대관광에서 유효한 방식인지에 대한 고민이 지속되고 있다.

생각해볼 문제

1. 관광학에서 문화관광이 별도의 분야로 존재할 필요성에 대해 토론해보자.

2. 문화관광의 영역에서 향후 중요성이 높아질 주제는 무엇인지 토론해보자.

3. 관광에서 문화의 상품화의 긍정적인 측면과 부정적인 측면을 토론해보자.

4. 관광에 대한 심리학적, 경제학적 접근의 한계에 대해 토론해보자.

5. 탈근대 관광의 특징을 잘 반영한 관광현상의 사례를 찾아보자.

6. 글로벌라이제이션이 진행되면서 관광산업이 발달할지 쇠퇴할지 토론해보자.

7. 관광목적지로서 도시가 점점 더 관심을 받고 있는 이유가 무엇인지 토론해보자.

더 읽어볼 자료

1. Cohen, E. (2004), *Contemporary tourism: Diversity and change*, Amsterdam: Elsevier.
   잘 알려진 문화관광 연구자인 에릭 코헨의 주요 논문들을 모아 놓은 단행본으로서 현대관광의 변화의 흐름 속에서 사회과학의 측면에서 관광현상에 접근함. 핵심적 이론 및 흥미로운 사례연구를 통해 진정성, 글로벌라이제이션, 포스트모더니즘 등 문화관광의 주요 이슈를 종합하였다.

2. **김사헌 · 박세종(2013), 『관광사회문화론』, 서울: 백산출판사.**
   국제관광에서 발생하는 문화 간의 교류를 설명하는 이론을 소개하는 데 집중한 교재용 단행본으로서 고유성, 리미날리티, 관광자의 시선 등 주요 개념을 소개하고 국제관광이 어떤 역학구조를 갖고 있으며 다양한 주체들이 어떤 상호작용을 하는지를 설명하였다.

3. Wang, N. (2000), *Tourism and modernity: A sociological analysis*, Oxford: Pergamon(**이진형 · 최석호 역, 『관광과 근대성: 사회학적 분석』, 서울: 일신사**).
   관광을 거시적 사회구조의 변동과 연결시켜 접근하였으며 근대성, 진정성, 유혹, 이미지, 담론, 기호가치 등의 개념을 통해 관광에 대한 심리적, 경제학적 접근의 한계를 비판하고 사회학적 접근을 시도하였다.

참고문헌

김문겸(1993). 『여가의 사회학: 한국의 레저문화』. 서울: 한울아카데미.

김병용 · 조광익(2019). 『관광학원론』. 서울: 한올출판사.

김사헌 · 박세종(2013). 『관광사회문화론』. 서울: 백산출판사.

심창섭 · 칼라산토스(2012). 도시관광에서 진정성 개념에 관한 탐색적 고찰. 『관광연구논총』, 24(3): 33-56.

오상훈(2005). 『관광과 문화의 이해』. 서울: 형설출판사.

전경수(1987). 『관광과 문화: 관광인류학의 이론과 실제』. 서울: 까치.

조광익(2006). 『현대관광과 문화이론』. 서울: 일신사.

조광익(2010). 『여가의 사회이론』. 서울: 대왕사.

Ashworth, G., & Page, S. (2011). Urban tourism research: Recent progress and current paradoxes. *Tourism Management,* 32, 1-15.

Baudrillard, J. (1983). *Simulations*. New York: Semiotext.

Bauman, Z. (1998). *Globalization: The human consequences*, Oxford: Polity Press.

Beedie, P. (2005). The adventure of urban tourism. *Journal of Travel & Tourism Marketing*, 18(3), 37-48.

Boorstin, D. (1962). *The Image: A Guide to Pseudo-Events in America*, New York: Atheneum. (정태철 역(2004). 『이미지와 환상』. 서울: 사계절.)

Bourdieu, P. (1984). *Distinction: A Social Critique of the Judgement of Taste*, (Richard Nice trans.) Cambridge: Harvard University Press. (최종철 역(1995/1996). 『구별짓기』. 서울: 새물결.)

Cohen, E. (1979). Rethinking the Sociology of Tourism, *Annals of Tourism Research*, 6(1), 18-35.

Eco, U. (1986). *Travels in Hyperreality*. London: Picador

Edwards, D., Griffin, T., & Hayllar, B. (2008). Urban tourism research: Developing an agenda. *Annals of Tourism Research*, 35(4), 1032-1052.

Featherstone, M. (1991). *Consumer Culture and Postmodernism*. London: Sage. (정숙경 역(1999). 『포스트모더니즘과 소비문화』. 서울: 현대미학사.)

Graburn, N. H. H. (1977). Tourism: The Sacred Journey, In *Host and Guest: The Anthropology of Tourism*. (Valene Smith, ed.). pp. 17-31. Philadelphia: Univ. of Pennsylvania Press.

Hofstede, G. (1991). *Cultures and Organizations: Software of the Mind*. London: McGraw Hills. (차재호 · 나은영 역(1995). 『세계의 문화와 조직』. 서울: 학지사.)

Lash, S., & Urry, J. (1994). *Economies of Signs and Space*. London: Sage.

Law, C. M. (1992). Urban tourism and its contribution to economic regeration. *Urban Studies*, 29 (3/4), 599-618.

MacCannell, D. (1976). *The Tourist: A New Theory of the Leisure Class*. Shocken Books. (오상훈 역(1994). 『관광자』. 서울: 일신사.)

MacCannell, D. (1999). *The Tourist: A New Theory of the Leisure Class* (2nd edition). Berkeley: Univ. of California Press.

Mckercher, B. (2002). *Towards a classification of cultnral tourist. International Journal of Tourism Research*, 4(1), 29-38.

Munt, I. (1994). The 'Other' postmodern tourism: culture, travel and the new middle classes. *Theory, Culture & Society*, 11(3), 101-123.

Pearce, D. G. (2001). An integrative framework for urban tourism research. *Annals of Tourism Research*, 28(4), 926-946.

Pritchard, A., & Morgan, N. J. (2000). Constructing tourism landscape: Gender, sexuality and space. *Tourism Geographies*, 2(2), 115-139.

Richard, G. (1996). Production and Consumption of European Cultural Tourism, *Annals of Tourism Research*, 23(2): 261-283.

Rojek, C. (1985). *Capitalism and Leisure Theory*. New York: Tavistock. (김문겸 역(2000). 『자본주의와 여가이론』. 서울: 일신사.)

Ryan, C. (2002). *The Tourist Experience*. London: Continuum.

Roudometof, W. (2005). Transnationalism, cosmopolitanism and glocalization. *Current Sociology*, 53(1), 113-135.

Storey, J. (1993). *An Introductory Guide to Culture Theory and Popular Culture*. Athens: University of Georgia Press. (박모 역(1994). 『문화연구와 문화이론』. 서울: 현실문화연구.)

Tomlinson, J. (1999). *Globalization and Culture*. Chicago, IL: University of Chicago Press.

United Nations Population Fund (2018). *The State of World Population 2017*. New York: United Nations Population Fund.

Uriely, N. (1997). Theories of modern and postmodern tourism. *Annals of Tourism Research*, 24(4), 982-985.

Wang, Y. (2007). Globalization enhances cultural identity. *Intercultural Communication Studies*, 16(1), 83.

Wearing, S., & Wearing, B. (2001). Conceptualizing the selves of tourism. *Leisure Studies*, 20, 143-159.

Wickens, E. (2002). The sacred and the profane: A tourist typology. *Annals of Tourism Research*, 29(3), 834-851.

Williams, R. (1983). *Keywords*. London: Fontana.

2장 근대성과 문화관광

최 석 호 (한국레저경영연구소장)

2장 근대성과 문화관광

최 석 호 (한국레저경영연구소장)

Highlights

1. 문화관광의 거시사회적 맥락을 이해한다.
2. 근대성·탈근대성·고도근대성 등 근대사회를 바라보는 관점의 차이를 이해한다.
3. 근대관광의 형성과 문화관광의 연관성을 이해한다.
4. 탈근대론자들의 근대관광 비판과 문화관광에 대한 대안 제시를 이해한다.
5. 근대관광의 세계화와 문화관광을 이해한다.

1절 서론

여름이면 해수욕장에 휴가자로 가득했다. 지금은 연중 해운대와 경포 해변을 찾는다. 여름휴가를 해외에서 보내기 위해 인천공항 곳곳에 길게 늘어선 사람들을 보는 것도 이제는 그리 쉽지 않다. 굳이 여름휴가가 아니더라도 홍콩이나 일본으로 당일치기 여행을 떠난다. 대만 관광자는 한국 상공을 선회만 하고 되돌아갔다. 여행하는 사람이 쇼핑을 하는 것이 아니라 쇼핑하기 위해서 여행을 한다. 나가사키 · 칭다오 · 보라카이 · 괌 · 다낭. 지난 30년 동안 우리나라 사람들이 옮겨 다닌 해외여행지다.

개그맨 김현철이 오케스트라를 지휘한다. 주민들이 그린 그림과 학생들이 연주하는 음악으로 지방축제를 개최한다. 한 달 살이나 일주일 체험은 농촌관광이지만 동시에 인구감소에 대처하는 지방자치단체의 인구유입 정책이다. 문화체육관광부 · 환경부 · 국토교통부 등 중앙정부뿐만 아니라 지방자치단체도 경쟁적으로 길을 만들고 있다. 걷기여행자가 폭발적으로 증가하고 있다. 인천 · 군산 · 부산 · 목포 · 순천 등 지방은 말한 것도 없거니와 서촌 · 북촌 등 서울 곳곳에서 도시재생이 한창이다. 도시재생의 핵심은 보다 많은 관광자 유입이다. 관광자 유치가 도시재생의 성패를 가르다보니 도시재생사업도 관광개발사업과 별반 다르지 않다. 도시재생은 과거를 보존하고 향수를 자극함으로써 더 많은 관광자를 끌어들인다. 유산관광이 각광받는다.

서구에서 관광을 사회적으로 조직한 토마스쿡 여행사가 영업을 시작하고 해변리조트가 등장한지 불과 한 세기 반밖에 지나지 않았다. 우리나라 사람들이 여행을 시작한지 50년도 되지 않았다. 관광 비즈니스는 부침을 거듭한다. 어제 여행했던 곳을 오늘 다시 찾는 관광자는 거의 없다. 지속적으로 새로운 관광정책을 시행한다. 그러나 왜 성공하는지 또는 왜 실패하는지 잘 알지 못한다. 관광과 관련된 것은 거의 모든 것이 변하고 있다. 종으로 횡으로 다양화되면서 관광학자도 관광 현상을 설명하기 쉽지 않다.

왜 이럴까? 급속한 변동의 시기는 패러다임이 전환되는 시기다. 정상 패러다임이 지배하는 긴 시간을 지났다. 지금 우리는 비정상 패러다임이 지배하는 관광패러다임 전환의 시기에 있다. 이런 변동의 시기에 관광현상을 읽을 수 있는 시각은 거시사회적 맥락(macro-social context)에 대한 논의와 관광 · 여가 사회이론(social theory)에서 온다. 패러다임 전환기에 변동은 사회적 맥락, 즉 근대성 자체에서 발생하기 때문이다.

근대성에 관한 논의는 세 가지로 분화되었다(최석호 · 최승담 · 김남조 · 김봉중, 2008). 신보수주의로의 회귀와 탈정치화를 막기 위해서 미완의 기획으로 머물러 있는 근대성을 더욱 완전하게 실현해야 한다는 의미에서 근대성(Habermas, 1983), 계몽주의적 기획에서 비롯된 이성과 합리성이라는 거대서사의 위장과 기만을 배격하기 위해서 근대성을 벗어나야 한다는 의미에서 탈근대성(Lyotard, 1984), 근대성으로 근대를 성찰해야 한다는 의미에서 고도근대성 또는 후기근대성(Giddens, 1990; Beck, 1992) 등이 그것이다. 근대성 · 탈근대성 · 고도근대성 등 관광의 거시사회적 맥락에 대한 논의를 통해 패러다임 전환기에 근대적 대중관광이 어떤 방향으로 변동하고 있는지 문화관광을 중심으로 살펴본다.

| 2절 | 관광의 거시사회적 맥락: 근대성

1. 근대성[1)]

5세기 말 최초로 근대라는 말이 문헌에 등장했을 때, 이 말은 공식적으로 기독교인이 된 현재로써 근대와 로마인이었고 이교도였던 과거로써 고대를 대비시키기 위한 것이었다(Habermas, 1983: 3). 최초로 사용된 근대성은 이미 극복한 이교도 시대와 반대되는 것으로 정의되었으며, 근대적으로 되는 것은 동시대적인 것이 되는 것이었으며, 현재의 '순간'을 증언하는 것이었다.[2)] 따라서 순간이라는 관념은 근대성의 시간의식(a time consciousness)에서 중심적인 것이며, 현재와 과거간의 긴장을 표현한다.

17세기 촉발된 근대성 논쟁은 현재 순간의 독특성을 부각시키는 의식이었다. 이 당시 고대와 근대간의 논쟁에서 근대인은 고전적인 스타일을 거부하는 사람들을 일컬었다. 이들은 과학과 진보에 대한 강한 신념을 특징으로 하는 동시대를 선호했다. 영국에서는 근대성이 과학의 발흥과 밀접한 관련을 맺고 있었다. 이 당시에 근대성은 이미 특수한 시간의식을

1) 이 항은 최석호(2006a: 31~35), 신종화 · 최석호(2007: 64~73)를 근간으로 다시 쓴 글이다.

2) "modernus라는 말은 5세기의 마지막 10년, 그러니까 고대 로마에서부터 새로운 기독교 세계로의 이행기에서 처음으로 등장되고 있음이 증명된다. 그리하여 이 새로운 표현 안에는 고대 세기의 종말과 기독교적 세기의 도래에 대한 의식이 표명되고 있다"(Jauss, 1983: 21).

지향하고 있었다. 17세기 논쟁은 독특한 현재의 순간에 대한 고양된 시간 의식이었기 때문에 과거와 현재간의 긴장으로 표출되었던 것이다(Delanty, 2000: 8-10). 미래는 현재에 선행하는 과거의 사건에서 비롯되었으며 현재는 이 사건에 가속도를 더하고 있다.

16세기부터 18세기에 이르는 계몽기 근대성의 시대는 과학혁명 · 르네상스 · 종교개혁 · 지리상의 발견 등으로 중세를 끝장낸 시대를 말한다. 따라서 근대성은 최근의 근대역사에서 단절을 기록한 시대이며, 이미 시작된 미래를 살고 있는 것에서 정당성을 획득한다(Delanty, 2000: 10-11; Habermas, 1987: 5).

이러한 근대성이 20세기말에 이르러 다시 논쟁에 휘말려든다. 1980년대 하버마스와 리요따르간의 논쟁으로 촉발된 근대성 논쟁은 이전의 논쟁과 근본적으로 다른 양상을 띤다. 여태까지는 근대가 항상 그 이전의 시대와 대비되는 한 시대 또는 현재의 독특한 시간의식을 표출하는 것이었기 때문에 근대는 항상 미래와 연결되어 있거나 미래를 향해 열려있었다.

그러나 1980년의 논쟁에서 근대는 전혀 다른 양상을 띠고 전개되었다. 즉 이성적 합리성으로 인간에게 해방을 가져다주겠다던 계몽의 기획이라는 거대서사 자체를 회의하는 상황에서 논쟁이 촉발되었기 때문이다. 거대서사에 의심의 눈길을 보냄으로써 근대성 논쟁을 촉발시킨 탈근대론은 탈근대적인 사회현상을 들어서 근대론에 일격을 가했기 때문에 이제 근대성은 극복해야할 과거로 전락해 버린 것이다.

이에 대해 하버마스는 계몽의 기획이 탈근대론자들이 보는 것보다 훨씬 덜 전체주의적이었다고 말한다(심광현, 2000: 45-54). 도덕적 자율성의 기획과 문화적 분화의 원리를 옹호했던 칸트[3]에 기반을 두고 있는 "미완의 기획: 근대성"(Modernity: An Incomplete Project)이라는 논문에서 하버마스는 막스 베버를 인용하여 문화적 근대성이 종교와 형이상학 속에 표현된 주관적 이성을 과학 · 도덕성 · 예술 등의 세 가지 자율적인 영역으로 분리

3) "An Answer to the Question: What is Enlightenment?"

시켰다고 말한다. 즉 종교에 통합되어 있었던 것들이 세 가지로 분열되었다. 게다가 그 세 가지는 각자의 길을 가고 있다. 과학에서는 참이어야만 타당한 것이다. 도덕성으로 옮겨가면, 올바른 것은 참이 아니라 규범적으로 옳은 것이다. 예술 영역에서는 참이라든가 사회적으로 옳다고 받아들여지는 것 등은 별달리 중요하지 않다. 오직 진정하고 아름다운 것만이 타당한 것이다. 이렇게 분리된 문화는 과학담론, 도덕이론, 예술의 생산과 비평 등으로 제도화된다. 이제 세 영역 각각 특수한 문화전문가들의 관심에 따라서 문제를 능수능란하게 다룬다. 전문가 문화와 그로부터 격리된 대중문화 사이에 간격은 점점 더 벌어진다. 그리하여 문화는 합리화되었지만 생활세계는 힘을 잃고 말았다.

근대성의 기획은 18세기 계몽철학자들이 객관적인 과학, 보편적인 도덕성, 자율적인 예술을 발전시키는 과정에서 형성한 것이다. 그것은 계몽철학의 내적인 논리에 따른 것이었고 개별 영역의 잠재력을 발현한 것이었다. 자연에 대한 통제력을 향상시키고 세상에 대한 이해를 증진시킴으로써 도덕적 진보와 사회 정의 그리고 인류의 행복까지도 진전시킬 것이라고 낙관했다. 그러나 20세기에 이르러 이러한 낙관주의는 산산 조각났다. 과학 · 도덕성 · 예술 등으로 분화된 각각의 영역은 자율성을 확보했다. 이는 특수한 전문가들이 각각의 영역에서 자기마음대로 문제를 다루기 시작하면서 일상적인 의사소통은 물 건너 가버렸다는 것을 의미한다. 한때 전문가 문화는 참이었고 규범적으로 옳았고 아름다웠다. 지금 우리는 바로 이 전문가 문화를 부정하기 시작했다. 그렇다고 해서 발생한 문제까지 부정되는 것은 아니다. 문제는 엄연히 그대로 남아있다(Habermas, 1983: 8-10).

문화적 근대성을 이루는 이 세 가지 영역이 분화하면서 전문가 문화가 발전함에 따라 근대사회에 이르게 되면 지식이 실용화되고 원자화되는 경향인 전문화의 이율배반적 결과가 나타나기 때문이다. 또한 자본주의

화 과정으로 진행된 사회의 근대화 과정은 세 가지 가치 영역 가운데 과학과 기술 영역의 발전만을 선택적으로 촉진했기 때문이다(심광현, 2000: 45-54; Delanty, 2000: 11-14; Habermas, 1983: 8-10).

근대성의 이상과 근대화의 현실 사이에 나타난 이와 같은 괴리는 하버마스가 근대성의 다른 측면, 즉 사회적 근대성의 주된 특징이라고 보는 '체계와 생활세계의 분리'라는 측면에서도 나타난다.[4] 체계의 합리화는 체계의 분화로 이어지고 생산관계의 변동에 따른 물질적 재생산의 조건에 변형을 초래한다. 그 영향은 생활세계의 합리화로 비화되어 상징적 재생산을 방해한다. 양자의 분리는 사회적 근대화의 주요한 성취이지만, 체계에 의한 생활세계의 식민화가 가속화되면서 그 의미를 상실하게 된다(Habermas, 1987: 119-197).

과학적 지식의 발전은 인류로 하여금 자연환경을 합리적으로 통제하고 지배할 수 있게 하고, 도덕과 법 그리고 예술영역의 자율적 발전은 우리의 사회적 삶을 합리적으로 영위할 수 있게 했다. 그런 측면에서 근대성의 기획은 곧 인류를 무지몽매에서 벗어나게 했다. 그렇다면 우리는 계몽의 기획을 붙들고 늘어져야 하는가? 아니면 계몽의 기획을 버려야 하는가?

계몽의 기획으로 추진한 프로젝트로 말미암아 많은 사회문제가 발생했다. 계몽의 기획은 불균등발전 · 환경파괴 · 성차별 · 인종차별 · 불평등 · 노동착취 · 독재 등 각종 사회문제를 양산했다. 그렇다고 해서 근대성을 포기할 필요도 없거니와 계몽의 기획이 정당성을 상실한 것도 아니다. 기획을 완성하지 못한데서 문제가 발생했을 뿐이다. 근대성 그 자체에서 문제가 양상된 것은 아니다. 따라서 지금은 근대성의 기획을 부정해야 할 때가 아니라 실수로부터 배워야 할 때다(Habermas, 1983: 12-15). 계몽의 기획을 더욱 철저하게 구현하자!

---

4) 체계는 돈이나 권력 같은 비언어적 매체에 의해 조정되는 제도중심의 행위영역을 지칭하며, 생활세계는 의사소통행위 참여자들의 배후에 존재하면서 언어적 이해에 도달하는 과정을 조성하는 집합적 신념의 기초와 관계를 일컫는다(Habermas, 1987).

2. 탈근대성

그럼에도 불구하고 리요따르는 하버마스와 달랐다. '모든 언어게임에 공통되는 메타규범은 이것이다'라고 결정할 수도 없고 설령 메타규범을 결정했다고 하더라도 특정 과학공동체가 메타규범 전체를 포괄할 수도 없기 때문에 하버마스의 입장을 따르는 것은 가능하지도 않고 신중하지도 않다.

메타규범은 존재하지 않는다는 점과 토론의 목표는 합의가 아니라 배리라는 점에 비추어 볼 때 하버마스의 주장은 기본가정 자체가 틀린 그릇된 주장일 뿐이다. 보편적 합의를 통해 정당화 문제를 해결하고자 하는 하버마스는 두 가지를 가정하고 있다. 즉 대화의 목표가 합의라는 것과 그 합의에 기초한 규칙과 메타규범은 모든 언어게임에서 보편적으로 타당하다는 가정을 하고 있다. 그러나 언어게임에 공통되는 메타규범적 발화는 없다는 점과 토론의 목표는 합의가 아니라 배리라는 점에 비추어 볼 때 하버마스의 주장은 기본 가정 자체가 잘못되어 있는 그른 주장이다. 즉 각각의 담론은 이질적인 규칙을 갖고 있으며, 서로 다른 의견을 갖고 있기 때문에 담론은 보편적 합의에 이를 수 없다. 따라서 보편적 합의를 통한 인류공통의 해방추구와 정당한 진술을 통한 인류해방에 대한 진술은 불가능하다(Lyotard, 1992: 149-164). 결국 이성적 합리성을 통한 인류해방을 약속했던 계몽의 기획은 기만에 불과하다.

이를 바탕으로 리요따르는 다음과 같이 탈근대성에 대해서 기술한다. 탈근대란 '고도로 발전한 사회에서 지식의 조건'이다. 이에 반하는 근대란 '메타담론에 근거하여 스스로를 정당화시키고 모종의 거대서사에 공공연히 호소하는 모든 과학'을 지칭한다. 따라서 탈근대란 거대서사에 대한 불신과 회의이며, 의심할 여지없이 여러가지 과학적 진보의 산물이지만 과학의 진보 또한 회의를 전제한다. 또한 탈근대적 지식은 단순히 당국자들의 도구만이 아니며, 그것은 차이에 대한 우리들의 감각을 세련시켜주고 동일한 기준으로 비교할 수 없는 것(incommensurability)에 대한 관용을 강화시켜준다. 탈근대적 지식의 원리는 전문가의 상동성이 아니라 발명가의 배리(背理, paralogie)다. 탈근대적인 과학적 지식의 가장 큰 특징은 과학적 지식에 타당성을 부여하는 규칙의 담론은 과학적 지식 속에 내재(immanence)되어 있다는 것이다. 탈근대적 과학 지식은 알려진 것이 아니라 알려지지 않은 것을 생산한다. 수행성의 극대화가 아니라 다름에 대한 이해에 기초한 정당화 모형을 제시한다(Lyotard, 1992: 138-149).

탈근대는 근대성의 일부이지만, 지금까지 근대의 이름으로 받아들여져 왔던 모든 것을 의심한다.[5] 한 시대로서 근대는 놀랄만한 속도로 도망치고 있다. 이제 탈근대적일 경우에만 근대적일 수 있는 시대가 펼쳐지고 있다. 따라서 탈근대주의는 생성상태에 있는 근대주의를 말한다. 이로써 탈근대적인 것은 근대적인 것에서 표현할 수 없었던 것을 표현한다. 탈근대는 새로운 표현을 발견하고 그것을 즐기기 위해서가 아니라 표현할 수 없는 것에 더 강렬한 의미를 부여하기 위한 것이다(Lyotard, 1992: 177-181).

리요따르의 탈근대성 주장은 상당한 현실 적합성을 가진다. 여행이라는 달콤한 선물을 즐긴 뒤에 마주하게 되는 더욱 가공할 현실, 인간의 생존을 위협하는 환경파괴, 굶주림 건너편에 만연한 사치와 낭비, 전쟁을 통해 더 많은 이익을 얻는 군산복합체, 오직 하나만을 위해 모두를 소외시켜버리는 비인간적인 사회 등 근대성에서 비롯된 문제는 한 두 가지가 아니다. 계몽의 기획으로부터 비롯된 문제들을 목전에 두고 근대사회를 고수하겠다는 것은 어불성설이다. '더 늦기 전에 탈근대성(the postmodern)으로 나아가자. 근대사회의 총체성(totality)에 전쟁을 선포하라. 다름(the differences)을 활성화하고 더욱 명예롭게 하라!'(Lyotard, 1984: 81-82).

---

5) "탈근대는 근대성의 일부임에 분명하다…한 작품은 먼저 탈근대적인 경우에만 근대적일 수 있다. 그러므로 우리가 이해하고 있는 탈근대주의는 끝나는 상태의 근대주의가 아니라 생성상태에 있는 근대주의이고 이 상태는 항구적이다."(Lyotard, 1992: 177)

3. 고도근대성

근대성은 엄청난 진보를 이룩했다. 그러나 인류의 생존을 위협하고 있는 문제점을 양산한 것도 근대성이다. 하버마스는 계몽의 기획이 미완의 기획으로 남아 있기 때문에 각종 사회문제가 발생했다고 잘못 진단했다. 근대사회론자들의 주장과 달리, 이성과 합리성으로 인류 해방을 약속했던 계몽의 기획 그 자체에서 문제가 비롯되었다. 따라서 리요따르의 거대서사와 메타담론에 대한 비판도 타당하고, 근대성에 대한 비판적 진단도 정당하다.

전통사회를 무너뜨린 바로 그 메카니즘, 즉 역동성이 근대성을 넘어서는 새로운 사회적 조건을 형성하고 있다. 하버마스가 말한 것처럼 근대성에 그대로 머무르고 있는 것이 아니다. 리요따르가 말한 것처럼 탈근대성의 시대로 넘어가고 있는 것도 아니다. 지구사회가 형성하고 있는 새로운 사회적 조건은 탈근대성의 아니라 근대성의 결과들이 더욱 급진화·보편화되고 있는 고도근대성(high-modernity)이다.

근대사회와 전통사회를 갈라놓는 가장 명백한 특징은 근대성의 극단적인 역동성(dynamism)이다. 근대성이 낳은 시공간 분리(separation of place and space)와 장소귀속성 탈피(disembedding) 그리고 구성원 개개인이 획득한 성찰성(reflexivity) 등으로 말미암아 역동적인 근대사회가 탄생했다(최석호, 2006a: 31-35).

첫째는 시공간 원격화(time-space distanciation) 과정이다. 전통사회에서는 시간이 전세계적으로 표준화되어 있지 않았기 때문에 지금이 몇 시인지는 어디에 있느냐에 따라 결정되었다. 따라서 시간과 공간은 어느 장소에 위치하고 있는지와 결합되어 있었다. 그러나 근대사회에서는 현재시간이 어디에 있느냐라는 것에 의해 결정되지 않는다. 기계적 시계의 발명은 이 과정, 곧 시공간 분리를 보여주는 최상의 사례다. 시공간 준수는 사회적 행위를 조정하기 위한 장소귀속성에서 탈피할 수 있는 토대를 제공한다.

둘째는 사회제도의 장소귀속성 탈피(disembedding)다. 장소귀속성 탈피란 지방의 맥락을 벗어난 사회관계가 시공간을 가로질러서 다시 결합되는 것을 지칭하는 것으로써 근대사회가 도입한 시공간 원격화를 더욱 가속화시킨다. 장소귀속성 탈피는 같은 지방에 살고 있지 않는 사람과 관계를 형성하고 상호작용할 수 있게 한다. 이것은 같은 지방 사람들과의 접촉의 중요성을 감소시키고 지리적 제약을 극복하게 한다. 두 가지 유형의 장소귀속성 탈피 기제, 즉 상징적 토큰(symbolic tokens)과 전문가 체계(expert systems)는 시간과 공간을 괄호친다. 상징적 토큰은 서로 만난 적이 없는 무수한 개인들 간의 거래를 가능하게 하고, 전문가 체계는 타당성을 확인할 길이 없는 일반인들이 기술적 지식을 사용할 수 있게 하기 때문이다.

셋째는 성찰성(reflexivity)이다. 이것 때문에 우리는 신뢰할 수 있게 되고, 기존의 관행에 얽매이지 않고 사회생활을 할 수 있게 된다. 성찰성은 새로운 지식과 정보에 비추어서 사회활동과 물질관계를 끊임없이 수정하게 한다. 성찰성은 계몽적 사고의 산물이지만, 계몽적 사고에서 비롯된 질서와 통제에 대한 기대를 무너뜨리고 지식의 확실성을 손상시킨다. 모든 지식은 지속적인 검열을 받고 또 수정된다. 이것은 지속적인 변동과 불확실성을 생산한다.

이처럼 역동적인 근대사회를 제도적 차원에서 보았을 때 다차원적이다. 기든스(Giddens)는 근대성의 제도적 차원을 고전이론가들의 연구에서 도출한 자본주의 · 산업주의 · 감시 · 폭력수단의 독점 등과 같은 네 가지로 분류한다(최석호 · 최승담 · 김남조 · 김봉중, 2008: 81-82; Giddens, 1990: 55-63; Giddens & Pierson, 1998: 81-83; Kasperson, 2000: 89-92).

먼저, 근대성의 등장은 근대적 경제질서, 즉 '자본주의'(capitalism) 경제질서의 창출을 의미한다. 상품생산체계인 자본주의에서 중심이 되는 것은 자본의 사적소유와 자본과 임노동 간의 관계다. 그리고 이 관계는 계급체계를 중심축으로 형성된다. 자본가는 시장에 내다 팔기 위해서 상품을 생산한다. 그러나 시장에서는 경쟁이 치열하기 때문에 자본가는 이윤을 추구하기 위해서 끊임없는 기술혁신을 시도한다. 기업 간의 치열한 경쟁과 상품화과정이 결합하면서 자본주의는 내부에 고도의 역동성을 갖추게 된다.

둘째로, 기든스가 '산업주의'(industrialism)를 여타 근대성의 제도적 차원들과 분리하는 이유는 산업이 근대사회의 기술적 토대를 구축하고 있기 때문이다. 산업주의와 과학기술의 발달이 서로 맞물려 돌아가면서 기계중심문명이 전개되고 있다. 생산의 에너지원이 풍력 · 축력 · 인력 등 자연적인 것에서 화석연료 · 원자력 등 비자연적인 것으로 바뀐다. 이에 따라 기계를 이용한 공장제 생산으로 전환되었다. 즉 산업주의는 노동 그 자체와 작업장을 변형시켰다. 그 외에도 산업주의는 교통과 통신에 변동을 초래하고 그 중요성을 더욱 강화시켰다. 심지어는 가정생활에도 영향을 미쳤다.

다음으로 근대사회는 전근대사회와 명확하게 구분되는 조직 형태상의 강점이 있는데 그것은 '국민국가'(nation-state)다. 국민국가는 행정권력을 통하여 정보체계를 구조화함으로써 새로운 체계를 구성하기 때문에 정보의 구조화에 의존하고 있다. 또한 자본주의나 산업주의 같은 제도적 차원과 분리된 그 자체의 특성을 갖추어 나가는 과정에서 구조화된 정보를 활용한 인구에 대한 감시와 통제 능력을 확보한다. 바로 이것 때문에 국민국가는 특정한 영역을 통제할 수 있는 능력을 가진 독자적이고 강력한 행정단위로 발전하게 된다.

마지막으로 '폭력수단의 독점'(monopoly of means of violence), 즉 군사력을 여타 근대성의 차원들과 분리해서 보고자 하는 이유는 18세기 이후로 대규모 전쟁이 발발하면서 전쟁과 군대의 성격에 엄청난 변동이 발생했기 때문이다. 또한 20세기에 들어서서 군사력이 산업화됨으로써 전쟁은 총체적인 성격을 띠기 시작했다. 핵폭탄이 지닌 엄청난 파괴력은 정치적인 수단도 무력화시켜 버린다.

근대사회의 역동성으로 말미암아 사회체계는 고도로 불확실하게 되고 행위자는 더욱 성찰적으로 바뀐다. 확실한 것으로 간주되었던 것들도 자고 일어나면 오류가 있었음이 밝혀지고, 존재하는 모든 것은 역동적인 사회체계 속에서 수정을 거듭한다. 성찰성은 개인적 · 제도적 삶의 재생산에 침투하여 일상생활에 대해서 근본적인 의구심을 자아내고, 개인은 더욱 자율적인 존재가 되지만 존재론적 안전(ontological security)을 위협받는다(Giddens, 1991: 183-201). 이로써 근대성은 초기 형태와 다른 많은 중요한 사회변동을 수반한다. 기든스는 이를 초기 근대성과 구분하여 후기 또는 고도 근대성(late or high modernity)이라고 명명한다.

그렇다. 근대사회 그 자체에서 수많은 문제들이 발생하고 있다. 더 많은 경제적 이득을 얻기 위해 자본가들이 노동자를 착취하고 있다. 산업주의를 밀어붙이면서 환경을 파괴되고 있다. 국민국가를 장악한 정치권력은 감시체계를 악용함으로써 독재가 횡행하고 있다. 폭력수단을 독점하고 산업화하면서 인간이 인간을 대량으로 살상하는 비인간적인 근대사회로 전락하고 있다.

하지만 성찰적 근대화를 통해 근대사회의 문제를 해결해 가고 있는 것도 사실이다. 노동운동을 통해 평등한 노자관계를 형성하고 있다. 환경운동을 통해 지속가능한 사회를 만들어 가고 있다. 민주화운동을 통해 독재를 종식시키기 위한 국제연대가 활성화되고 있다. 평화운동을 통해 최후의 수단으로써 전쟁을 제한적으로만 선택하고 있다.

이처럼 근대사회는 한편으로 문제를 양산하지만, 다른 한편으로 새로운 가능성을 실현하고 있다. 사회문제의 발원지가 근대성이라는 측면에서 고도근대성을 주장하는 기든스는 리요따르와 한 목소리를 낸다. 그러나 탈근대성으로 나아가자는 주장에는 반대한다. 성찰적 근대화가 진행되고 있기 때문이다. 근대사회에서 발생하고 있는 문제를 근대적인 방식으로 해결할 수 있다는 측면에서 기든스는 하버마스와 한 목소리를 낸다.

그러나 계몽의 기획을 완전하게 구현하자는 데에는 반대한다. 근대사회 그 자체에서 사회문제가 발생하고 있기 때문이다. 근대성을 만든 길과 만들고 있는 길을 성찰함으로써 만들어 가야 할 새로운 길을 개척해야 한다. 성찰적 근대화를 통해 고도근대성은 근대의 많은 문제들을 해결할 수 있을 것이다.

그런데 최근 곳곳에서 또 다른 변동이 발생하고 있다. 고도근대성 하에서 근대성은 세계 도처로 확장되어 근대적 변동을 일으키고 있다. 즉 세계화(globalisation)가 일어난다. 세계화는 근대사회의 역동성의 최종적인 국면이기 때문에 근대성의 결과(consequences of modernity)다.

세계화 경향은 역동적인 근대성 속에 이미 내재되어 있었다. 시공간 원격화와 장소귀속성 탈피 그리고 성찰성은 사회적 상호작용을 전세계로 확대한다. 지방(the local)과 지구(the global)를 상호교차 시킨다. 특정 장소에서 벌어지고 있는 사회생활은 멀리 떨어진 곳에서 발생한 사건에 영향을 받아서 형성되는 것이 급격하게 늘어나고, 특정한 민족국가에서 벌어진 사건은 해당 국가의 통제를 벗어나는 경우가 허다하게 많아진다(Giddens, 1990: 55-79, 174-178; 1995: 21-23; 1998: 133-138; Giddens & Pierson, 1998: 94-100).

세계화를 제도적 차원에서 살펴보면, 우선 자본주의가 전지구로 확장됨으로써 단일 자본주의 경제가 형성되었다. 이 과정에서 지구적 불평등의 문제가 등장하고 있다.

또한 산업주의도 지구적으로 확산되면서 선진 산업지역에서는 탈산업화가 진행되고 후진 산업지역에서는 신흥공업국이 등장하고 있다. 양 지역은 국제분업을 통하여 유기적으로 연결된다. 지구적 산업주의로 말미암아 커뮤니케이션 기술은 질적으로 전환된다. 지구 전체에 영향을 미치는 인터넷 · IPTV · 소셜네트워크 등과 같은 미디어기술과 융합기술이 전지구적으로 확산된다. 그러나 불균등 발전으로 인하여 후발 산업지역에서 탈산업지역에서 생산한 환경파괴의 피해를 떠안고 있다.

다음으로, 국민국가 권력은 한편으로 약화되고 다른 한편으로 강화된다. 여러 나라들 간의 협상과 조정의 필요성이 증대함에 따라 개별 민족국가의 권력은 약화된다. 대신에 개별 국민국가는 국가 내에서 권력을 재결합함으로써 영향력을 증가시키고 있다.

마지막으로, 전지구적 군사질서가 형성되면서 개별 국민국가는 동맹관계에 편입된다. 국지전(local war)의 위험은 작아지지만 지구전(global war) 또는 지역전(regional war)의 위험은 더 커진다.

| 3절 | 근대관광의 형성과 변동

1. 근대관광

전통사회에서는 군사적 목적 · 종교적 순례 · 상업적 거래 등을 위해서 여행을 했다. 근대사회에서는 여가와 여행이 사회생활의 일반적 측면으로 제도화된다. 이러한 변동은 여가를 위한 여행(travel for leisure)이라는 새로운 가능성을 열었다. 이 가능성은 18세기 그랜드투어(Grand Tour)로 실현되었으며, 19세기에 이르러 중간계급의 패키지 휴가(package holidays)와 노동자계급의 해변리조트(seaside resort) 그리고 상층계급의 해외여행(foreign tour)으로 자리를 잡았다(Waters, 1995: 124-157).

근대적 대중관광을 가능하게 한 것은 산업기술을 활용하여 관광을 사회적으로 조직한 것이다. 기차를 이용하여 관광을 조직함으로써 국내관광을 개척했다. 기차로 처음 정기운행을 시작한 것은 1825년이다. 스티븐슨(George Stephenson)은 증기기관차를 개량해서 로코모션(Locomotion) 호를 만든다. 스톡턴과 달링턴을 연결하는 철도도 만들었다. 1825년 9월 27일 화차 6량과 객차 28량을 달고 시속 20km 속도로 스톡턴에서 달링턴까지

61km를 달린다. 역사상 첫 상업적 정기운행이다. 1841년 여름 어느 날 아침 금주부흥회(禁酒復興會)에 참석한 토마스 쿡(Thomas Cook)은 하버러와 레스터 사이에 부설한 24km 구간 철길을 걷는다. 문득 이런 생각을 한다. "새로 만든 철도와 기차를 금주부흥회에 활용할 수 있다면 이 얼마나 영광스러운 일인가!"(Maxine Feifer, 1985: 166-170).

1841년 7월 5일 열차를 대여해서 1인당 1실링을 받고 570명을 태웠다. 레스터에서 태우고 러버러에서 내린 뒤 금주부흥회에 참석하고 되돌아왔다. 1845년 정식으로 여행상품을 만들어서 출시한다. 14실링 요금으로 레스터와 리버풀을 왕복하는 단체여행이다. 토마스쿡 여행사(Thomas Cook & Son)를 설립하고 근대관광의 이정표를 세운 것이다. 1851년 런던 만국박람회 여행상품을 출시한다. 영국 인구가 1,800만 명에 불과하던 시절에 165,000명이나 되는 사람들이 박람회를 찾았다. 토마스 쿡이 만든 패키지투어 상품이 없었다면 불가한 성공이다. 1855년에는 증기선을 차터하여 파리만국박람회를 관람하는 4박 5일짜리 패키지투어 상품을 출시한다(Loschburg, 2003: 217-221). 제대로 교육받지 않았거나 외국어를 모르는 노동자들도 해외여행을 할 수 있게 했다. 최초의 해외여행 상품이다. 1841년과 1855년은 기술을 사회적으로 조직한 원년이다. 기차와 기선을 타고 여행할 수 있는 기술을 개발한 것은 훨씬 전이었다.

그럼에도 불구하고 본격적인 국제관광 시대는 비행기를 이용하여 관광을 조직하면서부터다. 1958년 영국은 제트여객기 코멧 4(The British de Havilland Comet 4)에 승객 40명을 태우고 6시간 11분 만에 대서양을 횡단한다. 3주 뒤 미국 판아메리칸 항공사는 보잉 707에 승객 182명을 태우고 대서양을 횡단한다. 이듬 해 전세계 최초로 제트여객기 정기운항 서비스를 시작한다. 국제관광의 기술적 한계를 돌파한 획기적 사건이다. 미국은 항공기술에서 영국에 뒤졌다. 그러나 항공기술을 사회적으로 조직화하는 데에서 영국을 능가했다. 40명으로는 규모의 경제를 실현할 수 없었다. 약 4배

많은 182명으로는 가능했다. 기술이 아니라 기술의 사회적 조직화가 근대적 대중관광 시대를 개척했다.

관광을 조직화하면서 장소신화를 개발한다. 이에 따라 낭만적이고 픽처리스크한 경관을 자랑하는 레이크 디스트릭트(Lake District), 건강과 행복을 찾아 떠나는 온천휴양지 바스(Bath), 즐거움을 추구하는 해변리조트 블랙풀(Blackpool), 세익스피어와 만나는 문학관광지 스트라트퍼드-어폰-에이본(Stratford-upon-Avon) 등 유명관광지로 사람들이 몰린다. 유급휴가는 생활패턴을 바꿔놓았다. 장소신화에 매료된 수많은 노동자들이 관광지를 가득 메웠다(Lash & Urry, 1998).

근대관광은 관광을 민주화하고 상업화했다. 성직자 · 장군 · 귀족 등 특권계급의 전유물이었던 여행을 노동자들도 즐길 수 있는 근대적 대중여가로 만들었다. 그러나 근대관광은 분화(differentiation)를 바탕으로 했고, 분화는 차별로 이어졌다. 노동자들은 패키지투어를 구입해서 발 디딜 틈도 없는 해변리조트에서 진탕 고생을 한다. 자본가들은 해외에서 이국적인 여행을 즐겼다. 근대관광은 계급을 철저하게 차별한다. 한 쪽에서는 오로지 돈을 벌기 위해 관광을 개발한다. 관광개발 과정에서 주민은 쫓겨나고 환경은 파괴된다. 다른 쪽에서는 여행이 아니라 구별짓기(distinction)를 한다. 화려함과 우아함에 가려서 현지 문화는 왜곡되고 현지 역사는 낭만화된다. 관광분화는 관광차별을 바탕으로 했다. 노동자와 자본가의 격차만큼 해변리조트와 해외여행 사이에는 건널 수 없는 강이 있었다.

2. 탈근대 관광

전통사회에서 근대사회로 전환의 가교 역할을 했던 자유자본주의 단계에서 귀족과 함께 부르주아도 개인여행을 즐긴다. 조직자본주의 단계로 진입하면서 관광을 사회적으로 조직한 패키지투어가 등장한다. 근대적 대중관광을 시작한 것이다. 탈조직자본주의 단계에 진입하면서 기호경제를 형성한다. 이미지와 공간 등 비물질적인 생산과 소비는 탈조직자본주의를 지배한다. 일상생활은 미학화된다. 이 모든 변화는 관광과 함께 일어났다. 기차 · 배 · 자동차 · 비행기 등이 근대관광을 상징했다면 탈근대관광을 상징하는 것은 관광 그 자체다. 관광은 탈근대를 주도하고, 우리는 관광을 통해 탈근대를 체험한다. 그러나 관광의 특수성은 사라지고 만다.

근대사회에서 우리는 유급휴가 때에만 관광자가 되었다. 탈근대를 살아가는 우리는 출근하기 위해 원주로 간다. 학술대회에 참석하기 위해 미국으로 간다. 비즈니스 의사결정을 내리기 위해 중국으로 간다. 이미지와 기호로 가득한 거리를 지나 도착한 사무실에서 감천문화마을로 가상현실(VR) 여행을 떠난다. 우리는 늘 관광자가 된다. 탈근대인은 탈근대관광자이다. 모든 것이 관광이기 때문에 더 이상 전형적인 관광은 존재하지 않는다. 그래서 근대관광은 종말을 고한다(Lash & Urry, 1998: 380-382).

출퇴근 거리의 증가, 비즈니스 · 회의 · 학술 등을 위한 여행의 증가, 자동차 · 고속열차 · 비행기를 이용한 이동의 증가와 이로 인한 시공간 압축 등 근대적 변동으로 말미암아 여름휴가와 휴가여행이 갖는 사회적 중요성은 현저하게 줄었다. 근대성 하에서 대부분의 시간은 일상과 일이었다. 여행은 여름휴가와 맞물린 제한된 시간에만 가능했다. 휴가여행을 위해 한 해를 사는 사람처럼 오래 기다린 뒤에 들뜬 마음으로 떠난다. 휴가여행을 떠나는 사람은 일상을 영위하는 사람과 현저하게 구별된다. 탈근대성 하에서 휴가여행은 더 이상 들뜬 체험이 아니다. 일하러 가는 사람과 휴가여행을 떠나는 사람 사이에 별다른 차이도 없다. 관광자가 된다는 것은 더 이상 특수한 경험이 아니다. 생활인과 관광자 사이에 경계는 사라졌다.

사무실로 가는 사람은 무수하게 많은 거리의 이미지와 기호를 스쳐지나간다. 관광자는 멋진 풍경과 진정한 기념물을 바라본다. 넷플릭스 유료회원에 가입하고 영화를 본다. 진짜보다 더 진짜 같은 가짜를 구현한 쇼핑몰의 모의실재 속에서 초실재(hyper-reality)를 여행한다. 관광자가 되었을 때에만이 아니라 일상적으로 시각적 소비를 한다. 카메라는 관광자의 전유물이 아니다. 그래서 고해상도 카메라는 핸드폰 속에 내장된다. 끊임없이 쏟아지는 장소기호와 이미지의 제조된 다양성(manufactured diversity) 속에서 일상을 영위한다. 탈근대인은 기호와 이미지를 읽고 해석하는 전문 소비자가 된다(Lash & Urry, 1998: 397-401). 관광지뿐만 아니라 일상생활도 미학화된다. 고급문화와 하급문화, 예술과 일상생활, 이미지와 실재, 여행과 일 등 구별은 사라지고 탈분화(de-differentiation)된다. 한편으로 여행은 이미지를 조작하여 대중을 상품물신주의(the fetishism of commodities)에 놀아나게 만들지만, 다른 한편으로 우리 일상을 예술과 통합한 기호가치(sign-value)의 신세계로 인도한다(Featherstone, 2007: 65-71).

이러한 변동을 거치면서 소비자 선택권은 확대된다. 여행할 수 있는 국가·박물관·식당 등이 폭발적으로 늘어난다. 표준화된 패키지투어 상품을 구매하기 보다는 맞춤형 여행 상품을 구매한다. 단체관광보다는 대안관광을 선택한다. 테마파크로 여름휴가를 떠나기 보다는 내게 맞는 여행지로 연차휴가를 떠난다. 대규모 관광지로 가서 사진을 찍어 오기 보다는 가상현실 여행을 떠나 컴퓨터나 핸드폰 스크린으로 보는 탈관광자(post-tourist)가 된다. 탈관광자는 무수하게 많은 선택지를 손쉽게 즐긴다. 스위치만 켜면 여행을 시작한다. 한 장소에서 다른 장소로 쉽게 이동할 수 있다. 길게 늘어선 줄에서 하염없이 기다릴 필요도 없다. 여행 브로셔와 판이하게 다른 현지에서 실망하고 돌아올 필요도 없다. 여행상품은 점점 더 신비로워진다. 하지만 탈관광자는 더 이상 대량소비의 환상에 빠져 있는 멍청이(cultural dupe)가 아니다. 시공간 압축으로 말미암아 세계가 미니어처처럼 작아졌지만 무조건 돌아다니는 것도 아니다. 근대관광자는 제일 높은 타워, 제일 긴 다리, 가장 아름다운 정원 등 스펙타클(spectacle)한 아우라를 좇아다녔다(Lash & Urry, 1998: 397-408). 이제 해변리조트를 가득 메운 스펙타클은 어떤 도시에서나 흔히 볼 수 있는 볼거리로 전락한다. 해변리조트와 여타 장소들 사이에 별다른 차이가 없어지면서 탈근대적인 요소들을 눈여겨본다. 이제 모든 장소가 다 스펙타클이 된다. 문화유산(heritage)의 향수어린 매력에 끌린다. 일상도 예술이 된다. 문화와 예술이 새로운 관광자원이 된다. 도시의 마천루보다는 시골길(countryside)에 더 관심을 기울인다. 걷기여행 열풍이 분다(Urry, 2002: 77-78).

탈관광자를 다음과 같은 세 가지 측면에서 정의할 수 있다. 탈관광자는 기계적·전기적으로 재생산된 이미지와 기호를 보고 해석한다. 굳이 집을 떠날 필요가 없다. 해석을 통한 관광체험에서 유일하게 진정한 관광체험은 존재하지 않는다. 그러나 관광체험 그 자체는 상품화된 것이라는 점도 잘 알고 있다. 여행에 개입된 상술을 잘 알고 있다. 그럼에도 관광을 싫어하지 않는다. 그냥 여행한다. 탈관광자에게 관광경험은 놀이와도 같아서 단일한 관광경험이나 진정한 관광경험은 더 이상 없다.

탈관광자는 자신이 관광자라는 사실을 잘 알고 있다. 여행을 통해 자아를 실현하려는 것도 아니고 지혜와 통찰을 얻을 수 있는 진정한 관광체험을 하려는 것도 아니다. 여행이 목적일 뿐 진보 또는 발전이 목적은 아니다. 보다 나은 내일을 위해서 또는 한 발 더 나아가기 위해서 여행을 하는 것이 아니다. 관광지가 그곳에 있어서 여행한다.

탈관광자는 다양한 선택지를 즐긴다. 때로는 많은 정보를 지향하면서 지식을 확충하고, 때로는 색다른 것을 통해서 지겨움을 떨쳐버리고, 때로는 거룩한 것을 통해서 성숙하기를 원한다. 사진을 찍어서 영원히 간직해야 할 관광지점과 관광매력은 더 이상 존재하지 않는다. 반대로 집중해야 할 관광스펙타클도 없고, 그 스펙타클을 찍는 데 방해되는 것도 없다. 관광지를 재현해 주는 기념품 가게, 다른 관광자, 관광식당 등도 관광지에 버금가는 관광매력이 된다(Feifer, 1985: 257-271; Rojek, 1993: 177-178).

탈근대관광은 근대관광을 해체하는 효과를 지니고 있다. 해변리조트 패키지투어는 노동자 계급 가족휴가에 기반하고 있었다. 탈근대관광은 패키지투어의 집단정체성을 해체해 버렸기 때문에 해변리조트는 매력을 잃었다. 가족 또는 노동자 계급만이 아닌 다양화된 관광자 단위가 등장하고 있다. 다음으로 해변리조트 패키지투어는 즐거움과 고통의 이분법에 기반하고 있었다. 산업생산 노동은 단조롭고 지겨웠다. 작업장은 고통의 현장이다. 작업장은 고통이고, 작업장을 떠나는 것은 즐거움이다. 그러나 이러한 이분법은 붕괴되었다. 해변리조트뿐만 아니라 각종 미디어에도 볼거리는 넘쳐난다. 모든 곳이 즐거움의 중심지로 변모한 것처럼 고통은 작업장에만 있는 것이 아니라 도처에 도사리고 있다. 탈근대관광은 즐거움과 고통의 이분법을 해체했다(Urry, 2002: 90-93).

3. 고도근대와 관광의 세계화[6)]

근대성의 경제제도로서 자본주의는 소수 특권계급의 전유물이었던 관광을 패키지투어로 조직함으로써 '대중관광' 시대를 열었다. 자본주의 사회는 농경사회와 달리 대다수 구성원들이 여행을 즐길 수 있게 했다. 그러나 관광을 상업화 · 상품화함으로써 각종 사회문제를 양산하고 있다.

생산제도로서 산업주의는 화석연료와 기계를 이용한 해변리조트 · 관광단지 · 테마파크 등 대규모 관광개발을 가능하게 했다. '대규모 관광개발'은 관광 대중화에 크게 기여하였으나 환경을 파괴함으로써 인간의 생존을 위협하는 문제점을 생산하기도 했다.

전통사회는 역사와 전통 그 자체이기 때문에 전통이나 역사가 없다. 근대사회가 도래하면서 전통사회와 단절하기 위한 탈전통화가 일어난다. 국민국가가 주도하는 전통과의 단절을 특징으로 하는 근대관광이 형성된다. 산업 중심지역과는 분리된 곳에 여가 주변지역으로서 관광지를 개발했다. 이처럼 근대관광은 관광의 지리적 분화를 특징으로 했다. 산업

6) 이 항은 김남조 · 최승담 · 최석호(2007: 13~44)를 근간으로 재구성하였다.

중심의 포디즘적 노동과 일치하는 여가 '주변에서 즐거움을 추구'(pleasure periphery)하는 것이 근대관광이었다.

냉전과 체제경쟁 및 이념적 대립의 시대에는 무엇보다 군사력을 산업화해야만 했다. 체제와 이념의 우월성을 강조하는 '안보관광지'를 만든다. 안보관광지는 노동으로 그러나 관광이 체제경쟁 수단으로 전락하는 문제점을 노정했다.

근대성의 제도적 차원에서 발생한 역동성이 지구 끝까지 뻗어나가면서, 즉 세계화를 달성함으로써 각각의 제도적 차원에서 근대관광은 변동을 일으킨다. 지구경제와 전지구적 관광경제가 형성된다. 패키지투어와 같은 대중관광의 범위가 전지구로 확장된다. 개별 국민국가는 나름의 스펙터클을 가지고 관광자를 유인하기 위해 서로 경쟁한다. 개별 관광기업은 시장을 전지구시장에서 관광을 조직한다. 시장이 커진 만큼 이윤도 커진다. 관광경쟁은 국민국가를 넘어 전지구로 확장된다. 다른 한편으로 관광 상업화와 상품화에 따른 폐해도 세계화되면서 '책임관광'(responsible tourism)에 대한 요구가 거세지고 있다.

선진산업 지역에서 탈산업화가 일어나고 관광도 탈분화 · 다원화된다. 노동자이나 중간계급을 타겟으로 한 대규모 관광개발은 환경을 파괴했고, 환경파괴는 인간 생존을 위협하는 한 요인이었다. 이에 대한 성찰을 바탕으로, '지속가능한 관광'(sustainable tourism)에 대한 모색이 다각도로 진행되고 있다. 이 과정에서 친환경적 관광개발을 시도하고, 생태관광에서 대안을 찾는 관광실천이 일상화되고 있다. 대량관광으로서 패키지투어가 여행사를 거치지 않는 개별여행으로, 국민관광이 유산관광으로 다원화(diversification)되고 있다. 또한 산업도시로부터 멀리 떨어진 곳에 조성되어 있었던 해변리조트가 쇠퇴하고 산업중심지에 위락공원이 조성되는 등 관광의 탈분화(de-differentiation)가 일어나고 있다. 이에 따라 관광자를 끌어들이기 위해 지방과 국가 그리고 기업이 전지구적인 경쟁을 벌이고 있다.

세계화는 국민국가를 넘어서는 국제적인 연합체의 중요성이 커진다. 국민국가가 약화되고 신자유주의적인 세계화가 진척되면서 거의 모든 지방에서 상실감과 향수가 일어난다. 역사와 전통에 대한 관심이 되살아난다. 진정성을 추구하는 관광이 늘어난다. 관광 그 자체가 세계화되면서 역사와 전통에 대한 관심이 고조된다(최석호, 2006: 34-36; Lash & Urry, 1998: 327-368; Edensor, 2002: 139-170; Meethan, 2001: 91-95; Urry, 2002: 94-123, 141-161). 근대사회에서는 전통사회와 단절하기 위해서 탈전통화가 일어났다. 세계화는 한편으로 국민국가의 약화를 시키지만, 다른 한편으로 지방의 역사와 전통에 대한 새로운 관심의 불러일으킨다. 이로써 '유산관광과 문화관광'이 새롭게 대두하고 있다.

전지구적인 군사동맹 체제를 형성하면서 냉전과 체제경쟁은 종식된다. 체제와 이념 경쟁에 기반한 안보관광은 '평화관광'으로 전환된다. 그러나 이념의 공백이 근본주의로 대체됨으로써 전통과 민족을 수호하기 위한 폭력이 발생하고 있다. 미국의 이라크침공 사례에서 보듯이 초강대국의 무력사용을 막을 수 있는 안전장치가 제대로 갖춰지지 않았다. 전쟁가능성이 점점 더 커진다. 약소국은 종교근본주의나 극우민족주의로 무장하면서 테러 위험이 증가하고 있다. 관광테러는 이러한 위험상황을 단적으로 보여준다.

4절 결론

관광의 거시사회적 맥락으로서 근대성에 관한 논의는 '신보수주의로의 회귀와 탈정치화를 막기 위해서 미완의 기획으로 머물러 있는 근대성을 더욱 완전하게 실현해야 한다'는 의미에서 근대성(Habermas, 1983), '계몽의 기획에서 비롯된 이성과 합리성이라는 거대서사의 위장과 기만을 배격하기 위해서 근대성을 벗어나야 한다'는 의미에서 탈근대성(Lyotard, 1984), '근대성으로 근대를 성찰해야 한다'는 의미에서 고도근대성 또는 후기근대성(Giddens, 1990; Beck, 1992) 등으로 분화되었다(Giddens, 1990: 1-4).

근대의 사회적 조건으로써 근대성이 형성되면서 특권계급의 전유물이었던 관광이 대중관광으로 발전한다. 해변리조트를 가득 메운 여름휴가 관광자는 근대사회의 스펙타클 그 자체였다. 해외여행은 부르주아의 지위 상징(status symbol)이었다. 근대적 대중관광은 시간별(여름휴가 對 일상) · 계급별(노동자계급 對 자본가계급) · 장소별(해변리조트 對 해외휴양지)로 나뉘었다. 분화는 차별로 이어졌다.

근대성의 탈중심화는 노동자 계급의 감소와 탈산업화를 야기하면서 근대적 대중관광도 현저하게 줄어든다. 신중간계급이 등장하면서 근대사회 하에서 문화적 실천과는 완전히 다른 새로운 문화적 실천이 일어난다. 고급문화와 하급문화가 서로 뒤섞인 축제관광이 등장한다. 예술이 우월적 지위를 상실하고 일상이 예술로 승화하면서, 예술과 일상의 경계가 허물어지면서 예술관광이 자리를 잡는다.

근대적 역동성이 지구 끝까지 뻗어나가고 더욱 가속화되는 세계화 과정에 들어서면서 근대성은 고도근대성으로 전환된다. 고도근대는 근대를 성찰하면서 경제적 · 사회적 책임을 다하는 관광에 대한 사회적 요구가 커진다. 적절한 규모로 관광을 개발함으로써 관광경영과 관광개발의 조화를 도모하는 지속가능한 관광은 어느 듯 규범이 되고 있다. 국민국가로 침입해 들어오는 신자유주의적 세계화와 국민국가의 약화로 말미암아 상실감과 향수가 커진다. 자연스러운 반응으로 유산관광이 전지구적으로 발흥한다. 미국이나 중국 같은 초강대국과 그 연장선상에서 군사동맹을 형성하면서 약소국이나 소수민족은 종교근본주의 또는 극우민족주의에 호소한다. 이에 따라 곳곳에서 관광테러가 발생한다.

생각해볼 문제

1. 근대성은 관광을 어떻게 사회적으로 조직했나?

2. 근대사회의 문제점과 이 문제를 해결하기 위한 관광은?

3. 관광의 종말이란?

4. 탈관광자란?

5. 근대관광을 성찰한다면?

더 읽어볼 자료

1. **최석호 · 최승담 · 김남조 · 김봉중. 2008. 관광패러다임 전환과 제3의 길로서 네오투어리즘, 『관광학연구』 65(3): 29~49.**
관광을 둘러싼 사회환경이 전지구적으로 변동하고 있다. 그 과정에서 관광정보화 · 환경파괴 · 관광테러 등 각종 관광이슈가 제기되었다. 신관광 · 대안관광 · 반관광 등 관광변동을 설명하기 위한 여러 가지 시도도 있었다. 그러나 관광을 설명하고 대응하기에는 역부족이었다. 이에 저자들은 네오투어리즘이라는 새로운 관광패러다임을 제안함으로써 해결책을 제시한다.

2. **Lash, Scott & John Urry. 1998(1994). 10. 이동 현대성 장소. 『기호와 공간의 경제』(*Economies of Signs and Space*). 박형준 · 권기돈 역. 현대미학사.**
자본주의는 자유자본주의로부터 조직자본주의을 거쳐 탈조직자본주의 단계로 진입하고 있다. 각 단계마다 관광이 어떻게 형성되고 조직되었다가 탈조직화되고 있는지를 설명하고 있다. 탈조직자본주의 단계에서 기호와 공간의 경제가 형성되면서 관광에서도 기호가치에 따라 극적인 변동이 발생하고 있음을 설명하고 있다.

3. **Shaw, Gareth & Allan Williams. 2000. 『관광지리학』 (*Critical Issues in Tourism: A Geographical Perspective*). 이영희 · 김양자 역. 한울.**
신생학문 관광학이 독립된 분과학문으로 자리 잡는 데에는 이론 · 방법 · 연구 등 분야에서 경제학 · 사회학 · 심리학 등 기존 학문의 성과가 중요했다. 그 중에서도 인문지리학은 관광의 지리적 확장을 설명하는데 있어서 절대적인 기여를 했다. 관광의 거시사회적 맥락 변동 메카니즘으로써 세계화를 더 잘 이해할 수 있도록 돕는다.

4. **Urry, John. 2002. *The Tourist Gaze*. Sage.**
미셸 푸꼬의 시선(Gaze) 은유를 관광에 적용하여 설명하고 있는 탁월한 저작이다. 1990년 초판을 출간한 이래 9쇄를 거듭했다. 2002년 관광시선 세계화(Globalising the Gaze)를 덧붙여서 신판을 출간했다. 1세대 관광연구를 대표하는 맥커넬의 저서가 기존 사회이론을 관광에 단순 적용하였다면, 존 어리는 관광연구를 통해서 사회를 성찰하고 있다. 관광변동의 거시사회적 맥락에 대한 성찰을 대변한다.

참고문헌

김남조 · 최승담 · 최석호(2007), 「네오투어리즘 이론체계 정립 용역 보고서」, 한국관광공사.

신종화 · 최석호(2007), 「한류, 한국의 문화적 현대성」, 『동양사회사상』, 15: 53~85.

심광현(2000), 「근대화/탈근대화의 이중과정과 사회운동의 새로운 전망」, 『문화과학』, 22: 41~81.

심광현(2004), 「문화사회를 위한 문화 개념의 재구성」, 『문화과학』, 38: 52~79.

최석호(2003), 「세계화와 여가의 사회적 의미: 2002 한일 월드컵을 중심으로」, 『관광학연구』, 26(4): 27~42.

최석호(2004), 「Giddens의 근대성 이론으로 분석한 한국의 관광자원개발 과정: 근대관광의 세계화와 한국의 관광자원개발에 대한 논의」, 『관광학연구』, 28(1): 125~143.

최석호(2005), 「한국 영화의 세계화와 여가의 사회적 의미」, 『여가학연구』, 3(1): 49~73.

최석호(2006a), 「관광의 세계화: 유산관광개발 한영 비교사례연구」, 『관광학연구』, 30(3): 29~49.

최석호(2006b), 『한국사회와 한국여가』, 한국학술정보.

최석호 · 최승담 · 김남조 · 김봉중(2008), 「관광패러다임 전환과 제3의 길로서 네오투어리즘」, 『관광학연구』, 65(3): 29~49.

허중욱(2006), 「한류 문화관광자의 소비지출구조에 관한 연구: 삼척시 방문 일본인 관광자 사례를 중심으로」, 『관광연구저널』, 20(2): 319~334.

Adorno, Theodor W. 2004([1955]), 『프리즘: 문화비평과 사회』(*Prismen: Kulturkritik und Gesellschaft*), 홍승용 역, 문학동네.

Cãlinescu, Matei, 1998([1987]), 『모더니티의 다섯 얼굴』(*The Five Faces of modernity*), 시각과 언어.

Delanty, Gerard (2000), *Modernity and Postmodernity*, Sage.

Edenson, Tim (2002), *National Identity, Popular Culture and Everyday Life*, Berg.

Elias, Norbert (1999) 『문명화과정 Ⅱ』, 박미애 옮김, 한길사.

Featherstone, Mike (2007), *Consumer Cuture and Postmodernism*, Sage.

Feifer, Maxine (1985), *Going Places*. Macmillan.

Feifer, Maxine (1986), *Tourism in History from Imperial Rome to the Present*, Stein and Day.

Giddens, Anthony (1990), *The Consequence of Modernity*, Polity.

Giddens, Anthony (1991), *Modernity and Self-Identity*, Polity.

Giddens, Anthony (1999), *Runaway World - How Globalisation is Reshaping Our Lives*.

Giddens, Anthony & Christopher Pierson, 1998([1998]), 『기든스와의 대화』(*Conversations with Anthony Giddens: Making Sense of Modernity*), 김형식 옮김, 21세기북스.

Habermas, Jurgen (1983), "Modernity: An Incomplete Project", Hal Foster(ed.), *Postmodern Culture*, Pluto Press.

Habermas, Jurgen (1987), *The Theory of Communicative Action - Life World and System: A Critique of Functionalist Reason*, Beacon Press.

Horkheimer, Max & Theodor Adorno (1995), 『계몽의 변증법』, 김유동 · 주경식 · 이상훈 역, 문예출판사.

Jameson, Fredric (1991), *Postmodernism, or, The Cultural Logic of Late Capitalism*, Duke University Press.

Jauss, Hans Robert (1983), 『도전으로서의 문학사』, 장영태 옮김, 문학과지성.

Lash, Scott & John Urry (1998), 『기호와 공간의 경제』(*Economies of Signs and Space*), 박형준 · 권기돈 역, 현대미학사.

Loschburg, Winfried (2003), 『여행의 역사: 오디세우스의 방랑에서 우주여행까지』, 이민수 역, 효형출판.

Lyotard, Jean-François, 1992([1984]), 『포스트모던의 조건』(*The Postmodern Condition*), 유정완 · 이삼출 · 민승기 역, 민음사.

Maguire, Joseph (1999), *Global Sport: Identities, Societies, Civilizations*, Polity.

Meethan, Kevin (2001), *Tourism in Global Society: Place, Culture, Consumption*, Palgrave.

Rojek, Chris (1993), *Ways of Escape: Modern Transformation of Leisure and Travel*, Rowman & Littlefield Publishers.

Shaw, Gareth & Allan Williams (2000), 『관광지리학』(*Critical Issues in Tourism: A Geographical Perspective*), 이영희 · 김양자 역, 한울

Tomlinson, John, 2004([1999]), 『세계화와 문화』(*Globalization and Culture*), 김승현 · 정영희 역, 나남.

Urry, John (2002), *The Tourist Gaze*, Sage.

Waters, Malcolm (1995), *Globalization*, Routledge.

3장 관광과 문화자본

조 광 익 (대구가톨릭대학교 교수)

3장 관광과 문화자본

조 광 익 (대구가톨릭대학교 교수)

Highlights

1. 부르디외의 사회 이론 및 주요 개념을 이해한다.
2. 문화자본의 개념과 특징을 이해한다.
3. 관광 여행의 취향 판단에 영향을 미치는 아비투스와 문화자본의 상관성을 이해한다.
4. 관광자의 취향 판단에서 문화자본의 중요성을 이해한다.
5. 관광 여행의 장에서 구별짓기와 상징권력의 관련성을 이해한다.

| 1절 | 개관

문화관광을 포함한 관광 여행은 개인의 취향 판단과 관련된다. 패키지 관광보다는 자유여행을 좋아하고, 해양 레저 스포츠 활동이 중심인 보라카이 해변보다는 미술관, 박물관을 관람할 수 있는 뉴욕을 더 좋아할 수 있다. "왔노라, 보았노라, 찍었노라"로 표현되는, 여행인지 고행인지 구분되지 않는 빽빽한 일정의 여행보다 느긋하게 쉴 수 있는 휴양지를 선호하는 여행자가 있을 것이고, 이른 아침부터 늦은 저녁까지 시간을 아까워하며 여행지를 강행군하는 여행자도 있을 것이다. 문화관광보다 자연관광을 선호하는 사람도 있을 것이고, 도시관광 대신 오지탐험 여행을 좋아하는 사람도 있을 것이다. 또 과거와 달리 테마여행이나 체험여행을 좋아하는 사람도 많이 증가하고 있다.

관광 여행 선호는 개인의 사적인 취향과 관련될 뿐 아니라, 자신의 정체성과도 연관된다. 사실, 내가 이러저러한 스타일이나 기호를 가지고 있다는 것은 나를 구성·표현하는 중요한 일부이고, 지극히 사적이고 개인적이며 자연스러운 것이라고 생각한다. 나의 선호나 취향은 자연스럽게 만들어진 것이자 나를 나답게 만들어주는 것으로 생각된다. 그렇다고 관광 여행 등 개인의 취향이 고정불변인 것은 아니다. 이러한 개인의 취향은 어떻게 만들어지는가? 나의 취향 판단은 그저 자연스러운 것에 불과한 것일까?

어떠한 스타일의 관광 여행을 선호하는가 하는 문제는 어떠한 영화나 음악을 좋아하는지, 어떠한 종류의 음식이나 책을 좋아하는지 하는 것과 무관하지 않다. 거기에는 전적으로 개인적인 것이라기보다 사회적 관계가 반영된 '실천감각'이 깃들어 있고, 사회적·문화적 실천의 의미가 있다. 관광이나 여행, 영화, 음악, 음식, 독서 등 소비의 스타일이나 장르, 유형을 넘어서, 그러한 것들 자체를 선호하느냐 여부 또한 일정한 사회적 관계가 반영되어 있다. 관광이나 여행, 여가, 소비활동 등에서 '집단 상동성'이 있다는 것은, 취향 판단이 개인적이고 자연스러운 것이라는 관점에서는 이상하게 보이겠지만, 이는 사실 사회적 관계와 문화 등과 밀접한 관련이 있다는 것을 의미한다.

문화 취향과 사회계급의 관련성을 강조한 최초의 학자는 프랑스의 사회학자이자 철학자인 부르디외(Pierre Bourdieu, 1930~2002)이다. 부르디외는 개인의 자연스러운 기호나 선호로 간주되어 온 취향 혹은 취향판단(judgement of taste)이 실은 사회계급과 '아비투스'의 산물임을 보여주었다. 예컨대, 영화를 보는 것과 미술관에 가는 것, 야구경기를 관람하는 것과 같은 여가활동이나 문화활동 선호, 그리고 무엇보다 이를 향유하는 방식의 차이는 일반적인 통념과 달리 개인적이고 우연적인 것이 아니라 사회구조적인 것이다(홍성민, 2012).

나아가 부르디외는 사람들의 일상적이고 개인적인 선호로 생각되는 문화활동, 여가활동, 소비활동에서의 일정한 취향이 사회계급을 유지시키고, 사람들로 하여금 자신의 계급적 정체성을 인정하게 만드는 사회적 기제가 된다고 보았다(홍성민, 2012: 23). 그는 문화 취향의 형성 및 계급의 사회적 재생산에 있어 경제자본 이외에도 문화자본의 중요성을 강조함으로써 문화의 의미를 새롭게 하였다. 부르디외의 문화자본 이론은 프랑스를 넘어 유럽과 미국, 아시아 등 전 세계적으로 광범위하게 확산되었다. 이 과정에서 그의 이론은 지지되고 수용되는 한편으로 비판되고 수정되기도 하였다. 문화자본 이론의 현실 설명력에 대한 논의는 여전히 진행중이다. 이 장에서는 부르디외의 사회 이론을 살펴보고, 부르디외의 문화자본 이론이 관광 여행의 장에서 어떻게 이해되고 해석·적용될 수 있는지 살펴본다. 이 장의 목적은 부르디외의 이론에 입각하여 관광 여행의 장에 고유한 실천의 논리를 이해하는 것이다.

| 2절 | 부르디외의 사회 이론

1. 아비투스, 사회적 공간, 장, 계급

1) 아비투스[1)]

부르디외는 인간 행위의 의식적·무의식적인 실천 논리로서 '아비투스'(habitus)라는 개념을 제시한다. 아비투스는 '특정한 사회적 환경에 의해 획득되어진 개인의 성향, 사고, 인지, 판단과 행동의 체계'를 의미한다. 개인의 '성향과 행동의 체계'로서 아비투스는 개인의 행위에 영향을 미친다. 아비투스가 개인의 행동과 경향을 엄격하게 결정하지는 않지만 일정한 방향으로 인도한다. 아비투스는 개인에게 일상생활에서 어떻게 행동하고

1) 이 부분은 拙稿(2006b, 2012)의 일부 내용을 수정·보완한 것이다.

반응할 것인가에 대한 '실천감각'을 제공한다. 개인의 행위가 구체적인 맥락과 사회적 틀 속에서 이루어지기 때문에, 특정한 행위, 특정한 실천과 지각이 아비투스 자체의 산물인 것은 아니나, 개인이 활동하는 장과 아비투스 사이의 관계의 산물로 해석된다. 아비투스는 개인의 사회화 과정 속에서 형성된다. 사회화 과정이 곧 아비투스의 형성과정이다. 사회화 과정을 거치는 동안에 개인이 획득하는 영구적인 성향체계인 아비투스는 개인의 사회적 여정(궤적)의 산물이자, 사회구조에서 개인이 차지하는 위치에 의해 만들어진다(부르디외, 2014; 보네위츠, 2000; 홍성민, 2000; 양은경, 2002: 249).

부르디외는 주관주의와 객관주의를 통합하고, 이를 지양하고자 한다.[2] 주관과 객관, 자유와 필연, 행동과 이론 등과 같은 이분법을 통합하고 극복하려고 한다. 그에 따르면, 인간의 행위는 사회구조의 영향을 받지만, 그렇다고 인간의 행위가 전적으로 구조와 환경에 의해서만 결정되는 것이 아니다. 또 인간의 행위가 전적으로 자유의지의 산물인 것도 아니다. 자유의지와 사회구조의 매개와 길항 속에 인간의 행위가 발생한다는 것이다. 부르디외의 '아비투스' 개념은 어떻게 구조가 행위자들의 활동들에 의해서 지속적으로 재생산되고, 동시에 그러한 일상적 활동들이 어떻게 구조적 조건들에 의해 제한되는가를 설명하기 위한 개념적 도구이다(양은경, 2002).

인간의 행위에 영향을 미치는 아비투스는 일방향이 아니다. 인간의 행위가 객관적인 사회구조를 내면화하는 아비투스에 의해 표출된 것이므로 아비투스란 외적 구조를 내면화하는 메커니즘이며, 동시에 다양한 사회적 환경 속에서 획득된 여러 다른 성향에 따라 인간의 행위가 달라진다는 점에서, 즉 주관적인 경험에 따라 행위가 달라지게 된다는 점에서 내

---

2) 여기에서 주관주의는 현상학적 조류로서 주관적 의지, 인지, 체험, 지향성, 행위 등을 중요시하며, 객관주의는 개인의 의지와 무관한 객관적 법칙성, 즉 구조, 체계, 기능, 법칙 등을 중요시한다. 사회학에서 주관주의와 객관주의의 대립을 보여주는 개념쌍으로는 개인과 사회, 생활세계와 체계, 상호작용주의와 기능주의, 이해와 설명, 미시사회학과 거시사회학, 해석적 패러다임과 규범적 패러다임 등이 있다(김덕영, 2016).

재성을 외면화하는 메커니즘이기도 하다(홍성민, 2000). 이러한 아비투스 개념은 구조주의적 분석에서 배제되어 왔던 행위 주체의 위상을 제고하는 것이 된다. 이처럼 아비투스는 우리가 현실을 지각하고 판단할 수 있게 해주는 해석틀인 동시에, 우리의 실천을 만들어내는 장본인이다. 그것은 일상적인 의미에서 개인의 인성, 즉 성향, 감수성, 행동·반응하는 방식, 태도, 스타일 등을 규정하는 토대가 된다. 개인의 취향 또한 아비투스의 산물이며, 아비투스의 발현이다.

이러한 아비투스는 개인적인 차원을 넘어 계급적인 현상이 된다.[3] 즉 사회집단이나 계급은 개인적인 취향의 이면에 지각, 사고, 판단체계를 공유하고 있으며, 이러한 계급적 에토스(ethos), 또는 집단적 가치체계 또한 아비투스이다. 아비투스가 개인에게 내면화되어 작용하게 되더라도 개인적인 현상인 것만은 아니며, 가족과 집단, 특히 계급 현상이다. 동일한 계급의 구성원이라고 해서 모두 똑같이 예술과 문화, 관광 여행에 대한 미적인 취향을 공유하는 것은 아니라 하더라도 동일한 계급의 구성원들끼리는 통계적으로 공통의 경험을 공유하게 될 확률은 높아지게 된다. 아비투스는 하나의 통일된 현상으로서, 아비투스의 발현은 계급적 속성과 밀접하게 연결되고 있다. 간단히, 아비투스는 계급관계에 따라 결정된다(이기현, 1995; 홍성민, 2004: 37; Garnham & Williams, 1980). 부르디외의 계급 정의는 아비투스에 기반하고 있으며(Garnham & Williams, 1980), 개인은 계급 아비투스의 한 변형에 불과하다. 이처럼 아비투스가 "개인적이지만 동시에 집단적으로 공유되기도 하는 취향과 성향"이라는 점에서 관광 여행의 장에서의 취향은 아비투스가 된다(장미혜, 2002a: 104).

---

3) 부르디외의 계급 개념은 마르크스와 다르다. 마르크스는 계급을 생산수단의 소유여부에 따라 구분하지만, 부르디외는 계급을 '사회공간에서 비슷한 위치를 차지하며, 소유한 자본의 형태와 양, 성공의 기회, 성향 등이 비슷한 행위자들의 집합'으로 정의한다. 그는 계급을 '이론적 구성물'로 간주하며, 이론적 계급은 실제의 사회집단과 다르다고 주장한다. 그는 마르크스의 계급 분석이 이론적 계급을 실제의 사회집단과 혼동하였다고 비판한다. 나아가 마르크스의 분석이 사회를 일차원적 공간으로 상상하고, 이 일차원적 공간에서 현상과 과정들이 직접적으로든 간접적으로든 경제적 생산양식의 전개와 거기서 유래하는 계급의 대립들로 소급된다고 비판한다.

2) 사회적 공간과 장

사회적 공간(social space)과 장(field) 개념은 부르디외가 '사회'에 대한 실체주의적 관념을 대체하기 위해 사용하는 개념들이다. 부르디외는 사회적 공간과 장을 엄격하게 구분하지 않는다. 그는 장을 사회적 공간과 행위 공간의 의미로 사용하기도 하고, 힘들의 장으로 이해하기도 한다(김덕영, 2016).

사회적 공간은 "개인들과 집단들이 존재하고 행위하는 사회적 영역"을 말하는 것으로, 전통적인 사회 개념과 다르지 않다. 부르디외가 사회적 공간이라는 개념을 사용하는 것은 사회 세계에 대한 '실체주의적 사고'를 비판하고 사회 세계를 관계주의적으로 간주하려는 것이다(김덕영, 2016). 사회를 일종의 네트워크로 간주하는 것으로 이해할 수 있다. 공간이라는 말 속에는 사회 세계에 대한 관계적 이해가 내포되어 있기 때문이다. 즉 사회에서 개인과 집단은 관계들의 공간에서 상대적인 위치를 차지해야만 존재하고 존속할 수 있다는 의미이다(김덕영, 2016). 이는 곧 개인과 집단은 차이에서만 존재할 수 있고, 차이를 통해서만 존재한다는 현대 서양철학의 경향과 일치하는 것이기도 하다. 이렇게 부르디외는 사회에 대한 '실체주의적 표상'을 '관계주의적 표상'으로 대체한다. 그가 보기에 사회 세계에서 실재하는 것은 관계적인 것이다. "사회 세계에 존재하는 모든 것이 관계"라는 것은 부르디외 이론의 존재론적인 입장을 보여주는 것이라 할 수 있다.

개인이나 집단의 상호적인 관계에 의해서 그들이 사회적 공간에서 차지하는 상대적인 위치가 결정되고 그들 사이의 차이가 발생한다. 결국 사회적 공간들이란 이러한 차이들의 구조들이다. 이러한 차이가 발생하는 것은 "권력의 형식이나 자본의 종류가 분배되는 구조"에 의해서이다. 부르디외는 사회라는 개념을 사회적 공간들의 합으로 대체한다. 그 결과 사회는 사회적 공간에 의해 대체되고, 사회적 공간으로 해체된다(김덕영, 2016).

부르디외는 사회적 공간 전체를 하나의 장으로 기술한다. 장은 사회적 공간에 "참여하는 행위자들에게 강제적 필요성을 갖는 힘들의 장인 동시에 투쟁의 장"이다. 이 장에서 행위자들은 경쟁하고 투쟁하며, 이에 따라 장의 구조가 변화하게 된다. 이 점에서 장은 "객관적 가능성의 사회적 공간"을 의미한다. 또 장은 분화된 사회적 영역이자 사회적 공간을 의미한다. 사회가 분화함에 따라서 사회적 공간도 다양한 장으로 분화하기 때문이다(가령, 정치, 경제, 문화, 예술, 종교, 과학, 문학, 여가, 관광/여행, 스포츠, 지역사회 등). 부르디외에게 사회는 이러한 다양한 장들의 합에 다름 아니며, 개인들은 이 다양하게 구조화된 힘들의 장에서 사회적 · 문화적 실천을 한다(김덕영, 2016). 이러한 모든 장에는 독특한 가치가 있고 자신만의 규제원리를 갖고 있다. 이 규제원리는 사회적으로 구조화된 공간의 경계를 규정하고, 이 공간에서 행위자들은 경쟁하고 투쟁한다. 이렇게 부르디외는 사회적 공간과 장의 개념을 통해 사회라는 실체주의적 개념을 해체한다.

부르디외 이론에서 장(field)은 아비투스(habitus)와 대응되는 관계에 있다(김덕영, 2016). 아비투스가 미시적-개인적 차원의 개념이라면, 장은 거시적-사회적 차원의 개념이다. 아비투스와 장은 개인과 사회 차원에서의 상관개념이다. 아비투스는 사회적인 것이 개인에게 체화된(embodied) 것이고, 체화를 통해 개인화된 집단적인 것이다. 장은 아비투스에 의해 구성된다. 부르디외 이론에서 아비투스와 장은 변증법적 관계에 있다. 장은 아비투스를 구조화하며, 아비투스는 장이 형성되는데 기여한다. 이러한 의미에서 부르디외는 사회적 실재가 두 번 존재한다고 주장한다(김덕영, 2016). 사회적 실재가 사물과 신체에, 장과 아비투스에, 행위자들의 외부와 내부에 존재한다는 것이다.[4)]

앞에서 살펴본 바와 같이, 사회적 공간이나 장은 실천의 영역이다. 사회적 · 문화적 실천에는 아비투스와 사회적 공간/장이 공동으로 작용한다. 아비투스는 "체화된 사회적인 것"이기 때문에 장에서 작동한다. 아비투스가 행위자와 사회 세계를 매개하고, 행위자는 그렇게 매개된 사회적 공간이나 장에서 실천을 한다.

---

4) 부르디외가 행위와 구조, 주관주의와 객관주의를 통합하는 인식론적 일원론을 지향하고 있지만, 사회분석 개념에 있어서는 아비투스와 장이라는 이원론적 실재론을 전개하고 있다고 할 수 있다.

실천의 영역인 사회적 공간이나 장은 차이에 의해 구조화된다(김덕영, 2016). 이러한 차이는 자본의 구조와 총합에 따른 차이에서 발생된다. 마르크스(K. Marx)가 자본을 경제자본과 동일한 것으로 간주하는데 비해, 부르디외는 마르크스와 달리 자본을 경제자본, 문화자본, 사회자본 등으로 확대한다. 이러한 다양한 종류의 자본과 그것들 사이의 결합, 그리고 이 결합으로부터 주어지는 자본의 총합에 따라 사회적 공간/장이 구조화되고 개인들의 계급적 위치와 사회적 실천이 결정된다. 부르디외가 현대 사회를 계급사회로 간주하고, 계급을 자본에 의해 파악한다는 점에서 마르크스와의 친화성을 엿볼 수 있다. 그러나 부르디외는 마르크스의 계급이론을 비판하고 확장한다(김덕영, 2016).

부르디외에 따르면 실천은 자본의 차이에 의해 결정되는 사회적 공간에서 개인들이 일상적으로 영위하는 생활양식이다. 따라서 실천의 사회적 공간은 생활양식의 공간이 되며, 또한 계급은 경제적 계급에 한정되지 않고 사회적 계급으로 확장된다. 이제 계급은 생활양식을 그 주요한 특징으로 하는 신분이 된다(김덕영, 2016, p.397). 이 점에서 부르디외는 계급과 신분(지위집단)을 구별하는 베버(M. Weber)의 이론을 수용한다. 부르디외는 베버의 신분－생활양식 개념을 활용하여 사회적 공간을 정의하는 것이다.

베버는 특히 계급과 신분을 구분하고, 이 둘의 차이점에 관심을 가진다(김덕영, 2016). 개인이나 집단의 신분적 상황은 계급적 상황에 근거할 수 있지만, 반드시 계급적 상황과 근거하는 것은 아니며, 또 신분적 상황이 단지 계급적 상황에 의해서만 결정되는 것은 아니라고 본다.[5] 계급이 생활

---

5) 마르크스가 사회적 불평등을 계급의 문제로 보는 것과 달리 베버는 사회적 불평등이 여러 형태로 존재하고 여러 요인들에 의해서 결정됨을 강조한다. 베버는 경제적 · 사회적 · 정치적 불평등이라는 세 가지 차원의 불평등을 구분하고, 그 불평등의 단위로서 사회계층을 각각 계급, 신분 및 정당으로 구별한다. 베버에 따르면 계급, 신분, 정당은 사회 내부의 권력 분배를 통해 중재되고 구조화된다는 공통점이 있는 반면 이것들은 근본적으로 상이한 사회적 결정요소와 요인에 근거한다. 계급은 경제적 질서이고, 신분은 사회적 질서이며, 정당은 정치적 질서이다. 계급이 사회내에서 경제적 기준에 따른 사람들의 집단을 가리킨다면, 신분은 사회적 명예와 생활양식이라는 두 가지 매체에 의해 구성되는 사회적 영역을 지칭한다. 정당은 권력의 영역에 속하는 것으로, 사회적으로 영향력을 행사한다는 것이 바로 권력 현상이다. 베버는 권력을 단순히 경제적 부와 사회적 명망과 분리되는 제3의 차원으로 간주하기보다도 권력이 부와 명

기회(life chances)의 불균등한 분배에서 생겨나는데 비해 신분은 생활양식(life styles)의 차이에서 생겨난다. 따라서 신분은 사회에서 동일한 위신을 갖고 비슷한 생활양식을 공유하는 사람들의 집단이라고 할 수 있다. 베버에 따르면, 신분은 생산과 분배의 영역보다는 소비의 영역 내에서 형성되며, 성원 자격의 기준이 되는 것은 '삶의 기회'라기보다는 '삶의 양식'(lifestyle)이라는 주장이다.

이처럼, 사회적 공간은 개인들과 그들이 속한 계급, 신분으로서의 계급들이 위치하는 공간이자, 동시에 이들의 일상적인 실천인 생활양식들의 공간이다. 부르디외에게는 사회적 위치들의 공간과 생활양식들의 공간이 상관개념이 된다.

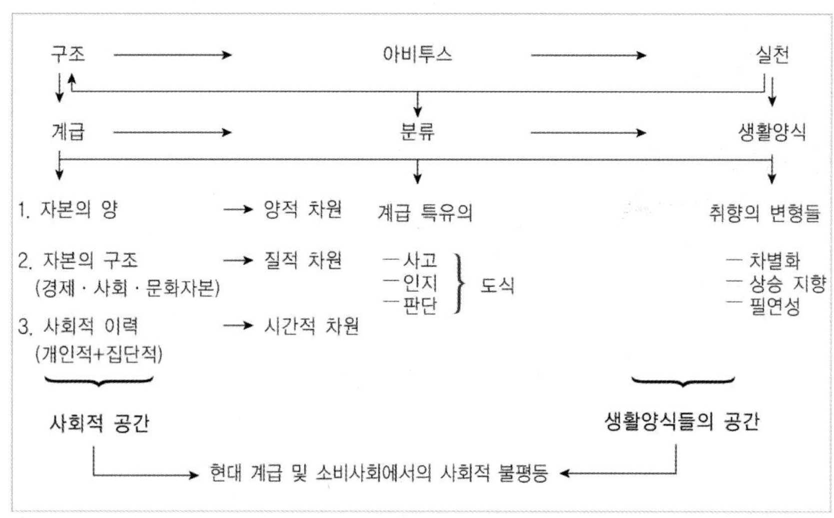

자료: 김덕영, 2016, p.399.

〈그림 3-1〉 **부르디외 사회이론의 구조**

이러한 부르디외의 사회 이론은 〈그림 3-1〉과 같이 구조화될 수 있고, 특히 부르디외가 대규모 실증조사를 통해 1960년대 프랑스에서 '사회적 공간과 생활양식의 관계'를 분석한 사례는 〈그림 3-2〉와 같다.

망을 결정할 수 있는 좀더 근원적인 요소로 이해한다. 부는 경제적인 권력인 셈이고 명망이나 위신은 사회적 권력으로 볼 수 있기 때문이다. 따라서 권력은 사회적 불평등의 가장 기본이 되는 요건이다(김덕영, 2016; 홍두승 · 구해근, 2001).

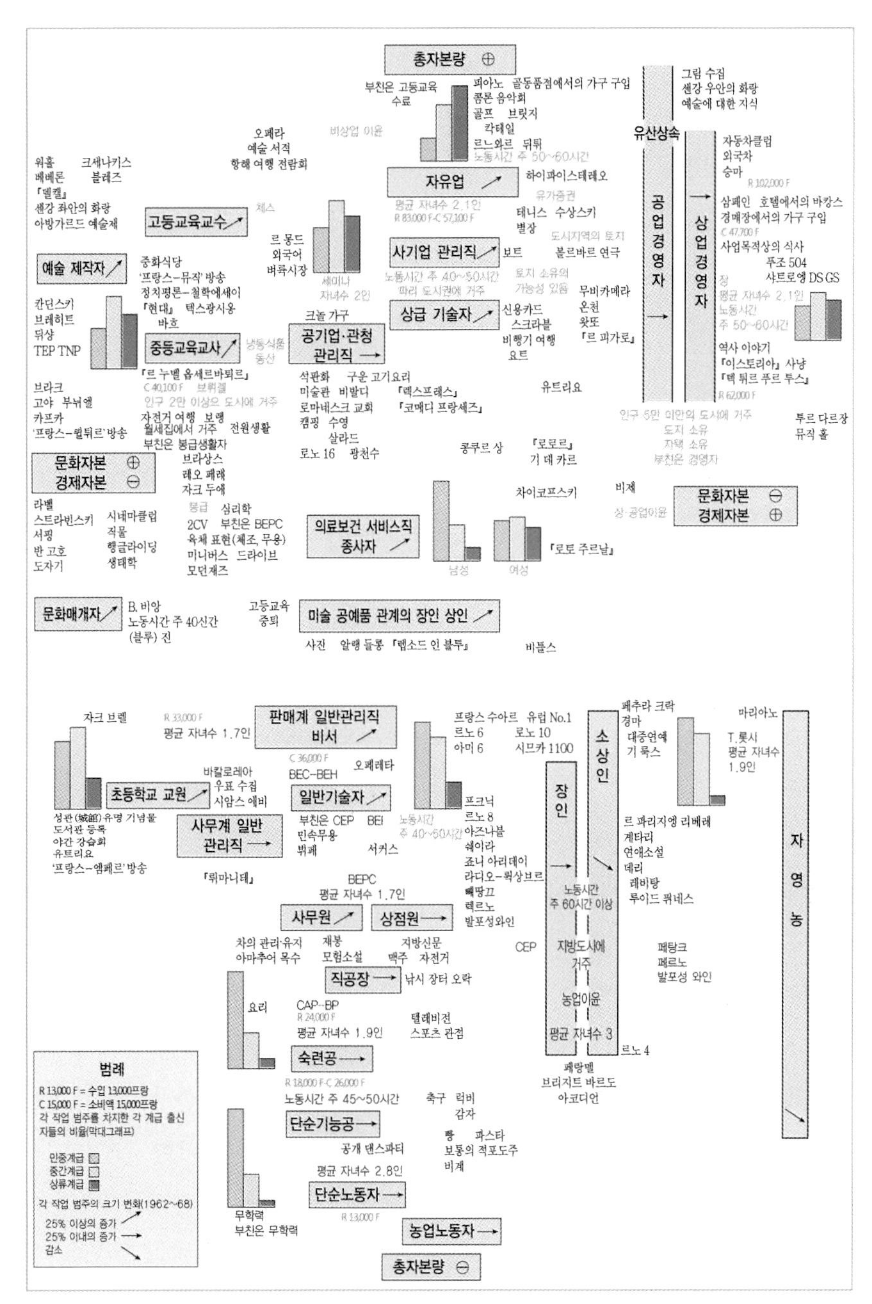

자료: 부르디외, 1995, pp.212-213; 김덕영, 2016, p.400.

〈그림 3-2〉 **사회적 위치 공간과 생활양식 공간**

2. 문화자본과 취향 판단

개인의 취향 판단이 자연적인 것, 자연스러운 것으로 생각되지만, 아비투스의 산물이라는 점에서 그것은 개인적이라기보다 사회적인 것이라 할 수 있다. 부르디외(1995)는 취향을 "직접적이고 본능적으로 미적 가치를 판단하는 능력"이자(p.172), "구분하고 구분된 특정한 대상 전체를 (물질적 또는 상징적으로) 전유할 수 있는 적성이나 능력"으로서 "각각의 상징적 하위공간의 특수한 논리 안에서 동일한 표현적 의도를 드러내는 생활양식의 생성 양식, 즉 구별적 기호(嗜好)의 통일적인 체계"로 정의한다(p.283). 즉 취향은 "개인의 사적인 감정과 주관적인 의지가 적극적으로 개입하고 있는 성향 체계"이며(홍성민, 2002: 23), "개인들의 사회적 존재조건의 차이에 따라 후천적으로 획득된 미학적 성향체계"이다(양은경, 2002: 249).

여기서 중요한 점은 취향 판단이 결코 개인적인 것이거나 혹은 선천적으로 자연스럽게 타고나는 것이거나, 선험적으로 주어지는 것이 아니라는 점이다. 부르디외는 취향이 본질적으로 사회적인 것으로, 계급에 따라 서로 다르게 경험되는 것이며, 따라서 선천적인 것이 아니라 후천적으로 형성된다고 주장한다. 취향은 기본적으로 양육과 교육의 산물, 곧 출신계급과 교육수준의 산물이라는 것이 부르디외의 주장이다. 이러한 취향의 결정에 있어서 문화자본이 중요한 영향을 미친다.

부르디외(1995)는 개인의 취향 판단이 문화자본에 의해서 큰 영향을 받는다고 강조하고, 특히 교육수준과 사회계급에 상응한다고 주장한다. 부르디외는 사회계급에 따라 문화적 취향을 세 가지로 구분한 바 있다. 첫째는 '정통취향'으로서 고급예술에 대한 취향을 말한다. 이러한 취향은 교육자본이 가장 풍부한 지배계급에 가장 흔하다. 둘째는 중간계급의 '절충주의적 취향'('오도된 승인'과 '문화적 선의')으로, 이것은 격이 낮은 예술작품에 대한 취향으로서 중간계급에 흔하다. 셋째는 민중계급의 '대중취향'('필요취향')으로서, 대중음악이나 경음악 같은 대중문화를 선호하는데, 노동계급에

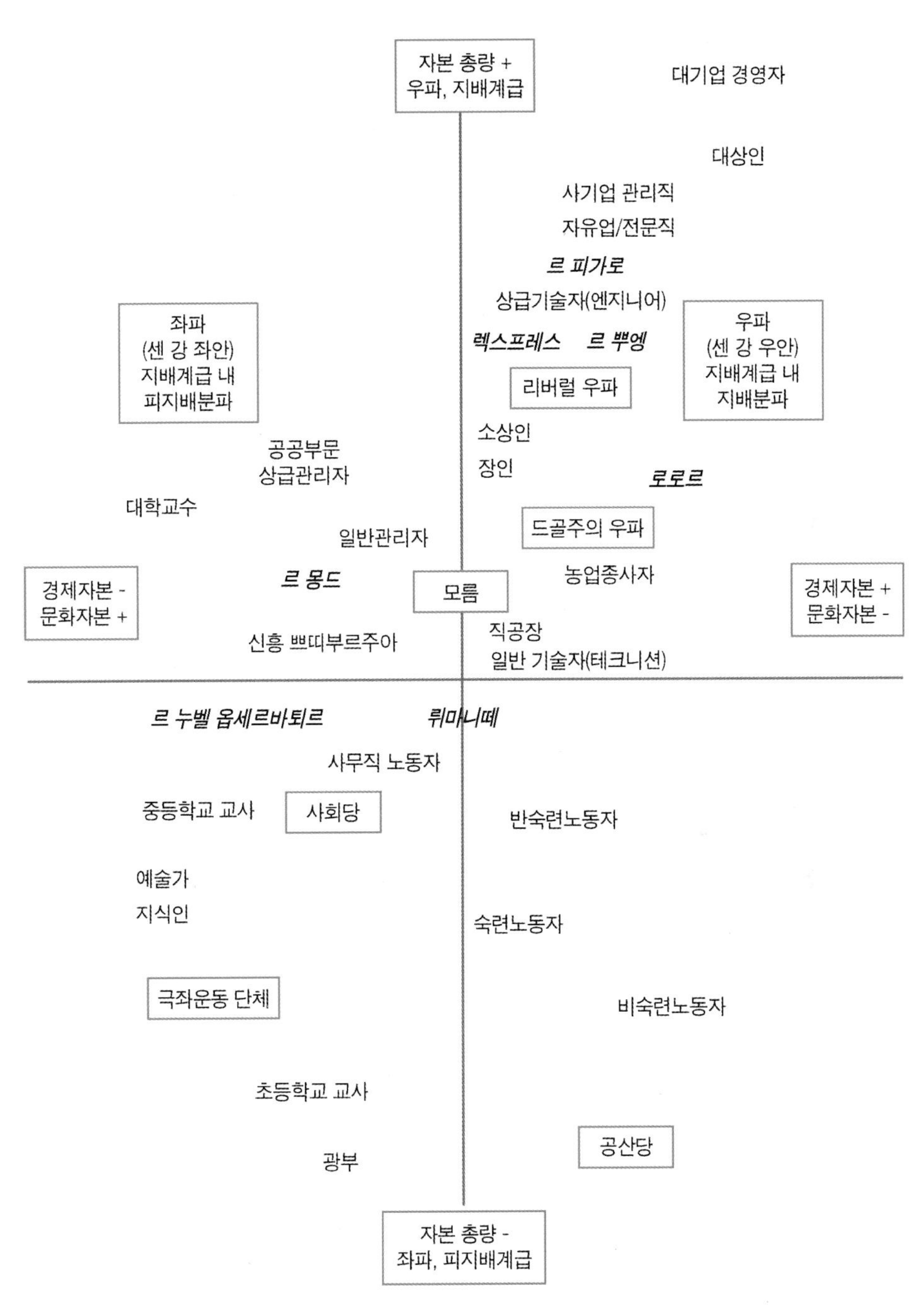

자료: Bourdieu, 1984, p.452.

〈그림 3-3〉 **프랑스의 정치적 공간: 사회계급 및 정치적 성향과 신문 · 잡지 구독 관계**

가장 흔하다. 그리고 지배계급의 취향에서는 과시적 문화취향과 편안함, '사치스럽고 자유분방한 취향'(유미주의적 취향, 자유취향, 사치취향)이 나타나는 반면, 지식인들은 귀족적 금욕주의의 취향을 보여준다고 한다. 또 쁘띠 부르주아들의 경우에는 사회적 상승의지와 엄격한 의지주의나 과시적 절제주의로 대변되는 경우가 보통이고, 민중계급의 경우에는 대체로 필요취향, 필연에 대한 감각과 연관되어 있다. 즉 상층계급의 과시적인 문화취향, 지식인들의 귀족적 금욕주의, 중간계급의 상승취향, 노동계급의 필요취향과 순응 등은 계급들이 처한 상이한 물적 조건들의 내면화의 결과라고 분석한다.

부르디외는 취향 판단이 본질적이고 사회적이고 계급적인 현상이라는 것을 보여주기 위해 '신문 · 잡지에 대한 취향'을 통해 사회계급과 정치적 장(공간)의 관계를 이론적 도식으로 보여주고 있다(<그림 3-3> 참조). 그는 1970년대 프랑스의 대표적인 일간지 및 잡지 구독에 대한 조사자료를 토대로 사회계급, 정치적 입장, 신문 · 잡지 구독 사이의 관계를 (사회계급이) 보유한 자본의 양과 구조에 따라 보여주고 있다. 이처럼 취향 판단은 사회계급에 따라 다르며, 보유한 자본의 총량뿐 아니라 문화자본과 경제자본 등과 같은 보유 자본의 구조에 따라 달라진다.

3. 상징권력과 문화 재생산

부르디외 취향이론의 초점은 부르주아지나 상층계급이 미술, 음악 등 고급문화를 즐긴다는 것이 아니다. 또 그가 밝히고자 했던 것이 계급에 따른 소비패턴이나 전유의 특정 패턴이 아니다. 계급에 따른 소비패턴, 곧 계급적 취향은 사회적 장의 특정 국면에서는 달라질 수 있기 때문이다. 오히려 부르디외는 자본의 양과 구조, 사회계급에 따라 사회적 · 문화적 실천이 달라지고, 취향 판단이 달라진다는 것을 보여주고, 이러한 취향 판단이 사회계급의 '구별짓기'의 수단이자 상징투쟁의 대상이며, 사회적 재생산이 이루어지는 한 계기라는 점이다. 부르디외에 따르면, 자신을 드러내는 기제, 이른바 '구별짓기'(혹은 '티내기') 전략이 과거 봉건 사회에서는 고정된 신분이나 지위였다면 근대 자본주의 사회에서는 경제적 부, 재산과 같은 경제적 요인으로 변화되었으며, 현대 사회에서는 과거의 정신적, 비물질적 요인들이 노골적이고 직접적인 물질적 대상물로 바뀌게 되었다.

현대 사회에서는 전근대 사회와 달리 사회적 배제나 차별이 신분적인 차이로 드러나지 않는다. 부르디외에 따르면 현대 사회에서는 계급적 취향의 차이가 신분의 차이를 대신하게 된다. 사회적 구성물인 아비투스가 개인의 미적 취향의 차이를 만들어 소비행위와 생활양식에 이에 상응하는 차별성이 생기고, 이러한 계급적 취향의 차이가 현대 사회에서 신분의 차이로 드러난다는 것이 부르디외의 주장이다. 이 점에서 취향은 '사회적 지위의 기호화'이며, 상징권력이 된다(조광익, 2012). 취향 판단 또한 상징권력(혹은 상징폭력)이 되며, 지배관계의 유지에 일조하게 된다. 이제 상징투쟁은 공론의 수준에서만 이루어지고 있는 것이 아니라 일상생활 전반에서 나타난다. 계급적 차이는 일상생활을 통해 넘을 수 없는 벽으로 되고 있다. 이런 의미에서 문화의 장이야말로 계급투쟁의 초점이라는 주장도 제기된다(정일준, 1997).

상징권력이란 사회 행위자의 공모에 의해 행사되는 권력이다. 우리의 자발적인 동의와 공모에 의해 작동된다는 것이다. 우리가 '콤플렉스'로 느끼는 것이 바로 사회가 개인에 대해 행사하는 상징권력이다. 외모, 학력, 재력, 부 등 우리가 일상적으로 느끼는 콤플렉스는 '사회적으로 인정되는 특정한 기준에 대한 미달'이라는 사회적 통념을 우리가 암묵적으로 인정하는 것이다. 상징권력은 사실상 부당한 통념을 우리가 정당하다고 인정하도록 만드는 것이다. 이러한 인식/오인의 절차를 통해서 지배의 논리가 개인에게 전달된다. 이로 인해 개인의 문화 취향도 모두 자연스러운 자신의 선택이라고 생각한다. 그러나 문화취향은 계급적 차이에 의해 만들어내며, 이것이 신분적 위계질서를 가능케 하는 지배논리의 단초이다(홍성민, 2012).

사회적 통념에 대한 우리의 승인이 곧 오인(misrecognition)이며, 우리의 일상적인 경험인 인식이 오인과 질서의 승인과정이다. 사회 속의 지배상태가 불평등함에도 불구하고 그것이 정당하다고 인정하도록 만드는 것이 상징권력의 효과이다. (이 점에서 인정은 '몰이해'와 동전의 양면이다.) 지배상태에 놓인 개인들은 불평등한 권력의 존재 자체를 인식하지 못한 상태에 있게 된다(홍성민, 2000).

상징권력은 사회구성원들이 기존 위계질서의 어떤 양상을 받아들이고, 자신에게 불리한 가치체계를 어느 정도까지는 공유하고 있다는 점을 보여준다. 부르디외는 상징권력이라는 용어를 권력의 특수한 형태보다는 오히려 일상생활에서 흔히 작동하는 수많은 형태의 권력의 양상과 이를 통한 지배를 가리키기 위해 사용한다. 일상생활에서는 권력이 물리적 힘의 공공연한 사용을 통해 행사되는 경우는 드물다. 권력은 차라리 상징적 형태로 변형되어 일종의 정당성을 부여받게 된다. 부르디외는 상징권력이 '비가시적'이고, 그 자체로는 '인식되지 않지만', 그 때문에 정당하다고 '인정되는' 것이라고 강조한다. 인정과 오인은 여기서 중요한 역할을 한다. 이 용어들은 상징적 교환을 통한 권력의 행사가 언제나 공유된 믿음에 기대고 있다는 사실을 강조한다. 다시 말해 상징권력의 효력은 권력의 행사를 가장 적게 이용하는 사람들로 하여금 자신들의 종속에 어느 정도까지 스스로 협력하게 만드는 인식과 믿음을 전제로 한다는 것이다. 그들은 권력의 정당성 내지는 그들이 갇힌 위계적 관계의 정당성을 인정하거나 암묵적으로 받아들인다. 그리하여 그들은 위계가 무엇보다 특정한 집단에 이익이 되는 자의적인 사회적 구성이라는 것을 깨닫지 못한다. 그러므로 상징권력의 본질을 이해하려면 상징권력이 그것에 복속된 사람들의 능동적 공모를 전제로 함을 놓치지 말아야 한다. 상징권력은 그 성공조건으로서 그것에 복종하는 개인들이 권력과 권력을 행사하는 사람들의 정당성을 믿는다는 것을 전제한다(부르디외, 1995).

부르디외는 『구별짓기』에서 계급구조가 (경제자본의 문화자본으로의 전환 등을 포함하여) 문화자본의 축적을 통해서 재생산된다고 주장한다. 문화자본은 높은 지위의 직업과 사회 집단에 대한 접근을 제공할 수 있다. 계급사회의 재생산에 있어 교육시스템은 중요한 역할을 수행하는데, 교육시스템은 그 자체로 상층계급의 에이전트 역할을 한다고 본다. 상층계급 학생들이 교육 시스템이 선호하는 문화자본을 갖게 될 가능성이 더 크기 때문이다(Kane, 2003).

| 3절 | 문화자본의 개념과 특징[6)]

1. 문화자본의 개념과 유형

문화자본은 부르디외가 고안한 개념으로, 마르크스와 달리 그는 자본을 경제적인 자본으로 한정하지 않는다. 부르디외(1986)는 현대 사회에서 이윤을 확보할 수 있는 자본의 개념이 다음과 같은 형식으로 확대된다고 주장한다. 경제자본, 문화자본, 사회자본, 상징자본이 그것이다. 경제자본(economic capital)은 마르크스적 의미의 자본으로서, 여러 생산요소들(토지, 공장, 노동력 등)과 각종 재화들(자산, 수입, [물질적 재화] 소유물 등)의 총체로 구성된다. 이 경제자본은 즉시 그리고 직접적으로 화폐로 전환될 수 있는 것으로, 생산수단 이외에도 주식이나 화폐까지 포함하는 넓은 의미의 개념이다.

문화자본(cultural capital)은 개인이 보유하고 있는 지적능력이나 자격의 총합을 가리키는 것으로 특정한 전제조건 하에서 경제자본으로 전환될

6) 이 절은 拙稿(2006b)의 일부 내용을 수정·보완한 것이다.

수 있다. 문화자본은 특히 학위의 형태로 제도화되기에 적합한 자본의 유형이다. 사회자본(social capital)은 한 개인이나 집단이 동원하고 활용할 수 있는 사회적인 연줄과 관계망의 총체로 정의된다. 이 자본을 소유한다는 것은 관계를 만들고 관리하는 작업, 즉 초대, 집단적 오락, 클럽에의 가입 등과 같은 '사교성의 노동'이 요구된다.

상징자본(symbolic capital)은 축적된 위신이나 명예를 가리킨다. 상징자본은 결국 다른 세 형태의 자본의 소유와, 그에 대한 승인이 행위자에게 부여하는 신용과 권위에 불과하다. 즉 상징자본은 경제자본, 문화자본, 사회자본 등 세 가지 자본들의 정통적으로 승인된 형식 즉 위신 · 신망 · 존엄 · 명예 · 명성 등을 의미한다. 상징자본은 권위와 명예의 재생산에 투입되는 의례(儀禮)와 전략 등을 포함하는 매우 유동적인 성질의 자본을 지칭한다(정일준, 1995). 중요한 점은 경제자본이 상징자본으로 전환되어 표면상 드러나지 않고 은폐되는 경우도 있다는 사실이다. 이러한 경제자본의 전환 및 은폐현상은 문화 소비양식이 다원화된 사회일수록 그 가능성이 높다(정일준, 1995: 33).

부르디외가 특히 관심을 갖는 문화자본은 기본적으로 사회계급에 따른 개인의 불평등한 능력을 설명하기 위해 사용되는 개념으로 계급적 차이에 따른 문화자본의 분배구조와 관련하여 교육시장에서 실현되는 차등적 이익에 근거한다. 문화자본은 가족에 의해 전수되거나 교육체계에 의해 생산된 지적 자격의 총체를 의미한다. 문화자본의 한 축을 구성하는 학력자본은 정규 학교교육을 받은 햇수로 측정되며, 학교 교육체계가 문화자본의 획득을 가능케 한다. 그렇지만 학력자본은 학교교육을 통해서만 획득되는 것은 아니고 가족을 통한 문화 계승에 의해서도, 즉 학교 이외의 가정에서의 교육이나 가정의 자산을 통한 비학교적인 방식이 복합적으로 얽혀서 형성된 결과이다. 경제적, 사회적, 상징적 자본과 함께 문화자본은 권력의 원천 혹은 집단이 지배력을 유지하거나 지위를 획득하는 방법으로 기능한다.

지적 자격의 총체인 문화자본은 몇 가지 이질적 요소로 구성된 복합적인 실체이다. 부르디외는 문화자본을 세 가지 유형으로 구분한다. 객관화된 문화자본, 제도화된 문화자본, 체화된 문화자본이 그것이다. 객관화된 문화자본은 미술작품 등과 같이 향유할 수 있는 문화적 능력을 요구하는 물적 대상을 의미한다. 이러한 형태의 문화자본은 물질적 형태의 경제자본과 같이 법적인 소유권을 가질 수 있고, 상속을 통해서 다음 세대로 세습될 수 있다. 제도화된 문화자본은 교육적인 자격이나 자격체계를 의미하는 것으로 '학력자본', '획득자본'이라고 부르기도 한다. 체화된 문화자본은 문화적 재화를 전유하고 이해하는 성향이다. 체화된 형태의 문화자본은 '신체자본' 내지는 '상속자본'으로 표현되기도 한다. 체화된 상태의 문화자본은 아비투스의 형태로 한 개인에게 통합되어 있기 때문에 다음 세대로 전수될 수 없다.

문화자본과 경제자본의 가장 큰 차이는 경제자본이 물리적 대상의 형태로 존재하여 개인 간에 이전이 자유로운 반면 문화자본은 지식이나 취향의 형태로 자본의 소유자인 개인과 분리되지 않고 개인에게 체화되어 나타난다는 점이다(장미혜, 2002a). 즉 문화자본의 일차적 형식은 신체와 관련되는데, 이러한 체화 과정에는 시간적인 투자와 교육과 같은 장기간에 걸친 경제적 투자가 요구되며, 바로 이 과정이 경제자본이 문화자본으로 전환되는 과정이기도 하다.

부르디외가 제시한 문화자본은 생산수단을 의미하는 마르크스적인 의미의 자본의 개념을 확대시킨 것이고, 그것이 물적 자본에만 국한되지 않는다는 점에서 전통적인 마르크스주의의 틀을 넘어서고 있다. 마르크스적인 자본개념은 생산수단을 의미하는 물질적인 것이었다. 이에 비해 부르디외는 경제자본, 문화자본, 사회자본, 상징자본 등의 물질적, 非물질적 자본 개념을 제시하고 있다. 이러한 다양한 유형의 자본을 통해, 실재하는 사회공간 내에서 사회계급은 총자본의 양과 자본의 구성에 따라 서로 상이한 계급, 상이한 계급분파로 구분된다. 이러한 사회계급에 따라 사회적·문화적 실천이 달라지고 아비투스와 취향이 달라지게 된다.

2. 문화자본의 특징

경제자본과 구분되는 문화자본의 고유한 특성은 다음과 같다. 첫째, 문화자본은 지속적이다. 경제자본은 어느 한 순간에 상실될 수 있지만, 사회화 과정에서 일단 획득된 문화자본은 개인의 성향인 아비투스 형태로 획득된 뒤에는 오랜 시간 지속되게 된다. 둘째, 문화자본은 비실체적이다. 경제자본이 생산수단 등 상대적으로 실체가 분명한 물질적인 대상을 지칭하는 개념인데 비해 문화자본은 실체가 분명치 않은 비물질적 대상을 의미한다. 셋째, 문화자본은 은폐된 형태를 띤다. 경제자본이 즉각적으로 계산가능하며 화폐와 교환될 수 있는 것인데 비해서 문화자본은 종종 은폐된 형태로 존재하며 사람들은 문화자본의 존재를 오인할 수 있다. 넷째, 문화자본의 非전유성이다. 경제자본이 타인의 노동력을 착취할 수 있게 해주는 반면, 문화자본의 소유 그 자체는 타인의 노동력을 착취하거나 전유할 수 없다.

| 4절 | 문화자본과 관광 여행

관광 여행에 대한 취향과 선호에 있어 경제자본과 문화자본이 모두 중요한 영향 요인이다. 경제자본은 물질적 희귀함에 대한 재화와 활동의 소비를 통해 표현되는 반면, 문화자본은 문화 엘리트에 의해 신성하게 된 진귀한 미적 양식과 상호작용 양식에 의해 소비하는 것으로 표현된다 (Holt, 1997). 특히 사회적 지위의 중요한 원천으로서 문화자본이 모든 사회적 장에서 접합되고 있는데, 관광 여행, 여가 등과 같은 소비의 장에서 문화자본은 취향과 소비 실천으로 전환되어 작동한다(Holt, 1997).

관광 여행과 같은 소비의 장에서 경제자본은 문화자본으로 전환된다. 여가나 관광 경험을 위해서는 경제적 소득이 뒷받침되어야 한다. 일례로 경제적 계층에 따라 해외여행 경험에는 차이가 있으며, 소득이 높을수록 해외여행 경험이 많다. 또 경제자본이 관광 여행을 선호하는 생활양식을 만들고 더 많은 관광 여행 향유를 가능하게 한다. 나아가 풍부한 관광 여행 경험이 문화자본을 강화시키는 작용을 하게 된다. 이런 점에서 관광 여행에 있어서 경제자본은 문화자본으로 전환된다고 할 수 있다.

문화활동의 경우에도 마찬가지다. 우리 사회에서 각종 오페라공연, 클래식공연, 미술전시회 등 다양한 문화 활동이 활발하게 이루어지고 있다. 이러한 공연, 전시회 등은 '품격있는 문화상품'이 되고 있고, 이러한 문화상품들은 대체로 경제자본이 풍부한 고소득층에 비해 저소득층에게는 부담스러울 수 있다. 고가의 문화활동은 경제자본이 많은 계층이 선호하는 경향이 있다. 이러한 문화활동을 향유하기 위해서는 문화적 리터러시(literacy)라는 문화자본이 필요하다. 문화자본이 낮은 계층에서는 이러한 문화활동 자체를 선호하지 않게 된다. 이처럼 관광 여행, 문화 등 소비의 장에서 경제자본은 물론 문화자본이 중요한 역할을 하며, 경제자본이 문화자본으로 전환된다.

1. 관광 소비 양식과 구별짓기

관광 여행의 장에서 사회계층에 따라 관광 여행 참여 정도는 다르고, 이는 사회적 구별짓기의 수단이 되기도 한다. (특정한 지역 혹은 유형의) 관광 여행 경험의 유무, 혹은 관광 여행 경험 그 자체가 자신의 사회적 신분이나 지위를 반영하는 것이 된다. 관광 여행이 단순한 개인적인 경험을 넘어 상징자본으로서 기능하게 되는 것이다. 이를 도식화하면 다음

〈그림 3-4〉와 같다. 다음의 〈그림 3-4〉에서 화살표 (1)은 사회계급에 따른 생활양식(관광 여행 문화 등에 대한 취향, 선호)의 차이에 대한 것이고, 화살표 (2)는 관광 여행 생활양식(취향, 선호)에 영향을 미치는 경제자본과 문화자본의 상대적 설명력을 표현한 것이다(조광익, 2012). 경제자본과 문화자본이 생활양식과 밀접한 관련이 있을 뿐 아니라, 관광 여행과도 밀접한 상관관계가 있음을 보여주는 도식이다. 즉 경제자본과 문화자본이 풍부한 집단이 여가 관광을 선호하고 향유할 수 있는 생활양식을 갖게 될 가능성이 높고, 사회계급에 따라 양상이 상이하다는 것을 보여주고 있다. 문화자본 및 경제자본에 따른 관광 여행 및 소비 양식의 차이에 대한 많은 경험적 연구는 이러한 이론적 도식을 검증하는 경우가 많다.

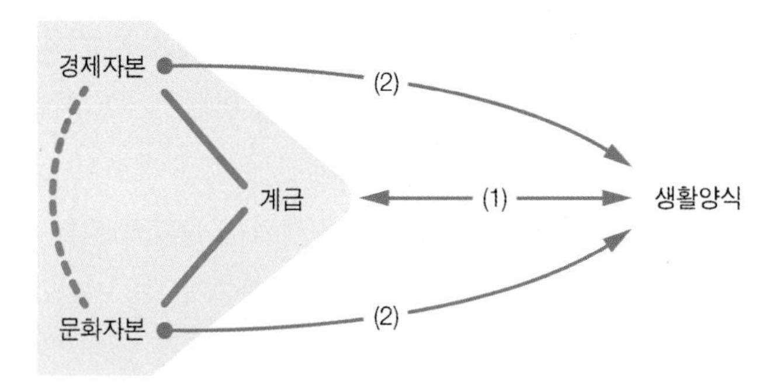

자료: 한신갑 · 박근영, 2007, p.214; 조광익, 2012, p.365.

〈그림 3-4〉 **문화자본과 관광 여행의 생활양식**

이 도식에 따르면, 관광 여행의 장에서 사회계층에 따라 관광 여행의 목적지 선호나 관광 여행 활동의 선호가 달라지게 된다. 상층계급이 선호하는 관광 여행의 목적지나 선호하는 관광 여행 활동이 있는 반면 중간계급이나 하층계급이 선호하는 관광 여행 목적지나 관광 여행 활동이 있다는 것이다. 또 관광 여행의 경험에 따른 차이도 있을 것이다. 관광 여행 경험 자체가 사회계층과 밀접한 연관이 있기 때문이다. 관광 여행의 경험이 적은 사회집단은 대중적인 관광 여행 목적지를 선호하고, 남들이 가지 않는

낯선 목적지는 좋아하지 않을 수 있다. 반면, 관광 여행 경험이 풍부한 사회집단은 대중적인 관광목적지를 회피하는 대신 자신만의 관광지나 여행지 혹은 남들과 차별화되는 관광지, 여행지를 선호하게 된다.

또한 문화자본의 보유 정도에 따라 선호하는 관광 여행의 활동이나 관광 여행 유형이 달라질 수 있다. 미술관이나 박물관 관람, 클래식 음악회 등과 같은 문화관광은 문화자본이 풍부한 집단이 선호하게 될 가능성이 크다. 반면 문화자본이 적거나 문화적 리터러시를 보유하지 못한 경우에는 문화관광이나 역사관광 등을 선호하기는 어려울 수 있다. 이러한 상황에서 특정한 유형의 관광 여행이나 관광 여행 목적지는 상징자본으로 기능할 수 있을 것이다. 나아가 이러한 관광 여행 취향/선호의 균열은 부의 격차와 함께 세대를 넘어 세습되고 고착화될 가능성이 크다. 이를 도시(圖示)하면 다음 〈그림 3-5〉와 같다.

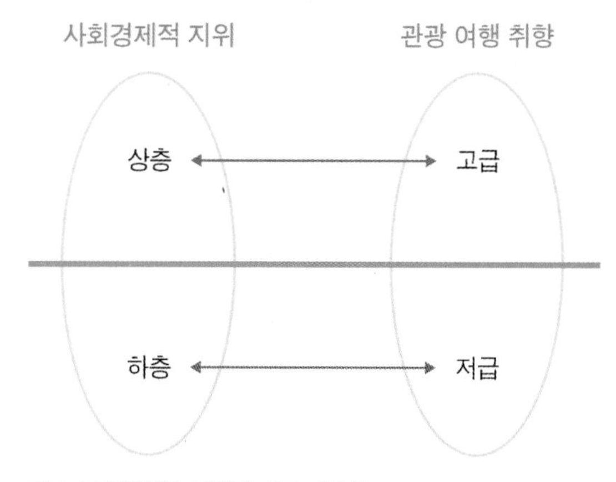

자료: 조광익(2012: 365)에 의거 재구성.

〈그림 3-5〉 **관광 여행과 구별짓기**

또 이상의 도식에서는 드러나지 않지만, 문화자본에 따라 관광 여행을 즐기고 향유하는 방식이 다를 수 있다. 동일한 문화 관광 활동 선호에 있어서도 그것을 즐기고 향유하는 방식이 문화자본에 따라 다를 수 있다는 것이다. 가령 클래식 음악을 선호한다고 해도 음악연주회에 가서 즐기는 것과 유튜브에서 듣는 것은 차이가 있으며, 특히 클래식 음악에 대한 지식은 문화자본을 의미하며 이에 따라 장르 선호는 달라진다. 이처럼 관광 여행을 소비하는 방식을 관광 소비 양식(mode of tourism consumption) 또는 여가 소비 양식(mode of leisure consumption)이라고 정의할 수 있다. 이러한 소비양식은 구별짓기로 나타나게 된다.

2. 관광 여행에서의 옴니보어 가설

부르디외의 이론과 관련하여 최근 경험적으로 많이 제시된 가설은 이른바 '옴니보어(Omnivore) 가설'이다(<그림 3-6>). '옴니보어 가설'은 위의 〈그림 3-5〉와 마찬가지로 부르디외의 문화자본 이론을 단순화한 것으로, 〈그림 3-5〉의 도식에 대한 안티테제로서 제시되었다. '옴니보어 가설'에 따르면, 상층계급은 다양한 문화활동을 선호하고 문화활동을 풍부하게 향유하는 반면에 하층계급은 선호하는 문화활동이 매우 제한적이라는 주장이다. 이러한 가설에 입각할 때, 관광 여행의 장에서 상층계급은 다양한 관광 여행 활동과 관광 여행 목적지를 선호하는 반면 하층계급의 경우에는 선호하는 관광 여행 활동이나 목적지 등이 제한적이라는 것을 의미한다. 이러한 상황에서도 관광 여행은 상징권력으로 작동할 가능성이 높다. 옴니보어 가설은 선호하는 관광 여행의 목적지나 선호하는 관광 여행 활동이나 유형 등과 같은 '관광 여행의 폭'은 고려되는 반면, '관광 여행의 양'에 대한 고려는 배제되고 있다는 비판이 제기될 수 있다.

Holt(1997)가 지적하고 있는 것처럼, 부르디외의 이론을 반대하는 경험적 연구들은 부르디외 이론의 가장 혁신적인 요소를 제거해버리는 문제가 있다. 이는 주로 경험적 검증을 위해 부르디외 이론을 단순화한 데서 기인한다. 부르디외의 이론의 혁신적인 요소의 하나는 사회적 재생산의 문제이다. 부르디외는 『구별짓기』에서 취향에 있어서의 계급의 차이가 매일 매일의 상호작용의 의도하지 않은 결과를 통해서 필연적으로 사회적 재생산을 가져온다고 주장한다. 또한 『재생산』에서는 문화와 교육이 어떻게 사회적 계급의 재생산에 어떻게 기여하는지를 보여주고 있다. 하지만 대부분의 경험적 연구에서는 사회적 재생산의 문제에는 소홀하다는 비판이다. 이러한 재생산의 관점을 고려할 때, 관광 여행의 취향/선호의 균열은 부의 격차와 함께 세대를 넘어 세습되고 고착화될 가능성이 크고, 관광 여행의 장 또한 집단 간 상징투쟁의 장으로 기능할 수 있다.

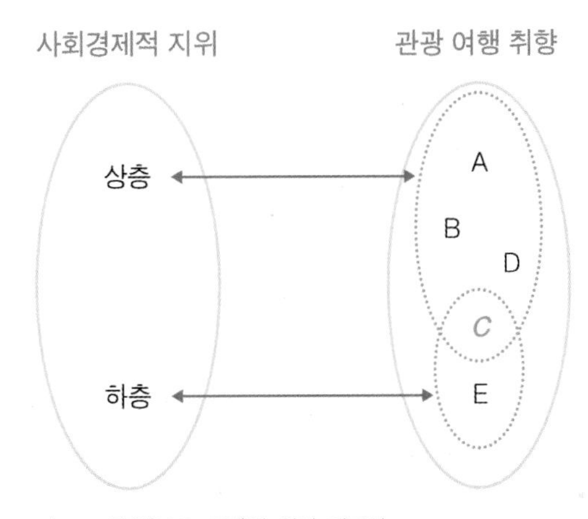

자료: 조광익(2012: 365)에 의거 재구성.

〈그림 3-6〉 **관광 여행과 옴니보어 가설**

관광 여행 혹은 여가 취향에 대한 대부분의 경험적 연구가 공시적인 차원의 분석에 그치고 있는 것은 부르디외 이론 검증을 위해서는 불완전하다. 시간의 변화에 따른 통시적인 분석을 통해 사회계급 간 문화 취향, 여가 및 관광 여행 취향의 구조가 시간에 따라 어떻게 변화하는지를 분석함으로써 문화자본 연구의 타당성을 높일 수 있을 것이다. 이는 관광 여행이 집단 간 상징투쟁의 과정에서 어떻게 '구별짓기' 되는지 그 변화 과정을 보여줄 수 있을 것이다.

| 5절 | 관광 여행과 상징권력

관광 여행의 장(field)은 단일한 사회적 공간이 아니다. 관광 여행의 장은 분화되고 분열적인 장이자, 계급의 공간이다. 일상생활 전반에서와 같이 관광 여행의 장에서도 계급적 차이가 나타난다. 다른 사회적 장에서와 마찬가지로 관광 여행의 장에서도 자본의 구성과 배분에 의해 다양한 양상이 전개된다. 관광 여행의 장에서 행위자(여행자)의 자본의 구성과 총량, 시간의 흐름에 따라 다양한 소비양식이 나타나게 된다는 것이다. 관광 여행의 장에서 상이한 계급 사이에서는 물론이고 동일한 계급 내에서의 다양한 차이(선호, 취향, 소비양식 등) 발생이 가능한 이유이다.

1. 관광 여행의 장(場)과 상징권력

현대 사회에서는 계급적 차이가 일상생활 전반에서 나타나기 때문에, 일상적인 생활공간이 상징투쟁의 장으로 변화된다(정일준, 1995). 다른 문화활동과 마찬가지로 관광 여행이나 여가의 장 또한 계급투쟁, 상징투쟁의 공간이 된다. 경제적 계급 차이가 관광이나 여가와 같은 공간에서도 나타나는 것이다. 계급의 차이는 사는 동네, 사는 집, 부모의 직업, 취업, 보유 자동차, 해외 어학연수 경험, 해외 여행횟수/해외 여행지 등 생활수준의 차이로 나타난다. 이러한 생활수준의 차이는 생활양식의 차이를 낳고 사고방식의 차이, 관념의 차이를 만들어낸다. 경제적인 차이가 생각과 관념의 차이를 만들어낸다. 우아한 '정통취향'과 촌스러운 '필요취향'이 만들어지는 것이다. 그리하여 상징투쟁, 인정투쟁이 중요해진다. 이런 의미에서 "이제 계급투쟁은 분류투쟁"이 된다(정일준, 1995). 자동차, 집, 직업 등으로 사람을 분류하고 자신을 드러내듯이, 관광 여행 경험과 여가활동으로도 사람을 분류하고 자신을 구별짓고 드러낸다. 관광 여행의 장도 상징권력이 작동하며 사회적 계급관계가 은폐될 뿐 사라지지 않는다는 얘기다.

오늘날 한국 사회는 '전시 사회'로 변모되고 있다. 다양한 SNS에서 보듯 "나는 전시한다, 고로 존재한다"가 삶의 모토인 양 일상생활 전반을 드러내기에 이르렀다. 이러한 전시 사회에서는 정신적인 가치보다는 물질적인 가치가 더 선호되고, 비가시적인 것보다는 확연히 구분되는 가시적인 '티내기 전략'이 선호된다. 또한 이러한 전시 사회에서 관광 여행 경험은 음식이나 풍경과 함께 손쉬운 '포스팅'의 재료, 과시의 재료가 된다. TV에는 (해외) 여행 프로그램이 차고 넘친다. 유명하다는 여행지, 유행하는 관광지를 방문하는 것은 현대인으로서 갖추어야 할 교양과 품위, 덕목이 되고, 부러움의 대상이 된다. 여행시간, 소득, 주변환경 등 여건이 그렇지 못한 사람은 그저 TV 프로그램을 보며 대리만족하거나, 뒤처진 사람처럼 열등감을 느끼게 될 수 있다. 관광 여행이 자신의 내적 성숙과 같은 내면을 향하는 것이 아니라 타인과 외부를 향해 소비될 때, 관광 여행은 부지불식간에 상징폭력이 될 수 있다. 비록 제도화된 상징폭력은 아니지만 암묵적인 형태의 상징폭력이 된다.

관광 여행이 타인과의 '구별짓기' 수단이 될 때, 관광 여행은 상징폭력이 된다. 관광 여행이 자신을 위한 쉼이나 '힐링'이 아니라, 관광 여행의 장에서 스스로를 남과 구분하고자 하는 수단이 될 때, 관광 여행은 상징권력으로 작동한다. 같은 맥락에서 관광 여행을 과시적으로 소비하게 될 때 관광 여행은 상징폭력이 된다. 자신의 (해외) 여행 경험을 과시함으로서 은연중에 자신의 부, 교양 등을 과시하거나, 자신의 여행경험이 풍부함을 과시함으로써 남다른 안목과 식견이 있다는 '암묵적인 티내기'를 하는 것이 상징폭력이다. 특정한 유형의 관광 여행, 혹은 관광 여행 자체가 '구별짓기'에서 자유롭지 않다면, 관광 여행이 상징권력이 되는 것이다.

해외여행 경험이 적거나 '고급문화'에 대한 관심이 적거나, 취향이 '저급하다'고 느끼거나 느끼게 하는 것이 관광 여행의 장에서 행사되는 상징권력(상징폭력)의 효과이다. 다른 문화취향과 마찬가지로 관광 여행, 여가의 장에서도 취향은 위계화, 서열화되어 있고 이러한 분류, '구별짓기'는 상징투쟁의 대상이 될 수 있다. 각종 설문조사에서 등장하는 '희망하는' 여행이나 여가활동과 '실제의' 여행, 여가활동의 차이는 이를 보여준다. 관광 여행이나 여가활동이 모두 동일한 의미를 갖는 것이 아니라 상층계급의 '고급' 관광 여행, '고급' 여가와 하층계급의 '저급' 관광 여행, '저급' 여가로 위계적으로 구분되어 있다는 것이다. 이것은 관광 여행 및 여가 취향 또한 일종의 '지위상징'으로 기능함을 의미한다.

과거에는 우리 사회에서 해외여행이 부유층의 지위상징이었을 것이다. 경제적 소득계층에 따라 해외여행 경험에는 차이가 있으며, 소득이 높을수록 해외여행 경험이 많기 때문이다. 하지만 오늘날 우리 사회에서 해외여행을 하는 내국인이 매년 2~3천만명에 달하여 해외여행이 대중화되고 있는 상황에서 해외여행이 과거와 같은 지위상징으로 기능하기는 어려울 것이다. 하지만, 해외여행의 목적지나 해외여행 횟수, 여행기간 등 특정한 (유형의) 해외여행은 아직도 지위상징이 될 수는 있을 것이다. 이미 다양한 해외여행 목적지를 섭렵하였을 뿐 아니라 해외여행 초심자들이 선호하는 동남아 대신 북유럽이나 아프리카 여행은 사회적 지위를 드러내줄 수 있다. 관광 여행이 여행 경험이 적은 사람들의 경제적, 문화적 콤플렉스를 자극할지도 모른다. 고가의 '고품격' 여행상품을 구매하는 여행자는 저가의 '대중적인' 여행상품을 구매하는 여행자에 비해 자신을 우월하게 느끼고, 자신이 사회적으로 좀 더 존중받는 지위에 있음을 과시하는 반면, 저가 대중여행 상품 이용자는 여행사나 가이드의 대접에 섭섭해하며 열패감을 느낄지 모른다.

2. 관광 여행과 제도적인 상징권력

관광의 장에서 행사되는 상징폭력은 제도적인 형태보다 암묵적인 형태로 나타나서 분별하기가 쉽지 않을 수 있다. 이러한 이유 때문인지 관광 여행이 상징투쟁이나 상징권력과의 관련성에 대한 관심은 낮은 것으로 보인다. 관광 여행의 장에도 제도화된 상징권력이 존재한다. 관광 여행의 제도 자체 안에도 (상징)권력이 존재한다는 얘기이다. 가령 관광 여행 전문 자격증 제도와 관광학 학위를 부여하는 교육제도는 이를 보여준다. 관광 여행의 장에는 다양한 자격 제도가 있다. 가령, '관광통역안내사' 자격이 없다면 아무리 외국어 실력이 뛰어나도 '여행가이드'를 할 수 없다. '국외여행인솔자' 자격 또한 마찬가지다. 직업적 여행가이드나 해외여행인솔자가 되기 위해서는 이들 자격을 취득해야 한다. 또 관광 관련 교육을 받은 개인에게는 전문자격 취득과 관련한 시험과목을 일부 면제하기도 한다.

특정 관광 여행 분야에서 일하기 위해서는 관련 학위가 필요하다. 또 몇몇 관광 여행 관련 자격에는 외국어 능력이라는 문화자본의 축적이 상대적으로 용이한 개인이나 관련 대학 졸업자에게는 상대적으로 접근이 쉬운 반면 그렇지 못한 개인에게는 높은 장벽이 된다. 이처럼 관광 여행의 장에서는 다양한 방식으로 상징권력이 행사되고 재생산되는 제도적 메커니즘이 있다고 할 수 있다. 이처럼 공식적으로 제도화된 학위 및 자격증은 불평등을 유발하고 지속시키는 메커니즘으로 작용할 수 있다. 더욱이 이 메커니즘은 개인이 획득한 자격과 자신의 사회계급 덕분에 얻게 된 문화자본 사이의 연결고리를 보이지 않게 함으로써 기존 질서를 정당화하는 데 기여한다.

다른 한편, 부르디외에 따르면 모든 언어교환은 권력작용을 포함하고 있다. 화자의 자본의 불균등한 분배구조로 인해 동등한 대화상황은 이론적으로나 가능한 일이다. 언어능력은 단순한 기술적 능력(technical ability)이 아니라 이른바 지위에 따른 능력(statutory ability)이라는 것이다. 관광 여행의 장에서도 '메시지'와 함께 발언하는 '메신저'가 중요한 함의가 있다. 언어가 최고의 상징이라고 할 때, 언어의 힘은 그 내용의 진위 여부가 아니라 발화자의 사회적 지위에 있기 때문이다. 말의 내용이 아니라 발화의 주체, 즉 누가 말하느냐, 발언자가 누구냐에 따라 말의 힘은 달라진다.

관광 여행에 대해 말하는 자의 사회적 지위에 따라 관광 여행의 의미는 달라지게 된다. 교수, 전문가, 정책담당자, 여행업자, 관광자, 장관의 말의 무게는 각기 다르다. 정책담당자나 일부 '전문가들'은 관광 여행을 '경제'로 간주한다. 관광 여행이 '굴뚝 없는 산업', '달러를 벌어들이는 수출산업', '국가전략 산업', 혹은 '고용창출효과가 높은 산업'이라고 한다. 한때는 관광 여행이 '과소비의 원흉'이기도 했다. 관광 여행은 잘하면 '산업'이 되고 아니면 규제 대상이었다. 그렇게 인식/오인되었고 암묵적으로 수용되고 확산되었다. 하지만, 관광 여행이 개인의 삶의 질과 관계된, 권리로 인식되지는 않았다. 그렇게 얘기하는 정책담당자나 '전문가'가 드물다. 정책담당자, 일부 '전문가'에 의해 관광 여행이 경제적 · 산업적 관점에서 주로 '외화획득의 수단', '지역 활성화의 수단'으로 인식/오인되어 온 것이 상징권력의 작동이고, 상징폭력이다. 이는 (힘 있는 화자의) 권력작용의 결과이기도 하지만, 우리가 이를 승인한 결과이기도 하다. (세계인권선언에는 노동의 권리와 함께 여가의 권리가 명시되어 있다는 점을 상기하자.)

부르디외는 상징권력을 통한 지배가 물리력보다 더 효과적으로 작동한다고 주장한다. 이러한 언어, 담론과 같은 상징권력을 통한 지배가 정치폭력이나 물리력보다 더 효과적으로 작동한다는 것이다. 관광 여행의 장에서도 그렇다. 이로 인해 관광 여행이나 여가가 개인의 당연한 '사회적 권리'이자 복지, '인권의 문제'라는 인식, '인간다운 삶을 영위하기 위한 불가결한 수단'이라는 주장은 묻히고 만다. 관광 여행은 인간다운 삶을 위해 필요한 권리이자, 소중한 인권의 일부이다. (마르크스는 여가가 없는 사람은 "짐 나르는 짐승만도 못하다"고 말했다.) 하지만, 자본의 불균등한 분배와 상징권력의 작용으로 인해 이러한 인식, 주장은 메아리가 없다. 관광 여행의 장도 다양한 개인들이 서로 경쟁하고 투쟁하는 갈등적 공간이지만, 다른 사회적 장과 달리 관광 여행의 장에서 권력의 행사와 갈등이 표면화되지 않는 이유일 것이다. 은밀하면서도 노골적인 형태의 상징폭력이다.

생각해볼 문제

1. 관광자의 취향 판단에 영향을 미치는 요인은 무엇이 있는가 생각해보자.

2. 개인의 관광 여행 선호 및 취향은 자연적, 심리적인 문제인가 아니면 사회적, 구조적인 문제인가?

3. 부르디외의 자본 개념과 마르크스의 자본 개념을 비교해보자.

4. 경험적 연구를 위해 문화자본은 어떻게 측정될 수 있는가?

5. 한국 사회에서 사회계층에 따라 구별되는 관광 여행 목적지나 활동이 있는가? 그리고 사회계층에 따라 관광 여행 활동에 대한 참여가 달라지는가?

6. 관광 여행은 '상징권력'과 어떠한 관계가 있을까? 어떠한 경우에 관광 여행은 '상징폭력'이 되는가?

더 읽어볼 자료

1. **Bourdieu, P. (1984), *Distinction: A social critique of the judgement of taste*, Harvard Univ. Press. (최종철 역(2005), 『구별짓기: 문화와 취향의 사회학』, 서울: 새물결).**

   개인의 취향판단이 어떻게 형성되고 사회적으로 재생산되는지, 취향 판단에 사회계급 질서가 어떻게 관철되는지를 분석하여, 기존의 사회질서 특히 계급구조가 어떻게 상징적 지배에 의해 정당화되고 재생산되는가 하는 문화자본 이론의 원류가 되는 현대의 고전.

2. **홍성민(2000), 『문화와 아비투스』, 서울: 나남출판.**

   프랑스에서 부르디외를 연구한 저자가 쓴 부르디외 전문 연구서. 부제(부르디외와 유럽정치사상)에 걸맞게 부르디외의 이론을 마르크스, 푸코, 알튀세, 베르그손, 메를로 퐁티 등 다양한 철학자들의 이론을 동원하여 정치학적인 관점에서 고찰하고 있다. 독서에 인내심이 요구되는 전문서적.

3. **홍성민(2012), 『취향의 정치학』, 서울: 현암사.**

   부르디외가 쓴 『구별짓기』의 전체적인 내용과 의미를 정리한 해설서. 부르디외의 『구별짓기』를 읽기 전이나 읽은 후에도 도움이 된다. 특히 방대하고 전문적인 부르디외의 『구별짓기』 독서가 부담스러운 독자에게는 유용할 수 있는 참고서이자, 부르디외 안내서.

참고문헌

김덕영(2016). 『사회의 사회학』. 서울: 도서출판 길.
김은미 · 서새롬(2011). 한국인의 문화 소비의 양과 폭: 옴니보어론을 중심으로. 『한국언론학보』, 55(5), 205-488.
부르디외, P. (1995/1996). 『구별짓기 上, 下』(최종철 역). 서울: 새물결.
부르디외, P., & 파세롱, J. C. (2000). 『재생산』(이상호 역). 서울: 동문선.
부르디외, P. (1995). 『상징폭력과 문화재생산』(정일준 역). 서울: 새물결.
양은경(2002). 문화생산의 장과 문화연구의 신수정주의 패러다임. 『문화와 계급』(홍성민 외 편). 서울: 동문선.
양종회(2005). 『문화예술사회학』. 서울: 도서출판 그린.
장미혜(2001). 문화자본과 소비양식의 차이. 『한국사회학』, 35(3), 51-81.
장미혜(2002). 사회계급의 문화적 재생산: 대학간 위계서열에 따른 부모의 계급구성의 차이. 『한국사회학』, 36(4), 223-251.
정태석(2002). 『사회이론의 구성』. 서울: 한울아카데미.
조광익(2006a). 『현대관광과 문화이론』. 서울: 일신사.
조광익(2006b). 여가 소비양식의 분석을 위한 문화자본 이론의 적용. 『관광학연구』, 30(1), 379-401.
조광익(2010). 『여가의 사회이론』. 서울: 대왕사.
조광익(2012). 여가 취향에 대한 경험적 연구의 諸문제. 『관광학연구』, 36(10), 351-381.
조돈문(2005). 한국사회의 계급과 문화: 문화자본론 가설들의 경험적 검증을 중심으로. 『한국사회학』, 39(2), 1-33.
조은(2001). 문화 자본과 계급 재생산: 계급별 일상 생활 경험을 중심으로. 『사회와 역사』, 60: 166-205.
최샛별(2006). 한국 사회에 문화 자본은 존재하는가?. 『문화와 사회』, 1: 123-158.
한신갑 · 박근영(2007). 구별짓기의 한국적 문법. 『한국사회학』, 41(2), 211-239.
한준 · 한신갑 · 신동엽 · 구자숙(2007). 한국인의 문화적 경계와 문화적 위계구조. 『문화와 사회』, 2: 29-53.
함인희 · 이동원 · 박선웅(2001). 『중산층의 정체성과 소비문화』. 서울: 집문당.
홍두승 · 구해근(2001). 『사회계층 · 계급론』(제2판). 서울: 다산출판사.
홍성민(2000). 『문화와 아비투스』. 서울: 나남출판.
홍성민(2002). 아비투스와 계급. 『문화와 계급』(홍성민 외 편). 서울: 동문선.
홍성민(2012). 『취향의 정치학』. 서울: 현암사.

Aschaffenburg, K., & Maas, I. (1997). Cultural and educational careers: The dynamics of social reproduction. *American Sociological Review*, 62(4), 573-587.

Atkinson, W. (2011). The context and genesis of musical tastes: Omnivorousness debunked, Bourdieu buttressed. *Poetics*, 39, 169-186.

Bourdieu, P. (1983/1986). The form of capital, in *Handbook of Theory and Research for the Sociology of Education*. John G. Richardson(ed), 241-258. New York: Greenwood Press.

Bourdieu, P. (1984). *Distinction: A social critique of the judgement of taste*, (Richard Nice trans.) Cambridge: Harvard University Press.

Bourdieu, P. (1973). Cultural reproduction and social reproduction, in *Power and Ideology in Education*. Jerome Karabel & A. H. Halsey(eds), 487-511. New York: Oxford University Press.

Chan, T. W., & Goldthorpe, J. H. (2007). Social stratification and cultural consumption: The visual arts in England. *Poetics*, 35, 168-190.

De Graaf, N. D., de Graaf, P. M., & Kraaykamp, G. (2000). Parental cultural capital and educational attainment in the Netherlands: A refinement of the cultural capital perspective, *Sociology of Education*, 73, 92-111.

De Graaf, P. M. (1986). The impact of financial and cultural resources on educational attainment in the Netherlands, *Sociology of Education*, 59, 237-246.

DiMaggio, P. (1982). Cultural capital and school success: The impact of status cultural participation of the grades of U.S. high school student. *American Sociological Review*, 47, 182-201.

DiMaggio, P., & Mohr, J. (1985). Cultural capital, educational attainment, and martial selection. *American Journal of Sociology*, 90, 1231-1261.

DiMaggio, P., & Useem, M. (1978). Cultural democracy in a period of cultural expansion. *Social Problems*, 28, 180-197.

Dumais, S. A. (2002). Cultural capital, gender, and school success: The role of habitus. *Sociology of Education*, 75(1), 44-68.

Dumais, S. A., & Ward, A. (2010). Cultural capital and first-generation college success. *Poetics*, 38, 245-265.

Erickson, B. H. (1996). Culture, class and connections, *American Journal of Sociology*, 102(1), 217-251.

Featherstone, M. (1991). *Consumer culture and postmodernism*. London: Sage Publications.

Garnham, N., & Williams, R. (1980). Pierre Bourdieu and the sociology of culture: An introduction. *Media, Culture and Society*, 2(3), 209-223.

Holt, D. B. (1997). Distinction in America? Recovering Bourdieu's theory of tastes from its critics. *Poetics*, 25: 93-120.

Holt, D. B. (1998). Does cultural capital structure American consumption?. *Journal of Consumer Research*, 25: 1-25.

Kane, D. (2003). Distinction worldwide?: Bourdieu's theory of taste in international context, *Poetics*, 31: 403-421.

Katz-Gerro, T. (2002). Highbrow cultural consumption and class distinction in Italy, Israel, West Germany, Sweden, and the United States, *Social Forces*, 81(1), 207-229.

Kraaykamp, G., & Dijkstra, K. (1999). Preferences in leisure time book reading: A study on the social differentiation in book reading for the Netherlands. *Poetics*, 26, 203-234.

Lamont, M, & Lareau, A. (1988). Cultural capital: Allusions, gaps and glissandos in recent theoretical development, *Sociological Theory*, 6(2), 153-168.

Peterson, R. A. (1997). The rise and fall of highbrow snobbery as a status marker. *Poetics*, 25, 75-92.

Peterson, R. A. (2005). Problems in comparative research: The example of omnivorousness. *Poetics*, 33, 257-282.

4장 공정관광과 관광 문화

황 희 정 (대구경북연구원 부연구위원)

4장 공정관광과 관광 문화

황 희 정 (대구경북연구원 부연구위원)

Highlights

1. 공정관광의 개념 및 특징을 이해한다.
2. 최근 나타나고 있는 공정관광 이슈에 대하여 이해한다.
3. 대안관광과 하위 개념을 이해한다.
4. 관광의 공정성(fairness)과 인정(recognition)의 중요성을 이해한다.
5. 관광에서의 정의(justice) 문제를 이해한다.

| 1절 | 개관

라오스에 여행을 갔을 때 일이다. 원데이 프로그램으로 로컬여행사의 트래킹 프로그램에 참여하게 되었고, 가이드와 함께 지역주민이 동행했다. 관광의 효과를 지역에 환원한다는 취지에서였다. 트래킹 중 한 마을을 지나게 되었는데, 마을 어귀에는 귀여운 아이들이 놀고 있었다. 그 모습을 보다가 무심코 사진을 찍었다. 그런데 사진을 찍고 난 후 옆을 돌아보니 아이들의 어머니가 나를 노려보고 있었다. 그 눈빛을 본 순간 나는 내가 무엇을 잘못했는지 깨달을 수 있었다. 나는 지역주민을 동행한 트래킹을 하면서 책임있는 여행을 하고 있다고 만족하고 있었지만, 사실은 그들을 대상화하고, 타자화하고 있었다. 이렇게 여행 중 무심코 하는 행동에도 공정하지 못한 관계가 숨겨져 있지만, 그 관계를 깨닫기는 쉽지 않다.

앞서 언급한 이야기는 바로 공정관광의 이슈이다. 공정하지 못한 관광

현상은 생각보다 우리의 일상과 밀접하며, 우리는 인식하지 못한 사이 공정하지 않은 여행을 할 수 있다. 우리가 더이상 공정하지 못한 여행을 하지 않기 위해서는 '공정성'에 대한 민감성을 키울 필요가 있다. 이를 위해 이 장에서는 공정관광 개념을 중심으로 관광의 공정성에 대해 이해하고자 한다. 우선 관광의 대안을 찾고자 하는 움직임에 대해 알아보고, 공정관광의 이슈와 흐름에 대해 논의한다. 마지막으로 더욱 정의로운 관광을 위한 방향을 고민해본다.

| 2절 | 대안적 관광을 위한 논의[1)]

1. 대안관광

관광자들은 이제 관광의 부정적 문제를 인식하고 있으며, 책임있는 관광 형태를 추구한다(UNESCO, 2012). 이러한 가운데, 대안적 관광을 위한 논의는 대안관광 개념으로 논의되어 왔다(최영희, 2009). 대안관광은 현대의 반문화적 대량소비주의에 반대하여 형성된 움직임으로, 대중관광이 지니는 부정적 영향을 최소화하는 관광형태를 의미한다(Cohen, 1987). 대안관

1) 이 절은 황희정(2012), 황희정 · 이훈(2011)의 일부를 수정 · 보완한 것이다.

광은 세계관광위원회(World Travel & Tourism Council: WTTC), 세계관광기구(World Tourism Organization: UNWTO), 지구협의회(Earth Council) 등의 국제기구가 1996년 '여행과 관광산업에 대한 의제21'을 공동 채택하고, 지속가능한 관광의 실현을 위한 구체적 방안으로 대안관광을 제시하면서 시작된 개념이다(김도희, 2008). 대안관광은 20세기 말, 자연환경의 파괴, 기후의 변화, 오존층 파괴 등의 현상이 가시화되면서 환경문제에 대한 국제적인 관심이 형성된 가운데, 대중관광으로 인한 사회적, 환경적 영향을 최소화하고자 하는 배경에서 도입되었다.

대안관광은 '대중관광의 정반대 및 대체물'(Weaver & Lawton, 2002), '변화된 관광행태' 등으로 정의된다(Higgins-Desbiolles, 2008). Butler는 대중관광이 지니는 부정적 측면, 즉 무미건조한 개발, 환경적 · 사회적 소외 및 동질성 등에 대한 대안적이며 새로운 형태의 관광이라고 정의하였다. Middleton & Hawkins(1998)는 주류관광인 대중관광이 초래하는 부정적 영향을 덜 야기하는 형태, 대중관광에 대한 대안이 되는 형태라고 개념화하였다. 즉, '대중관광의 정반대 및 대체물'이라는 정의는 '대안'이라는 개념에 주목하여 대중관광의 부정적 영향에 대한 대안이 될 수 있는 관광으로 정의하였다.

한편, 대안관광의 개념적 범주에 포함되는 하위 개념으로는 지속가능한 관광, 책임관광, 생태관광, 녹색관광, 복지관광, 연성관광, 자연관광, 뉴투어리즘, 특수목적관광 등이 언급된다(Higgins-Desbiolles, 2008; Wheelle, 1993; 강미희 외, 2006; 김성일 · 박석희, 2003; 김용상 외, 20011). 또한, Wearing(2002)은 대안관광의 새로운 형태로 자원봉사관광을 언급한 바 있으며(Wearing, 2002; Higgins-Desbiolles, 2008 재인용), 공정관광, PPT(Pro-poor Tourism) 등 새로운 개념이 지속적으로 추가되고 있다. 이 글에서는 공정관광과 개념적 유사성을 지니는 지속가능한 관광, 책임관광, 녹색관광, 생태관광, 복지관광을 중심으로 살펴본다.

2. 대안관광의 주요 개념

1) 지속가능한 관광

지속가능한 관광은 1987년 UN 환경 및 개발에 관한 세계위원회의 브룬트란트 보고서에서 제안된 지속가능한 개발에 대하여 관광분야에 적용한 개념이다(황희정 · 이훈, 2005). 지속가능한 개발에 대한 논의는 발전과 환경 담론 간의 경합을 배경으로 시작되었으며, 지속가능한 개발은 "미래 세대의 욕구를 저해하지 않으면서 현 세대의 욕구를 충족시킬 수 있는 개발"을 의미한다(브룬트란트 보고서, 1987; 한규수, 1997에서 재인용). 지속가능한 개발은 환경의 가치 중시, 세대간 · 세대내 편익 분배의 형평성, 그리고 미래지향성을 핵심 가치로 한다(최영국, 2000).

관광은 자원집약적이고, 복잡성을 지니는 산업으로, 지속가능한 관광은 지속가능한 개발을 보다 포괄적으로 적용하여 형평성, 환경, 그리고 삶의 질 등에 대한 이해를 강화한 개념이다(Butler, 1999; Mowforth & Munt, 2003; Lu & Nepal, 2009, 재인용). WTO는 지속가능한 관광에 대하여 "미래 세대를 위한 기회를 보호하고, 현 세대의 관광자와 지역주민의 요구를 충족시키는 관광"으로 정의하였다(Lu & Nepal, 2009). 강미희 · 김남조 · 최승담(2002)은 WTO의 개념 정의를 인용하면서 문화의 보전, 생태적 과정 · 다양성의 유지, 경제적 · 사회적 · 심미적 필요를 충족시킬 수 있는 방향으로 관리하는 것이라고 언급하였다. 최영국(2000)은 환경보전에 대한 기여, 지역문화 및 관광산업의 지속가능성 보장, 관광자의 환경의식을 제고하는 관광이라 정의하였다.

지속가능한 관광은 경제적, 환경적, 그리고 사회문화적 지속가능성 등 3개 차원을 포괄하는 개념이다. 경제적 지속가능성은 관광이 지역 커뮤니티에 경제적으로 도움이 되어야 한다는 것을 주요 내용으로 한다. 환경적 지속가능성은 생태적 과정의 유지, 생물적 다양성과 자원이 양립할 수 있는 관광을 의미한다(Timur & Getz, 2009). 사회문화적 지속가능성은 지역

경제의 자립, 지역 커뮤니티의 정체성 유지 및 강화 등을 의미한다. 또한, 관광의 지속가능성 이론구조모델을 제시한 송재호(2003)는 관광자 만족과 지역사회 편익을 전제로 경제적 기여도, 사회문화적 적합성, 생태적 보존성, 시장경쟁력, 그리고 정치적 지지도를 통한 관광의 지속가능성으로 구성하였다. Lu & Nepal(2009)은 지속가능한 관광의 주요 4대 원칙으로 전반적 계획과 전략설정의 신념, 생태적 과정의 중요성, 인간의 문화유산과 종다양성 보호의 필요성, 그리고 생산이 미래 세대를 위해 장기간 지속될 수 있는 생산성을 언급하였다(Lu & Nepal, 2009). 즉, 지속가능한 관광은 관광자와 만족과 지역사회 편익을 고려하여 지속가능성에 대한 신념을 토대로 하는 경제적, 사회문화적, 환경적으로 지속가능한 관광 형태라 할 수 있다.

한편, McDonald(2009)는 지속가능한 관광에 대한 연구가 인간과 환경을 이분화하여 환경을 인간 외적인 대상으로만 간주하는 환원주의적 접근방법을 지녀 관광의 복잡성에 대한 이해가 부족하다고 비판하였다. 즉 지속가능한 관광이 '생태'를 '환경'으로 인식하여 인간의 욕구를 지속적으로 충족시키기 위한 효용적 가치를 중심으로 논의되었다는 것이다. 또한, Milne(1998)은 지속가능한 관광이 현실적으로 가능하지 않다고 주장하였으며, UNEP는 생태관광 등 자연자원을 대상으로 하는 관광형태가 오히려 지역 생태계를 위협하고 있다고 경고하였다. 이러한 비판은 지속가능한 관광에 대한 논의가 개념과 원칙을 중심으로 이루어졌으며, 지속가능한 관광의 실천을 위한 논의가 상대적으로 미흡하여 현실적인 방향성을 제시하지 못하였다는 데에 기인한다.

2) 책임관광

책임관광(Responsible Tourism)은 1989년 세계관광기구의 대안관광 관련 세미나에서 대두된 개념이다(김난영, 2010). 책임관광 개념은 지구온난화,

사회적 불평등, 자연자원의 훼손 등에 대한 국제적 압력과 독특하고 진정성 있는 경험에 대한 요구를 배경으로 한다(Booyens, 2010). UNWTO(1989)는 책임관광에 대하여 현지의 자연과 문화자원을 비롯하여 관광과 관련된 모든 분야에 대한 이익을 존중하는 관광의 형태로 정의하였다(Smith, 1990; 한혜영, 2010). George & Frey(2010)는 관광목적지의 지역주민에 사회경제적 혜택을 제공하고, 자연자원을 관리함으로써 관광자에 더 나은 관광경험을 제공하고, 지역주민에 대하여 더 나은 삶을 보장하는 것으로 정의하였으며(George & Frey, 2010), Fennell(2006)은 책임있고, 윤리적인 행동을 요구하는 관광형태로 정의하였다(최영정 · 최규환, 2010). 즉, 책임관광은 지역커뮤니티에 미치는 관광의 부정적 영향에 대한 책임의식을 토대로 지역커뮤니티의 혜택을 최대화하고, 그 과정에서 고유한 지역문화를 경험하는 관광형태로 정의된다.

2002년 Cape Town에서 개최된 책임관광에 대한 케이프타운 선언(Cape Town Declaration)에서는 책임관광의 원칙을 제시하여 책임관광의 개념을 보다 구체화하였다. 케이프타운 선언의 주요 내용은 관광의 부정적 영향에 대한 최소화, 지역주민의 경제적 혜택의 창출 및 호스트 커뮤니티의 웰빙 증진, 의사결정과정에서의 지역주민의 관여, 자연적 · 문화적 고유성의 보존에 대한 기여, 지역주민과의 의미있는 연계 및 지역에 대한 이해를 통한 관광경험 제공, 장애인에 대한 접근성 제공, 그리고 관광자와 호스트 커뮤니티 간 존중 및 신뢰감 형성 등이다(Cape Town, 2011). UNWTO는 세계관광윤리강령을 토대로 책임관광에 대한 가이드라인을 제시하였는데, 관광목적지의 문화 및 전통에 대한 수용, 인권 존중, 문화 및 자연자원에 대한 존중 등을 주요 내용으로 한다(UNWTO, 2009; 김난영, 2010). 즉, 책임관광은 관광으로 인한 경제적, 사회적, 그리고 환경적 혜택의 최대화 및 부정적 영향의 최소화를 의미하며(Cape Town, 2011), 사회적, 경제적, 그리고 환경적 지속가능성을 중심으로 하는 구체화 · 실천적 개념이다.

책임관광은 관광자가 호스트 커뮤니티에 대한 영향을 고려하는 윤리적이고 책임감 있는 관광활동에 대한 것으로, 관광형태, 관광하는 방법에 대한 개념이다(Harrison & Husbands, 1996). 책임관광은 관광자의 도덕적이고, 책임있는 선택을 수반함으로써 결과적으로 변화한 관광자의 수요에 대한 관광산업의 반응을 야기한다(Budeanu, 2007; Goodwin & Francis, 2003; Miller, 2003; McCabe, Mosedale, & Scarles, 2008). 즉, 관광사업체는 관광의 부정적 영향을 최소화하고자 하는 관광자의 수요에 대응하여 관광의 부정적 영향 및 혜택의 분배를 고려하는 방향으로의 전환이 유도됨으로써 관광산업 전반에 대한 책임감 있는 문화의 형성이 가능하다는 점에서 의의를 지닌다.

한편, 책임의 문제는 응분의 몫에 대한 철학적 논쟁과 연결된다. 응분의 몫은 "P(주체)는 B(근거) 때문에 당연히 T(응분의 대우)를 가질만하다"는 Feinberg(1970)의 주장이 대표적인데(임의영, 2008), 어떤 행위에 대한 결과, 제 몫을 갖는 것을 의미한다. 즉, 어떤 행위의 결과로 인하여 특정 대상에 대하여 (부정적) 영향을 끼쳤을 때, (부정적) 영향을 끼치게 한 주체에게 그 몫, 책임이 있다. 관광자의 관광행위를 통한 호스트 커뮤니티에 대한 부정적 영향은 호스트 커뮤니티에 대한 몫, 책임을 지닌다. 그러나 Rawls는 응분의 몫에 대하여 분배에 대한 근거로서만 기능하며, 실질적으로 어떠한 역할을 할 수 없는 전제도적 차원의 개념으로 본다(임의영, 2008). 즉, 관광에서의 책임은 호스트 커뮤니티에 대한 부정적 영향 및 혜택 분배에 대한 관광자의 행동 변화를 유도하는 일종의 행동강령으로 작용하지만, 관광자 개인의 도덕성 및 의지에 의존한다는 점에서 실질적 기능은 제한적이다. 또한, 책임관광은 북반구 관광자에 의한 남반구 호스트 커뮤니티의 수혜에 기반하여 불균등이 전제됨으로써 북반구 관광자와 남반부 호스트 커뮤니티 간의 호혜적 관계 형성이 어렵다는 점에서 남반구와 북반구의 종속적 관계를 해소하는 데에는 다소 한계를 지닌다.

3) 녹색관광 및 생태관광

녹색관광은 전원에서의 관광, 즉 농촌관광을 그린투어리즘(green tourism)이라 부른 데에서 비롯된 개념이다(고동완 · 김현정 · 김진, 2010; 김성진 · 김현, 2002). 녹색관광은 전원 및 농촌 등을 대상으로 하는 관광으로, 농산어촌 지역에서 행해지는 지역주민과 교류를 통한 체재형 여가활동(노봉옥, 2008), 친환경성을 고려한 관광의 한 형태(Sharpley, 1997; Edwards, 1990), 해변 · 산악지역을 포함하는 농촌관광(프랑스 농촌관광진흥센터), 농산촌의 자연경관과 전통문화 · 생활을 대상으로 하는 체류형 교류활동(농림부) 등으로 정의되었다(고미네아키라 · 김문주, 2008). 즉, 선행 녹색관광에 대한 연구는 녹색관광에 대하여 자연자원 및 농촌자원 등을 대상으로 하는 관광형태로, 농촌관광, 전원관광의 확장적 개념으로 이해하고 있다.

최근 녹색관광의 개념은 보다 광의의 개념으로 접근되고 있는데, 강신겸(2009)은 녹색관광의 협의의 개념이 농촌관광을 의미하며, 광의의 개념이 지속가능한 관광의 목표와 원칙을 지향하는 새로운 여행패턴을 지칭한다고 하였다(고동완 · 김현정 · 김진, 2010). 또한, 신용석(2010)은 방문지역의 자연, 문화, 사회경제적 자원을 존중하고 최소한의 영향을 주는 친환경적인 관광으로 정의하였으며(신용석, 2010; 조광익 · 이돈재, 2010), 고동완 · 김현정 · 김진(2010)은 물리적 · 사회적인 환경과의 공생적 관계를 추구하는 관광이라 정의하였다. 즉 최근의 녹색관광 개념은 지속가능한 관광의 환경적 측면에 대한 실천적 개념으로 확장되어 이해되고 있다. 한편, 최근 대두되고 있는 저탄소 녹색관광은 기후변화에 대한 적응 및 대응을 중심으로 기존 녹색관광 개념을 보다 구체화한 개념이다.

1960년대 Hetzer는 기존관광에 대한 대안적 관광으로 생태적 관광(ecological tourism)을 주장하였으며(Wallace & Pierce, 1996; 박선희 · 함석종 · 박인수, 2011), 1980년대 Ceballos-Lascurain이 습지보전운동을 전개하면서 생태관광(eco-tourism)이라는 개념이 비롯되었다(국립공원관리공단, 2010; 강영애 · 민웅기 · 김남조, 2011). 생태관광학회(TIES)는 생태관광에 대하여 환경 보호와 지역주민 복지를 고려하고, 자연지역에서 행해지는 책임있는 여행으로 정의하였으며, 세계자연보전연맹(IUCN)은 '자연지역에서 역사문화자원을 포함한 자연자원을 향유 및 감상하기 위하여 행하는 환경적으로 책임있는 여행'으로 정의하였다(강영애 · 민웅기 · 김남조, 2011). Valentine(1992)은 비교적 훼손되지 않은 자연지역에서 행해지며, 자원의 보호와 관리에 직접 기여하는 형태의 관광이라고 정의하였으며, Fennell(1999)은 자연지역에 대한 보존 · 학습 · 경험에 초점을 두고, 지역에 대한 부정적 영향을 최소화하면서, 지역주민에 이익을 제공하는 지속가능한 관광의 한 형태라고 정의하였다(박선희 · 함석종 · 박인수, 2011). 즉 생태관광은 자연지역에서 책임있는 관광자의 태도와 행동을 통하여 이루어지는 행해지는 관광행위이며, 지역주민의 참여 및 이익 창출이 동반되어 관광에 의한 환경 및 사회문화적 영향을 관리하는 관광으로 정의된다. 이와 같이, 녹색관광과 생태관광은 지속가능한 관광의 환경적 측면을 강조한 실천적 개념이지만, 지역의 녹색 · 생태자원 경험과정에서의 지역커뮤니티와의 교류 및 접촉을 수반하여 지속가능한 관광의 사회문화적 측면을 일부 포함한다.

4) 사회복지관광

복지관광(social tourism)은 관광에 대한 사회복지적 접근 개념으로, 복지보조관광(social subsidised tourism; McIntosh & Goeldner, 1986), 사회복지관광(김창수, 2006), 사회관광(김사헌, 2003) 등의 용어와 혼용되는 개념이다(신성정 · 고동완 · 여정태, 2008). 이러한 용어간 혼용은 'social'(사회적)을 '복지'(welfare)로 명명한 데에 기인하며, 복지관광의 성격을 사회복지적인 관광으로 접근하였음을 의미한다.

복지(welfare)는 인간생활의 만족스러운 이상상태를 의미하는 개념으로, 최근의 복지개념은 사회적 연대와 국가에 의존하는 개념으로 사회구성원의 안녕을 위한 기본적 필요로 정의된다(박영미, 2004). 사회(society)의 개념은 고대에 국가, 정치와 동일한 의미를 나타냈으나, 근대사회의 형성과정에서 국가, 정치와는 구분되는 개념으로 변화하였다. 사회는 정치적 삶과는 본질적으로 구분되는 독립적인 인간의 공동체적 삶을 의미하며, 계약, 교환, 노동사회의 삶과 관련되는 개념이다(박주원, 2004). 또한, Marshall은 문화향유권에 대하여 사회권으로서의 복지권으로 언급하였는데, 문화향유권의 범주에 여가 · 레크리에이션을 포함하였다(최종혁 · 이연 · 안태숙 · 유영주, 2009). 즉 복지관광에서의 '복지'(social)는 사회에서의 개인의 위치와 관련되며, 여가, 관광 등을 통하여 사회적 연대와 국가에 의해 보장되는 개인의 안녕을 의미한다.

복지관광은 스위스와 프랑스에서 시작된 개념으로, 스위스에서는 1930년대 소외계층에 대한 관광활동을 지원하면서 도입되었다. 프랑스에서는 복지법을 통하여 노동자의 휴가권을 보장함으로써 유급휴가의 법제화, 관광참여가 제한된 계층에 대한 정책적 보조에서 시작되었다(신성정 · 고동완 · 여정태, 2008). 이후 1959년 제2차 Social Tourism 대회에서 Hunziker는 복지관광에 대하여 저소득층에 의해 행해지는 관광의 유형으로, 가능한 모든 도움과 서비스를 완전히 제공받는 관광의 유형이라고 정의하였다(김선영, 2002). Burkart는 제한된 수단, 노령, 빈곤 등에 처한 개인이 휴가여행을 즐길 수 있도록 하는 형태의 관광이라고 정의하였으며, IBST(International Bureau of Social Tourism)는 관광참여에 제한이 있는 계층을 대상으로 국가 · 지방자치단체 · 사회단체 등이 지원하여 관광참여 기회를 제공하는 것이라고 정의하였다(신정식, 2009). 복지관광의 개념은 모든 사회구성원에 대한 평등한 관광기회 보장을 통한 사회적 형평성 실현을 주요 내용으로 하나, 실질적으로는 관광참여가 제한된 소외계층에 대한 관광복지의 실현을 중심으로 논의된다. 이러한 측면에서, 복지관광은 사회적 배제를 해결하는 방안으로 제안된다.

관광분야에 있어서 사회적 배제는 관광소외로 나타나는데, 복지관광은 소외계층의 관광소외 현상에 대하여 관광제약 제거를 중심으로 하는 정책적 조치를 통하여 관광을 통한 사회적 배제 문제를 해결하고자 한다(이훈, 2011). 복지관광의 대상은 신체적 제약을 지니는 장애인 · 노인, 경제적 제약을 지니는 저소득층, 그리고 다문화 인구 등을 포함한다. 즉, 복지관광에 대한 접근은 예산 투입을 통한 소외계층의 관광기회 보장을 중심으로 정책적으로 접근되고 있으며, 모든 사회구성원의 관광기회 보장, 소외계층의 관광경험의 질 등에 대한 논의는 다소 미흡하다.

한편, 문화복지에 대한 최근의 정책적 논의는 모든 사회구성원의 문화향유권 충족으로 행복추구권을 충족시킴으로써 사회구성원의 인간다운 삶 실현을 중심으로 하며, 이러한 움직임은 행복추구권을 복지권의 일부로 보는 접근이다. 복지관광 역시 관광을 통한 행복추구권 보장을 복지권, 사회권의 일부로 보는 시각으로, 소외계층의 관광기회를 확보함으로써 사회적 형평성 제고를 목적으로 한다는 점에서 유사성을 지닌다.

3. 대안관광의 한계

대안관광은 지금까지 더욱 바람직한 관광을 위한 촉매제 역할을 하였다. 대중관광에 대한 반작용으로 도입된 대안관광은 기존 대중관광이 지니는 문제점 및 한계를 개선하기 위한 노력을 시도한다는 점에서 의의를 지닌다. 그러나 Butler(1999)는 대안관광이 개념적으로 바람직하게 보임으로써 그것이 지니는 위험성과 문제를 간과할 수 있음을 경고하였다. 관련하여 최근 대안관광의 가능성과 한계에 초점을 둔 연구가 진행되고 있다(Stronza, 2011). 기존 관광이 지니는 부정적 측면에 대한 대안적 형태로 인식되었던 대안관광은 불평등한 관광시스템의 한계에 대한 고려가 배제되어 있으며(Higgins-Desbiolles, 2008), 그 실효성이 미미하다는 비판을 받는다(장은경 · 이진형, 2010). Hultsman(1995)은 윤리적인 이슈에 대한 실행이 무지로 인하여 한계를 지닐 수 있으므로 철학과 패러다임에 기반하여 윤리적인 이슈에 대하여 논의 및 실행해야 한다고 주장하였다(Hultsman, 1995). 이제 현상적으로 진행되고 있는 다양한 대안관광 유형을 반영하고, 관광분야의 윤리 및 가치에 대한 담론을 구성할 수 있는 철학적 논의가 필요한 시점이다.

| 3절 | 공정관광의 이슈와 개념

1. 공정관광의 이슈

이화동 벽화마을은 날개 벽화로 유명했던 마을이다. 유명 연예인이 날개 벽화를 배경으로 사진을 찍는 모습이 TV 프로그램에 방영되면서 이화동 벽화마을을 방문하는 관광자는 급증하였다. 관광자로 인한 소음, 낙서 등으로 고통받던 주민이 벽화를 훼손하면서 유명 관광지에 거주하는 지역주민의 삶과 권리에 대해 생각해보는 계기가 되었다. 또한, 북촌한옥마을에는 곳곳에 '이곳은 주민들이 거주하는 지역입니다. 조용히 해주세요.' 라는 푯말이 붙어있다. 계속되는 갈등에 서울시는 관광시간 제한 등의 대책을 내놓기도 하였다. 이러한 현상은 제주도, 부산 감천문화마을, 인천 동화마을 등 전국에서 발견된다. 몰려드는 관광자로 인하여 주민의 일상이 파괴되고, 지역을 떠나고 현상은 해외 유명 관광지 역시 마찬가지이다. 스페인 바르셀로나, 이탈리아 베네치아, 네덜란드 암스테르담 등에서도 몰려드는 관광자로 인한 갈등이 발생하고 있다. 이러한 현상을 설명하는 신조어로 관광 혐오(tourism phobia), 과잉관광(overtourism) 등이 등장하기도 하였다. 이와 같이, 외부자 지향적 관광정책은 지역주민보다 관광자의 요구를 중심으로 추진되고 있으며, 이 과정에서 지역주민이 의견을 제시하거나, 권리를 주장할 수 있는 기회를 충분히 보장되지 않고 있는 것이다. 외부자 지향적인 관광정책은 결과적으로 지역을 (유명) 관광지화하면서 공간의 주인인 지역주민을 소외되게 하며, 이러한 현상은 전세계적으로 심화되고 있다.

공정하지 못한 관광현상은 지역주민과 관광자 간 관계에서만 발견되는 것이 아니다. 사실 공정하지 못한 관광현상은 모든 관광분야 이해관계자 간 관계에서 발견할 수 있으며, 관광자 간 관계에서도 나타난다. 지금까지의 관광정책은 모든 관광자를 비장애인으로 전제하며, 관광수익 창출을 목적으로 한다. 그러다 보니 휠체어를 이용하는 관광자가 진입할 수 없는 관광지나 관광시설, 눈이나 귀가 아닌 다른 감각기관을 이용하여야 할 관광자들이 충분히 즐기기 어려운 관광지가 대부분이다. 또한, 경제적 어려움을 겪는 시민에게는 관광지는 접근하기 쉽지 않은 대상이 되고 있다. 관련하여 세계관광기구가 1999년 책임있고, 지속가능한 관광을 위하여 제시한 글로벌 윤리강령(global code of ethics for tourism: GCET)은 관광에 대한 보편적 권리를 강조하였다. 최근 정부에서 추진하는 근로자 휴가 보장, 열린 관광지 사업 등은 그 일환이라고 볼 수 있으나, 아직 해결해야 할 문제가 많은 상태이다.

세 번째 공정하지 못한 관계는 관광산업 내 관계에서 찾아볼 수 있다. 지난 2013년 남양유업 사태를 시작으로 '갑의 횡포, 을의 눈물'에 대한 사회적 관심이 집중되었다. 관용적으로 갑은 계약관계에서 상대적으로 지위가 높은 계약자, 을은 상대적으로 지위가 낮은 계약자를 의미하지만, 이제 우리 사회에서 갑-을 관계는 힘의 불균형이 일어나는 거래관계에서의 경제적 강자의 지위 남용과 횡포 등의 불공정 행위를 의미한다. 갑-을 관계는 우리 사회 전반에서 나타나는 현상으로, 관광분야에서도 도매여행사와 소매 · 가맹여행사간 힘의 불균형으로 인한 갈등과 종속의 문제가 발생한다. 여행상품은 운송 · 숙박시설 등에 대한 알선 · 계약을 통하여 유통된다는 측면에서 복잡성과 파급성을 지닌다. 특히, 상대적으로 유통구조가 복잡한 아웃바운드 상품은 저가덤핑관광 등 불건전한 관광거래 구조가 두드러지게 나타난다. 실제 복잡한 유통구조 상에서 소수의 거대여행사는 '슈퍼(super) 갑'의 지위를 누리고 있으며, 수수료, 경비 등을 소매 · 가맹여행사, 현지여행사 등에 전가해 이윤을 늘리고 있는 상황이다. 이러한 현상은 거대여행사의 브랜드 네임에 대한 소매 · 가맹여행사의 수요를 바탕으로 지속되고 있는 상황이며, 홍보비 지불, 출혈경쟁으로 인한 손실 전가 등의 문제가 지속적으로 발생하고 있다.[2)]

네 번째 공정하지 못한 관계는 관광의 대상이 되는 생태와 인간 간 관계이다. 문화체육관광부(2018)의 실태조사에 따르면, 국내 관광여행 중 주요활동은 '자연 및 풍경 감상'(28.5%)이 1위인 것으로 나타났다. 여전히 생태자원은 주요한 관광자원이지만, 우리의 관광욕구를 충족시키기 위한 효용적 가치에 집중하고 있는 것이 사실이다. 여기에서 제시한 네 가지 이슈는 공정관광의 개념적 범주 내에서 다루어지는 내용이다. 공정하지 못한 관광현상에 대한 비판에서 시작된 공정관광의 개념과 범주에 대하여 소개한다.

2. 공정관광의 개념과 범주[3)]

1) 공정관광 연구의 흐름

공정관광 개념은 공정무역 개념이 관광분야에 적용되면서 시작된 개념이다. 국가 간 무역에 대하여 '공정' 개념으로 접근한 공정무역은 공정성과 투명함, 존중 등을 기반으로 개발도상국의 생산자와 노동자에게 정당한 가격과 더 나은 거래조건을 보장함으로써 개발도상국의 생산자와 노동자의 자립을 지원하는 무역형태로 정의된다(박건영, 2011). 즉, 공정무역

2) 이 문단은 황희정 · 이훈(2015)의 I. 서론 일부를 수정 · 보완한 것이다.

3) 이 부분은 황희정 · 이훈(2011)의 일부를 수정 · 보완한 것이다.

은 '공정'(fair)에 기반하여 관행 국제부역을 비판하는 논의이며, 남반구의 생산자와 북반구의 소비자 간 착취적 관계를 호혜적 관계로 개선하는 것을 목적으로 하는 대안무역의 형태라 할 수 있다(Nicolas & Opal, 2005; 엄은희, 2010). 공정무역은 생산자와 소비자 간의 공정한 거래, 남반구와 북반구 간의 공정한 거래를 토대로 한다. 공정무역은 공정한 가격, 프리미엄(개발도상국 커뮤니티 인프라 구축을 위한 추가 가격), 선불금, 장기적 관계, 직접 무역관계(중간 무역상의 배제) 등을 기준으로 한다(The Fairtrade Foundation, 2011; Cleverdon & Kalisch, 2000).

Cleverdon & Kalisch(2000)는 불평등한 무역패턴에 대한 보강을 중심으로 논의되었던 북반구의 공정무역 개념이 관광분야에 적용되고, 남반구로 확대되면서 남반구의 서비스 제공자, 즉 호스트 커뮤니티에 대한 논의로 확대되었다고 언급하였다(Cleverdon & Kalisch, 2000). 공정관광 움직임은 대량관광과 국제관광의 부정적 영향에 대한 비판이 부각되는 상황에서 고유한 관광경험에 대한 욕구가 결합되어 시작되었다(Cleverdon & Kalisch, 2000). 1960년대 관광개발의 경제적 편익이 모든 이해관계자에 공평하게 분배되지 않는다는 문제의식으로(Mvula, 2001), 관광분야의 윤리적 거래와 개발도상국 내 생산자에 대한 정당한 거래조건을 지원하자는 움직임이 형성되었다. 1970년대에는 아시아기독교협의회가 원주민의 인권, 환경문제 등 관광산업이 수반하는 사회적 문제에 대한 변화를 촉구하는 활동을 개시하였다(새가정사, 2010). 이러한 가운데 1988년 영국에서 비공식적인 네트워크를 중심으로 Tourism Concern의 활동이 시작되었는데, Tourism Concern은 여행자의 책임과 윤리적 행동을 중심으로 교육프로그램 운영, 캠페인 활동 등을 실시하여 국제관광이 지니는 사회적 문제에 대한 인식 확산을 위한 활동을 전개하여 공정관광 운동을 이끌었다. 1989년에는 미국의 반세계화운동 단체인 Global Exchange가 새로운 여행형태를 위한 운동을 시작하였는데, Global Exchange는 여행지에서의 인권 유린, 환경파괴 문제 등을 중심으로 활동을 전개한다(임영신, 2009). 공정관광에 대한 관심이 확산되면서 스위스의 ATKE(Arbeitskreis Tourismus, Entwicklung), Tourism Concern이 중심이 된 INFT(International Network on Fair Trade in Tourism), 남아프리카의 FTTSA(Fair Trade in Tourism South Africa), 그리고 Responsibletravel 등이 윤리적 관광에 대한 인식 공유, 지역주민의 편익, 관광목적지의 자연자원 및 사회문화자원에 대한 보호를 목적으로 활동을 전개하고 있다(Mahony, 2007).

공정관광에 대한 초기 접근은 공정무역 개념에 대한 관광분야 적용의 가능성 논쟁을 토대로 진행되었다. 이러한 논쟁은 무형의 서비스인 관광을 일반 거래상품과 같이 공정하게 거래될 수 있는 대상으로 간주할 수 있는지에 대한 것으로(Mahony, 2007), 대량관광, 국제관광이 복합성을 지니는 관광시스템의 특성상 관광매력물뿐 아니라, 관광목적지에 대한 사회문화적 침범을 수반하는 특징을 지닌다는 점을 인식하였다(Cleverdon & Kalisch, 2000; Cleverdon, 2001). 이러한 인식으로 공정관광에 대한 남아프리카 등 국제적인 개념 접근은 유럽에서 채택한 초기 개념보다 확장되어 지역적 차원을 포함하는 개념으로 확대되었다(Mahony, 2007). 즉, 공정관광 개념은 관광목적지 공동체의 공정성 획득에 대한 논의를 토대로 관광산업에서의 권력 분배, 남반구 관광자와 북반구 지역커뮤니티 간의 불균등한 권력의 구조에 대한 개선 등을 포괄하는 개념이다.

한편, 국내에서는 공정여행(fair trade travel, fair travel), 공정관광(fair trade in tourism, fair tourism) 등의 용어가 혼용되고 있다. 공정여행은 공정여행에 대하여 현지인의 삶을 파괴하지 않고, 책임감을 토대로 환경과 공존하는 여행(한국문화관광연구원, 2010; 오익근, 2011), 여행자와 지역주민 간 존중 · 동반 성장과 지역공동체에 대하여 관광이익을 환원하고 생태를 보호하는 여행형태(임영신 · 이혜영, 2009), 그리고 지역의 환경, 사회, 문화에 대한 이해와 존중을 토대로 의미있는 관계를 형성하기 위한 규범적 행동양식을 권유하는 여행(장은경 · 이진형, 2009) 등으로 정의하였다. 공정관광은 관광주체 간 공정한 관광거래(오익근, 2011), 저가 덤핑상품 및 불공정거래 등과 반대되는 개념(문화체육관광부 보도자료, 2011), 관광목적지 관광 종사자에 대한 동등한 인격적 대우에 기반한 공정한 거래(새가정사, 2010) 등으로 접근하고 있다. 즉, 공정여행은 여행자의 행태를 중심으로 정의되며, 공정관광은 이해관계자 간 공정한 거래를 중심으로 개념 정의된다.

2) 공정관광의 개념적 범주

'공정'은 절차 및 과정, 그리고 결과에 적용되는 개념으로, 공정관광은 관광분야에서의 이해주체 간 동등성, 관광개발 절차 및 관광과정에서의 공정성, 그리고 관광으로 인한 편익의 분배 공정성 등으로 구성된다. 관련하여 임영신(2010)은 공정관광이 이해주체 간 동등한 관계 속에서의 동등성을 보장하며, 나아가 정의까지 포함하는 개념이라고 주장하였다(장은경 · 이진형, 2009). 즉, 공정관광은 모든 이해주체 간 동등성이 전제되어야 하며, 동등한 이해주체 간 관광개발 및 관광활동 과정에서의 공정성, 그리고 관광으로 인한 편익에 대한 공정한 분배를 포함하는 개념이다. '공정'이 모든 이해주체 간 동등성을 전제하는 개념이라는 점을 고려할 때, 관광자, 지역주민, 관광산업 등 모든 이해주체가 추구하는 편익은 공정하게 분배되어야 하며, 관광자 간 편익 역시 공정하게 제공되어야 한다. 관련하여 FTTSA는 공정관광이 매력적인 관광경험을 원하는 관광자와 새로운 수입 및 생존, 문화적 다양성과 위엄을 원하는 지역주민을 포함한 모든 이해주체의 기대를 충족시키는 관광형태라 주장하였다.

'공정'관광은 모든 이해주체 간 공정성을 포괄하는 개념이지만, 공정관광, 공정여행, 그리고 공정성에 대한 논의를 토대로 관광개발 및 관광활동 과정, 관광활동의 편익에 대한 관련성을 지니는 주요 이해주체인 관광자, 지역주민, 관광산업을 중심으로 설정하였다. 공정관광에서의 공정성은 관광자 공정성, 지역주민 공정성, 관광산업 공정성, 그리고 생태적 공정성으로 구성하였다. 우선, 공정관광은 관광에서의 공정성에 대한 사회적 논의와 함께 더욱 고유하고 진정성있는 관광경험에 대한 관광자의 욕구와 부합된다(Cleverdon & Kalisch, 2000). 즉, 공정관광은 관광분야의 공정성에 대한 실천을 중심으로 하며, 동시에 고유한 관광경험을 추구하는 관광자의 욕구가 충족되는 형태라 할 수 있다. 이러한 측면에서 볼 때, 공정관광은 관광자를 비롯한 이해주체가 관광을 통하여 획득하기를 기대하는 편익, 즉 관광자의 고유한 관광경험과 이외 이해주체가 추구하는 편익을 공정하게 분배하는 형태라 할 수 있다. 또한, 관광자 간 공정한 편익의 분배는 고유한 관광경험에 대한 모든 관광자의 분배를 의미한다. 즉, 관광참여가 상대적으로 제한된 소외계층에 대하여 공정한 관광참여 기회를 보장하는 형태를 의미한다. 관광참여 기회의 보장은 신체적 · 금전적 · 사회적 제약을 지닌 장애인 · 노인, 저소득층, 다문화인구 등을 포함한다.

지역주민에 대한 공정성은 관광개발 및 관광활동 과정에서의 공정성, 관광으로 인하여 수반되는 편익에 대한 분배를 중심으로 구성하였다. 관광개발 과정에서의 공정성은 공공 · 민간의 관광개발에 대한 의사결정 과정에서 지역주민이 동등한 권리를 갖고 참여하여야 한다는 것으로, Tourism Concern(2011)이 강조하는 관광산업과 지역주민 간 공정한 파트너십을 의미한다. 관광산업과 지역주민 간 공정한 파트너십은 관광에 대한 관여 여부와 상관없이 모든 지역주민에 형평성있는 협의 및 협상, 현지인 고용 및 트레이닝, 그리고 지역관습의 고수 등이다(Tourism Concern, 2011). 또한, 관광활동 과정에서의 공정성은 호스트커뮤니티에 대한 관광자의 방문 시, 호스트커뮤니티 · 지역문화에 대한 존중감을 토대로 지역주민의 권리를 침해하지 않는 선에서의 관광활동, 공정한 가격의 지불이 이루어져야 한다는 것으로, Tourism Concern(2011)의 관광자와 지역주민 간 공정한 거래를 의미한다. 관광개발이 가져오는 편익은 거의 공평하게 분배되지 않으며, 지역주민의 권리와 이익의 침해로 호스트커뮤니티의 생존 능력이 낮아지는 등 개발비용이 증가하였다(Mvula, 2001). 관광편익에 대한 공정성은 관광으로 인한 경제적 이득에 대한 관광개발 주체와 호스트커뮤니티 간 공정한 분배, 관광의 부정적 영향에 대한 보상을 의미하며, Tourism Concern(2011)이 강조한 지역주민의 공정한 편익 분배를 의미한다.

관광산업에 대한 공정성은 관광기업 간 · 관광기업과 관광자 간 공정한 거래, 관광종사원에 대한 공정한 대우로 구성하였다. 관광기업 간 공정한 거래는 외부자본과 지역자본 간 공정한 경쟁(Tourism Concern, 2011), 대규모 관광기업과 소규모 관광기업 간 공정한 파트너십을 의미하며, 관광기업과 관광자 간 공정한 거래는 덤핑관광 배제, 상품가격의 공시 등을 의미한다. 관광종사원에 대한 공정한 대우는 공정한 임금 및 보상, 공정한 절차, 의사소통 과정에서의 존중감 등을 의미한다(장양례 · 배수현, 2009).

한편, 기존 공정관광의 환경적 측면에 대한 논의는 관광의 부정적 영향으로부터 지역주민의 삶의 질을 보장하기 위한 방향으로 논의되었다. 관련하여 Tourism Concern(2011)은 공정관광에 대한 기준 중 하나로 자연자원의 지속가능한 사용을 언급하였는데(Tourism Concern, 2011), 지속가능한 관광에 대하여 비판한 McDonald(2009)는 환경을 인간 외적 대상으로만 간주하는 환원주의적 접근은 인간과 환경을 이분화하여 관광의 복잡성에 대한 이해가 부족하다고 주장하였다. 이러한 비판은 지속가능한 관광이 '생태'를 '환경'으로 인식하여 인간의 욕구를 지속적으로 충족시키기 위한 효용적 가치에 집중하여 논의하였다는 비판이다. 자연자원의 사용에 대한 공정성은 자연자원을 이용하는 주체인 관광자 · 관광산업과 자연자원 간 공정한 관계라는 측면에서 보면, 인간의 생존을 위한 '환경'에 대한 논의를 독립된 객체로서의 '생태'와의 공정성에 대한 논의로 확대 가능하다. 관련하여 VanDeVeer(1970)는 모든 감각있는 존재를 독립적 주체로 전제하여야 한다고 주장하였으며(박재목, 2006), Wenz(1998)는 타자성을 기반으로 생태에 접근 시, 생태가 갖는 독립성에 대한 확보가 가능하다고 주장하였다. 인간과 생태 간 공정성은 관광의 부정적 영향을 최소화하고, 관리하기 위한 종래의 접근에서 생태가 갖는 독립적 타자성을 토대로 생태와 인간 간 공정성을 전제하여 생태의 존엄과 가치에 대한 보장, 생태적 안정과 균형을 해치지 않는 한도(생태계 항상성 유지) 내에서의 인간의 가치추구로 설정하였다(최재훈, 2002).

이를 토대로, 공정관광은 관광자, 지역주민, 관광산업 등 모든 이해주체와 생태를 중심으로 각 주체 간 동등한 관계, 공정한 과정 및 절차, 그리고 공정한 결과의 분배로 구성하였다. 또한, 관광의 본질은 비일상적이고 상이한 대상에 대한 체험 욕구에 대한 만족으로, 신기성, 고유성 등이 강조된다(김지선, 2011). 즉, 공정관광은 관광분야 모든 이해주체 간 '공정'(fair)으로 접근하여 관광자, 지역주민, 관광산업 등 관광분야 이해주체 · 생태가 동등한 관계, 절차 및 과정, 결과의 분배에 대한 공정성을 토대로 각 이해주체가 획득하기를 기대하는 편익에 대한 공정한 분배가 이루어지는 관광이며, 이를 토대로 고유한 관광경험을 추구하는 관광을 의미한다. 공정관광 개념의 속성 및 범주는 다음과 같다.

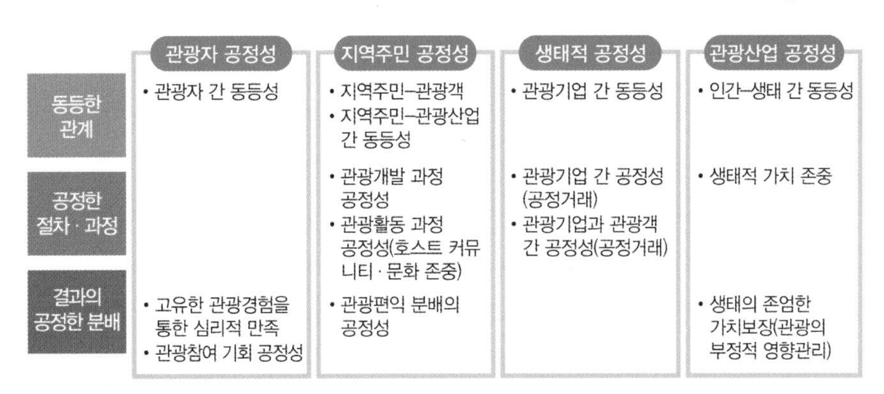

	관광자 공정성	지역주민 공정성	생태적 공정성	관광산업 공정성
동등한 관계	• 관광자 간 동등성	• 지역주민–관광객 • 지역주민–관광산업 간 동등성	• 관광기업 간 동등성	• 인간–생태 간 동등성
공정한 절차 · 과정		• 관광개발 과정 공정성 • 관광활동 과정 공정성(호스트 커뮤니티 · 문화 존중)	• 관광기업 간 공정성(공정거래) • 관광기업과 관광객 간 공정성(공정거래)	• 생태적 가치 존중
결과의 공정한 분배	• 고유한 관광경험을 통한 심리적 만족 • 관광참여 기회 공정성	• 관광편익 분배의 공정성		• 생태의 존엄한 가치보장(관광의 부정적 영향관리)

주: 공정관광의 속성 및 범주는 주요 이해주체인 관광자, 지역주민, 관광산업, 그리고 생태를 중심으로 구성함. 그러나 공정관광 개념은 모든 이해주체 간 공정성을 토대로 하여 보다 확장될 수 있음.

〈그림 4-1〉 **공정관광의 속성 및 범주**

| 4절 | 더욱 정의로운 관광을 위한 철학적 논의[4)]

1. 정의의 이슈, 관광

현대사회에서 관광은 일상이자, 당연한 권리로 인식되고 있다. 그러나 이러한 인식은 모든 국가와 사람들에게 적용되는 것이 아니며, 저소득, 민족, 성별, 신체적 문제 등으로 인해 관광활동에 온전히 참여하지 못하는 집단이 존재한다. *Tourism and Inequality*(관광과 불평등)에서는 성장하는 관광산업의 이면에 점점 더 복잡해지고, 심각해진 불평등 문제가 숨겨져 있음을 지적한다. 이 책에서는 관광 권리, 지역주민의 인권, 관광 생산 및 산업 측면에서 관광과 불평등 문제를 분석하며, 관광을 산업적 차원에서 볼 것이 아니라, 사회문화적 시스템 차원에서 접근하여야 함을 강조한다. 더운 정의로운 관광을 위해서는 관광시스템 전반에 내포되어 있는 불공정 문제를 이해하여야 한다.

관광은 본질적으로 정의적 이슈이다(Fennell, 2006; Higgins-Desbiolles, 2008 재인용). 지금까지 관광의 정의에 대한 논의는 '대안관광'이라는 큰 개념적 틀에서 논의되어 왔다. 최근 대안관광의 개념적 범주는 공정관광, 책임관광, 자원봉사관광, PPT(pro-poor tourism) 등 새로운 개념이 지속적으로 도입되면서 확장되는 추세이다(Wearing, 2002; Higgins Desbiolles, 2008 재인용). 특히, '생태' 중심의 논의가 '인간' 중심으로 확장되고 있으며, '관광의 대안' 중심에서 '세계의 불평등한 권력구조'에 대한으로 확장되고 있다. 따라서 새로운 가치 담론을 구성할 수 있는 철학적 논의가 필요한 시점이다.

공정관광 개념 역시 이러한 시도라고 할 수 있다. 또한, 해외에서는 일부 연구자에 의해 '정의관광'(Justice Tourism, Just Tourism)이라는 개념이 논의된 바 있다. Hultsman(1995)은 정의 관념과 윤리에 기반하여 정의관광 개

4) 이 절은 황희정(2012) 일부를 발췌하여 재구성한 것이다.

념을 제시하였다. Hultsman(1995)은 선행 관광분야 윤리 및 철학에 대한 문헌 분석으로 생태, 마케팅, 지속가능성, 인본주의와 사회, 그리고 관광교육 등 5가지 이슈를 분석하였으며, 관광교육에 초점을 두어 정의관광 개념을 제안하였다. 정의관광에서의 '정의'(just)는 '공정한'(fair), '고결한'(honorable), '똑바른'(upright), 그리고 '적절한'(proper) 등을 내포하는 개념으로 보았으며, '일반적으로 받아들여지고 윤리적인 행동'으로 정의하였다(Hultsman, 1995). 또한, Higgins-Desbiolles(2008)는 대안적 세계화를 위한 대안관광 형태로 정의관광 개념을 제안한 바 있다. 특히, Higgins-Desbiolles (2008)는 인본주의적인 세계화에 대한 요구와 더불어 가장 급진적인 대안관광 형태로 정의관광을 제시하였다. 정의관광은 새롭고 불평등한 관광의 부정적 영향을 개혁할 뿐 아니라, 정의로운 세상을 만들기 위한 요구라고 설명되었다(Higgins-Desbiolles, 2008). Scheyvens(2002:104)는 정의관광에 대하여 '윤리적이고 공평한' 관광이라고 정의하였다. Scheyvens (2002:104)는 정의관광에 대하여 관광자와 지역주민 간 유대감 형성, 상호 이해와 형평성 · 분배 · 존중에 기반한 관계, 지역커뮤니티의 자기 충족과 결정권 지원, 그리고 지역에 대한 혜택 최대화를 제시한 바 있다(Higgins-Desbiolles, 2008).

정의관광에 대한 논의와 개념 정의는 국내에서 논의되는 공정관광 개념과 유사성을 지닌다. 정의관광과 공정관광이 하나의 개념 단위를 벗어나, 관광을 바꾸는 힘을 가지기 위하여서는 그 철학적 기반에 대한 충분한 검토 및 논의가 필요하다. 이를 위해 공정성을 중심으로 정의에 대해 논의한 대표적 정의론자, Rawls의 정의론을 소개한다.

2. Rawls의 정의론

1) 중첩적 합의

사회정의에 대한 대표적 접근은 공리주의, 자유주의, 자유지상주의, 그리고 공동체주의 사회정의론 등이 있다. 이중 자유주의자인 Rawls는 정의를 실현하기 위한 조건으로 '공정성'을 강조하였으며, Rawls의 정의론은 공정한 절차를 통한 공정한 분배라는 측면에서 '공정으로서의 정의'를 의미한다. Rawls는 사회구성원 간 협동이 필요하고, 가능한 사회, 즉 일반적인 사회의 상황을 정의의 여건으로 제시하였다. 사회는 사회구성원 간 상호 이익을 위한 협동체이나, 사회구성원 간 이해관계의 상충이라는 특성을 지닌다. 이러한 이유로 사회구성원 간 이익을 분배할 원칙이 필요하게 되는데, 이것이 정의의 여건이다(Rawls, 2011).

전기 Ralws(『정의론』)는 사회구성원 간 상충되는 이해를 분배하기 위한 원칙을 채택하는 상황에 대하여 '원초적 입장'으로 가정하였다(김기덕, 2005). 원초적 입장은 고전적 사회계약론에서의 자연상태와 유사한 개념으로, 우연성을 배제한 채 공정한 절차를 통하여 계약당사자 간 합의를 이끌어내는 가상적 상황이다. 이와 같이, Rawls는 무지의 베일을 통하여 원초적 입장을 가정함으로써 사회적 합의과정에서의 우연성을 차단하였으며, 계약당사자 간 평등한 합의가 가능한 가상적 상황을 설정하였다. 또한, 자율적 개인들이 공정한 절차, 즉 순수 절차적 정의를 통하여 도달한 합의를 가장 보편적인 정의의 원리로 보았으며, 이것이 '공정으로서의 정의'를 의미한다. 그러나 Rawls는 원초적 입장의 개념이 행위론의 일부이긴 하나, 유사한 현실적 상황의 존재에 대하여서는 회의적 입장을 취했다. 즉, Rawls의 원초적 입장은 평등한 계약당사자들이 합리적 무관심을 통하여 합의에 도달하는 가상적 상황으로, 보편적인 정의의 원칙을 도출하기 위한 도덕적 추론

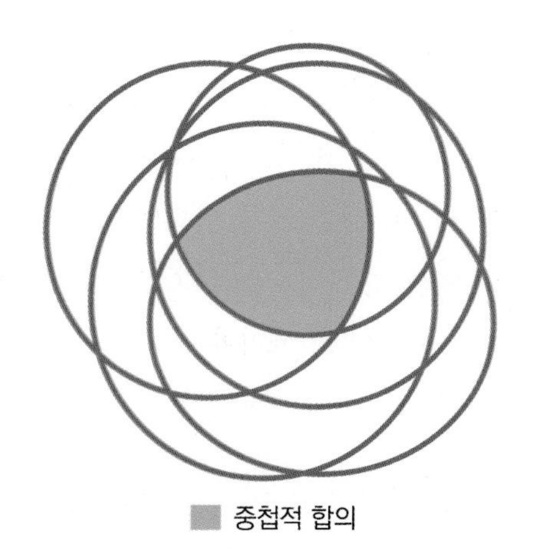

의 과정에 한정된다.

한편, 『정치적 자유주의』를 통하여 제시된 후기 Ralws의 정의관은 『정의론』이 지녔던 보편적 진리의 비현실성 문제를 개선하여 다원주의 사회의 다양한 가치를 인정하여 현실성을 확보하였다. 『정치적 자유주의』의 목적은 상반된 종교적, 철학적, 그리고 도덕적 교리가 상존하는 다원주의 사회에서 모든 사회구성원이 인정하는 정의를 제시하는 데에 있다(Rawls, 1998). Rawls는 원초적 입장이 지니는 추상성으로 인하여 정치적 정의관이 형이상학적 인간관, 도덕적 진리를 전제하는 것으로 인식될 수 있음을 우려하여 후기 Rawls에서는 중첩적 합의(overlapping consensus) 개념을 제시하였다. 중첩적 합의는 자유롭고 평등한 존재인 시민들이 일반적인 실천이성을 사용하여 정의를 도출하는 것을 의미하는데, 상반된 교리를 지닌 모든 사회구성원이 선택하는 일종의 합의된 평균을 의미한다. 즉, 후기 Rawls는 절차가 올바르면 모든 사회구성원이 용인할 수 있는 원칙을 발견할 수 있다고 보는 입장으로, 동등한 사회구성원 간 공정한 절차를 통하여 도출하는 순수절차적 정의는 해당 사회의 정의 원칙이 된다.

관광분야의 중첩적 합의는 자유롭고 평등한 각 사회의 이해관계자가 공정한 절차를 통하여 도출하는 정의이다. 즉, 관광분야 이해관계자 간 동등성이 전제되어야 하며, 모든 이해관계자 간 의견이 중첩되는 곳이 해당 사회의 중첩적 합의, 즉 정의이다. 각 사회의 중첩적 합의를 도출하기 위해서는 동등한 모든 이해관계자 간 의견이 중첩되는 시점까지 논의를 지속하여 중첩적 합의를 도출하여야 한다. 또한, 중첩적 합의는 관광활동 과정, 관광계획 및 개발 과정, 그리고 관광산업에서의 거래 등 관광의 전 과정에서 도출하여야 한다. 중첩적 합의는 어느 사회, 어느 상황에나 동일하게 적용할 수 있는 '하나'가 아니며, 각 사회와 상황에서 이해관계자들이 합의를 통하여 도달하는 결론이다. 따라서 모든 가장 중요한 것은 현재 이 관광현상에 관계되는 이해관계자가 누구인가를 설정하는 것이며, 합의에 도달하기까지 논의를 지속할 수 있도록 보장하는 장치이다.

2) Rawls의 정의의 원칙

정의의 원칙은 계약당사자들이 원초적 입장에서 합의과정을 거쳐 채택하리라 생각되는 원칙이다(Rawls, 2011). 정의의 원칙은 Rawls의 정의론 체계의 가장 핵심적인 요소로 정의로운 사회의 기본구조에 대한 표현이며, 분배적 정의 구현을 위한 구체적 실천전략이라 할 수 있다(김기덕, 2005). Rawls는 정의의 원칙을 2개의 원칙으로 제시하였는데, 제1원칙은 평등한 자유의 원칙이며 제2원칙은 차등의 원칙이다. 제1원칙과 제2원칙은 축자적 순서 형태로 구성되어 있는데, 축자성은 정의 원칙의 대립적 요구를 조정하기 위한 장치이다. 즉, 제1원칙은 제2원칙에 비하여 축자적 우선성을 지녀, 제1원칙이 우선적으로 충족된 후에 제2원칙이 충족되는 형식으로 서열화되어 있다(Rawls, 2011).

① 제1원칙: 평등한 자유의 원칙(The Principle of Equal Liberty)

Rawls의 제1원칙은 평등한 자유의 원칙이다. Rawls는 『정의론』에서 모든 사회구성원들이 다른 사회구성원의 자유와 양립할 수 있을 정도의 기본적 자유에 대한 평등한 권리를 지닌다고 명시하였다(김기덕, 2005). 또한, Rawls는 후기 저서인 『정치적 자유주의』에서 제1원칙을 보다 구체화하였다. 『정의론』의 제1원칙에서 강조하였던 '기본적 자유'는 '기본권과 자유'로 표현하면서 보다 포괄적으로 접근하였다. '기본권과 자유'에는 사상의 자유, 양심의 자유, 정치적 자유와 결사의 자유, 인격적 통합성과 자유에 의하여 구체화되는 자유, 마지막으로 법치에 의하여 포함되는 권리와 자유 등이 포함된다(Rawls, 1998). 즉, 시민들의 기본 욕구나 필요의 충족이 기본적 권리와 자유를 실질적으로 행사하는 데에 필수적인 상황에서 제1원칙의 적용은 시민들의 기본 욕구나 필요의 충족을 전제하여야 한다는 것이다(황경식, 2002).

제1원칙: 평등한 자유의 원칙

각자는 평등한 기본권과 자유에 입각한 완전한 적정구조에 대한 동등한 주장을 할 수 있는 권리를 가진다. 이 구조는 모든 사람에게 해당되는 동일한 구조와 양립할 수 있다. 그리고 이 구조에서는 평등한 정치적 자유, 그리고 다만 그러한 자유들이 그 공정한 가치를 보장받을 수 있도록 되어야 할 것이다.

(Each person has an equal claim to a fully adequate scheme of equal basic rights and liberties, which scheme is compatible with the same scheme for all; in this scheme the equal political liberties, and only those liberties, are to be guaranteed their fair value.)

Rawls, 1998, p.6.

시민들의 기본적인 욕구나 필요의 충족을 전제하는 제1원칙, 평등한 자유의 원칙은 기본권과 자유를 보장한다. 헌법은 인간의 존엄과 가치, 행복 추구권, 평등권, 자유권, 사회권, 청구권, 그리고 참정권 등을 최고 가치로 하며, 국민의 기본적인 권리로 보장한다. 이중 관광정의 담론 구성과 관련하여 논의하여야 할 기본권은 행복추구권, 자유권(주거 및 사생활의 자유), 사회권(환경권, 근로의 권리) 등이며, 이와 관련하여 관광분야 이해관계자의 기본적 권리를 구체화할 필요가 있다. 이훈(2011)은 관광이 점점 사회적 권리로 인식되고 있는 가운데 관광을 행복추구권의 일원으로 보고, 관광을 하지 못하는 사회구성원에 대하여 접근할 필요가 있음을 강조하였다. 즉, 행복추구권에 대한 관광분야의 논의는 관광의 본질인 쾌락을 인간의 기본적인 권리로 인식하고, 사회적 권리로서의 관광기회 보장을 구체화할 필요가 있다.

주거권은 자유권(주거 및 사생활의 자유)과 사회권(환경권)을 통하여 인간의 기본적 권리로 보장된다. 헌법 제 14조, 제16조에 명시되어 있는 주거권은 자유권으로, 국가의 불법적, 부당한 행위에 대한 개인의 자유를 보장하는 소극적 권리이다(하성규, 2010). 반면, 적극적 권리라 할 수 있는 사회권은 개인의 생존과 관련하여 국가나 사회에 대해 지니는 급부청구권의 의미를 지닌다(장은주, 2006). 헌법 제35조에는 국민의 쾌적한 주거생활권 보장을 위한 국가의 의무를 명시되어 있다. 이에 근거하여 소음 및 진동, 악취 등 쾌적한 주거생활을 방해하는 행위에 대한 생활방해금지가 가능하며(조은래, 2005), 국가나 제3자에 대한 보전·조정을 요구할 수 있는 권리를 지닌다(양승업, 2007). 주거권에 대한 관광분야 논의는 아직 제한적으로 이루어지고 있는 상황이다. 이해관계자로서의 지역주민을 전제하여 주거권에 대한 관광분야 논의가 구체화될 필요가 있다.

근로의 권리는 헌법 제32조, 33조를 통하여 보장되는데, 적정임금 및 인간의 존엄성 보장, 여성에 대한 특별한 보호, 그리고 단체교섭권 및 단체행동권 등이 명시되어 있다. 관광종사자의 근로의 권리를 보장하기 위한 노력이 필요하며, 감정노동은 근로의 권리에 명시되어 있는 인간의 존엄성 보장이라는 측면에서 접근하여야 한다. 한편, 헌법은 생태에 대하여 인간을 둘러싸고 있는 환경이라는 측면에서 접근한다. 생태를 대상으로 하는 관광 역시 생태의 보호보다는 마케팅적 목적이 강하며, 생태적으로 민감한 지역을 대상으로 함으로써 생태에 대한 더욱 큰 훼손을 수반한다(Liu, 2003). 자연의 권리를 배려할 수 있는 개인 및 단체에 대리하여 행사할 수 있다고 본다(강재규, 2008). 관광분야 기본권에 대한 논의는 생태의 권리로 확장하여 논의할 필요가 있다.

② 제2원칙: 차등의 원칙(The Difference Principle)

제2원칙은 자연적·사회적 우연성으로 인한 사회의 불평등 상황을 모든 사람에게 이익이 될 수 있는 사회적·경제적 불평등 방향으로 편성하는 평등 지향의 정의 원칙이다. Rawls는 재산과 소득의 분배가 모든 사회

구성원에게 이익이 되는 방향으로 이루어져야 하며, 권한을 갖는 직위와 명령을 낼 수 있는 직책은 누구에게나 접근 가능해야 한다고 언급하였다(Rawls, 2011). 제2원칙은 기회 균등의 원리, 최소수혜자 우선성의 원리 등 두개의 원리로 이루어져 있다.

기회 균등의 원리는 "권한을 갖는 직위와 명령을 내릴 수 있는 직책은 누구에게나 접근 가능한 것이어야 한다"는 것을 의미하며, 직업이나 직책에 대한 기회뿐 아니라 삶의 기회에 대한 균등을 포함한다(Rawls, 2011). 또한, 기회 균등의 원리는 모든 사회구성원에게 순수절차적 정의가 실제로 실현된다는 사실을 제시하는 기능을 지니며, 분배 정의가 구현되기 위한 제도적인 전제라 할 수 있다. 즉, 기회 균등의 원리를 토대로 정의로운 제도체계가 설립되어야 제도의 정의로운 운영이 가능하다. 또한, 기회 균등의 원리가 보장되지 않을 경우 권한을 갖는 직위의 사회구성원에 의해 더 큰 이익을 획득하게 되더라도 정의롭게 대우받았다는 인식을 제공하는 데에 어려움이 있다(Rawls, 2011). Rawls는 자존감 개념과 연결하여 인생계획에 대한 자신감, 자존감이 부재할 경우 계속에 대한 노력을 지속하기 어렵다는 점을 언급하였다. 즉, 기회 균등의 원리는 사회구성원의 가치관 및 인생계획이 실현할 만한 가치가 있다는 데에 대한 확고한 신념, 즉 자존감을 충족시킨다는 점에서 정의의 요체가 된다(최양진, 2003).

한편, 정의의 제2원칙인 차등의 원칙은 제1원칙인 평등한 자유의 원칙에서 설명한 사회구성원의 기본적 권리 · 자유 행사의 방해요인, 즉 우연성으로 인하여 사회구성원 간 자유의 가치가 동등하지 않은 현실에 대한 논의이다. 정의의 제2원칙은 기본적 가치의 분배에 대한 원칙이며(남현주, 2007), 제2원칙 중 두 번째 원리인 최소수혜자 우선성의 원리는 Rawls의 분배정의의 가장 핵심이 되는 부분이다. 최소수혜자 우선성의 원리는 모든 사회구성원이 사회의 기본 구조에서 허용될 수 있는 불평등으로부터 이익을 얻어야 한다는 것이다(Rawls, 2011). 사회의 기본 구조에서 허용될 수 있는 불평등은 최소수혜자의 이익이 최우선으로 고려되며, 기대치의 차등이 최소수혜자에게 이익이 될 때로 한정된다(나항진, 2010). 이 외의 경우에는 모든 사회적 가치의 불평등한 분배가 허용되지 않는다. Rawls는 모든 사회구성원의 복지가 사회협동체제에 의존하므로 최소수혜자에 대한 이득의 분배가 사회협동체제에 대한 모든 사회구성원의 협력이라는 점에 의의를 지닌다고 언급하였다(Rawls, 2011).

제2원칙: 차등의 원칙

사회적, 경제적 불평등은 다음 두 조건을 만족시켜야만 한다.
첫째, 이들 불평등은 공정한 기회평등의 조건하에서 모든 사람에게 개방된 직위와 직책에 결부되어야 하며
둘째, 이들 불평등은 사회의 최소 수혜자들에게 최대한의 이익을 가져올 수 있도록 해야 할 것이다.
(Social and economic inequalities are to satisfy two condition: first, they are to be attached to positions and offices open to all under conditions of fair equality of opportunities; and second, they are to be to the greatest benefit of the least advantaged members of society.)

Rawls, 1998, p.6.

최소수혜자 우선성의 원리는 자연적·사회적 우연성으로 인하여 제1원칙에서 제시된 정의의 기준이 지켜지지 않았을 때 이를 보완하는 기능을 지니며, 이러한 측면에서 분배정의라고 한다(Rawls, 2011). 즉, 제1원칙에서 보장하여야 할 지역주민의 주거권 및 환경권, 관광자의 관광기회, 관광종사자의 근로 권리 및 관광산업체 간 불공정성, 그리고 생태의 생명 및 안전 유지 권리 등이 동등하지 않은 현실에서 최소수혜자의 이익을 최우선으로 고려하여 분배를 보완하는 원리이다. 그러나 분배 정의를 의미하는 최소수혜자 우선성의 원리는 정의의 제1원칙, 제2원칙의 제1원리에 대한 보완적 기능을 지니는 것으로, 제1원칙, 제2원칙의 제1원리가 축자적 우

선성을 지닌다(Rawls, 2011). 따라서 관광분야 이해관계자 간 중첩적 합의, 즉 정의 도출 시, 최소수혜자 우선성의 원리는 관광으로 인해 피해를 받거나 소외된 이해관계자에 대한 보상적 차원에서 논의되어야 하며, 보상이 축자적으로 동등성, 평등한 자유, 삶의 기회를 우선할 수 없다.

상대적으로 덜 개발된 국가들은 신자유주의가 출현한 1960년대부터 풍부한 자원에 의존한 무역 형태를 추구하도록 장려되었으며, 글로벌 관광기업이 유럽인들을 위한 관광개발을 주도하면서 관광은 저개발국을 성장시킬 수 있는 노동집약적 상품으로 간주되었다. 이러한 저개발국의 관광의존 경제구조는 결과적으로 글로벌 관광기업 중심의 관광개발에 동조하고, 자발적으로 저렴한 노동력을 제공하는 형태로 발전하면서 글로벌 관광기업의 '강탈에 의한 축적'을 심화시키는 현상을 초래하였다(Cole & Nigel, 2010). 결국 글로벌 관광기업 중심의 신자유주의적 관광시스템에서 지역은 관광정책 결정과정, 토지 구입 및 자원의 활용 등에서 소외된다. 최근 전세계적으로 나타나고 있는 과잉관광 현상 역시 신자유주의적 세계화로 인한 지역의 통제권 상실 문제가 기저에 깔려 있다(Cole & Nigel, 2010).

지역주민과 관광자 간 관계에 대한 최근 연구는 사회교환이론을 적용하여 보상과 비용 간 불균형적 교환과정으로 인하여 갈등이 발생한다고 보며, 경제적 편익이 관광자와의 교환의 대가라고 본다(고동완 · 정승호, 2004). 그러나 교환의 대가는 지역별 특수성을 고려하여 결정해야 하며, 대가, 즉 보상보다는 관광계획 · 개발 및 관광활동 과정에서의 동등성과 중첩적 합의, 즉 정의 확보가 우선하여야 한다.

3. 관광의 정의를 위하여[5]

문화 간 접촉현상은 이제 일상이 되고 있다. 상이한 문화 간 접촉으로 이전에는 발생하지 않았던 갈등과 균열현상이 나타나고 있다. 사회정의

5) 이 문단은 황희정(2015) 일부를 발췌 · 재구성한 것이다.

에 대한 논의 역시 과거에는 분배정의 중심으로 이루어졌으나, 이제는 정의는 분배와 인정이 서로 환원할 수 없는 정의의 두 가지 차원으로 간주된다. 인정론자들은 '다름'과 '차이'에 대한 인정을 강조한다. 여성, 노인, 장애인, 다문화인구 등 타자의 정체성과 권리에 대한 불인정(nonrecognition)과 오인(misrecognition)을 부정의라고 본다(Fraser, 2007).

그렇다면, 관광분야의 타자는 누구이며, 누구의 정체성과 권리를 인정하여야 하는가? 관광지 외부에 있는 관광자 중심의 관광정책에서 관광지와 그 속에 거주하는 지역주민 역시 보여지는 대상, 즉, 타자이다(문재원 · 조명기, 2010). 특히, 최근 나타나고 있는 관광 혐오, 과잉관광 현상은 남반구 관광자와 북반부 지역커뮤니티 간 불공정한 거래구조에 대한 비판에서 시작되었던 공정관광 논의와는 다른 양상을 보인다. 이러한 현상이 나타나는 지역은 동남아시아가 아니라 유럽이며, 삶의 질과 권리를 되찾기 위한 투쟁인 것이다. 이와 같이, 우리는 늘 새로운 문제에 직면하게 될 것이며, 정의의 이슈는 계속 달라질 것이다. 더 정의로운 관광을 위하여서는 관광의 정의에 대한 깊은 고민으로 정의에 대한 감수성을 지니고, 정의의 이슈에 대해 계속 귀를 기울일 수 있기를 기대한다.

코로나19 위기는 소규모 정부, 개인주의, 시장화 중심의 신자유주의적 접근이 모든 사람과 사회에 혜택을 준다는 믿음을 깨뜨렸다(Higgins-Desbiolles, Doering, & Bigby, 2021). 세계관광기구(UNWTO)는 코로나19 위기를 계기로 관광이 우리 사회, 경제, 생태계와 공존할 수 있는 방법에 대해 다시 생각하는 전환점이 되어야 한다고 강조한다. 실제 코로나19 발발 이후 외지인의 방문은 지역주민에게 위협으로 다가오며, 이제 지역주민의 안전 및 인권이 관광자의 관광권을 우선할 수밖에 없는 상황이 도래하였다. 전환의 시대, 보다 정의롭고, 지속가능한 관광으로 나아가야 할 때이다.

생각해볼 문제

1. 공정관광의 성공사례는 무엇인가?

2. 관광분야의 이해관계자와 타자는 누구인가?

3. 바르셀로나 관광혐오 현상은 어떻게 해결할 수 있을까?

4. 어떻게 관광의 정의(justice)에 도달할 수 있는가?

5. 나는 정의로운 관광자인가?

더 읽어볼 자료

1. **Rawls, J. (1998). 『정치적 자유주의』. 장동진 역. 서울: 동명사.**
   대표적 정의론자인 Rawls의 저서로, 『정의론』을 정교화 · 구체화하여 후기 Rawls의 사상을 알 수 있는 정치학 서적. 상반된 종교적, 철학적, 도덕적 교리가 상존하는 다원주의 사회에서 모든 사회구성원이 인정하는 정의의 원칙을 도출하는 방법 제시

2. **Fraser, N. (2014). 『분배냐, 인정이냐』. 김원식 · 문성훈 역. 경기: 사월의책.**
   대표적 인정이론가인 Fraser와 Honneth의 인정 논쟁을 담은 전문서적. 모든 정의의 문제를 인정 문제로 환원하는 Honneth와 재분배와 인정을 모두 포괄하여 논의하는 Fraser의 관점적 이원론 논쟁을 중심으로 인정이론을 체계화

3. **정란수(2012). 『개념여행』. 서울: 시대의 창.**
   우리가 바라는 여행이 이런 것인가라는 문제의식으로 시작하는 여행이야기. 우리의 관광현실을 생각하고, 관광정책의 문제를 고민해보는 안내서로, 모두가 행복한 여행을 위한 대안적 여행방식 모색

참고문헌

강미희 · 박찬우 · 이영주 · 김성일(2006). 제주도를 방문한 대안관광객의 차별적 여행특성 규명. 『한국임학회지』, 95(6), 759-767.

강미희 · 김남조 · 최승담(2002). WTO의 지속가능관광지표를 적용한 설악산국립공원 관리 모니터링. 『한국임학회지』, 96(6), 799-811.

강영애 · 민웅기 · 김남조(2011). IPA를 이용한 국립공원 생태관광프로그램의 매력성 분석. 관광연구논총, 23(1), 147-168.

강재규(2008). 자연의 권리. 『행정법연구』, 30(3), 41-71.

고동완 · 정승호(2004). 관광개발에 대한 지역주민과 관광객의 태도 차이. 『국토연구』, 39(2), 177-188.

고동완 · 김현정 · 김진(2010). 녹색관광이란 무엇인가? 개념과 의미. 『관광학연구』, 34(6), 37-58.

김난영(2010). 책임관광에 대한 관광객 행동 연구. 『관광연구논총』, 22(1), 3-24.

김도희(2008). 대안관광 활성화를 위한 명소마케팅 전략의 적용; 안성시 "I LOVE 안성맞춤 학교" 사례를 중심으로. 『경기관광연구』, 12, 32-51.

김선영(2002). 장애인 복지관광 진흥에 관한 연구. 경기대학교 석사학위논문.

김성일 · 박석희(2001). 『지속가능한 관광』. 서울: 일신사.

김지선(2011). 세계문화유산지의 관광체험 구조분석. 한양대학교 박사학위논문.

나항진(2010). 노년교육 활성화를 위한 정의론적 탐색; J. Rawls의 정의론을 중심으로. 한국 노인과학 학술단체연합회 '98 학술대회 및 분과학회 추계학술대회. 121-135.

남현주(2007). 사회정의연구의 두 영역; 규범적 영역과 경험적 영역. 『사회보장연구』, 23(2), 135-159.

노봉옥(2008). 녹색관광 활성화 방안에 관한 연구. 『한국사진지리학회지』, 18(4), 29-38

문재원 · 조명기(2010). 관광의 경로와 로컬리티: 부산관광담론을 중심으로. 인문연구, 58: 825-860.

문화체육관광부(2018). 2017 국민여행실태조사.

박건영(2011). 비교우위 원리와 공정무역의 조화에 관한 연구. 『관세학회지』, 12(1), 303-324.

박영미(2004). 복지개념의 생태주의적 접근. 『한국사회와 행정연구』, 15(1), 333-354.

박재목(2006). 환경정의 개념의 한계와 대안적 개념화. 『ECO』, 10(2), 75-114.

박주원(2004). 근대적 개인, 사회 개념의 형성과 변화; 한국 자유주의의 특성에 대하여. 『한국의 근대와 근대경험』, 1900-1904.

송재호(2003). 관광의 지속가능성 이론구조모델 개발과 검증. 『관광 · 레저연구』,

15(2), 23-38.
신성정 · 고동완 · 여정태(2008). 복지관광을 위한 사회적 취약계층의 관광활동 의미 분석. 『관광연구』, 23(3), 96-117.
신정식(2009). 한국 노인복지관광의 전략적 발전방안 연구. 『복지행정논총』, 19(2), 79-103.
양승업(2007). 골프연습장시설의 건축과 지역주민의 환경권. 『강원법학』, 25, 51-94.
엄은희(2010). 공정무역 생산자의 조직화와 국제적 관계망. 『공간과사회』, 33, 143-182.
오익근(2011). 공정관광으로 가는 정책, 『한국관광정책』, 43.
이훈(2011). 모두가 행복한 관광(Tourism for All); 사례와 분석. 『한국관광정책』, 41, 8-17.
임영신(2009). 대안의 여행, 공정여행을 찾아서. 『초점과 대안』, 124-143.
임의영(2008). 사회적 형평성의 정의론적 논거 모색; 응분의 몫 개념을 중심으로. 『행정논총』, 46(3), 35-61.
장양례 · 배수현(2009). 여행업 종사원들의 임파워먼트와 공정성, 직무만족에 대한 구조적 관계 연구, 『호텔관광연구』, 11(1), 183-196.
장은경 · 이진형(2009). 공정여행의 국내 사례; 북촌 한옥마을 공정여행. 『관광연구논총』, 22(2), 27-48.
장은주(2006). 사회권의 이념과 인권의 정치. 『사회와 철학』, 12, 187-216
조광익 · 이돈재(2010). 관광 연구의 정치화; 녹색관광의 의미 변화. 『관광학연구』, 34(6), 11-36.
조은래(2005). 환경권과 생활방해에 대한 위법성판단의 연구. 『법학연구』, 18, 924-954.
최영국(2000). 지속가능한 관광의 개념 및 과제. 『국토』, 6-19.
최영정 · 최규환(2010). 관광객의 소비윤리가 노력 효과성 지각 및 책임관광에 미치는 영향. 한국관광학회 제67차 학술심포지엄, 2, 442-451.
최영희(2009). 관광학적 측면에서 자원봉사관광의 개념적 접근. 『관광연구논총』, 21(2), 21-38.
최재훈(2002). 환경문제와 정의의 새로운 차원; 생태적 정의의 정립을 위하여. 경희대학교 석사학위논문.
최종혁 · 이연 · 안태숙 · 유영주(2009). 문화복지 개념 정립을 위한 질적 연구; 휴먼서비스 실천가들의 인식을 중심으로. 『사회복지연구』, 40(2), 145-182.
하성규(2010). 헌법과 국제인권규범을 통해서 본 주거권과 "적절한 주거" 확보 방안. 『한국사회정책』, 17(1), 321-351.
한국문화관광연구원(2010). 관광부문 불공정 사례 및 개선방안.

한국문화관광연구원(2011). 공정사회 실현을 위한 문화관광분야 대응방안. 제5회 국정과제 공동세미나. 경제인문사회연구회, 서울시.

한규수(1997). 지속가능한 개발; 생태경제학을 중심으로. 서울: 서울시립대학교출판부.

한혜영(2010). 책임관광의 특성과 사회적 의미; 내몽고 공정여행객을 대상으로. 경기대학교 석사학위논문.

황경식 · 이승환 · 윤평중 · 김혜숙 · 박구용 · 송호근 · 김상조 · 이영 · 조영달 · 김비환(2011). 『공정과 정의사회』. 서울: 조선뉴스프레스.

황희정(2012). 관광정의 담론 구성을 위한 모색. 『관광연구논총』, 24(3), 145-170.

황희정(2015). 세계유산 지역주민, 그들은 행복한가?. 『관광연구저널』, 29(3), 5-18.

황희정 · 이훈(2005). [Ishmael] 에 나타난 Quinn 의 생태사상으로 본 지속가능한 관광 비판. 『관광학연구』, 30(3), 271-290.

황희정 · 이훈(2015). 여행상품 유통경로의 갑-을 관계에 대한 갈등해결행동 분석-불공정성 지각, 갈등지각, 갈등해결행동을 중심으로. 『관광학연구』, 39(7), 39-52.

황희정 · 이훈(2011). 공정관광의 개념 분석-이론화를 위한 고찰. 『관광학연구』, 35(7), 77-101.

Booyens, I. (2010), Rethinking Township Tourism; Towards Responsible Tourism Development in South African Townships. *Development Southern Africa*, 27(2), 273-287.

Butler, R. W. (1999). Sustainable tourism: A state-of-the-art review. *Tourism geographies*, 1(1), 7-25.

Cape town (2011). http://www.capetown.gov.za/

Cleverdon, R. & Kalisch, A. (2000). Fair Trade in Tourism. *International Journal of Tourism Research*, 2, 171-187.

Cleverdon, R. (2001). Introduction; Fair Trade in Tourism; Applications and Experience. *International Journal of Tourism Research*, 3, 347-349.

Cohen, E. (1987). "Alternative Tourism"—A Critique. *Tourism Recreation Research*, 12(2), 13-18.

Fraser, N. (2007). Feminist Politics in the Age of Recognition: A Two-Dimensional Approach to Gender Justice. *Studies in Social Justice*, 1(1), 1-23.

George, R. & Frey, N. (2010), Creating Change in Responsible Tourism Management through Social Marketing. *South African Journal of Business Management*, 41(1), 11-23.

Goodwin, H. & Roe, D. (2001). Tourism, Livelihoods and Protected Areas; Opportunities for Fair-trade Tourism in and around National Parks. *International Journal of Tourism Research*, 3, 377-391.

Higgins-Desbiolles, B. F. (2008). Justice Tourism and Alternative Globalisation. *Journal of Sustainable Tourism*. 16(3), 345-364.
Higgins-Desbiolles, B. F. (2008). Justice Tourism and Alternative Globalisation. *Journal of Sustainable Tourism*. 16(3), 345-364.
Hultsman, J. (1995). Just tourism. *Annals of Tourism research*, 22(3), 353-567.

Hultsman, J. (1995). Just Tourism; An Ethical Framework. *Annals of Tourism Research*, 22(3), 553-567.

Lu, J. & Nepal, S. K. (2009). Sustainable tourism research: an analysis of papers published.

Mahony, K. (2007). Certification in the South African Tourism Industry; the Case of Fair Trade in Tourism. *Development Southern Africa*, 24(3), 393-408.

McCabe, S., Mosedale, J., & Scarles, C. (2008). Editorial Research Perspectives on Responsible Tourism. *Journal of Sustainable Tourism*, 16(3).

McDonald, J. R. (2009). Complexity science: an alternative world view for understanding sustainable tourism development. *Journal of Sustainable Tourism*, 17(4), 455-471.

Middleton, V. T., & Hawkins, R. (1998). *Sustainable tourism: A marketing perspective*. Routledge.

Milne, S. (1998). Tourism and Sustainable Development. The Global-Local Nexus. In. Hall, C. M. and Lew, A. A. (eds.). *Sustainable Tourism: A Geographical Perspective*, Longman: UK.

Mvula, C. D. (2001). Fair Trade in Tourism to Protected Areas; A Micro Case Study of Wildlife Tourism to South Luangwa National Park, Zambia. *International Journal of Tourism Research*, 3; 393-405.

Rawls, J. (1998). 『정치적 자유주의』. 장동진 역. 서울: 동명사.

Rawls, J. (2011). 『정의론』. 황경식 역. 서울: 이학사.

Scheyvens, R. (2002). Backpacker tourism and third world development. *Annals of tourism research*, 29(1), 144-164.

Timur, S. & Getz, D. (2009). Sustainable Tourism Development: How Do Destination Stakeholders Perceive Sustainable Urban Tourism? *Sustainable Development*, 17; 220-232.

Tourism Concern (2011). http://www.tourismconcern.org.uk/

UNESCO 홈페이지. http://www.unesco.org/

Weaver, D. B., & Lawton, L. J. (2002). Overnight ecotourist market segmentation in the Gold Coast hinterland of Australia. *Journal of Travel Research*, 40(3), 270-280.

UNWTO(2020), 「COVID19 and Tourism」.

Higgins-Desbiolles, F., Doering, A., & Bigby, B. C. (2021). Chapter Introduction: Socialising tourism: reimagining tourism's purpose. In *Socialising Tourism*. Taylor & Francis.

5장 관광과 진정성

심 창 섭 (가천대학교 교수)

5장 관광과 진정성

심 창 섭 (가천대학교 교수)

Highlights

1. 관광에서 진정성이 왜 중요한 개념인지 이해한다.
2. 객관적, 구성적, 실존적 진정성의 개념을 이해한다.
3. 관광자가 진정성을 경험하게 만드는 요인이 무엇인지 생각해본다.
4. 현대사회에서 관광자는 여전히 진정성을 추구하는지에 대해 생각해본다.

| 1절 | 관광과 진정성

진정성(authenticity, 고유성)은 관광이라는 현상이 발생하게 된 근원적인 욕구를 설명하기 위해 1960년대부터 최근까지 많은 관광연구자들에 의해 활발하게 논의되고 있는 개념이다.[1] 진정성 개념에 따르면 관광자들은 다양한 형태로 관광에 참여하지만 이들의 궁극적인 지향점은 '진짜'에 대한 욕구를 충족시키는 것이라고 할 수 있다(Wang, 1999; 심창섭 · 칼라산토스, 2012). 서구의 근대화 과정에서 합리성과 효율성이 우선시되면서 인류는 그동안 경험해본 적 없는 분화(differentiation)를 경험하게 된다. 분화된 사회 속의 하나의 부속물로서 일상을 영위하는 개인은 산업화 · 도시화된 일상에서 '진짜'를 경험하는 것이 점차 어렵게 되고 결국 소외(alienation)를 겪게 된다. 이들에게 있어 관광은 현대사회가 지닌 일상의 특징과 규범이 일시적

1) authenticity는 대상의 객관적 측면을 강조하는 의미의 '고유성'으로 주로 번역되었으나 관광의 경험적 측면이 강조되면서 '진정성'으로 번역이 늘어나고 있다.

으로 유예되는 '역공간'(閾空間, liminal space)으로의 일시적 이동이며 일상에는 존재하지 않는 '진짜'를 경험할 수 있는 거의 유일한 수단이라고 할 수 있다. 일상(비진정성)/관광(진정성)으로 구분된 관광에서의 진정성 개념은 복잡하고 맥락적인 사회현상을 진짜/가짜라는 형식적이고 이분법적인 범주로 이해하고자 하는 서양 근대철학의 이원론에 근거하고 있다. 즉 진정성 개념의 등장은 사실/규범, 실재/이상, 개별성/보편성 등의 구분이 모호해진 서구의 근대화 과정에서 규범적인 이상향이 필요했다는 것을 반영한다(Ferrara, 1997; Kim & Jamal, 2007; Reisinger & Steiner, 2006; Wang, 1999).

관광학에서 현재 논의되고 있는 진정성 개념의 이론적 뿌리는 박물관 연구(museum studies)와 실존주의 철학(existentialism)이라고 할 수 있다. 우선 박물관 연구에서는 박물관의 유물 · 예술품 · 자료 등의 소장품의 가치를 감정하는 과정에서 가짜(fake)가 아닌 진품(genuine)인지 여부를 판단하는 개념으로 진정성의 개념을 사용하였다. 이 관점에서 진정성은 박물관의 소장품이 진품이고 유일무이하기 때문에 높은 가격을 지불할 가치와 귀중하게 대우를 받을 가치가 있는가를 해당 분야의 전문가가 감정한 것으로 정의되어 왔다(Trilling, 1972). 한편 하이데거(M. Heidegger)로 대표되는 실존주의에서는 진정성을 개인이 진정한 자아를 경험한 상태로 정의해 왔다. 개인의 자아와 정체성 상실이 현대사회의 중요한 이슈가 되면서 관광은 심리적, 정신적, 경험적 측면이 강조되기 시작했고 이에 따라 실존주의적 관점의 진정성 개념도 최근 관광학에서 진정성 논의의 큰 축으로 자리잡게 되었다(Reisinger & Steiner, 2006; Wang, 1999). 상대적으로 학문적 역사가 길지 않은 관광학에서는 박물관 연구와 실존주의를 진정성 논의의 출발점으로 설명하고 있지만 이후 관광산업의 급속한 발전과 영역의 확장 속에서 진정성 개념은 현재까지도 끊임없이 계승, 비판, 수정을 거듭하며 관광 현상을 설명하기 위한 중요한 분석틀로 인정되고 있다.

| 2절 | 진정성의 유형

Boorstin(1964)과 MacCannell(1973) 이후 진정성 개념은 다양한 연구자들에 의해 서로 다른 관점에서 논의가 되어 왔는데 Wang(1999)은 그동안의 관련 논의를 종합하여 관광에서의 진정성의 유형을 객관적, 구성적, 실존적 진정성의 세 가지로 구분하였다(〈표 5-1〉 참조).

〈표 5-1〉 Wang의 진정성 유형

대상 관련 진정성	활동 관련 진정성
객관적 진정성: 객관적 진정성은 원본의 진정성이다. 따라서 관광에서의 진정성 경험은 원본의 진정성에 관한 인지적 경험이다.	실존적 진정성: 실존적 진정성은 관광활동으로 활성화되는 존재의 잠재적인 실존적 상태이다. 따라서 관광에서의 진정성 경험은 관광이라는 역치의 과정에서 활성화된 존재의 실존적 상태를 달성하는 것이다. 실존적 진정성은 관광대상의 진정성과는 무관하다.
구성적 진정성: 구성적 진정성은 관광자 또는 관광개발자가 각자의 상상, 기대, 선호, 믿음, 권력 등의 측면에서 관광대상에 투영하는 진정성이다. 구성적 진정성은 사회적으로 만들어지는 것이다. 같은 대상에 대해 다양한 형태의 진정성이 존재한다. 따라서 진정성 경험과 관광대상의 진정성은 서로에 대한 구성요소이다. 즉 관광대상의 진정성은 사실 상징적 진정성이다.	

자료: Wang(1999)에 의거하여 재구성.

첫 번째 유형은 객관적 진정성(objective authenticity)이다. 객관주의자(근대주의자, 본질주의자)의 관점에서 진정성은 실제로 존재하고 실체가 있으며 객관적인 기준으로 측정 가능한 가치이다. 즉 진정성은 상품, 사건, 장소 등 관광대상 자체에 내재되어 있는 특질로, 이를 경험하는 관광자 개인과는 독립적인 것으로 설명된다. 특히 진정성은 전(前)근대적인 가치로서 근대화에 따라 근대화 이전에 존재했던 진정성은 점차 사라지고 있다고 설명한다. Boorstin(1964)은 상업화된 현대사회를 비판하면서 관광자가 관광을 통해 경험하는 것은 오직 동질화되고 표준화된 '의사사건'(擬似事件, pseudo event)일 뿐이라고 주장하였다. 그가 말하는 '의사사건'이란 관광자의 즐거움과 만족을 위해 관광산업에 의해 상업적으로 연출된 관광매력물을 의미한다. 유사한 관점에서 MacCannell(1973, 1976)은 Goffman(1959)의 전면/후면(front/back stage)의 틀을 차용하여 관광자들이 주로 경험하는 것은 관광자를 위해 준비된 전면(front stage)이며 이곳에서는 오직 의도적으로 만들어진 '무대화된 진정성'(staged authenticity)만이 존재한다고 주장한다. '의사사건'과 '무대화된 진정성'의 개념 속에서 관광자는 상업적 목적으로 의도적으로 연출된 관광매력물의 희생자이며 관광대상은 연출 또는 왜곡되지 않은 있는 그대로의 상태일 때 진정성을 갖는다는 객관적 진정성의 정의를 잘 보여준다. 이 관점에서 진정성은 관광자의 당연한 지향점이며 이들 관광자를 만족시키고자 하는 관광실무자가 궁극적으로 보여줘야할 목표로 여겨진다. 예를 들어, 관광자는 단체여행이 아닌 개별여행을 통해 현지문화에 더 깊숙이 들어가거나 숨겨진 장소를 방문함으로써 진정성을 경험할 수 있다는 것이다. Bruner(1994)는 역사관광지에서 관광자에게 객관적으로 진정성을 제공하기 위해서는 신빙성(verisimilitude), 진본성(genuineness), 독창성(originality), 권위(authority)가 필요하다고 설명한다.

그러나 박물관 연구에서 정의되는 진정성 개념, 즉 진짜/가짜의 이분법적 틀로 요약되는 객관적 진정성은 과거와 달리 관광의 유형과 대상이 다양화되는 최근의 복잡한 관광환경에서 그 유효성에 대해 많은 도전에 직면하고 있다. 사실 관광대상의 객관적 진정성을 향상하고자 하는 관광산업의 노력이 계속되고 있고 실제 성과를 가져오기도 한다는 것 자체가 객관적 진정성이 절대적인 가치일 수는 없다는 것을 보여준다. 즉 사회문화적 현상인 관광에서 진정성을 결정할 수 있는 완전무결한 객관성이라는 것은 사실상 존재하기 힘들며 객관적 진정성에 대한 과학적 검증에 대한 시도가 오히려 모순을 심화시킬 수 있다는 것이다(Canavan & McCamley, 2021).

두 번째 유형은 구성적 진정성(constructive authenticity)이다. 구성적 진정성은 1980년대 이후 후기구조주의(post-structuralism) 및 사회구성주의(social constructivism)의 영향을 받은 진정성에 대한 관점이라고 할 수 있다. 이 관점의 연구자들은 객관적 진정성의 이분법적 틀로 단순화하여 관광이라는 복합적인 현상을 설명하는 것은 한계가 있다고 비판하며 진정성은 상대적이고 맥락적인 개념으로 관광자의 문화적 배경, 기대, 욕구 등을 바탕으로 사회적으로 구성되는 것이라고 주장한다. 이들은 서구적 사고에 만연되어 있는 진품(origin)과 복제품(reproduction)의 구분은 특정 시대에 살고 있는 관광자가 관광대상에 투영하는 꿈, 상상, 이미지, 해석 등의 역할을 무시하고 있다는 것이다. 즉 관광대상의 진정성은 본질적으로 정해진 절대적 가치가 아니며 서로 다른 관광자들의 관광대상에 대한 해석과 관점들이 지속적으로 협상되는 과정이라는 것이다. 따라서 진정성이 객관적

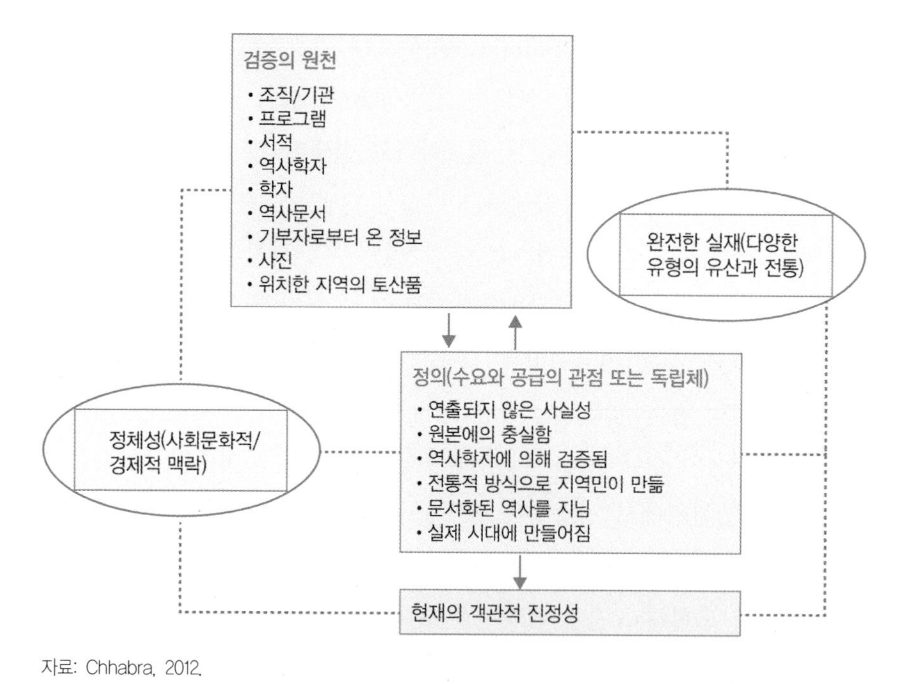

자료: Chhabra, 2012.

〈그림 5-1〉 **진정성 형성의 개념적 구조**

인 특질을 지니고 있지 않은 이상 진정성은 전문가의 평가에 의해 결정될 수 없으며 관광자의 욕구를 충족시키기 위해 연출되고 상품화되는 과정도 진정성의 구성 과정으로 이해될 수 있다. 더 나아가 구성적 진정성의 관점에서 진정성의 형성 과정은 권력 투쟁의 일환으로서 누가 진정성을 결정할 권리를 지니는가의 논의로도 이해될 수 있다(Wang, 1999; 심창섭 · 칼라산토스, 2012). Chhabra(2012)는 진정성이 형성되는 과정에 대해 〈그림 5-1〉과 같이 설명하고 있다.

구성적 진정성의 특징을 잘 보여주는 사례는 다음과 같다. Bruner(2001)는 케냐의 마사이족이 어떤 방식으로 '진짜' 마사이족을 관광자에게 보여주는지에 대하여 연구하였다. 연구결과는 Mayers Ranch, Bomas of Kenya, Out of Africa Sundowner라는 세 곳의 서로 다른 특징을 갖고 있는 관광지를 통해 마사이의 진정성이 서로 다르게 구성된 사례를 보여준다. Mayers Ranch에서 관광자들은 전통적인 분위기에서 완벽하게 연출된 마사이 공연을 관람하게 되는데 이곳은 현대화된 부분을 최소화시키고 공연자와 관광자의 교류가 불가능한 구조로 되어 있는 등 서양인들이 상상하는 '진짜' 아프리카 케냐의 모습을 충족시키고자 노력하고 있다. Bomas of Kenya는 외국인 관광자보다는 케냐인들이 즐겨찾는 곳으로서 이곳에서 이루어지는 공연은 과거의 케냐에 집착하기 보다는 전통적 과거부터 다양한 문화의 유입으로 인해 변화된 현재까지의 '진짜' 케냐의 모습을 보여주고 있다. Out of Africa Sundowner의 경우에는 야외에서 이루어지는 파티 형태의 관광지인데 이곳에서 관광자들은 케냐인 공연자들과 함께 교류하며 즐기는 분위기로 '진짜' 케냐를 경험하게 된다. 이 사례에서 볼 수 있듯이 관광에서의 구성적 진정성은 관광자의 기대나 관점에 따라 다양한 형태로 실현될 수 있다.

세 번째 유형은 실존적 진정성(existential authenticity)이다. Wang(1999)은 지금까지 관광학에서 진정성에 대한 논의가 과도하게 관광대상이 '진짜'

인지 여부에 초점을 맞추고 있었다는 사실을 상기하며 객관적, 구성적 진정성 이외에 실존적 진정성의 개념을 처음으로 소개했다. 이 관점은 관광자의 진정성 경험이 관광대상의 진정성만으로 설명될 수 없으며 관광의 과정에서 관광자가 진정한 자아(authentic self)를 경험하는 것과 관련된다고 본다. 하이데거의 실존주의에 기반한 실존적 진정성 개념에서는 관광의 과정에서 관광자의 주체성(subjectivity)의 역할을 강조하는데 근대화된 일상에서의 소외된 개인들은 일상 속에서 진정한 자아를 경험하기 힘들기 때문에 관광 참여를 통해서 실존적 진정성을 추구한다고 설명한다. 특히 Wang(1999)은 실존적 진정성의 경험은 관광대상의 진정성 여부와는 아무런 관련이 없다고 주장하며 솔직한 자기표현, 자아 정체성의 발견, 진실된 인간관계 등이 실존적 진정성을 경험하게 하는 요소라고 설명한다. 예를 들어 캠핑, 트레킹, 등산, 낚시, 스포츠 등의 관광활동은 관광대상의 진정성과 무관하나 관광자들은 이러한 경험을 통해서도 진정성을 경험할 수 있다는 것이다. 실존적 진정성 개념은 역치성(liminality)의 개념과 밀접한 관련을 갖는데 일상에서 벗어난 관광 환경은 일상의 규범과 제약이 유예된 역공간으로서 관광자들이 진정한 자아를 경험하는데 보다 자유롭고 편안한 조건을 제공하게 된다. 최근 관광자들이 경험적, 정서적, 감정적인 측면을 중요시하면서 실존적 진정성은 관광연구 및 관광산업에서 점점 더 많은 관심을 받고 있다(Kim & Jamal, 2007; Steiner & Reisinger, 2006; Wang, 1999).

실존적 진정성의 특징을 잘 보여주는 사례 연구가 있다(Kim & Jamal, 2007). 이 연구에서 저자들은 미국 텍사스의 르네상스축제 참가자들이 실존적 진정성을 어떻게 경험하는지를 분석하였는데 이들이 추구하는 실존적 진정성 경험이 내재적(intrapersonal), 관계적(interpersonal) 측면으로 구분될 수 있다는 사실을 밝혀냈다. 내재적 측면에서는 성적 표현이나 음주와 같은 요소를 통해 신체적인 경험을 추구하기도 하고, 축제라는 자유로운 익명의 공간에서 평소와는 다른 내면의 자아를 발견하거나 새로운 변화를 추구함으로써 실존적 진정성을 경험하는 것으로 나타났다. 관계적 측면에서는 축제라는 공간이 일상 속의 규범에서 벗어나 모두가 평등한 관계를 형성하게 하고 상호 간의 이해를 통해 놀이적 분위기가 조성되는 관광공동체(touristic communitas)를 형성하여 실존적 진정성을 경험할 수 있게 한다는 것이다.

일본의 사례 연구에서도 유사한 결과가 등장한다(Ryu, Hyun & Shim, 2015). 이 연구에서는 일본 노인들이 관광을 통해 새로운 친구를 만드는 것이 활발해지고 있다는 사실에 주목하고 이를 실존적 진정성의 측면에서 분석하였다. 이 연구는 일본 사회가 지닌 위계적 질서, 규범과 금기, 체면 등의 특징 때문에 일상 속에서는 새로운 인간관계를 만들기 힘든 일본의 노인들이 관광에 참여함으로써 각자의 배경에 대해 전혀 알지 못하는 사람들과 새로운 친구를 만들고자 하는 욕구를 갖고 있다고 설명한다. 관광이라는 환경이 주는 익명성의 평등한 공간은 노년에 새로운 자아를 구축하고 새로운 관계를 형성하고 싶은 현대 일본사회의 노인들이 '진짜' 인간관계를 경험할 수 있는 계기로 자리매김하고 있다.

| 3절 | 진정성 관련 주요 쟁점

1. 관광자는 정말 진정성을 추구하는가?

관광연구자들은 오랫동안 무엇이 사람들을 관광에 참여하게 만드는가, 즉 관광동기에 대해 관심을 기울여 왔으며 여러 가지 연구방법을 통해 휴식, 일탈, 배움, 모험, 신기성, 인간관계 등 다양한 관광동기가 있다는 사실을 밝혀냈다. 특히 관광학에서 진정성은 다른 모든 관광동기의 근원에 내재되어 있는 궁극적인 욕구로 인식되어 왔다. 예를 들어 MacCannell(1973)은 과거 성지순례자들이 진정한 종교적 경험을 목적으로 하듯이 관광자의 동기를 형성하는 기본적인 요소는 방문한 사회와 문화에 대한 깊이 있는 몰입에서 비롯되는 진정한 경험이라고 주장하고 있다. 그러나 관광자가 어느 정도로 진정성을 추구하는지에 대해서 관광연구자들은 서로 다른 견해를 보이고 있다.

우선 MacCannell(1973, 1976)과 같은 연구자들에게 진정성은 관광자가 관광에 참여하도록 하는 가장 중요한 근원적인 욕구로서 일상에서 진정성을 경험할 수 없는 현대인들은 관광을 통해 진정성을 추구한다고 주장한다. 이들에 따르면 현대의 일상은 인공적이고 부자연스러운 것들로 가득차 진정성이 사라진 공간이기 때문에 관광자들은 근대화의 손길이 닿지 않은 태초의 원시적 깨끗함, 즉 진정성을 추구한다. 그러나 관광자가 방문한 관광목적지에서 실제로 경험하는 것은 오직 관광자의 만족을 위해 준비된 전면(front stage)의 '무대화된 진정성'인 경우가 많고 관광자는 실제 지역의 살아있는 삶, 즉 진정성을 경험하기 위해 후면(back stage)으로 진입하고 싶어 한다. MacCannell과는 대조적으로 Boorstin(1964)은 현대의 대중관광자가 과거의 순례자와는 달리 진정성을 추구하지 않는다고 주장한다. 그는 관광자는 수동적인 존재이자 오직 즐거움만을 추구하는 존재로 관광자의 만족을 위해 연출된 '의사사건'에도 만족한다고 설명한다. 즉 관광자는 진정성에 대해서는 관심이 없으며 진품과는 관계없는 잘 만들어진 모조품과 이미지에 의해 지배된 존재로 묘사된다.

한편 Baudrillard(1983, 1991), Eco(1986), Urry(1990) 등의 포스트모던 연구자들은 진정성 개념 자체가 포스트모던 사회의 관광동기를 설명하는데 적절하지 않다고 주장한다. 예를 들어 Baudrillard(1983, 1991)는 디즈니랜드와 같이 진짜와 가짜의 경계가 모호한 초현실(hyperreality)이 가득한 포스트모던 사회의 관광환경에서 진짜는 더 이상 의미가 없다고 주장한다. 같은 맥락에서 Eco(1986)는 많은 관광지들이 역사적 뿌리보다는 판타지나 상상력에서 만들어진 상황에서 관광자의 목적이 진정성의 추구일 수는 없으며 관광자들은 진짜보다 더 진짜 같은 경험을 하기를 원한다고 주장한다. Urry(1990)의 경우에도 포스트모던 관광에서 대표적인 관광활동인 쇼핑, 테마파크, 해양크루즈, 스포츠관광 등은 전통적인 진정성 개념으로 이해되기 쉽지 않고 포스트모던 관광자들은 관광매력물이 진짜가 아니라는 사실을 알면서도 게임과 같이 즐긴다고 주장한다.

Cohen(1979)은 진정성과 관광동기의 관계를 설명하기 위해 '중심'(centre)의 개념을 사용하는데 여기서 '중심'이란 한 사회가 지닌 가장 최고의 궁극적인 가치를 의미한다. 그는 관광자의 진정성 추구에 대한 MacCannell과 Boorstin의 주장을 모두 부정하며 관광자들이 방문한 장소의 '중심'에 관심이 있는 정도가 저마다 다르다고 설명한다. 그는 '중심'에 대한 추구의 정도에 따라 관광자는 위락형(recreational), 기분전환형(diversionary), 경험형(experiential), 실험형(experimental), 실존형(existential)으로 구분하고 있다.

2. 진정성은 관광행동에 어떻게 영향을 미치는가?

진정성이 관광목적지의 선택, 관광소비, 만족, 행동의도 등 관광행동의 여러 단계에 어떤 방식으로 영향을 미치는지에 대한 실증적인 연구는 그동안 충분히 진행되지는 못한 상황이다. 특히 기존의 많은 연구들이 진정성을 단일 차원의 개념으로 접근하여 진정성이 내포하고 있는 다양한 세부 차원이 어떻게 관광행동에 영향을 미치는 지에 대해서는 충분한 지식이 축적되지는 못한 상황이다. 또한 일부 진행된 연구에서도 축제, 에스닉푸드, 외식업, 박물관 등 특정 맥락에서의 진정성 경험에 대해서만 분석된 한계를 지니고 있다.

예를 들어, 호주의 문화유산 이벤트를 방문한 관광자들을 조사한 연구가 있다(Robinson & Clifford, 2012). 이 연구에 따르면, 관광자들이 지각하는 음식서비스의 진정성이 방문자들의 이벤트에 대한 전반적 만족 및 재방문의도에 유의한 영향을 미치는 것으로 나타났다. 또 미국의 한국 음식점 방문자들을 조사한 연구에 따르면, 방문자들이 지각한 한국 음식의 진정성이 이들의 해당 음식점에 대한 감정, 가치, 재방문의도에 유의한 영향을 미치는 것으로 나타났다(Jang, Ha & Park, 2012).

또한 몇몇 연구에서는 관광자의 진정성에 대한 서로 다른 정의가 이들의 관광행동에 미치는 영향을 살펴보고 있다. 예를 들어 Littrell, Anderson & Brown(1993)은 미국인 관광자들을 조사하였는데 이들이 어떻게 진정성을 정의하는지에 따라 기념품 구매행동이 달라진다는 사실을 밝혀냈다. 즉 진정성에 대한 각자의 정의에 따라 일부는 전통적 색상, 자연적 재료, 장인정신 등 기념품의 객관적인 특징에 보다 관심을 가졌으며 또 다른 일부는 기념품 쇼핑경험, 기능, 이용가능성 등 다른 요소에 관심을 가지는 것으로 나타났다. Chabra(2010)의 연구는 Y세대의 진정성 지각이 관광행동에 미치는 영향을 분석하였는데 객관적 진정성에 초점을 맞추는 응답자일수록 구성적, 실존적, 포스트모던적 진정성에 관심이 많은 응답자들에 비해 시간여행을 하고자하는 유산관광자인 경우가 많았다. Kolar & Zabkar(2010)의 연구에서는 객관적 진정성과 실존적 진정성 모두 관광자의 특정 유산관광지에 대한 충성도에 긍정적 영향을 미치는 것으로 나타났으나 객관적 진정성이 더욱 큰 영향을 미친다는 것을 보여주었다. Ramkissoon & Uysal(2010)의 연구에서도 섬 여행자들의 재방문 및 추천의도가 객관적 진정성 및 지역 진정성의 경험에 긍정적인 영향을 받는 것으로 분석되었다.

국내에서도 진정성이 관광행동에 미치는 영향에 대한 연구가 일부 진행되고 있으나 연구대상에 따라 결과는 일관되지 못한 상황이다. 최정자(2014)는 경주를 방문한 관광자들의 진정성 경험에 대한 분석을 진행하였는데 이들의 대상관련 진정성 및 실존적 진정성이 모두 만족, 재방문의도, 추천의도 등 관광 후 평가에 영향을 미치는 것으로 나타났다. 이태숙 외(2012)의 연구에서는 문화축제 참가자들의 진정성 지각이 만족도에 미치는 영향을 살펴봤는데 구성적 진정성 및 실존적 진정성은 만족도에 유의한 영향을 미쳤지만 객관적 진정성의 영향은 유의하지 않은 것으로 나타났다. 변찬복 · 한수정(2013)의 연구에서는 세계문화유산인 수원화성을 방문한 관광자를 대상으로 분석을 실시하였는데 이들이 경험하는 실존적 진정성은 관광만족도에 영향을 미치는 반면 객관적 진정성은 유의한 영향을 미치지 않았다. 박은경 외(2014)의 연구에서는 안동하회마을의 관광자의 경험을 분석하였는데 객관적 · 구성적 · 실존적 진정성 모두 만족도에 유의한 영향을 미쳤으나 언어권을 막론하고 전반적으로 실존적 진정성이 가장 유의한 영향을 미치는 요인으로 조사되었다.

이상의 국내 · 외 선행연구 결과를 살펴보면 관광자의 진정성 경험은 관광자의 행동에 대체적으로 유의한 영향을 미치는 것으로 나타났으나 관광의 대상, 관광자의 특성, 관광유형 등에 따라 세부 차원별로 서로 다른 영향을 미치는 것으로 보인다. 또한 최근 연구로 갈수록 객관적 진정성보다는 구성적 · 실존적 진정성 경험이 관광자의 행동에 미치는 영향력이 커지고 있다고 판단할 수 있다.

3. 실존적 진정성은 관광대상의 진정성에 영향을 받는가?

오랫동안 관광대상이 진짜인지 여부에 초점을 맞추어 온 진정성 논의가 Wang(1999)의 실존적 진정성에 대한 소개 이후 관광경험의 진정성으로 무게중심이 급격히 옮겨지고 있다. 즉 객관적 · 구성적 진정성으로 대표되는 그동안의 관광대상에 대한 진정성 논의가 현대관광의 관광동기를 충분히 설명하고 있지 못했다는 데 공감대가 형성되면서 보다 심리적, 정적, 영성적인 측면에 초점을 맞추는 실존적 진정성은 최근의 관광행태를 잘 설명하는 개념으로 인정받고 있다. 그러나 실존적 진정성을 경험하는

데 있어 관광대상의 진정성이 영향을 미치는지에 대해서는 연구자들에 따라 서로 다른 의견을 제시하고 있다. 즉 일부 연구자들은 실존적 진정성은 관광대상이 진짜인가 여부와는 아무런 관련이 없다고 주장하는 반면 다른 연구자들은 관광대상의 진정성에 대한 경험이 실존적 진정성에도 영향을 미친다고 주장하고 있다.

우선 Wang(1999), Reisinger & Steiner(2006) 등 실존적 진정성의 중요성을 주장하는 연구자들은 주로 실존적 진정성을 경험하는 것과 관광대상의 진정성 여부는 완전히 별개의 독립적인 사안이라고 주장한다. 하이데거의 실존주의를 관광경험에 적용시킨 이들의 주장에 따르면 실존적 진정성 경험은 관광자가 각자의 진정한 자아를 만나는 것으로서 이들이 경험하는 관광대상, 즉 장소, 음식, 유적, 예술품 등이 진품이 아니더라도 충분히 달성이 가능한 것으로 보고 있다. 심지어 Steiner & Reisinger(2006)는 실존적 진정성이 관광대상에 대한 진정성까지도 포함한 포괄적 진정성으로 이해해야 하며 진정성의 존재론적인 측면을 간과하고 있는 관광대상에 대한 진정성은 사실 불필요한 개념이라고까지 주장한다.

반면 Bellhassen & Caton(2006), Bellhassen et al.(2008), Lau(2010) 등은 실존적 진정성의 등장에도 불구하고 여전히 객관적 진정성은 관광경험을 이해하는 데 유효한 개념이라고 주장한다. 이들은 관광현장의 현실에 초점을 맞추며 관광자는 실제로 실존적 진정성에 생각보다 많은 관심을 갖고 있지 않으며 관광대상의 진정성이 홍보마케팅의 과정이나 관광자의 기대의 형성에 있어 여전히 중요한 역할을 하고 있다고 역설한다. 특히 이들은 실존적 진정성과 관광대상의 진정성이 서로 독립적인 개념일 수 없으며 밀접하게 연관을 갖는다고 주장한다. 예를 들어 Bellhassen et al.(2008)의 연구에서는 예루살렘을 방문한 기독교인 성지순례자들에 대한 분석을 실시하였는데 관광자들은 건축물, 장소, 경관, 스펙타클 등 외적, 물리적 환경에서 진정성을 추구하고 있으며 이러한 관광대상에 대한 진정성이 이들의 실존적 경험에 밀접한 영향을 미치고 있음을 발견했다. 최정자(2014)의 경주 관광자에 대한 연구에서도 객관적 진정성을 높게 지각한 관광자일수록 실존적 진정성에 대한 지각이 높아지는 것을 보여주고 있다. Moore et al. (2021)도 관광에서의 진정성은 관광대상에 대한 관광자의 실제 경험과 적용을 통해 최종적으로 형성되지만 관광자가 해당 관광대상을 실제 경험하는 순간까지 앞서 인류가 쌓아온 해당 관광대상의 진정성에 대한 전통적이고 객관적인 지식에 대한 충분한 이해가 바탕이 된 적용을 전제로 하고 있다. 즉 관광에서의 진정성은 관광자 개인의 관광대상에 대한 순간적인 인식으로 보이지만 관광대상의 진정성에 대한 객관적 지식이 관광자의 진정성 형성에 영향을 미치며 완성된다는 것이다.

| 4절 | 진정성 연구의 방향

관광학에서 진정성 관련 논의가 시작된 지도 50여년 이상의 시간이 지나면서 다양한 개념적, 실증적 연구들이 축적되고 있다. 동시에 교통과 정보통신의 발달, 자본주의의 고도화, 도시화의 진전 등 관광산업을 둘러싼 거시적 환경도 유례없이 큰 변화를 경험하고 있어 관광학에서 진정성 개념의 위상과 역할에 대한 새로운 정립이 요구되고 있다. 관광학에서 진정성 연구의 향후 방향에 관해서는 다양한 관점이 있을 수 있지만 특히 다음과 같이 세 가지의 세부 주제는 중요성이 더욱 커질 것으로 보인다.

첫째, 진정성이 여전히 관광현상을 이해하기 위한 유효한 수단인가이다. 진정성 개념이 처음 등장한 20세기 중반과 달리 최근의 관광 분야는 근원적인 변화를 경험하고 있다. 우선 경제수준의 향상과 여가시간의 증대로 인해 관광 참여의 총량이 크게 늘어났으며 관광은 더 이상 특별한

(extraordinary) 활동이라기보다는 일상적인(ordinary) 삶의 일부로 이해되고 있다. 이에 따라 관광자가 참여하는 관광활동의 유형도 크게 확장되어 이제는 관광매력물의 범위를 한정하는 것이 무의미한 상황이 되어 버렸다. 즉 세계화, 상업화, 도시화 등이 일반화된 현대사회의 모든 것이 관광의 대상이 될 수 있는 현실에서 진정성 개념에서 의미하는 '진짜'와 '가짜'의 구분이 과연 여전히 유효한 프레임인가에 대해 일부에서는 회의적인 시각까지도 등장하고 있다.

그러나 진정성의 개념은 관광자의 '근원적' 동기로서 개념적 가치만 지닌 것이 아니라 포스트모던 사회에서 다원적인 의미를 지닐 수밖에 없는 관광이라는 현상을 이해하기 위한 포괄적인 분석틀로서 방법론적 가치를 지닐 수 있다. 즉 객관적 진정성에서 구성적 진정성으로, 더 나아가 실존적 진정성으로 논의의 확장이 진행되는 진정성의 관광학적 논의과정은 우리 인류가 '진짜'라는 규범적 가치에 대해 사회문화적·과학기술적 진보를 배경으로 어떤 개념적 변화를 경험하고 있는지를 보여주고 있다. 따라서 진정성 개념은 급속한 양적 성장 속에 다차원적이고 복잡하게 진화되어 온 관광산업의 현실에서 관광학이 어떤 점에 초점을 맞추는 것이 필요할지에 대한 이정표 역할을 할 수 있을 것으로 기대된다.

둘째, 진정化(authentication)와 관련된 주제이다. 앞서 살펴보았듯이 관광학에서 진정성 논의의 흐름은 갈수록 관광대상에서 관광경험으로 무게중심이 옮겨지고 있으며 절대적 객관성에 한정되었던 논의가 상대적 주관성으로 확대되고 있는 것으로 요약될 수 있다. 즉 관광에서의 진정성은 태생적으로 주어져있는 것이라기보다는 관광자의 서로 다른 관광경험을 통해 형성되는 것으로 인식이 변화하고 있다. 이런 관점에서 최근에는 무엇이 관광대상 또는 관광경험을 '진짜'로 만드는 것인가와 관련된 진정化에 대한 논의가 관심을 끌고 있다. 다음의 〈표 5-2〉와 같이 Cohen & Cohen (2012)의 차가운 진정化(cool authentication)와 뜨거운 진정化(hot authentication)

의 구분도 진정化의 대표적인 예 가운데 하나이다.

〈표 5-2〉 Cohen & Cohen(2012)의 진정化 분류

기준	차가운 진정化	뜨거운 진정化
권위의 기반	과학적 지식, 전문성, 증명	믿음, 관여, 몰두
행위자	권위를 부여받은 개인 및 기관	특정 행위자가 없으며 참여한 대중의 실천적 결과
접근	공식 기준, 허용된 절차	분산적, 확산적
공공의 역할	관찰자로서 낮음	중첩적이고 참여적으로 높음
실천	선언, 인증, 승인	의식, 공물, 공동체의 지지, 저항
시간성	일회성, 정적	점진적, 동적, 누적적
형성하는 경험	객관적 진정성	실존적 진정성
지속성	행위자의 신뢰도에 의존	반복적인 재확인
관광지에의 영향	침체효과, 화석화	의미의 확장 및 변혁

자료: Cohen & Cohen, 2012.

예를 들어, UNESCO 세계문화유산과 같은 전 세계적으로 권위있는 기관에서 지정한 장소는 지정된 이후부터 관광자에게 '진짜'로 인식된다고 할 수 있다. 해당 장소는 UNESCO의 지정 이전이나 이후에도 그 본래 가치에는 변화가 없으나 세계문화유산 지정이라는 이유로 관광자들의 인식에는 '진짜'가 되는 진정化의 대상이 된다고 할 수 있다. 각국의 중앙정부나 지자체가 인증하는 관광지, 미슐랭 가이드 등에서 지정하는 레스토랑 등도 유사한 맥락에서 '진짜'를 만드는 예라고 할 수 있다.

진정化의 또다른 대표적인 사례는 TV나 신문 등 대중매체에 의한 '진짜' 관광지 만들기이다. 예를 들어, 소비자에 대한 대중매체의 영향력이 커지면서 TV프로그램에서 매력적인 관광지로 추천된 장소는 사람들의 인식 속에 '진짜'로 자리매김하게 되고 순식간에 인기 관광지로 발돋움하게 된다. 즉 대중매체에 등장하기 전과 후에 해당 장소의 객관적 속성이나 가치가 변화한 것이 없음에도 불구하고 그 장소의 진정성에는 변화가 일어나는 진정化가 진행되는 것이다. 권위에 의한 인증이나 대중매체에

의 등장 등 진정化의 과정은 각 시대별로 관광자의 인식과 행동에 가장 큰 영향을 미치는 요소가 무엇인지에 대한 논의로 이해될 수 있으며 그 요소는 지속적으로 변화하게 된다.

최근에는 관광자가 관광대상을 실제로 직접 경험하는 것을 통해 진정성이 형성된다는 측면에서 수행성(performativity)이 강조되기도 한다. 특정 관광대상에 대한 다수의 관광자의 지속적 방문 및 경험에 의해 부정확한 오류가 정제되고 현재의 해석이 더해지는 누적적 과정을 통해 진정성이 형성, 보완, 강화된다는 것이다(Canavan & McCamley, 2020). 관광에서 '진짜'라는 것의 형성은 지금까지 인류가 쌓아 온 진정성에 대한 논의를 충분히 이해한 상태에서 이를 관광대상 및 경험에 적용(application)함으로써 가능하다는 것이다. 관광자는 관광활동을 통해 관광대상과 직접적인 관계를 맺음으로써 기존의 머릿 속 지식을 넘어선 뜻밖의 예상치 못한 경험을 하게 되고 보다 완결성 있게 진정성을 판단하게 된다고 할 수 있다(Moore et al., 2021).

셋째, 현대적 진정성(contemporary authenticity)과 관련된 주제이다. 객관적 진정성의 개념이 가장 유효한 개념으로 인식되던 20세기 중·후반에는 관광의 형태가 대부분 단체관광이었으며 관광의 대상도 자연자원이나 역사유적이 대부분을 차지했다. 즉 관광에서의 진정성은 관광대상이 잘 보존된 있는 그대로의 모습에서 비롯된다고 인식되어 왔다. 그러나 최근의 관광시장은 단체관광보다는 개별관광(FIT)이 일반적이며 즐겨찾는 관광 목적지도 쇼핑명소, 거리, 골목, 맛집, 마을, 대학 등 범위가 확장되고 있다. 이러한 변화의 과정을 진정성의 측면에서 살펴보면, 객관적 진정성 논의가 관광대상의 역사와 전통에 대한 보존이 잘 되어있을 때 가치를 인정받는다는 과거지향적 접근이었다면 현대적 진정성 논의는 관광대상의 가장 최신의 상태에 가치를 두는 현재지향적 접근이라고 할 수 있다. 현대적 진정성의 부각은 '관광의 일상화' 및 '일상의 관광화'로 설명되는 일상과 관광의 경계가 모호해진 데 기인한다. 즉 과거와 달리 관광 활동도 현대인의 일상의 일부가 된 이상, 관광대상의 진정성의 형성도 고정된 것이라기보다는 지속적인 변화를 반영한 살아있는 가치로 볼 수 있다.

예를 들어, Shim & Santos(2014)의 연구에서는 외국인 관광자들이 '진짜' 서울을 경험하기 위해서 코엑스몰 등 서울의 쇼핑몰을 방문하며 수많은 서울시민들이 밀집해있는 쇼핑몰에서 동시대를 살고 있는 서울시민들의 패션, 음악, 음식문화 등을 통해 살아있는 현대적 진정성을 경험한다는 것을 보여주고 있다. 심창섭 · 상삼요(2017)의 연구에서는 신사동 가로수길을 방문한 중국인 관광자들을 분석하였는데 이들이 가로수길을 방문하는 이유는 연출되지 않은 일상적인 진정성, 지속적인 변화를 통한 최신 유행의 진정성 등을 통한 현대적 진정성의 경험인 것으로 나타났다. 조은경(2019)에서도 오사카를 방문한 관광자들이 해당 지역에서만 할 수 있는 경험, 일상적인 경험, 미디어에 등장한 것에 대한 경험, 최신 트렌드에 대한 경험 등을 진정성으로 인식하는 것으로 나타났다. 이와 같이 현대적 진정성에 대한 논의는 앞으로 구성적 진정성 논의의 중요한 축으로서 현대관광이 전통적인 관광과 진정성의 형성 과정에 있어 어떤 차이를 갖는지 이해하기 위한 분석 방향으로서 의미를 지닐 것으로 보인다.

관광자가 진정성을 인식하는 데 있어 보다 일상적이고 현대적이며 현재적인 측면을 강조하는 최근 관광시장의 경향은 관광실무에 있어서도 다양한 측면의 고민을 가져오고 있다. 특정 지역의 진정성을 경험하기 위해 지역 주민의 일상 속으로 점점 더 깊숙이 들어가고자 하는 관광자의 욕구는 불가피하게 지역 주민과의 물리적 접촉을 증가시키고 지역 주민이 원치 않는 경우에는 갈등을 야기해 오버투어리즘(overtourism)을 촉진시키게 된다. 또한 관광 만족을 위해 인위적으로 연출된 장소나 문화보다는 지역의 일상이 반영된 자연스러움이 진정성을 형성하는 핵심적 요소로 이해되면서 대중관광시대부터 지금까지 적용된 관광개발의 방식에 대한 회의가 제기되고 있다. 즉 자연경관, 역사유적, 리조트, 테마파크 등으로 대표되는 전통적인 관광자원에 적용되어 온 관광개발의 방식에서 주거, 업무, 상업 등 기존의 일상적 요소와의 지속가능한 공존이 가능할 때 진정성도 제고될 수 있다는 전제로 관광개발 방식의 전환이 필요하다.

생각해볼 문제

1. 진정성 개념은 관광학 및 관광산업에서 여전히 유효한 개념일까?

2. 관광대상에 대한 진정성(객관적, 구성적 진정성)과 관광경험에 대한 진정성(실존적 진정성)은 서로 어떤 관계를 갖는가?

3. 관광자에게 관광대상을 진짜로 인식하게 만드는 요인은 무엇인가? 관광자는 어떤 요소가 있을 때 그 관광대상이 진짜라고 생각할까?

4. 실존적 진정성을 구성하는 세부차원은 무엇이 있을까? 관광자는 어떤 경험을 했을 때 진정한 나 자신을 만났다고 느낄까?

5. 현대인들이 많이 참여하는 관광의 유형 가운데 진정성 개념으로 설명이 어려운 관광의 유형은 무엇인가?

더 읽어볼 자료

1. MacCannell, D. (1976), *The tourist: A new theory of the leisure class*, New York: Schocken books.

   관광학 분야의 잘 알려진 고전 가운데 하나로서 관광현상을 사회이론의 관점에서 진정성의 개념을 중심으로 접근하였음. 관광자는 서구의 탈산업사회에서 국제관광이 가능해진 중산층으로서 현대의 일상 속에서는 사라진 진정성을 추구하는 존재로 설명되었다.

2. Wang, N. (1999), Rethinking authenticity in tourism experience, *Annals of tourism research*, 26, 349-370.

   그동안의 관광학에서 진정성 관련된 논의를 종합하여 객관주의, 구성주의, 포스트모더니즘 등의 관점에서 어떻게 진정성을 개념화하는지를 설명함. 또한 관광경험의 중요성을 강조하며 하이데거의 개념을 바탕으로 실존적 진정성 개념을 소개하였다.

3. **심창섭(2023), 관광에서의 진정성 연구에 기여한 주요학자들, 『관광학연구』, 40(8), 39-53.**

   관광에서의 진정성 논의에 중요한 영향을 끼친 학자 4명과 그들의 진정성 개념을 통해 현대사회의 변화와 다양한 세계관을 조망하였다.

참고문헌

박은경 · 조문수 · 최병길(2014). 문화유산관광에서의 진정성이 관광자의 만족도와 관광기념품 구매행동에 미치는 영향. 『관광연구저널』, 28(8), 29-46.

변찬복 · 한수정(2013). 세계문화유산의 관광체험, 진정성 및 관광만족간의 관계. 『호텔경영학연구』, 22(4), 261-282.

심창섭 · 칼라산토스(2012). 도시관광에서의 진정성 개념에 관한 탐색적 고찰. 『관광연구논총』, 24(3), 33-56.

심창섭 · 상삼요(2017). 도시관광에서 현대적 진정성의 의미. 『관광연구』, 32(2), 430-448.

이태숙 · 박주영 · 황지영(2012). 문화관광축제의 진정성 인식이 참가만족도와 재방문의도에 미치는 영향. 『관광학연구』, 36(7), 95-114.

조은경(2019). 도시관광에서의 구성적 진정성 척도개발 연구. 가천대학교 일반대학원 석사학위논문.

최정자(2014) 진정성 체험이 문화유산 관광 후 평가에 미치는 영향: 관광동기의 조절효과. 『관광학연구』, 38(2), 11-32.

Baudrillard, J. (1983). *Simulations*. New York: Semiotext.

Baudrillard, J. (1991). Two essays. *Science-fiction Studies*, 18(3), 309-320.

Belhassen, Y., & Caton, K. (2006). Authenticity matters. *Annals of Tourism Research*, 33(3), 853-856.

Belhassen, Y., Caton, K., & Stewart, W. (2008). The search for authenticity in the pilgrim experience. *Annals of Tourism Research*, 35(3), 668-689.

Boorstin, D. (1964). *The Image: A Guide to Pseudo-Events in America*. New York: Harper and Row.

Bruner, E. (1994). Abraham Lincoln as authentic reproduction. *American Anthropologist*, 96, 397-415.

Bruner, E. M. (2001). The Maasai and the Lion King: Authenticity, nationalism, and globalization in African tourism. *American Ethnologist*, 28(4), 881-908.

Canavan, B., & McCamley, C. (2020). The passing of the postmodern in pop? Epochal consumption and marketing from Madonna, through Gaga, to Taylor. *Journal of Business Research*, 107, 222-230.

Canavan, B., & McCamley, C. (2021). Negotiating authenticity: Three modernities. *Annals of Tourism Research*, 88, 103185.

Chhabra, D. (2010). Back to the past: A sub-segment of Generation Y's perceptions of authenticity. *Journal of Sustainable Tourism*, 18(6), 793-809.

Chhabra, D. (2012). Authenticity of the objectively authentic. *Annals of Tourism Research*, 39(1), 499-502.

Cohen, E. (1979). A phenomenology of tourist experiences. *Sociology*, 13, 179-201.

Cohen, E. (1988). Authenticity and commoditization in tourism. *Annals of Tourism Research*, 15, 371-386.

Cohen, E., & Cohen, S. A. (2012). Authentication: Hot and cool. *Annals of Tourism Research*, 39(3), 1295-1314.

Eco, U. (1986). *Travels in Hyperreality*. London: Picador.

Ferrara, A. (1997). Authenticity as a normative category. *Philosophy & Social Criticism*. 23, 77-92.

Goffman, E. (1959). *The Presentation of Self in Everyday Life*. Harmondsworth: Penguin.

Jang, S., Ha, J., & Park, K. (2012). Effects of ethnic authenticity: Investigating Korean restaurant customers in the U.S. *International Journal of Hospitality Management*, 31, 990-1003.

Kim, H., & Jamal, T. (2007). Touristic quest for existential authenticity. *Annals of Tourism Research*, 34, 181-201.

Kolar, T., & Zabka, V. (2010). A consumer-based model of authenticity: An oxymoron or the foundation of cultural heritage marketing? *Tourism Management*, 31, 652-664.

Lau, R. W. K. (2010). Revising authenticity: Social realist approach. *Annals of Tourism Research*, 37(2), 478-498.

Littrell, M. A., Anderson, L. F., & Brown, P. J. (1993). What makes a craft souvenir authentic?. *Annals of Tourism Research*, 20(1), 197-215.

MacCannell, D. (1973). Staged authenticity: Arrangements of social space in tourist settings. *American Journal of Sociology*, 79, 589-603.

MacCannell, D. (1976). *The tourist: A new theory of the leisure class*. New York: Schocken Books.

Metro-Roland, M. M. (2011). *Tourists, Signs and the City: The Semiotics of Culture in an Urban Landscape*. Surrey: Ashgate.

Moore, K., Buchmann, A., Månsson, M., & Fisher, D. (2021). Authenticity in tourism theory and experience. Practically indispensable and theoretically mischievous?. *Annals of Tourism Research*, 89, 103208.

Ramkissoon, H., & Uysal, M. S. (2011). The effects of perceived authenticity, information search behaviour, motivation and destination imagery on cultural behavioural intentions of tourists. *Current Issues in Tourism*, 14(6), 537-562.

Ryu, E., Hyun, S. S., & Shim, C. (2015). Creating new relationships through tourism: A qualitative analysis of tourist motivations of older individuals in Japan. *Journal of Travel & Tourism Marketing*, *32*(4), 325-338.

Shim, C., & Santos, C. A. (2014). Tourism, place and placelessness in the phenomenological experience of shopping malls in Seoul. *Tourism Management*, 45, 106-114.

Steiner, C., & Reisinger, Y. (2006). Understanding existential authenticity. *Annals of Tourism Research*, 33, 299-318.

Trilling, L. (1972). *Sincerity and Authenticity*. London: Oxford University Press.

Uriely, N. (2005). The tourist experience: Conceptual developments. *Annals of Tourism Research*. 32(1), 199-216.

Urry, J. (1990). *The tourist gaze: Leisure and travel in contemporary society*. London: Sage.

Wang, N. (1999). Rethinking authenticity in tourism experience. *Annals of Tourism Research*, 26, 349-370.

6장 문화관광과 오버투어리즘

윤 혜 진 (배화여자대학교 교수)

6장 문화관광과 오버투어리즘

윤 혜 진 (배화여자대학교 교수)

Highlights

1. 오버투어리즘의 개념과 특징을 이해한다.
2. 국내외에서 발생하고 있는 오버투어리즘 현상과 사회 문제를 이해한다.
3. 오버투어리즘 현상을 해결하기 위한 효과적인 전략과 방안들에 대해 고찰한다.
4. 지속가능한 문화관광 실현과 오버투어리즘 문제 해소를 위한 관광자의 역할과 책임을 이해한다.

| 1절 | 오버투어리즘의 등장 배경과 개념

1. 오버투어리즘의 등장 배경

그간 우리 사회는 관광산업의 양적 성장과 발전, 일자리 창출, 경제 활성화 등 긍정적 측면의 경제적 파급 효과에 주로 관심을 기울여 왔다. 물론 관광이 지역 및 경제 발전에 중요한 역할을 수행하나, 지역 사회 내 관광 수용 한계를 초과할 경우 다양한 측면의 부정적 문제들이 발생할 수 있다. 유럽의 베니스, 바르셀로나 등 세계적으로 유명한 관광지에 사람들이 몰리면서 관광자들로 인한 소음과 쓰레기, 무질서, 정주권 침해 등이 야기되어 지역 주민과의 갈등, 반관광 시위 등의 문제가 불거진 것이다.

이에 오버투어리즘(overtourism) 현상이 전 세계 주요 관광지에서 뜨거운 이슈로 떠오르고 있다. 오버(over)와 투어리즘(tourism)이 결합된 이 신조어는 트위터 등의 소셜 미디어를 중심으로 빠르게 확산되었고, 언론을 통해 재생되면서 많은 사람들에게 인지되기 시작하였다. 2017년 UNWTO(World Tourism Organization) 장관회의에서는 오버투어리즘의 개념을 공식적으로 사용하게 되었다(이훈 · 심창섭, 2018). 실제 구글 트렌드(Google Trends) 분석 결과를 통해서도 2017년 이후부터 오버투어리즘(over-tourism, overtourism)이라는 용어가 매우 두드러지게 나타나기 시작함을 확인할 수 있다(Capocchi, Vallone, Pierotti, & Amaduzzi, 2019, 〈그림 6-1〉 참조)

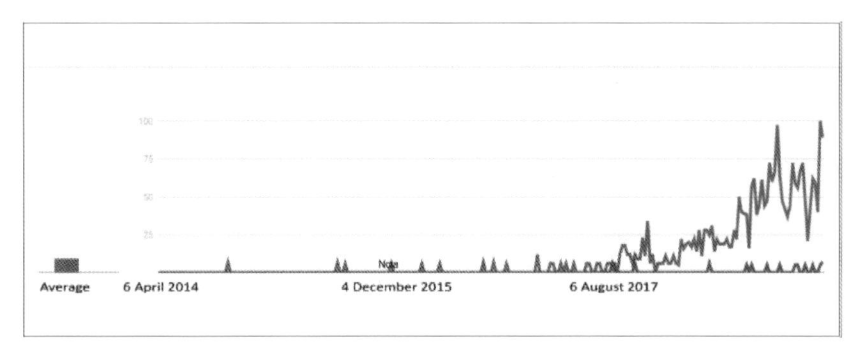

자료: Capocchi, Vallone, Pierotti, & Amaduzzi(2019).

〈그림 6-1〉 **'오버투어리즘' 용어 사용 트렌드 분석**

'overtourism'이라는 용어는 여행 분야 뉴스 사이트인 Skift(https://skift.com)의 설립자 Rafat Ali가 2016년 6월 13일 자신이 무심코 만들어 사용하면서부터 시작되었다고 주장한다(Ali, 2018, 이후 상표등록, 〈그림 6-2〉 참조). Ali는 20여 년 동안 여행 산업에서 '지속가능한 여행'(sustainable travel)이라는 용어가 사용되어 왔지만, 사람들에게 어떠한 울림이나 공명을 주지 못한 채 전혀 성과가 나타나지 않았음을 지적한다. 그는 이러한 문제의식 속에서 '지속가능한 여행'이라는 용어의 한계를 극복하고, 전 세계 여행 산업의 성장과 더불어 책임 있는 관광관리의 방안도 중요하게 다루고자 '오버투어리즘'이라는 용어를 만들고, 관련 문제에 주목하였다(Ali, 2018).

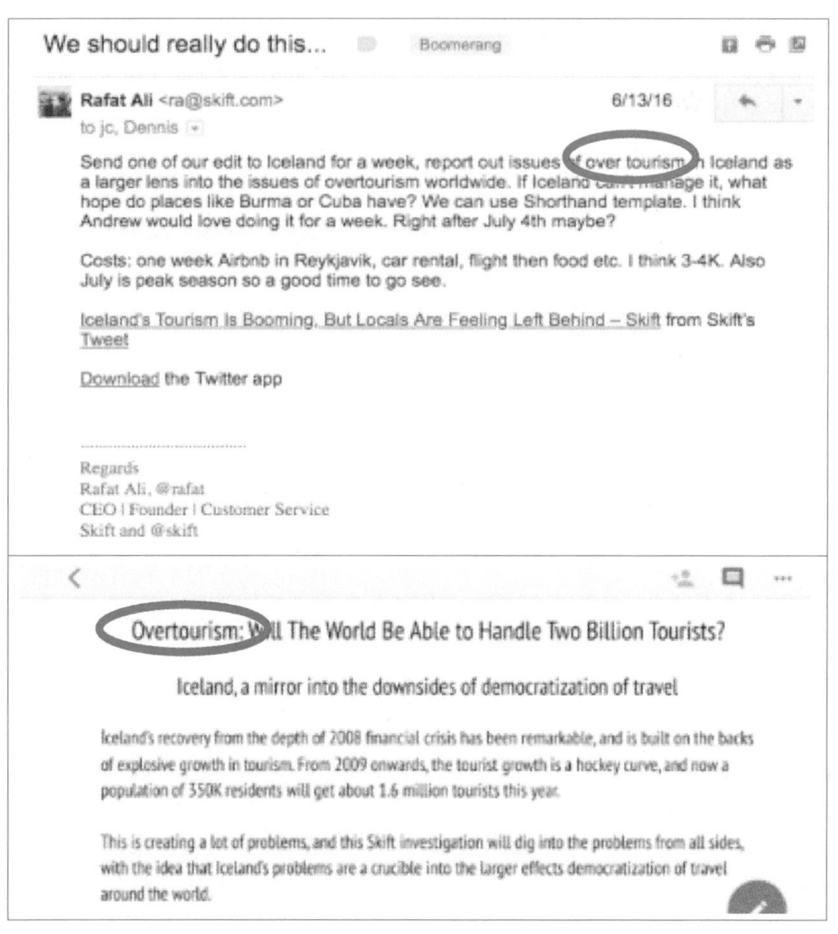

We should really do this... Boomerang

Rafat Ali <ra@skift.com> 6/13/16
to jc, Dennis

Send one of our edit to Iceland for a week, report out issues of over tourism in Iceland as a larger lens into the issues of overtourism worldwide. If Iceland can't manage it, what hope do places like Burma or Cuba have? We can use Shorthand template. I think Andrew would love doing it for a week. Right after July 4th maybe?

Costs: one week Airbnb in Reykjavik, car rental, flight then food etc. I think 3-4K. Also July is peak season so a good time to go see.

Iceland's Tourism Is Booming, But Locals Are Feeling Left Behind – Skift from Skift's Tweet

Download the Twitter app

Regards
Rafat Ali, @rafat
CEO | Founder | Customer Service
Skift and @skift

Overtourism: Will The World Be Able to Handle Two Billion Tourists?

Iceland, a mirror into the downsides of democratization of travel

Iceland's recovery from the depth of 2008 financial crisis has been remarkable, and is built on the backs of explosive growth in tourism. From 2009 onwards, the tourist growth is a hockey curve, and now a population of 350K residents will get about 1.6 million tourists this year.

This is creating a lot of problems, and this Skift investigation will dig into the problems from all sides, with the idea that Iceland's problems are a crucible into the larger effects democratization of travel around the world.

자료: Ali, 2018.

〈그림 6-2〉 'overtourism'이라는 용어의 첫 등장

Skift의 기자 Andrew Sheivachman은 2016년 6월 아이슬란드를 방문하여 관광산업의 많은 대표자들과 인터뷰하고, 오버투어리즘 문제를 심층 분석한 최종 결과를 8월 16일에 발표하였다(<그림 6-2> 참조). 이들은 전 세계 20억 명의 국제관광자들이 이동한다면 목적지의 인프라는 이들을 대비할 수 있을지, 그 지역의 사회 문화와 주민들은 과잉 관광의 홍수를 견딜 만큼 충분한 회복력이 있는지 고민하고, 이 문제를 해결하기 위한 방

법을 찾아야 한다고 주장한다(Sheivachman, 2016).

이후 Skift의 기자들은 세계 각지의 수많은 이야기를 통해 오버투어리즘에 대한 심층 보도를 지속하였고, 오버투어리즘 문제의 해결책을 강구하기 위한 질문을 계속 던지기 시작하였다. 예를 들면, 에어비앤비의 세계적 부상이 베니스, 암스테르담, 뉴욕시, 바르셀로나 등의 오버투어리즘 문제를 얼마나 심화시켰는지 보도하고, 오버투어리즘 현상에 직면한 바르셀로나의 시위와 갈등을 담은 짧은 다큐멘터리를 제작하기도 하였다. 이후 해시태그 #overtourism이 탄생하였고, 많은 사람들이 이에 화답하면서 관광의 사회적 책임성에 대한 이슈와 논의들이 미디어를 통해 생산·재생산되며 확산되었다.

전 세계 관광 및 개발 회의 등에서도 오버투어리즘 관련 이슈들이 공론화되기 시작하였다. 특히, 2017년은 오버투어리즘이 전 세계적 이슈가 된 해였다. 2017년 UNWTO 장관회의에서 오버투어리즘 용어를 공식 사용하면서 이 용어는 광범위하게 확산되었고, 2017년 12월 WTTC(World Travel & Tourism Council)가 오버투어리즘 관련 초기 연구를 McKinsey에 의뢰하여 *Coping with success: Managing overcrowding in tourism destinations*를 발표하였다. 2017년 말, Telegraph에서는 '오버투어리즘'을 올해의 단어로 선언하기도 하였다(Ali, 2018).

이러한 상황에서 UNWTO는 2018년 *'Overtourism'?- Understanding and managing urban tourism growth beyond perceptions*이라는 연구 보고서를 발표한다. 이 보고서는 관광의 폭발적 성장과 수용력 초과로 나타난 문제들에 대응하기 위한 도시의 목적지 관리 방법, 관광의 미래 정책 방안 등을 제시한다. 최근 학계에서도 오버투어리즘 관련 학술지 연구 논문 및 학위 논문이 등장하고 있다.

한 개인이 무심코 만든 오버투어리즘이라는 신조어는 이제 전 세계 관광 분야의 공통된 관심 사항이 되었다. 관광지의 지속가능한 관리와 책임

있는 관광 촉구, 오버투어리즘 문제 해결을 위한 다양한 정책, 전략 및 방법들은 지속적으로 모색되며 진화하는 중이다.

2. 오버투어리즘의 개념

1) 오버투어리즘의 개념

최근 전 세계 유명 관광 도시에 국제 관광자들이 집중 유입되고 이로 인한 부정적 영향과 지역 주민과의 갈등이 증폭되며 다양한 사회 문제들이 표출되고 있다. 동시에 지속가능성(sustainability)이 국제 사회의 주요 아젠다로 지속 논의되면서 이 현상을 탐구하고, 개념을 기술하기 위한 국내외 연구들이 나타나기 시작하였다.

이와 유사하게 영국의 책임 있는 관광(responsible tourism) 운동을 전개하는 Harold Goodwin 박사는 오버투어리즘을 '관광자가 도시를 점령하고, 도시민의 삶을 침범하는 현상'으로 정의하고(Goodwin, 2017), 오버투어리즘은 지역 주민과 사회의 환경적, 사회문화적 지속가능성을 지키면서 관광자들에게 매력 있는 관광지를 제공하고자 하는 책임 있는 관광과 대치되는 개념이라고 주장하였다.

The Responsible Tourism Partnership에서도 '오버투어리즘은 호스트 또는 게스트, 지역민 또는 관광자가 너무 많아 해당 지역의 삶의 질이나 경험의 질이 수용할 수 없을 정도로 악화되었다고 느끼는 목적지'를 의미한다고 설명하며, 오버투어리즘으로 지역민과 관광자는 삶의 질과 관광경험 악화를 동시에 겪을 수 있음을 경고한다. 그리고 이 오버투어리즘은 관광을 통해 해당 지역을 더욱 살기 좋고 방문하기 좋은 지역으로 만들려는 책임 있는 관광(responsible tourism)과 반대 개념이라고 제시한다(responsibletourismpartnership.org).

하지만 아직까지 오버투어리즘은 초기 연구의 단계로 학술적으로 합의된 공통 정의도 부재한 상황이며, 이 개념을 명확하게 조작적으로 정의하는 것 역시 어렵다(Capocchi et al., 2019). 이에 오버투어리즘을 다룬 보고

서와 기사, 학술지에서는 다양한 정의들이 나타나고 있다(<표 6-1> 참조).

〈표 6-1〉 **오버투어리즘의 정의**

출처	개념
Brown(2017)	현지인이나 관광자들이 지나치게 많은 관광자들로 지역의 삶의 질이나 생태, 장소의 경험이 용납할 수 없을 정도로 악화되었다고 느끼는 상황을 의미
Goodwin(2017)	관광자가 도시를 점령하고, 도시민의 삶을 침범하는 현상
UNWTO(2018)	오버투어리즘은 관광지 혹은 그 일부 지역에 미치는 관광의 영향력을 말하는 것으로 거주민의 삶의 질에 대한 부정적인 인식 및/혹은 관광자의 (관광)경험의 질에 대한 부정적인 느낌으로 정의
Responsible Tourism Partnership	관광을 활용해 해당 지역을 더욱 살기 좋거나 방문하기 좋은 지역으로 만들려는 책임 있는 관광(responsible tourism)의 반의어로 호스트나 게스트, 지역민이나 관광자가 너무 많은 관광자가 있다고 느끼거나, 해당 지역의 삶의 질 또는 관광경험의 질이 용납할 수 없을 정도로 악화되었다고 느끼는 관광
박주영 · 정광민(2018)	'지나친'이라는 의미를 갖는 'over'와 관광을 의미하는 'tourism'의 합성어로서 수용력을 초과하는 관광자의 유입을 말함
이서현(2018)	관광지가 수용할 수 있는 수준을 넘은 지나치게 많은 관광자의 유입으로 발생하는 다양한 부작용을 지칭하는 개념

전술한 학자들과 활동가들의 오버투어리즘 정의를 바탕으로 이 장에서는 오버투어리즘을 다음과 같이 정의한다.

오버투어리즘이란 지역 주민들의 사회문화적 수용력을 넘어선 관광자 유입으로 지역 주민의 삶의 질이 저하되고, 방문자들의 관광경험의 질도 저하되며, 지역 주민들이 관광자와 관광개발에 부정적 인식과 태도를 나타내는 현상

Capocchi 등(2019)은 이제까지의 오버투어리즘 관련 문헌 고찰을 통해 오버투어리즘은 학술적으로 개념화되지 않은 초기 단계로서, 오버투어리즘의 개념 정의를 위해서는 〈그림 6-3〉과 같이 '성장(growth), 집중(concentration), 거버넌스(governance)'의 서로 연결된 3가지 영역을 고려해야 한다고 제시하였다.

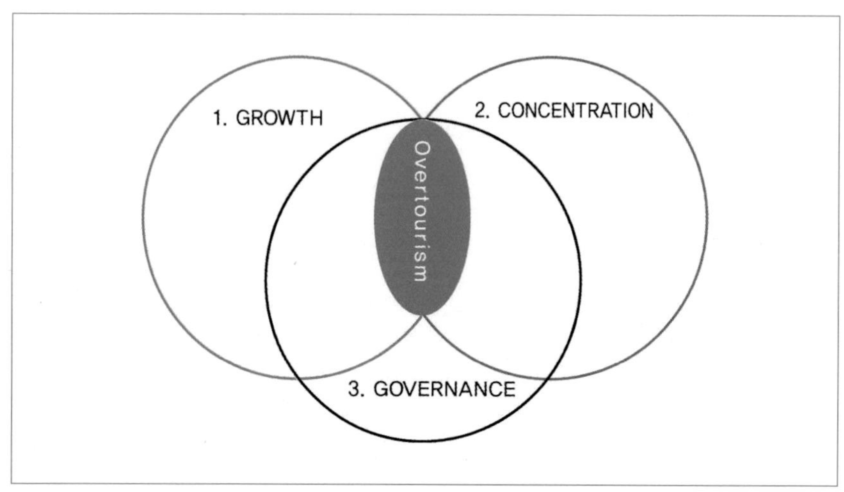

자료: Capocchi, Vallone, Pierotti, & Amaduzzi, 2019.

〈그림 6-3〉 **오버투어리즘 현상과 관련해 고려해야 하는 3가지 영역**

- **성장**(growth)은 지난 수십 년 동안 전 세계적으로 관광산업이 차지하는 중요성이 증가하는 것과 관련됨. 관광의 성장은 부분적으로 관광 흐름의 대량화, 서구 경제의 관광 행동과 관련한 신흥 경제의 모방 효과(imitation effect)를 동반하였음
- 관광자의 양적 성장과 대량화는 주요 관광목적지에 사람들이 **집중**(concentration)되는 양상을 야기하였고, 이로 인해 혼잡, 수용력, 환경적 지속성 등과 관련된 문제들을 초래함
- **거버넌스**(governance) 문제는 영토의 자원과 기술 발달에 따른 저가 항공의 출현 등과 관련될 수 있음

2) 오버투어리즘과 유사 용어

오버투어리즘과 유사한 의미로 혼용되는 투어리스티피케이션(touristification)과 반관광(anti-tourism), 관광혐오(tourismphobia) 등 역시 오버투어리즘 문제가 발생한 유명 문화·관광 목적지에서 동시에 나타나고 있는 현상이다.

투어리스티피케이션(touristification)은 '관광지화되다'라는 뜻의 touristify와 임대료 상승으로 인한 '원주민 내몰림 현상'을 지칭하는 gentrification의 합성어로 공식적으로 합의된 학술적 정의는 아니지만, 미디어를 통하여 널리 사용되고 있다(박주영 · 정광민, 2018). 전통 문화유산이나 문화예술 등 관광 자원적 가치가 있는 특정 지역이 유명해지기 시작하면서 관광지가 되고, 지역의 투자 가치를 인식한 관광자와 중산층이 유입되면서 지역을 변화시키고 공간을 재구조화하는 등 역동적 현상이 나타난다(안지현 · 김남조, 2018). 즉, 투어리스티피케이션은 관광자가 특정 지역에 과도하게 유입됨으로써 거주지가 관광지로 변하게 되고, 이로 인해 지역 주민들의 거주 환경과 정주권이 위협받는 현상이라고 할 수 있다.

또한, 관광수용력을 초과하는 상황이 발생하게 되면 지역 주민은 관광에 대해 반감을 갖게 되고, 모든 사회문제의 원인을 관광자의 증가로 돌리게 된다. 이러한 상황은 분노의 표출로 이어져 관광자에 대한 언어 폭력이나 물리적 폭력, 범죄 행위로까지 이어지게 된다. 즉, 사회적으로 관광에 대하여 반감을 갖게 되는 현상을 반관광, 관광혐오라고 한다.

| 2절 | 오버투어리즘의 이론적 논의

1. 오버투어리즘 현상을 둘러싼 관광학 이론

오버투어리즘은 학술적으로 명확히 정립된 용어나 개념은 아니지만, 이 현상을 설명하기 위해 관광개발과 관련한 여러 이론들을 적용해 볼 수 있다(<그림 6-4> 참조). 관광지는 시간의 흐름에 따라 관광자 수가 변화하는 수명 주기를 갖으며, 이때 단계별로 서로 다른 유형의 관광자가 방문하게 되고, 지역 주민들은 이 단계별 변화에 대해 상이한 감정을 가질 수 있다. 특히 관광지의 수명주기 중 강화단계 이후, 단체관광 위주로 변하고 관광자 수가 최대치에 이르게 되면 지역 내 다양한 갈등과 문제가 대두된다.

새로운 관광지가 태동하여 대중들에게 알려지고 성장과 성숙의 단계를 거치면서 해당 지역 주민들과 갈등이 야기될 수 있다는 관광지 수명주기 이론뿐만 아니라, 관광이나 관광개발에 대한 영향으로 지역 주민들의 태도가 형성되는 사회적 교환 이론이나 분노 지수 이론 등도 오버투어리즘 현상을 설명하기에 유용하다.

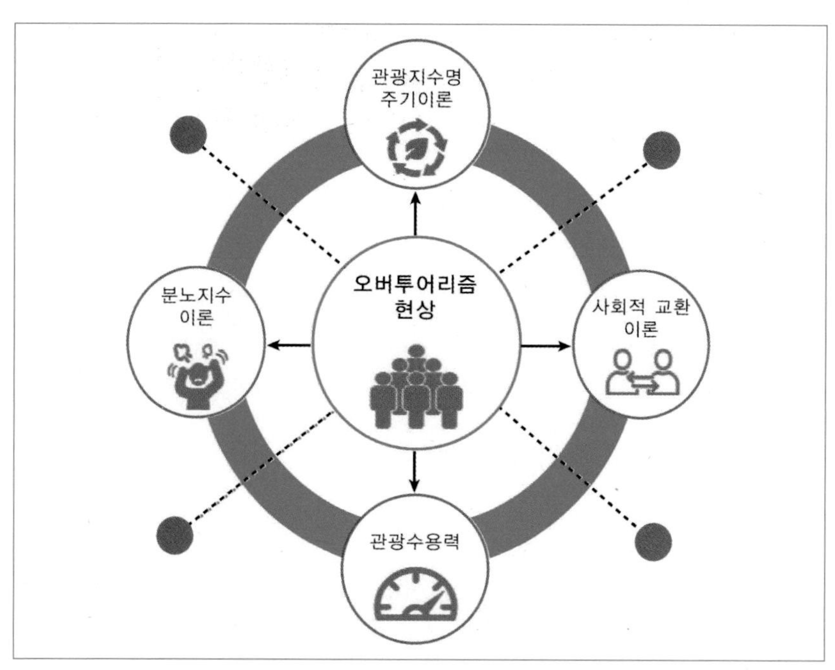

〈그림 6-4〉 **오버투어리즘 현상과 연계된 관광학 주요 이론**

1) 관광지 수명주기 이론

Butler(1980)의 관광지 수명주기(tourism area life cycle) 이론에 따르면 관광

지는 시간의 흐름과 관광자의 증가에 따라 정형화된 6단계를 거치게 된다. 관광지를 하나의 상품으로 간주하여 경영학의 제품수명 이론을 적용한 관광지 수명주기 이론에서는 관광지 발전 단계를 〈그림 6-5〉와 같이 탐색(exploration), 참여(involvement), 발전(development), 강화(consolidation), 정체(stagnation) 등 5단계의 과정을 거친 후, 쇠퇴(decline)나 회복(rejuvenation) 단계로 나아가게 된다는 6단계를 제시하였다.

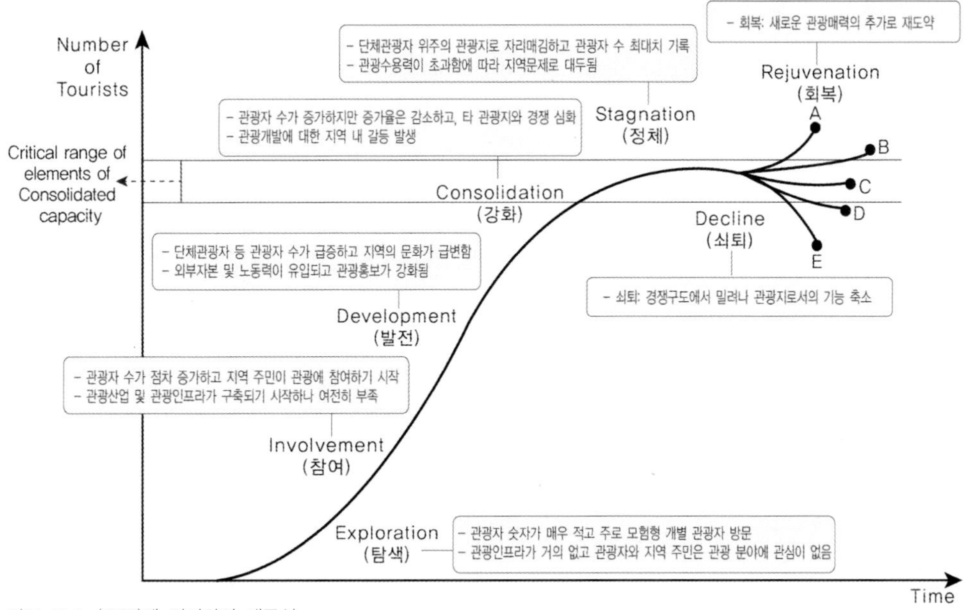

자료: Butler(1980)에 의거하여 재구성.

〈그림 6-5〉 **관광지 수명주기의 단계**

관광지 수명주기 이론은 특정 지역이 관광지로 인식되기 시작한 이후 각 발전 단계를 거치면서 관광자가 늘어나고, 해당 공간이 지닌 수용력이 한계에 다다르거나 초과하는 것이 관광지의 일반적인 발전과정이라고 설명한다. 따라서 관광지의 현 상황에 대해 정확히 진단하고, 단계별 개발 전략을 도출하여 수용력을 관리할 때 관광지의 지속가능한 발전과 수명 연장이 가능함을 시사한다. 특히 이 이론은 관광자들이 급속하게 증가하는 단계에서 발생할 수 있는 경제적, 사회적, 환경적 문제들에 대한 적절한 개입을 통해 쇠퇴 또는 재도약으로 진행될 수 있다는 사실을 보여준다.

2) 분노 지수 이론

관광개발이나 그 영향에 대한 지역 주민의 태도는 관광 분야에서 태도와 관련된 많은 연구가 이루어진 분야이다(장호찬, 2016). Doxey(1975)는 한 지역이 관광지로 개발되면 지역 주민들의 태도가 긍정에서 점차 부정적으로 바뀔 것이라는 분노 지수(irritation index)의 개념을 제시하였다. 그는 관광개발에 따른 지역 주민들의 태도 변화를 다음 〈표 6-2〉와 같이 4단계로 나누어 설명하고 있다.

〈표 6-2〉 **Doxey의 관광개발에 따른 지역 주민들의 태도 변화**

단계	내용
호감 단계 (Euphoria Stage)	• 관광자들이 유입되기 시작하는 개발 초기 단계 • 관광개발로 인한 경제적 이익에 대한 기대감으로 관광자 환영
↓	
무관심 단계 (Apathy Stage)	• 관광개발이 급속히 진행되면서 관광산업이 확장되고, 지가 상승 • 개발 편익이 일부 사람들에게 돌아간다는 사실을 인식 • 관광개발에 대해 냉담해지고, 관광자를 돈벌이 대상으로 인식
↓	
성가심 단계 (Annoyance Stage)	• 지역이 관광자를 수용할 수 있는 능력이 포화상태 • 지역 주민들의 사생활 침해, 관광의 부정적인 측면 인식하면서 관광개발에 대해 짜증, 갈등 발생
↓	
적대 단계 (Antagonism Stage)	• 관광에 대한 우호적인 태도가 완전히 돌변하여 관광에 대한 적대적 태도로 돌아섬 • 주민들은 관광자에 증오와 불만을 노출

자료: Doxey, 1975.

특히 마지막 적대 단계에 들어서게 되면, 지역 주민들의 태도는 행동으로까지 발전되어 관광자 행위에 대해 소셜 미디어나 언론 등을 통해 불만을 제기하거나, 시위를 벌이고, 관광자 대상으로 범죄 행위를 저지르기도 한다(Gartner, 1996). Doxey의 이론은 관광개발이 진행됨에 따라 발생할 수 있는 관광자와 지역 주민 간의 관계 변화를 제시하며, 최근 오버투어리즘 현상으로 야기된 지역 주민들의 관광과 관광자에 대한 적대적이고 부정적 태도를 설명할 수 있다. 이를 통해 관광 수용력 관리가 얼마나 중요한지, 관광개발로 인한 혜택이 지역 사회와 주민들에게 돌아가고, 주민들이 그 지역 관광에 함께 참여하는 것이 오버투어리즘 문제 해소에 중요한 열쇠임을 일깨운다.

3) 사회적 교환 이론

관광개발이나 그 영향에 대한 지역 주민의 태도는 사회적 교환 이론(social exchange theory)을 통해서도 설명할 수 있다. 사회적 교환 이론은 강화(reinforcement) 이론에 근간을 두는데 이는 "사람들은 다른 사람들과의 관계 속에서 자신이 제공한 것과 받은 것 사이에 형평성을 기대하고, 또 그렇게 되도록 행동한다"는 것이다(장호찬, 2016). 이를 관광이나 관광개발에 대한 지역 주민의 태도에 적용하면, 지역 주민들은 관광을 통해 얻을 수 있는 편익과 관광을 통해 발생하는 비용 사이의 차이를 통해 태도를 형성한다는 것이다. 즉, 자신이 얻게 되는 편익이 비용보다 많다면 긍정적 태도를 형성하고, 반대로 편익보다 비용이 더 크다면 부정적 태도를 형성할 것이다.

관광에 대한 호의적 태도를 가지는 주민들은 관광산업을 통해 경제적 혜택을 받거나 관광산업에 종사하는 사람들이다(Andereck & Vogt, 2000). 반면, 관광이나 관광개발에 부정적 태도를 갖게 되는 주민들은 관광을 통한 비용이 더 크게 인식되고 경험되는 사람들일 것이다. 따라서 오버투어리즘으로 발생하는 지역의 환경적, 사회문화적 비용들이 더 크게 느껴지고, 본인에게 오는 경제적 편익을 느낄 수 없다면 지역의 주민들은 관광과 관광자를 부정적으로 바라보고, 적대시하는 태도를 갖게 될 수 있다.

이러한 연구 결과나 사례는 관광 개발 단계에서부터 주민들의 의견을 청취하고 주민을 참여시켜 지역 주민과 우호적 관계를 형성하는 것의 중요성을 시사한다. 관광을 통한 지역 사회의 비용 발생을 최소화하고 개발 편익과 경제적 효과가 지역 사회에 고루 분배되어야 할 것이다.

4) 관광 수용력

본래 수용력(carrying capacity)이란 생태학에서 출발한 개념으로 일정 서식 환경에서 어떤 동·식물 개체군이 속한 서식환경이 훼손되지 않는 범위에서 생존할 수 있는 최대 개체군의 밀도를 뜻한다(박석희, 2014). 관광의 대중화로 관광 경험의 질이 하락하고, 대량 관광자로 인한 자연 자원 및 사회문화적 환경 파괴 등이 발생하자 이를 관리하기 위한 방안으로 수용력의 개념이 관광지에 적용되기 시작하였다.

관광 수용력은 관광목적지의 물리적, 경제적, 사회문화적 환경을 파괴하지 않고 관광 만족을 감소시키지 않는 범위에서 특정 관광목적지를 방문할 수 있는 최대 인원수이다(UNWTO, 1997). Clarke(1997)는 "관광 수용력은 관광활동의 특정 한계로서 이를 넘어서면 환경에 영향을 미칠 수 있지만 그 수준은 지역 주민의 허용 수준에 좌우 된다"고 주장하며, 지역 주민들이 느끼고 인식하는 주관적 수준의 관광 수용력도 중요함을 강조하였다.

관광 수용력에는 물리적 수용력(physical carrying capacity), 심리적 수용력(psychological carrying capacity), 경제적 수용력(economic carrying capacity), 사회적 수용력(social carrying capacity) 및 생물학적 수용력(biophysical carrying capacity) 등이 있다(<표 6-3> 참조). 한 지역의 관광 수용력을 객관적으로 추정하여 관리하는 것은 매우 어려우며, 오버투어리즘 현상을 살펴볼 때 지역 주민들의 관광에 대한 태도와 허용 수준이 수용력에 매우 중요한 기준임을 명심해야 할 것이다.

〈표 6-3〉 **관광 수용력 유형**

단계	주요 내용
물리적 수용력	동시에 지역에 방문할 수 있는 관광자 규모의 산술적 한계를 의미하며 일반적으로 이동에 불편함이 없는 정도 수준을 의미
심리적 수용력	관광자 측면에서 기대하는 정도의 관광경험의 질적 수준을 유지하면서 수용할 수 있는 최대한의 관광자 수
경제적 수용력	관광자의 방문이 과도한 물가상승이나 상권변화 등을 통해 지역경제에 부정적 영향을 미치지 않는 범위에서 관광자를 맞이할 수 있는 한계
사회적 수용력	지역이 관광자의 등장으로 인해 발생하는 지역 정체성의 변화, 범죄의 증가 등 사회적인 변화를 견뎌낼 수 있는 한계
생물학적 수용력	관광자의 등장으로 인해 지역의 자연환경이 견뎌낼 수 있는 한계를 의미하며, 훼손의 속도가 자연환경의 회복의 속도를 초과하지 않아야 함

자료: 박석희, 2014.

2. 오버투어리즘 관련 국내외 선행연구 동향

오버투어리즘 문제는 최근 사회적 이슈로 불거지며 연구자들에게 주목받기 시작하였다. 현재까지 오버투어리즘과 관련한 국내외 연구들은 주로 전 세계 주요 관광지에서 대량 관광으로 발생되는 문제를 규명하거나, 오버투어리즘의 개념과 특성을 탐색하고, 오버투어리즘이 심화된 지역이나 도시의 문제를 해결하기 위한 대응 방안 연구들이 주를 이루는 초기 연구 발전 단계의 양상을 보인다(〈표 6-4〉 참조).

〈표 6-4〉 **오버투어리즘 관련 선행연구 동향**

주제	연구자(연도)
오버투어리즘 개념 및 현상 연구	박주영 · 정광민(2018), 이서현(2018), 이수진 · 조성한(2019), 이훈 · 심창섭(2018), Goodwin(2017)
오버투어리즘 문제 발생 지역의 사례 및 정책 대응 연구	박경옥(2018), 손신욱 · 박상훈 · 이나현(2018), 안소현(2019), 윤혜진(2020), Insch(2020), WTTC(2017), UNWTO(2018)
오버투어리즘과 주민 태도에 관한 연구	Kuščer & Mihalič(2019)
오버투어리즘 관련 문헌 연구 고찰	Capocchi, Vallone, Pierotti, & Amaduzzi(2019)

우리는 미디어를 통해 전 세계 유명 관광지뿐만 아니라 우리가 살고 있는 인근 지역까지 관광자들이 과도하게 유입되면서 지역 사회에 심각한 문제와 갈등이 유발되고 있는 것을 목도하고 있다. 관광자들은 지역 주민의 비난을 받으며 거주민과 다툼이나 갈등을 겪고 있으며, 관광지의 지나친 혼잡, 자연환경 훼손 및 교통난, 지역 주민의 사생활 침해, 임대료 상승에 의한 원주민들의 비자발적 이주 등 관광이 지역 사회와 주민들에 미치는 부정적 측면이 대두되고 있다.

더 늦기 전에 오버투어리즘 현상에 대한 구조화된 이해와 분석, 체계적인 연구 노력이 필요하다. 이를 바탕으로 관광에서 오버투어리즘 문제를 사전에 예방하거나 완화시킬 수 있는 방안을 적극적으로 모색하여 사회적인 비용을 최소화하고, 정책적 대응 체계 마련, 산업계와 관광자들의 인식 고취와 자정 노력을 함께 고민해 나가야 할 시점이다.

아울러 현재까지 학술적으로 공통된 개념 정의와 특성에 대한 이해가 미비한 단계이기에 이론적 체계화를 위한 학술 논의들도 요청된다. 다양한 연구자들의 존재론적, 인식론적, 방법론적 논의들이 모아진다면 오버투어리즘 현상을 바라보는 진일보한 이론 및 방법론적 성과와 관광학 연구의 지식체계 형성에 기여할 수 있을 것이다.

| 3절 | 국내외 오버투어리즘 현상과 사례[1)]

오버투어리즘은 지역 주민의 삶의 질에 직·간접적인 영향을 끼치고 있다. 도시의 전망, 역사, 문화, 생활 자체가 관광자원이 되면서 주거지까지 방문자들이 들어오거나 오물을 무단 투기하고, 소음을 발생시키면서

1) 이 절은 윤혜진(2020)의 일부 내용을 수정·보완한 것이다.

지역 주민들의 정주권에 위협을 가하고 있다. 또한 관광자 유입으로 주거 지역이 상업화가 되면서 주민들과 상인들 간 이해관계가 상충되고, 임대료가 높아져 세입자들이 내몰리는 현상 등이 문제점으로 부각되고 있다.

전 세계적으로 유명한 문화관광 도시인 바르셀로나, 베니스, 베를린, 아이슬란드 등에서는 반관광 시위와 관광 혐오가 나타나고 있으며, 많은 지역들에서도 이와 유사한 이슈들이 제기되고 있는 상황이다(Goodwin, 2017). 이에 오버투어리즘으로 인한 관광의 사회문화적 지속가능성, 지역 주민의 삶의 질이 최근 더욱 중요한 관광의 이슈로 부상하였다.

1. 국외 사례

1) 스페인 바르셀로나

스페인 바르셀로나는 전 세계적으로 유명한 화가 피카소, 건축가 가우디 등의 예술가를 배출한 도시로 유네스코 세계문화유산인 구엘공원, 사그리아 파밀리아 성당 등 수많은 역사·문화 자원이 산재한 문화관광 도시이다. 매년 약 3천만 명의 관광자가 방문하는 도시로 관광산업이 이 지역 경제의 약 13%를 차지하고, 13만개의 일자리를 창출하고 있다(박주영·정광민, 2018). 하지만 관광자 증가로 쓰레기 발생, 소음 증가, 교통 체증, 불법 공유숙박업 급증 등의 문제가 발생하고 시내 임대료가 폭등하면서 원주민들이 외곽으로 이주하는 젠트리피케이션 문제가 불거지고 있다.

오버투어리즘 현상은 지역 주민뿐만 아니라 지역을 방문하는 관광자들의 경험의 질과 진정성(authenticity)에도 부정적인 영향을 미치고 있다(Goodwin, 2017). 수많은 관광자들로 인한 혼잡으로 만족스러운 관광 경험을 할 수 없을 뿐 아니라, 교통 체증과 소음, 지역 주민들의 냉대와 적대감을 겪게 되고, 종종 지역 주민들과의 갈등에 휩싸인다. 유럽의 바르셀로나 등 유명 관광지 곳곳에는 “Tourists go home!”, “Tourist: Your luxury trip My daily misery", "Tourism kills the city", "This isn't tourism: It's an invasion!" 등 관광자들을 혐오하는 그래피티와 시위 문구 등을 마주할 수 있다(<그림 6-6> 참조).

자료: The Guardian(2018.07.17.)
(원자료: Pau Barrena/AFP/Getty Images))

자료: BBC News(2017.08.05.)

〈그림 6–6〉 **관광자에 대한 항의 시위가 일어난 바르셀로나의 반관광 스티커**

바르셀로나와 마요르카(Majorca)에서는 관광자들이 사용하는 기물이 파손되었고, 복면을 쓴 습격자들이 바르셀로나의 관광버스를 공격하기도 하였다. 이들은 "tourism is killing neighbourhoods"라는 슬로건을 버스에 새기고, 타이어를 펑크 내기도 하였다. 이러한 바르셀로나의 반관광 캠페인은 #touristgohome이라는 해시태그와 함께 트위터를 통해 확산되면서 전 세계 사람들의 이목을 집중시키며 열띤 토론을 촉발하였다(<그림 6-7> 참조).

2015년부터 바로셀로나 시장은 관광 수입보다 바르셀로나의 문화적 정체성을 지키는 방향의 강력한 오버투어리즘 대응 정책을 시행 중이다. 시내 신규호텔에 대한 영업 허가를 중단하고, 2012년부터 바르셀로나 호텔에서 숙박하거나 아파트를 임대하는 경우 관광세가 부과된다. 또한 불법 공유숙박을 근절하기 위해 에어비앤비 DB에 바르셀로나 시정부가 접근할 수 있는 계약을 체결하여 불법 운영되는 에어비앤비를 리스트에서 삭제하고 호스트에게 벌금을 부과하고 있다.

자료: BBC News(2017.08.05.)

〈그림 6-7〉 **오버투어리즘 현상으로 심화된 #touristgohome SNS 반관광 운동**

유명 관광지의 관광자 수와 입장 시간을 규제하고 있으며, 일부 관광지에서는 단체 관광자의 입장을 금하고 있다. 특히 사그라다 파밀리아 성당 근처에는 관광버스 주정차를 금지하고 구역 구분(10분 정차, 2시간 주차, 일반주차 등)을 시행 중이다.

"Barcelona is Much More" 캠페인을 통해 관광자의 패턴을 분산시키는 노력을 지속하고 있다. ICT 기술을 활용하여 소음과 오염 수준을 모니터링하고 있으며, 관광의 영향에 대해 통계 데이터의 수집을 강화하고 있다. 2015년부터는 공무원, 학계, 지역 주민 등으로 구성된 관광위원회를 구성하여 도시 관광문제 해결을 위한 다양한 의견을 수렴하고 있으며, 시의 지속가능성을 보장하기 위한 캠페인을 제안하고, 매년 그 해의 관광을 평가하고 개선안을 제안하는 등의 노력을 경주하고 있다.

2) 이탈리아 베니스

이탈리아 북부 베니스는 전 세계적으로 유명한 물의 도시로 수상택시와 버스, 곤돌라, 산마르코광장, 두칼레궁전 등 매력적인 문화관광 자원들로 관광자들의 발길이 끊이지 않고 있다. 2017년 기준 하루에 6~12만 명, 연간 2,400만 명의 관광자들이 방문하고 있으며, 이 중 900만 명이 숙박 관광자이다(박주영 · 정광민, 2018). 지속적으로 관광자들의 숙박일도 증가하고 있으며, 1997년 30만 명이었던 크루즈 관광자도 급증하여 2015년 158만 2,483명에 달하고, 매일 3~4만 여 명의 관광자들이 대형 크루즈를 통해 베니스를 방문하고 있다(손신욱 외, 2018). 크루즈 선박뿐만 아니라 저비용 항공 및 에어비앤비의 급속한 성장, 당일 방문자 증가 등으로 오버투어리즘 현상이 증폭되었다(Responsible Travel, 2021, <그림 6-8> 참조).

관광자 수가 급증하면서 명품 매장과 브랜드 매장, 카페와 레스토랑이 주민 편의 시설을 대체하고, 물가 · 생활비 · 임대료 상승을 야기하였다. 또한 소음 증가, 대기 오염, 기존 지역 커뮤니티 붕괴 등의 문제가 발생하였고, 지역 경제가 관광자본에 의해 잠식되어 원주민들이 지방으로 이주하는 등의 현상이 이어지고 있다. 베니스의 인구가 가장 많았던 1951년에는 17만 4,808명이 거주하였으나 2017년에는 5만 3천여 명(1951년 기준 30%)으로 줄어든 것으로 나타났다.

자료: Responsibletravel.com
(원자료: David Bolt)

(원자료: Addy Cameron-Huff)

〈그림 6-8〉 **베니스의 오버투어리즘 문제와 반관광 낙서**

베니스 시민들은 오버투어리즘으로 삶의 질이 악화되고 정주권이 위협받자 2016년 6월부터 대형크루즈 반대와 반관광 시위를 진행하고 있다. 이에 시에서는 2018년 4월부터 주요 관광지에서 관광자 수를 측정하여 일정 수준이 초과될 때에는 주민이나 상인을 제외한 관광자의 수를 조절하고, 이탈리아 정부 위원회는 2021년부터 5만 5,000톤 이상 대형 크루즈 선박이 역사 중심지 St Mark 유역과 Giudecca 운하에 진입하는 것을 금지하는 판결을 내렸다(Responsible Travel, 2021).

또한 숙박시설의 추가 허가 금지, 산마르코 광장의 외국음식 식당 개업 금지를 시행하고 있으며, 지역 주민에게 수상버스 우선 탑승권을 제공하고 있다. 시장은 유서 깊은 도시에서 캐리어를 시끄럽게 끌고 다니는 행위에 대해 500유로의 벌금을 부과하는 제도를 제정하였고, 다리에 쓰레기를 버리거나 배회하거나, 운하에서 수영하고, 관광 중 수영복을 입고 공공장소에서 피크닉을 하는 경우에도 벌금을 부과하는 등 책임 있는 관광자의 규칙에 대한 계도를 지속하고 있다(Responsible Travel, 2021).

주민들의 항의가 거세지자 시 당국은 오버투어리즘을 해소하기 위해 2018년 관광자 입장료 징수 조례안을 만들었다. 그러나 그해 대홍수와 코로나19 팬데믹 등으로 관광자가 급감하자 시행이 재차 미루어지고 있었다. 국경 봉쇄가 해제되고 해외여행이 재개되면서 주요 도시에 다시 관광자들이 넘치기 시작하였고, 오버투어리즘 문제가 수면 위로 떠올랐다. 이에 베니스는 성수기인 2024년 4월부터 7월까지 주말 오전 8시 30분에서 오후 4시 사이에 방문하는 당일치기 방문자에게 5유로의 관광세를 부과하기로 하였다. 1박 이상을 하는 관광자들의 경우 호텔 등 숙박비에 이미 관광세가 포함된다. 더불어 단체 여행자 수를 25명 이하로 제한하고, 확성기 사용도 금지할 예정이다(여행신문, 2024.1.15.).

2. 국내 사례

1) 북촌 한옥마을

북촌 한옥마을은 경복궁과 창덕궁, 종묘 사이에 위치해 있으며, 전통 한옥이 밀집되어 있다. 이 지역은 과거의 전통적인 도시의 원형이 잘 보존되고 있는 서울의 유일한 지역으로 역사·문화 자원이 풍부하고 경관이 수려하다. 2001년 북촌 가꾸기 사업이 시작되면서 가회동 일대의 노후 한옥들이 재정비되고, 다양한 매체를 통하여 이 지역이 알려지게 되면서 마을을 찾는 관광자들로 주민들이 불편을 겪게 되었다. 한적한 골목과 고즈넉한 한옥들이 이어진 독특한 풍경은 대부분 사라지고 주변 지역이 상권화되면서 젠트리피케이션 현상 발생, 정주환경 저해, 주민과 관광자 사이 갈등이 나타나고 있다(뉴시스, 2018.12.10.). 특히 외국인 단체 관광자들과 대형 버스까지 마을 주변에 유입되면서 많은 문제를 야기하였다.

일부 주민들은 관광자로 인한 소음, 주거지 무단 침입 및 촬영, 간접흡연, 노상방뇨, 불법 주정차, 관광버스 매연 등으로 극심한 스트레스를 겪고, 이에 대한 피해 구제와 개선을 요청하며 정기 집회를 실시하였다. 한편, 북촌마을은 이해관계가 상이하게 나타나 주민들 사이에서도 관광을 둘러싼 갈등이 첨예하게 대립하였다. 또한 관광자들이 급증하고 상권이 형성되기 시작하면서 조용하던 거주 지역의 정체성이 변화되고, 거주민들의 삶의 질이 저하되는 문제가 대두되었다.

이에 주민들의 민원과 집회가 심화되자 종로구에서는 자체적으로 특별 대책을 세우고 실태 조사를 실시하였다. 그리고 북촌마을 내 관광자들을 대상으로 정숙관광 홍보 캠페인과 계도를 실시하였다. 유투브, 북촌마을 안내소, 북촌전통공예체험관, 전광판 등에 관광자 인식 개선 홍보 영상을 상영하고, 북촌마을 일대에 안내 표지판과 현수막을 설치하는 등의 대응을 전개해 왔다. 또한 마을 지킴이들을 배치하여 관광 계도를 실시하고, 관광허용시간제를 마련하여 주민들의 피해를 최소화하기 위한 방안들을 모색하고 있다. 이 밖에도 쓰레기 수거 횟수 확대 및 전담 청소인력 신규 투입, 개방화장실 확대 유도, 관광 가이드 대상 사전 교육, 주민주도 관리 인력 양성(북촌마을 지킴이), 단체관광 방문시 가이드 동행 안내 등을 주요 대응 방안으로 마련하였다(종로구청, 2018).

이러한 배경 속에서 2019년 7월 18일 당시 종로구 의원이 대표 발의한 주민 정주권 보호와 오버투어리즘 방지를 위한 「관광진흥법 일부개정법률안」(의안번호 17859)이 2019년 10월 31일 국회 본회의를 통과하여 2019년 12월 3일 관광진흥법이 개정되었다. 개정안에서는 지속가능한 관광의 개념을 확대하고 시·도지사나 시장·군수·구청장이 수용 범위를 초과한 관광자의 방문으로 관리 필요성이 인정되는 지역에 대해 주민의견 수렴 후 특별관리지역으로 지정하여, 주민 정주권 보호를 위해 방문시간을 제한하는 등 지자체가 대응할 수 있도록 하는 내용을 담고 있다. 이후 2021년 4월과 2023년 10월에 관련 법을 지속 개정하여 특별관리지역의 대상을 구체화하고, 조례에 근거해 관광자 방문시간 제한뿐만 아니라 이용료 징수, 차량·관광자 통행 제한, 편의시설 설치, 과태료 부과 등 필요한 조치를 할 수 있도록 하였다.

자료: 한겨레신문, 2016. 5. 26.

〈그림 6-9〉 북촌 한옥마을의 오버투어리즘 문제

하지만 오버투어리즘이 발생하는 지역은 해당 지역의 정주, 상업 공간 특성과 관광 행태 등에 따라 주요 이슈가 상이할 수 있다. 해당 개정안에서는 단순히 수용범위 초과 시 해당 지역 조례에 특별관리 지정을 할 수 있다고만 적시하고 있어 향후 수용범위 초과 진단을 위해 유형별 지표, 방법 등을 담은 정부 차원의 구체적인 가이드라인 제시가 요청된다.

[참고표 1] **오버투어리즘 문제로 발의된 관광진흥법 개정 법률**

개정 전	개정 후
제48조의3(지속가능한 관광활성화) 문화체육관광부장관은 에너지 · 자원의 사용을 최소화하고 기후변화에 대응하며 환경 훼손을 줄이는 지속가능한 관광자원의 개발을 장려하기 위하여 정보제공 및 재정지원 등 필요한 조치를 강구할 수 있다.[본조신설 2009. 3. 25.]	**제48조의3(지속가능한 관광활성화)** ①문화체육관광부장관은 에너지 · 자원의 사용을 최소화하고 기후변화에 대응하며 환경 훼손을 줄이고, <u>지역 주민의 삶과 균형을 이루며 지역경제와 상생발전 할 수 있는</u> 지속가능한 관광자원의 개발을 장려하기 위하여 정보제공 및 재정지원 등 필요한 조치를 강구할 수 있다. 〈개정 2019. 12. 3.〉
② 시 · 도지사나 시장 · 군수 · 구청장은 수용 범위를 초과 한 관광객의 방문으로 자연환경이 훼손되거나 주민의 평온한 생활환경을 해칠 우려가 있어 관리할 필요가 있다고 인정되는 지역을 조례로 정하는 바에 따라 특별관리지역으로 지정할 수 있다. 〈신설 2019. 12. 3.〉	② 시 · 도지사나 시장 · 군수 · 구청장은 다음 각 호의 어느 하나에 해당하는 지역을 조례로 정하는 바에 따라 특별관리지역으로 지정할 수 있다. 이 경우 특별관리지역이 같은 시 · 도 내에서 둘 이상의 시 · 군 · 구에 걸쳐 있는 경우에는 시 · 도지사가 지정하고, 둘 이상의 시 · 도에 걸쳐 있는 경우에는 해당 시 · 도지사가 공동으로 지정한다. 〈신설 2019. 12. 3., 2021. 4. 13., 2023. 10. 31.〉 1. 수용 범위를 초과한 관광객의 방문으로 자연환경이 훼손되거나 주민의 평온한 생활환경을 해칠 우려가 있어 관리할 필요가 있다고 인정되는 지역 2. 차량을 이용한 숙박 · 취사 등의 행위로 자연환경이 훼손되거나 주민의 평온한 생활환경을 해칠 우려가 있어 관리할 필요가 있다고 인정되는 지역. 다만, 다른 법령에서 출입, 주차, 취사 및 야영 등을 금지하는 지역은 제외한다.

개정 전	개정 후
③ 시·도지사나 시장·군수·구청장은 특별관리지역을 지정·변경 또는 해제할 때에는 대통령령으로 정하는 바에 따라 미리 주민의 의견을 들어야 하며, 관계 행정기관의 장과 협의하여야 한다. 〈신설 2019. 12. 3.〉	③ 문화체육관광부장관은 특별관리지역으로 지정할 필요가 있다고 인정하는 경우에는 시·도지사 또는 시장·군수·구청장으로 하여금 해당 지역을 특별관리지역으로 지정하도록 권고할 수 있다. 〈신설 2021. 4. 13.〉
④ 시·도지사나 시장·군수·구청장은 특별관리지역을 지정·변경 또는 해제할 때에는 문화체육관광부령으로 정하는 바에 따라 특별관리지역의 위치, 면적, 지정일시, 그 밖에 조례로 정하는 사항을 고시하여야 한다. 〈신설 2019. 12. 3.〉	④ 시·도지사나 시장·군수·구청장은 특별관리지역을 지정·변경 또는 해제할 때에는 대통령령으로 정하는 바에 따라 미리 주민의 의견을 들어야 하며, 문화체육관광부장관 및 관계 행정기관의 장과 협의하여야 한다. 다만, 대통령령으로 정하는 경미한 사항을 변경하려는 경우에는 예외로 한다. 〈신설 2019. 12. 3., 2021. 4. 13.〉
⑤ 시·도지사나 시장·군수·구청장은 특별관리지역에 대하여 조례로 정하는 바에 따라 관광객 방문시간 제한 등 필요한 조치를 할 수 있다. 〈신설 2019. 12. 3.〉	⑤ 시·도지사나 시장·군수·구청장은 특별관리지역을 지정·변경 또는 해제할 때에는 특별관리지역의 위치, 면적, 지정일시, 지정·변경·해제 사유, 특별관리지역 내 조치사항, 그 밖에 조례로 정하는 사항을 해당 지방자치단체 공보에 고시하고, 문화체육관광부장관에게 제출하여야 한다. 〈신설 2019. 12. 3., 2021. 4. 13.〉
〈신설〉	⑥ 시·도지사나 시장·군수·구청장은 특별관리지역에 대하여 조례로 정하는 바에 따라 관광객 방문시간 제한, 편의시설 설치, 이용수칙 고지, 이용료 징수, 차량·관광객 통행 제한 등 필요한 조치를 할 수 있다. 〈신설 2019. 12. 3., 2021. 4. 13., 2023. 10. 31.〉
〈신설〉	⑦ 시·도지사나 시장·군수·구청장은 제6항에 따른 조례를 위반한 사람에게 「지방자치법」 제27조에 따라 1천만원 이하의 과태료를 부과·징수할 수 있다. 〈신설 2021. 4. 13.〉
〈신설〉	⑧ 시·도지사나 시장·군수·구청장은 특별관리지역에 해당 지역의 범위, 조치사항 등을 표시한 안내판을 설치하여야 한다. 〈신설 2021. 4. 13.〉
〈신설〉	⑨ 문화체육관광부장관은 특별관리지역 지정 현황을 관리하고 이와 관련된 정보를 공개하여야 하며, 특별관리지역을 지정·운영하는 지방자치단체와 그 주민 등을 위하여 필요한 지원을 할 수 있다. 〈신설 2021. 4. 13.〉
〈신설〉	⑩ 그 밖에 특별관리지역의 지정 요건, 지정 절차 등 특별관리지역 지정 및 운영에 필요한 사항은 해당 지방자치단체의 조례로 정한다. 〈신설 2021. 4. 13.〉

| 4절 | 오버투어리즘 극복을 위한 전략과 방법

1. 오버투어리즘의 주요 문제

오버투어리즘으로 인한 문제로 자주 보고되는 사례들을 정리하면 다음 〈표 6-5〉와 같다. 증가하는 관광 수요 및 관광에 대한 지역민의 부정적 인식에 따른 문제를 해결하는 것은 필수적이나 이 중 몇몇 이슈들(예: 과밀, 교통, 집값 및 임대료 인상)은 관광에만 국한된 문제가 아니기 때문에 도시 전체의 종합적 대책 마련이 요청된다.

〈표 6-5〉 **오버투어리즘에 따른 부정적 인식**

영향		주요 내용
사회	지역민, 기타 이해관계인 소외	• 지역민과 지역 내 이해관계자가 관광 관련하여 우려의 목소리를 내기 시작하면서 지역사회의 소외는 큰 문제가 될 수 있음 • 과밀, 방문자의 부적절한 처신, 소음공해, 도시의 고유성 혹은 정체성 상실, 유형 혹은 무형의 문화유산 훼손 및 사회구조의 손상 등
	방문자 (관광) 경험의 질 악화	• 인파의 쏠림으로 인해 지역민과 기타 이해관계인이 피해를 보는 것과 같이 방문자 경험의 질에도 해로운 영향을 미침 • 관광 밀집은 더 긴 대기시간과 가격상승 초래
	인프라 및 서비스 과부하	• 방문자는 지역민과 동일한 공간과 인프라, 서비스를 사용하고 공유 • 방문자 증가는 기존 인프라 및 서비스에 과부하를 가져오고 결국 지역민과 방문자 모두 인프라와 서비스의 질 저하를 겪게 됨
경제	부동산 시장 교란	• 에어비앤비나 홈어웨이 등 관광 관련 편의시설 플랫폼 등장 인기 많은 도시 관광지 내 획일적인 관광관련 상품매장의 출현은 관광 밀집으로 인한 부동산 시장의 교란을 초래해 결국 도심의 집값이나 임대료 상승 야기
	관광 수입에 대한 의존	• 관광 수입에 상당 부분 의존하는 지역은 그만큼 약해질 수밖에 없음 • 비성수기에 경제 불황에 시달리는 것은 물론이고 테러나 자연재해와 같이 예상치 못한 상황은 해당 도시의 관광지로서의 인기에 크게 영향을 미치게 되고 결국 관광 수입 감소
문화 및 환경	문화 유산 관련 시설에 대한 훼손	• 특히 역사적인 도시에서 문화유산은 주요 관광유인 요소 • 관광이 문화유산을 보존하고 보호하는데 도움을 줄 수 있지만 관광 밀집을 관리하지 않을 경우 역사적인 지역이나 유산에 해로운 영향을 미칠 수 있음
	자연 환경에 대한 훼손	• 도시지역 내 관광 밀집은 자연환경에도 문제를 일으킬 수 있음 • 공원의 과다 사용과 같은 물리적 자연 환경을 비롯, 물의 사용이나 오염, 폐기물 관리와 같은 자원 및 서비스에 대한 영향 등

2. 도시 내 오버투어리즘 문제 해결 전략

2017년 이후 오버투어리즘 현상과 이로 인한 유명 관광지내 관광자 혐오, 반관광 시위 등의 사회 문제가 여론을 통해 전 세계로 확산되고 공론화되기 시작하였다. 이에 UNWTO에서는 관광자와 지역 주민의 갈등 현상 등과 같은 문제를 이해하고자, 유럽의 대표 관광 도시(암스테르담, 바르셀로나, 베를린, 코펜하겐, 리스본, 뮌헨, 잘츠부르크 및 탈린) 거주민들의 관광에 대한 인식을 조사하고, 도시 관광 관리에 대한 정책적 제언을 담은 보고서를 발표하였다(UNWTO, 2018).

이 보고서에서 오버투어리즘 문제는 궁극적으로 "지속가능한 방식으로 개발되고 관리"해야 함을 제시하며, 이를 해결하기 위한 방안을 모색한다. 관광을 통한 혜택과 기회는 지역 사회와 주민들과 나누고, 지역민과 관광분야 간 유대관계를 강화해야 한다. 즉, 오버투어리즘으로 야기되는 문제들은 지역 사회의 참여, 밀집지의 수용력 관리, 특정 성수기의 축소, 제품 다양화를 비롯한 관광지의 제한적 수용능력 및 (지역) 특수성에 대한 주의 깊은 계획을 통해 달성할 수 있음을 제시한다(UNWTO, 2018).

UNWTO가 규정하고 있는 특정 관광지의 관광 수용 능력 즉, 물리적, 경제적 그리고 사회문화적 환경에 대한 훼손이나 관광자 만족의 질적 저하를 야기하지 않고, 특정 관광지를 동시에 방문할 수 있는 최대 인원을 설정하는 것은 관광 개발자나 관리자 모두에게 어려운 과제이다. 따라서 관광 밀집 모니터링 및 관리, 수용능력, 허용 가능한 변화의 한계(the limits of acceptable change)를 설정할 때 관광지와 지역민에 미치는 영향력에 관한 질적, 양적 지표 모두를 고려하여 관광의 영향력에 대한 종합적인 비전을 설정해야 한다(UNWTO, 2018). 동시에 관광 개발과 관리는 전체 도시 아젠다의 일부분으로 포함되어야 한다. 관광정책 결정자나 관광목적지 관리 기구(destination management organizations: DMO)의 활동 범위는 매우 제한적이며 이들만으로는 해당 도시 내 오버투어리즘 및 관광 영향력 문제를 해결할 수 없기 때문이다. 따라서 오버투어리즘의 문제 해결을 위해서는 관광업 및 비관광업 행정 조직(정부), 민간 분야, 지역 사회, 관광자들 간 밀접한 협력과 혁신적인 방안들을 통해서만 해결될 수 있다. 특히, 관광에 대한 거주민의 태도에 대한 이해, 지역 사회의 참여는 핵심적이며 미래 관광 발전에 더욱 중요해질 것이다.

〈표 6-6〉 **도시 내 관광자 증가 문제 해결을 위한 전략 및 방안**

전략	방안
전략 1. 도시 안팎으로 방문자 분산 촉진	• 시내 및 주변부의 방문자가 적은 지역에 더 많은 이벤트 주최 • 시내 및 주변부 방문자가 적은 지역에 관광 포인트 및 시설 개발, 홍보 • 관광포인트별 수용능력 및 체류시간 개선 • 도시 및 주변부의 공동 정체성 개발 • 무제한적 지역 여행을 위한 여행 카드(travel card) 운영 • 방문자가 적은 지역에 대한 방문 촉진
전략 2. 관광 시간대별 분산 촉진	• 비수기 체험 및 이벤트 촉진 • 다이내믹한 가격대 촉진 • 실시간 모니터링을 통한 인기 방문지 및/또는 이벤트에 대한 (방문) 시간대 설정 • 시간대별 분산 촉진을 위한 신기술(앱 등) 활용
전략 3. 신규 관광일정 및 신규 관광 매력 고취	• 관광 안내센터 및 시내 입구 포인트 등에서 신규 관광 일정 홍보 • 신규 일정 및 포인트에 대한 통합 할인 제공 • 숨겨진 보물을 강조하는 도시 가이드 및 서적 발간 • 틈새 방문자를 위한 다이내믹한 체험 및 루트 개발 • 도시 내 방문자가 적은 지역에 대한 가이드 관광 개발 촉진 • 현장방문을 보완할 수 있는 유명 유적지 및 (관광) 포인트에 관한 가상현실 앱 개발
전략 4. 규제 검토 및 조정	• 방문 포인트 개장 시간 검토 • 유명 (관광) 포인트의 대규모 관광자 입장에 대한 규제 검토 • 시내 혼잡 지역의 교통규제 검토 • 방문자의 도시 변두리 주차 시설 활용 확립 • 적정 지역에서 관광버스 드롭오프존(drop off zones) 설정 • 보행자 전용 존 설정 • 관광업 서비스 신규 플랫폼 관련 규제 및 조세 검토 • 호텔 및 기타 편의시설에 대한 규제 및 조세 검토 • 도시, 기타 핵심지역 및 (관광) 포인트의 수용능력 확정 • 전체 운영자 모니터링을 위한 운영자 라이선스 체제 고려 • 관광자 활동을 위한 도시내 특정 지역에 대한 규제 검토
전략 5. 관광자 세분화	• 도시별, 목표별 영향력이 적은 특정 관광 집단을 규정하고 공략 • 재방문자 공략

전략 6. 지역사회에 대한 관광 유발 혜택 보장	• 관광업 고용 수준 증가 및 양질의 일자리 창출 노력 • 관광의 긍정적 영향력 촉진, 긍정적 영향에 대한 지역사회 내 인식 및 지식 고취 • 새로운 관광 상품 개발에 지역사회 참여 • 지역사회의 잠재 수요공급 분석, 관광 가치사슬에 지역사회 통합 촉진 • 지역민과 방문자를 고려한 인프라 및 서비스의 질 개선 • 관광을 통한 소외지역 개발 촉진
전략 7. 지역민과 방문자 모두에게 혜택을 주는 도시 체험 개발	• 관광자를 임시 지역민이라 상정하고, 지역민의 니즈와 원츠에 부합하는 도시 개발 • 지역민과 방문자의 참여를 독려하는 상품 및 관광 체험 개발 • 지역 축제와 활동 내 방문자 시설 통합 • 지역 도시 홍보대사 창설 및 홍보 • 신규 지역에 대한 방문 확대를 위해 스트리트 아트 등 예술, 문화 이니셔티브 촉진 • 관광 포인트 개장 시간 연장
전략 8. 도시 인프라 및 시설 개선	• 균형 잡히고 지속가능한 교통 관리를 위한 통합적 도시 계획 설정 • 대규모 관광활동에 적합한 주요 루트 및 피크타임에 사용 가능한 부차적 루트 확보 • 도시 문화 인프라 개선 • 방향 사인, 통역 자료 및 알림(판) 등 개선 • 방문자에 적합한 대중교통시설 • 성수기 관광을 위한 특정 교통시설 구축 • 적절한 대중 시설 제공 • 자전거 대여 촉진 및 안전한 사이클링 루트 구축 • 안전하고 매력적인 특정 산책 루트 구축 • 누구나 이용가능한 관광 원칙에 맞춰 장애인, 노인에 적합한 루트 확보 • 문화유산 및 유적지의 질 보호 • 관광시설 및 성수기에 적합한 클리닝 체제 확보
전략 9. 지역 이해관계자의 소통 및 참여	• 관광 관리단체(모든 이해관계인 포함) 구축 및 정기 소집 확보 • 파트너를 위한 전문적 개발 프로그램 조직 • 지역민을 위한 토론 플랫폼 조직 • 지역민과 지역 이해관계인간 정기적 리서치 시행 • 지역 간 해당 도시에 관한 흥미로운 소셜 미디어 콘텐츠 공유 독려 • 지역민 태도에 관해 지역민과 소통 • 분열된 (지역)사회 결속
전략 10. 관광자와의 소통 및 관광자 참여	• 관광의 영향력에 대한 인식 조성 • 지역 가치, 전통 및 규제에 대해 관광자 교육 • 교통규제, 주차 시설, 비용, 셔틀버스 서비스 관련 적절한 정보 제공
전략 11. 모니터링 및 대응 방안 구축	• 수요, 도착인원 및 지출, 관광포인트 방문 패턴, 방문자 분류 등 관련해 계절별 흐름 등 주요 지표 모니터링 • 관광현황, 영향력 등의 모니터링 및 평가를 위한 빅데이터, 신기술 활용 • 성수기 및 비상상황을 대비한 계획 구축

자료: UNWTO, 2018.

도시 내 관광자 증가 문제를 이해하고 관리하는데 도움을 주기 위해, UNWTO에서는 11개 전략과 68개 방안을 규정했다(〈표 6-6〉 참조). 그러나 이 방안의 효과는 상황적 맥락에 따라 달리 나타나며, 모든 상황에 적용할 수 있는 한 가지 해결책은 존재하지 않는다. 한 도시 내에서조차 관리 방안은 지역별로 달라질 수 있기 때문이다.

제안된 전략들 중, 지역민들은 특히 다음 방안을 선호하는 경향을 보였다.

- 도시 내 인프라 및 시설 개선
- 관광 계획에 대한 지역민과 지역 비즈니스 간의 소통과 참여
- 관광자와 소통 및 바람직한 관광 행동에 대한 교육
- 연중 시기별로 관광자 분산
- 지역민과 관광자가 만나 어울릴 수 있는 도시 체험 개발

목적지별로 적용할 전략을 결정하기 위해서는 종합적인 평가와 계획이 필수적이다. 현재 오버투어리즘에 따른 문제를 겪고 있지 않은 목적지 역시 방문자 수 증가로 인한 잠재적 영향력을 인식하고 그에 맞는 계획을 세워야 할 것이다. 문화관광은 지역 내 사회·경제적 개발 및 지역민의 삶의 질, 웰빙에 큰 기여를 하고, 모든 시민과 투자자, 그리고 도시를 찾는 방문자를 위해 더 나은 지역을 만드는 데 기여해야 할 것이다.

| 5절 | 문화관광과 오버투어리즘

2019년 말부터 시작된 코로나19 팬데믹으로 전 세계 많은 국가들은 이동 및 여행 제한 조치를 시행하였다. 국제관광은 거의 중단되었고, 국내관광 수요와 산업 역시 침체되어 긴 암흑의 시간을 보내고, 이제 점차 회복세를 나타내고 있다. 이러한 언더투어리즘(undertourism) 상황은 코로나19

이전, 전 세계 유명 문화 유적지에 방문한 수많은 관광자들로 야기된 오버투어리즘(overtourism)과는 정 반대의 양상을 보인다(Frey & Briviba, 2021).

미디어에 처음 등장했던 '오버투어리즘'이라는 용어는 이제 많은 연구들에서 채용되어 점차 익숙해지고 있으며(Insch, 2020; Jacobsen, Iversen, & Hem, 2019; Séraphin, Zaman, Olver, Bourliataux-Lajoinie, & Dosquet, 2019), 여러 연구들이 도시 내 오버투어리즘의 상호작용과 영향에 주로 초점을 맞추었다. Responsible Tourism에서 제시한 오버투어리즘 지도를 살펴보면, 오버투어리즘 대상이 되는 63개국의 98개 이상 목적지 중 40여 개 이상이 유럽의 문화 관광지에 위치해 있으며, 전 세계 지역 사회와 문화유산, 자연 환경으로 확산되고 있다(Francis, 2019). 왜 이렇게 많은 사람들이 문화를 향유하고자 여행을 하는 것일까?

① 문화, 인간의 여행 욕구를 불러일으키는 힘

특정 인간 집단이나 사회에서 독특하게 나타나는 생활양식인 문화(culture)는 대표적인 관광 자원의 하나이다. 이 생활양식에는 의식주를 포함한 관습, 종교 의식, 가치관, 규범, 사회 제도, 이데올로기 등과 같은 정신적 산물에서부터 건물, 박물관, 유물 및 유적, 예술품 등 물질적 · 사회적 산물까지 매우 다양하다. 현대 사회의 많은 국가들은 다른 나라에서 오는 관광자들을 위한 매력물이 다름 아닌 자신들 내부의 문화적 요소임을 더욱 깨닫고 있다(MacCannell, 1976). 오버투어리즘 현상으로 대표되는 지역을 떠올려 보자. 어떤 지역의 어떤 관광 자원들이 생각나는가? 아마 많은 사람들의 머릿속에는 대표 관광 도시나 지역들이 보유한 유구한 역사와 매력을 지닌 문화관광 자원들이 먼저 떠오를 것이고, 이를 보기 위해 수많은 지역에서 찾아온 인파들의 무질서한 행렬이 연상될 것이다.

② 바람직하지 않은 관광 문화, 오버투어리즘

이처럼 정신과 물질이 구체적이고, 매력적인 생활 형태로 나타나는 지역이나 사람들, 문물 등을 찾아 나서는 과정에서 관광 문화(tourism culture)가 만들어지기 시작하며, 관광 문화는 관광자와 관광목적지 지역 주민들과의 상호작용(interaction)에 의해 생성되는 문화의 한 패턴이다(조명환, 2016). 그리고 오버투어리즘 현상은 바람직하지 않은 관광 문화의 한 패턴으로 평가할 수 있을 것이다. 해당 지역의 매력적인 문화 자원을 즐기고 경험하는 과정에서 수용력을 초과한 관광자들의 유입은 지역 사회에 부정적인 영향을 더 크게 초래한다. 지역 주민들의 삶의 질이 저하되고, 관광자와 지역 주민 사이의 갈등과 반목, 충돌은 관광 혐오와 반 관광 시위로까지 표출되는 것이다.

Jafari는 관광 문화 창출을 위해 두 집단의 존재와 중요성을 언급한다(Jafari, 1985). 한 집단은 관광자(guest)이고, 또 다른 집단은 바로 관광목적지 주민(host)이다. 관광 과정에 참여하는 이들의 행동은 독특한 관광 문화를 창출하며, 이렇게 생성된 관광 문화는 우리의 일상적인 문화와는 다르다고 제시한다. 예를 들면, 관광자들은 일상생활에서 탈피하여 집을 떠나게 되면 지금까지와 다른 행동을 나타낸다. 지역 주민들의 정주권을 침해하면서까지 소음과 쓰레기를 발생시키고, 무단으로 사적 공간까지 들어가 사진을 찍거나 지역 주민들의 삶을 구경하는 행위 등이다.

관광자와 만나 상호작용하는 지역 주민 역시 일상적 행동과 다른 행동을 나타낼 수 있다. 예를 들면, 관광을 통한 지역 개발과 관광자 유입에 환영하는 지역 주민이라면 관광자들에게 서비스를 제공하기 위해 보다 친절하고 호의적인 태도와 환대를 나타낼 수 있다. 하지만, 오버투어리즘 현상으로 관광자와 관광에 반대하는 지역의 주민들은 관광 반대 시위를 하거나, 과격한 언행을 보이며 갈등을 나타내기도 한다. 즉, 오버투어리즘은 무책임하고 바람직하지 않은 관광 문화를 생성하고 있다.

문화적 오버투어리즘(cultural overtourism)은 방문자의 지불 비용에 반영되지 않는 심각한 부정적 외부 효과를 유발한다(Goodwin, 2017; Singh, 2018).

- 오버투어리즘으로 관광자가 문화적 장소를 찾아 향유할 때 분위기와 진정성은 상실되고, 거리에서 수많은 관광자들만 마주칠 뿐이다.
- 지역 주민들은 많은 관광자들로 인해 공동체를 유지할 수 없고, 정체성을 잃게 된다. 에어비앤비의 인기가 높아지며 이 현상은 더욱 심화되고, 도심의 임대료가 상승하면서 주민들은 외곽으로 밀려나며(Gravari-Barbas, 2018), 현지인과 관광자 간 적대감이 나타나기도 한다.
- 엄청난 수의 관광자는 문화 유적지를 남용하고 심지어 파괴하기까지 한다(Groizard & Santana-Gallego, 2018). 앙코르와트와 마추픽추의 경우 역사적 경로가 너무 붐비고 낡아서 나무 기둥을 끼웠고(Larson & Poudyal, 2012), 유네스코는 마추픽추를 가장 빠르게 파괴된 세계 유산 목록에 포함시켰다(Hawkins, Chang, & Warnes, 2009).
- 쓰레기와 폐기물 배출, 오염 등 생태학적 비용 및 건강 비용이 크게 증가한다. 소음도 급격히 증가하여 주민들은 물론 관광자 역시 부정적 영향을 받으며, 배기가스는 건물을 손상시킨다(Abbasov et al., 2019).
- 많은 관광자로 범죄와 부적절한 행동이 증가하고, 예술작품 자체가 기물 파손으로 점점 더 위협받고 있다(Seraphin, Sheeran, & Pilato, 2018).
- 주민과 관광자 모두에게 필수적인 기반 시설이 과부하되어 잠재적 갈등 및 적대적 태도가 초래된다.

관광자들은 그들이 방문한 곳에서 일어나는 일에 개인적으로 책임지지 않으며, 관광경험의 정도와 통찰 역시 낮다고 비판 받는다(MacCannell, 1976).

③ 현대 사회, 고유성 추구 욕구와 문화관광의 지속 성장 가능성

그럼에도 MacCannell(1976)은 그의 저서 『*The Tourist*』에서 현대화와 산업화가 진전될수록 사람들은 관광(sightseeing)이라는 일종의 의식(ritual)을 통해 현대화의 결핍을 극복하고, 관광 명소의 고유성(authenticity)을 더욱 추구할 것이라고 하였다. 즉, 사람들의 삶과 문화 자원의 실재, 고유성은

앞으로도 문화 관광자를 유인하는 관광 매력물로 작용할 것이며, 그 문화의 독특성과 희소성, 고유성에 따라 관광자의 숫자도 달라질 것이다.

해당 지역의 문화 자원은 관광을 발생시키고, 관광자의 행동은 여행 중 조우하고 상호작용하는 지역 사회 문화와 주민들에게 영향을 미치게 된다. 앞서 살펴본 것과 같이 오버투어리즘 현상으로 야기되는 관광의 문화적 영향이 매우 심각할 수 있음을 명심해야 할 것이다. Doxey 역시 관광자에 대한 지역 주민의 분노 지수와 태도 변화에 대해 제시하였고(Doxey, 1975), 수용력을 초과한 관광을 통해 지역 사회의 고유성과 자연 환경이 파괴될 수 있음은 널리 알려진 사실이다.

현대인들의 고유성 추구 욕구는 문화관광의 지속적인 성장을 시사한다. 코로나19 팬데믹으로 '언더투어리즘'(undertourism) 현상이 나타나기도 했지만, 국제관광이 재개되면서 억눌렸던 관광자들의 여행 욕구가 다시 분출하고 있다. 이 상황은 앞으로 우리가 문화관광을 어떻게 경험하고 관광 문화를 만들어 나가는 것이 바람직한지, 관광지 방문 계획과 개발, 마케팅은 어떻게 구성되어야 할지 새로운 시대, 새로운 기준을 요청한다. 물론, 전통적인 관광산업과 대중관광의 기여와 역할을 부정할 수 없다. 산업의 이해 관계자들과 이익 집단은 미래 지향적인 책임 있는 관광, 지속 가능한 관광으로의 완전한 패러다임 전환에 저항감을 보일 것이다. 하지만 코로나19 팬데믹으로 전 세계 관광산업은 충격과 위기를 경험하였으며, 새로운 기준과 질서가 필요한 대변혁의 시기를 맞고 있다. 앞으로는 문화관광 목적지에서 오버투어리즘 현상이 목도되지 않기를 기대하며, 새로운 해법과 아이디어, 문화 관광의 미래에 대해 진지하게 성찰하고 논의할 때이다.

생각해볼 문제

1. 최근 관광에서 오버투어리즘 현상이 왜 더욱 중요하게 다루어지고 있는지 지속가능한 관광 원칙 및 책임 있는 관광과 연계하여 토론해 보자.

2. 우리 주변에서 오버투어리즘의 특징이나 이슈가 나타나고 있는 지역의 현상과 사례를 찾아보자. 그리고 이를 해결하기 위한 방안들을 토론해 보자.

3. 관광지 개발자나 관리자, 마케터 입장에서 오버투어리즘을 관리하는 효과적인 방법은 무엇일지 토론해 보자.

4. 관광 정책 담당자 입장에서 오버투어리즘을 관리하고 예방하는 효과적인 방법은 무엇일지 토론해 보자.

5. 관광학을 공부하고 연구하는 우리는 왜 오버투어리즘 현상과 문제에 대해 진지하게 성찰해야 하는지 생각해 보고, 우리의 관심과 연구, 관광자로서의 실천이 사회와 인류에 어떻게 기여할 수 있을지 토론해 보자.

더 읽어볼 자료

1. Dodds, R. and Butler, R. W. (2019). *Overtourism: Issues, realities, and solutions.* De Gruyter.

   미디어의 주목을 받으며 전 세계적 이슈가 된 오버투어리즘의 기원과 현상, 정책 및 계획 등에 대한 광범위한 논의, 오버투어리즘을 통해 영향을 받는 지역과 거주민들의 삶, 자연 환경에 대한 글로벌 사례 연구 등을 종합함. 실제 유명 관광 목적지의 사례를 통해 오버투어리즘 현상과 문제, 이를 해결하기 위한 프로그램과 정책, 잠재적 방안들에 대해 논의하며, 지역 주민들과 조화를 추구하며 관광을 발전시키는 것의 중요성을 강조하고 있음

2. **유영훈 역(Becker, E. 지음)(2017). 『여행을 팝니다』(원제: *Overbooked: The exploding business of travel and tourism*), 명랑한지성.**

   미국 유명 저널리스트 Elizabeth Becker는 폭발적으로 성장하는 여행과 관광 산업이 한 국가의 문화와 환경, 사람들의 삶을 어떻게 변화시키는지 주목하였음. 특히, 전 세계 유명 문화 관광목적지인 프랑스, 베네치아, 캄보디아 등의 다양한 오버투어리즘 사례를 통해 부동산 가격과 임대료 폭등, 원주민들의 내몰림 현상, 토착문화의 상업화 등 관광의 문제점을 조명하고, 책임 있고 지속가능한 관광으로의 패러다임 전환을 제시하고 있음

참고문헌

국가법령정보센터(https://www.law.go.kr)

박경옥(2018). 부산시 오버투어리즘(overtourism 과잉관광)을 방지하려면. 『BDI정책포커스』, 344, 1-12.

박석희(2014). 『신관광자원론』. 서울: 대왕사.

박주영(2020). 『지속가능한 관광을 위한 특별관리지역 법제화 연구』. 한국문화관광연구원.

박주영 · 정광민(2018). 『오버투어리즘 현상과 대응방향』. 한국문화관광연구원.

안소현(2020). 『오버투어리즘으로 인한 지역공동체 갈등 해결 사례연구』. 국토연구원.

안지현 · 김남조(2017). 관광 젠트리피케이션 현상에 대한 인과순환 구조와 정책지렛대 탐색: 북촌일대를 중심으로. 『관광학연구』, 42(1): 91-116.

여행신문(2023.01.15.). 인기 도시마다 앞다퉈 관광세 도입, 여행에 미칠 영향은? 출처: https://www.traveltimes.co.kr/news/articleView.html?idxno=407402 (접속일: 2024.02.02.)

윤혜진(2020). 오버투어리즘(Overtourism) 현상과 정책 대응방안 연구: 북촌 한옥마을을 중심으로. 『관광레저연구』, 23(5): 53-67.

이서현(2018). 오버투어리즘(overtourism)의 전조 현상과 경계: 제주언론의 '제주사람들의 삶' 뒤돌아보기. 『한국언론정보학보』, 88: 77-109.

이수진 · 조성한(2019). 오버투어리즘과 사회적 딜레마, 『경기연구원 이슈&진단』, 383: 1-26.

이훈 · 심창섭(2018). 오버투어리즘 현상의 이해와 향후 과제. 『한국관광정책』, 73: 70-78.

장호찬(2016). 『관광행동론』. 서울: 한국방송통신대학교 출판문화원.

조광익(2006). 『현대관광과 문화이론』. 서울: 일신사.

조명환(2016). 『관광문화론』. 서울: 백산출판사.

한겨레신문(2018.05.26). '오버투어리즘'시대…관광객이 무섭다. 출처: https://www.hani.co.kr/arti/PRINT/846336.html (접속일: 2021.10.29.)

Abbasov, F., Earl, T., Jeanne, N., Hemmings, B., Gilliam, L., & CalvoAmbel, C.(2019). One corporation to pollute them all: Luxury cruise air emissions in Europe. Transport & Enviroment. 출처: https://www.transportenvironment.org/wp-content/uploads/2021/07/One-Corporation-to-Pollute-Them-All_English.pdf (접속일: 2022.01.04.)

Ali, R.(2018). The Genesis of Overtourism: Why We Came Up With the Term and What's Happened Since, Skift, 2018.08.14. 출처: https://skift.com/2018/08/14/the-genesis-of-overtourism-why-we-came-up-wit

h-the-term-and-whats-happened-since (접속일: 2021.10.29.)

Andereck, K. L., & Vogt, C. A.(2000). The relationship between residents' attitudes toward tourism and tourism development options. *Journal of Travel Research*, 39(1), 27-36.

Brown, S.(2017.09.21). Why overtourism matters and what to do about it. 출처: https://samantha-brown.com/tips/why-overtourism-matters-and-what-to-do-about-it (접속일: 2021.11.01.)

Butler, R. W.(1980). The concept of a tourist area cycle of evolution: Implications for management of resources. *Canadian Geographer*, 24(1), 5-12.

Capocchi, A., Vallone, C., Pierotti, M., & Amaduzzi, A.(2019). Overtourism: A literature review to assess implications and future perspectives. *Sustainability*, 11(12), 3303.

Clarke, J.(1997). A framework of approaches to sustainable tourism. *Journal of Sustainable Tourism,* 5(3), 224-233

Doxey, G. V.(1975, September). A causation theory of visitor-resident irritants: Methodology and research inferences. In *Travel and tourism research associations sixth annual conference proceedings* (pp. 195-98).

Francis, J.(2019). Overtourism mapped: Tourism is headed into a global crisis. 출처: https://www.responsibletravel.com/copy/overtourism-map (접속일: 2022.01.04.)

Frey B. S., & Briviba A.(2021). Revived originals: A proposal to deal with cultural overtourism. *Tourism Economics*, 27(6), 1221-1236.

Gartner, W. C.(1996). *Tourism development: Principles, processes, and policies,* NY: John Wiley and Sons, Inc.

Gravari-Barbas, M.(2018). *Tourism and gentrification in contemporary metropolises: International perspectives*. London: Routledge.

Goodwin, H.(2017). The challenge of overtourism. *Responsible tourism partnership working paper* 4, 1-19.

Groizard, J. L., & Santana-Gallego, M.(2018). The destruction of cultural heritage and international tourism: The case of the Arab countries. *Journal of Cultural Heritage,* 33, 285-292.

Hawkins, D. E., Chang, B., & Warnes, K.(2009). A comparison of the National Geographic Stewardship Scorecard Ratings by experts and stakeholders for selected World Heritage destinations. *Journal of Sustainable Tourism*, 17(1), 71-90.

Hunt, E. (2018). Residents in tourism hotspots have had enough: So what's the answer?, The Guardian, 2018.07.17. 출처: https://www.theguardian.com/cities/2018/jul/17/residents-in-tourism-hotspots-have-had-enough-so-whats-the-answer (접속일: 2021.10.29.)

Insch, A.(2020). The challenges of over-tourism facing New Zealand: Risks and responses. *Journal of Destination Marketing & Management*, 15, 100378.
Jafari, J.(1985). The tourism system: A theoretical approach to the study of tourism. Doctoral dissertation, University of Minnesota, MN, United States.
Jacobsen, J. K. S., Iversen, N. M., & Hem, L. E.(2019). Hotspot crowding and over-tourism: Antecedents of destination attractiveness. *Annals of Tourism Research*, 76, 53-66.
Koens, K., Postma, A., & Papp, B.(2018). Is overtourism overused? Understanding the impact of tourism in a city context. *Sustainability*, 10, 4384.
Kuščer, K., & Mihalič, T.(2019). Residents' attitudes towards overtourism from the perspective of tourism impacts and cooperation: The case of Ljubljana. Sustainability, 11(6), 1823.
Larson, L. R., & Poudyal, N. C.(2012). Developing sustainable tourism through adaptive resource management: A case study of Machu Picchu, Peru. *Journal of Sustainable Tourism*, 20(7), 917-938.
MacCannell, D.(1976). *The tourist: A new theory of the leisure class*. NY: Schoken.
Peter L.(2017). 'Tourists go home': Leftists resist Spain's influx. BBC News, 2017.08.05. 출처: https://www.bbc.com/news/world-europe-40826257 (접속일: 2021.10.29.)
Responsible Tourism(n.d.), OverTourism: What is it and how do we address it?, 출처: www.responsibletourismpar tnership.org/over tourism (접속일: 2021.10.31.)
Responsible Travel(2021). Overtourism in Venice. 출처: https://www.responsibletravel.com/copy/overtourism-in-venice (접속일: 2021.10.30.)
Seraphin, H., Sheeran, P., & Pilato, M.(2018). Over-tourism and the fall of Venice as a destination. *Journal of Destination Marketing Management*, 9, 374-376.
Séraphin, H., Zaman, M., Olver, S., Bourliataux-Lajoinie, S., & Dosquet, F.(2019). Destination branding and overtourism. *Journal of Hospitality and Tourism Management*, 38(1), 1-4.
Sheivachman, A.(2016). Iceland and the trials of 21st century tourism. Skift. 출처: https://skift.com/iceland-tourism/
Singh, T.(2018). Is over-tourism the downside of mass tourism?, *Tourism Recreation Research*, 43(4), 415-416.
The Guardian(2018.06.24.). 'Tourists go home, refugees welcome': Why Barcelona chose migrants over visitors. 출처: https://www.theguardian.com/cities/2018/jun/25/tourists-go-home-refugees-welcome-why-barcelona-chose-migrants-over-visitors (접속일: 2021.10.30.)

World Tourism Organization(UNWTO, 2018). 'Overtourism'?: Understanding and managing urban tourism growth beyond perceptions. Madrid, Spain: UNWTO.
World Travel & Tourism Council and McKinsey & Company(2017.12). Coping with success: Managing overcrowding in tourism destinations.

문화관광 현상

7장 문화유산과 유산관광

송 화 성 (수원시정연구원 연구위원)

7장 문화유산과 유산관광

송 화 성 (수원시정연구원 연구위원)

Highlights

1. 유산관광의 개념과 유산관광의 대상에 대해 이해한다.
2. 이론적 접근을 통해 유산관광자의 특성을 이해한다.
3. 유형적 구분을 통해 유산관광자의 다양성을 이해한다.
4. 장소적 관점에서의 유산관광지를 이해한다.

| 1절 | 개관

관광자가 여행지에서 새로운 문화를 접하기 위해 찾아가는 대표적인 장소는 박물관, 민속촌, 유적지 등이다. 이곳에서는 역사의 흐름 속에서 형성된 다양한 문화적 자취를 엿볼 수 있기 때문이다. 이처럼 선대의 역사적, 문화적 발자취를 고스란히 지니고 있는 '유 · 무형'의 자산을 유산(heritage)이라 부른다. 유산관광(heritage tourism)은 문화관광의 가장 대표적인 유형 중 하나라 할 수 있다. 전체 관광수요에도 큰 영향을 미칠 수 있는 매우 영향력 있는 관광자원이라는 점에서 유산관광의 중요성은 매우 높다. 실제 유네스코(UNESCO) 세계문화유산 등재가 해외관광 수요에 긍정적인 영향을 미쳤음을 보여주는 많은 연구가 있다(Roh et al, 2015; Kim et al, 2019; Bak et al, 2019). 이처럼 문화유산은 관광수요에 큰 영향을 미치는 중요한 자원이다. 따라서 이 장에서는 우선 '유산관광은 무엇인가?'에 대해 논의하고 유산관광자(heritage tourist)의 특성과 유형을 살펴보며, 끝으로 유산관광에 대한 새로운 시각들을 제시하고자 한다.

| 2절 | 유산관광에 대한 이해

1. 유산관광이란?

유산관광이란 무엇일까? 우선 단순히 생각하면 문자 그대로 유산(遺産)을 보고, 듣고, 체험하는 관광이다. 따라서 유산관광에 대해 이해하기 위해서는 유산의 의미와 범주를 생각해 볼 필요가 있다.

먼저 유산이란 무엇일까? 표준국어대사전에서 유산의 사전적 의미는 '앞 세대가 물려준 사물 또는 문화'로 정의하고 있으며, 영미권에서 'heritage'의 의미도 유사하다. 또한 일반적으로 문화유산(cultural heritage)은 '역사적 · 문화적 의미를 지니는 유 · 무형의 유산'이라 할 수 있다.

유산의 의미에서 알 수 있듯이 유산 혹은 문화유산이라는 것은 매우 넓은 범주를 지칭한다. 각종 건축물, 기록물과 같은 유형(tangible) 유산뿐 아니라 전통음악, 무술 등과 같은 무형(intangible) 유산도 존재한다.

넓게 보면 가치를 막론하고 선대로부터 물려받은 모든 것을 유산이라 할 수 있으며, 시간이 흐르고 사회가 변동함에 따라 유산의 가치도 변한다. 원래 문화유산은 '예술명품이나 역사적인 가치를 지닌 걸작'을 지칭했다면 최근에는 '사람들에게 특히 중요한 것'을 문화유산이라고 정의하며 문화적 의미를 강조하고 있다. 이런 의미에서 kaminski, Benson & Arnold (2017)는 "가시적인 과거의 증거와 그 증거가 갖는 현재의 함의에 대한 서사를 체험하기 위해 여행하는 것"을 유산관광이라고 정의하였다.

그렇다면 근대사회에서 사람들은 왜 유산을 찾는 것일까? Williams (2009)는 과거에 대한 본능적 관심이라는 인간 성향(human disposition), 탈산업화로 인한 상실감과 절망, 불안으로 인한 과거 대한 향수(nostalgia), 과거로의 취향 회귀와 함께 전통 스타일에 큰 가치를 부여하는 유산 소비주의(heritage consumerism) 유행, 유산에서 진짜 생활방식을 발견하고자 하는 진정성(authenticity) 추구의 측면에서 유산과 유산관광의 중요성을 설명하였다.

한국 유산관광의 현황을 보면 국민 관광자 중 약 절반 정도는 역사문화유적지를 매년 방문하고 있으며, 코로나 19 기간에도 방문횟수에는 큰 변화가 없는 것으로 나타난다(<표 7-1> 참조). 한편 역사문화유적을 보기 위해 한국을 관광목적지로 선택한 외국인 방문자는 전체 방문자의 약 30% 내외를 차지한다(<표 7-2> 참조). 한국을 방문한 외국인 관광자가 고궁을 비롯한 역사유적지를 방문한 비율은 2020년 코로나 발병 상황을 제외하고 꾸준히 증가하고 있으며, 2022년에는 50.7%를 기록하였다. 한국에서 참여한 관광활동 중 고궁 및 역사유적지 관광에 대한 만족도 또한 지속 증가한 것으로 나타났다(<표 7-3> 및 <표 7-4> 참조).

〈표 7-1〉 **내국인의 역사문화유적지 방문 경험**

연도	2014	2016	2018	2019	2020	2021	2022
방문비율(%) 방문횟수(회)	55.2 (2.3)	53.1 (2.3)	57.6 (2.4)	53.3 (2.6)	38.2 (2.4)	26.6 (2.8)	40.7 (1.0)

자료: 문화체육관광부, 각년도.

〈표 7-2〉 **역사문화유적을 고려하여 한국 방문을 선택한 외국인 방문자**

연도	2013	2014	2015	2016	2017	2018	2019	2020	2021	2022
비율(%) (순위)	17.7 (5위)	25.2 (4위)	27.6 (4위)	25.6 (4위)	19.8 (5위)	18.3 (5위)	23.6 (4위)	13.1 (3위)	22.1 (4위)	35.5 (4위)

자료: 문화체육관광부, 각년도.

〈표 7-3〉 **한국 방문 기간 중 고궁 및 역사유적지 방문 외국인 관광자 비중**

연도	2013	2014	2015	2016	2017	2018	2019	2020	2021	2022
비율(%)	16.2	27.2	26.2	25.0	23.4	42.6	45.3	7.5	22.2	50.7

자료: 문화체육관광부, 각년도.

〈표 7-4〉 **고궁 및 역사유적지 관광이 가장 좋았다고 응답한 외국인 방문자(단위 : %)**

연도	2013	2014	2015	2016	2017	2018	2019	2020	2021	2022
비율(%) (순위)	5.5 (6위)	7.5 (4위)	7.7 (4위)	7.9 (4위)	8.7 (5위)	7.5 (5위)	25.9 (4위)			35.8 (4위)

주 1) 2020년에는 해당 항목을 조사하지 않았으며, 2021년에는 모바일로만 조사하였음.
2) 2018년부터 보기 항목 및 응답 기준(단일선택 → 3순위 선택)이 변경되어 2018년 이전 결과 비교시 해당 사항에 유의할 필요가 있음.

자료: 문화체육관광부, 각년도.

그러나 모든 유산이 관광자원으로서의 가치를 지닌다고 보기는 어렵다. 유산관광을 이해하기 위해서는 최소한의 관광가치를 지닌 유산으로 범주를 좁힐 필요가 있다. 예를 들어, 시골 마을에서 흔히 발견할 수 있는 장승이나 사당도 의미 있는 문화유산이지만, 일반적으로는 시골 마을의 장승을 보기 위해 1박 이상 여행을 하지는 않는다. 국제적으로 관광자를 '일상의 범위를 벗어나 1박 이상을 여행하는 방문자'로 정의한다(UNWTO, 2010)는 점을 떠올려 보면 유산관광의 대상을 조금 좁혀 볼 수 있다.

2. 유산관광과 세계문화유산

관광자원으로서 특정 유산의 가치란 개인의 선호에 따라 다를 수 있다. 따라서 유산관광의 소재가 되는 문화유산에 대한 절대적 기준을 제시하기는 어렵다. 여기서는 국제적으로 그 가치를 검증받아 누구나 쉽게 동의할 수 있는 유네스코 세계문화유산의 선정 기준과 사례를 살펴봄으로써 유산관광의 대상과 성격을 유추해보고자 한다.

유네스코 유산은 크게 세계유산, 무형문화유산, 세계기록유산으로 나뉜다(<그림 7-1> 참조). 먼저 세계유산(world heritage)은 '세계 문화 및 자연 유산 보호협약'(Convention concerning the Protection of the World Cultural and Natural Heritage; 약칭 '세계유산협약')에 의해 등재된 유산으로 자연유산, 문화유산, 복합유산으로 분류된다. 무형유산은 무형유산의 중요성에 대한 인식고취와 보호를 위해 '무형문화유산 보호 국제협약'(Convention for the Safeguarding of the Intangible Cultural Heritage)에 의하여 지정된 유산을 뜻한다. 마지막으로 세계기록유산은 1992년 '세계의 기억'(Memory of the World: MOW) 사업 설립 후 미래 세대 전수를 목적으로 기록유산의 보존과 보호 그리고 접근성 향상을 위해 등재된 기록물로 국제목록, 지역목록, 국가목록으로 나뉜다. 대상으로는 기록이 남아있는 자료로 도서를 비롯하여 비문자자료, 영상이미지, 전자데이터 등이 포함된다.

자료: 유네스코와 유산 홈페이지(http://heritage.unesco.or.kr)

〈그림 7-1〉 **유네스코 유산의 종류**

유네스코 유산 중 유산관광과 관련성 높은 유산은 세계유산으로, 현재 전 세계적으로 1,199개의 유산이 세계유산에 등재되어 있으며(2024년 기준), 이중 933개가 문화유산이다(복합유산 39개 포함). 유산관광의 주요 대상이라 할 수 있는 세계문화유산은 건축물 · 구조물 · 유물 등의 기념물과 유적지로 분류되며, 선정 기준과 사례는 〈표 7-5〉와 같다.

〈표 7-5〉 **유네스코 문화유산 선정 기준**

구분	기준	사례
I	인간의 창의성으로 빚어진 걸작을 대표할 것	호주 오페라 하우스
II	오랜 세월에 걸쳐 또는 세계의 일정 문화권 내에서 건축이나 기술 발전, 기념물 제작, 도시 계획이나 조경 디자인에 있어 인간 가치의 중요한 교환을 반영	러시아 콜로멘스코이 성당
III	현존하거나 이미 사라진 문화적 전통이나 문명의 독보적 또는 적어도 특출한 증거일 것	태국 아유타야 유적
IV	인류 역사에 있어 중요 단계를 예증하는 건물, 건축이나 기술의 총체, 경관 유형의 대표적 사례일 것	한국 종묘
V	특히 번복할 수 없는 변화의 영향으로 취약해졌을 때 환경이나 인간의 상호 작용이나 문화를 대변하는 전통적 정주지나 육지 · 바다의 사용을 예증하는 대표 사례	리비아 가다메스 옛 도시
VI	사건이나 실존하는 전통, 사상이나 신조, 보편적 중요성이 탁월한 예술 및 문학작품과 직접 또는 가시적으로 연관될 것	일본 히로시마 원폭돔

자료: 유네스코와 유산 홈페이지(http://heritage.unesco.or.kr)를 바탕으로 재구성.

그렇다면 유네스코가 지정한 한국의 세계문화유산은 어떠한 것들이 있을까? 현재 한국의 세계문화유산으로는 모두 14개소가 지정되어 있으며(2024년 기준), 각 유산의 개요는 다음 〈표 7-6〉과 같다.

〈표 7-6〉 **한국의 세계문화유산 개요**

연번	명칭	지정 연도	등재 번호	기준*	위치
1	석굴암과 불국사	1995년	736	I, IV	경북 경주
2	해인사 장경판전	1995년	737	IV, VI	경남 합천
3	종묘	1995년	738	IV	서울
4	창덕궁	1997년	816	II, III, IV	서울
5	수원화성	1997년	817	II, III	경기 수원
6	경주역사유적지구	2000년	976	II, III	경북 경주
7	고창 · 화순 · 강화 고인돌 유적	2000년	977	III	전북 고창, 전남 화순, 인천 강화
8	조선왕릉	2009년	1319	III, IV, VI	서울, 경기, 강원 분포
9	한국의 역사마을 하회와 양동	2010년	1324	III, VI	경북 안동, 경주
10	남한산성	2014년	1439	II, IV	경기 광주, 성남, 하남 일원
11	백제역사유적지구	2015년	1477	II, III	충남 공주, 부여, 전북 익산
12	산사, 한국의 산지 승원	2018년	1562	III	경남 양산, 경북 영주, 안동, 충북 보은, 충남 공주, 전남 순천, 해남
13	한국의 서원	2019년	1498	III	경북 영주(소수서원), 경남 함양(남계서원), 경북 경주(옥산서원), 경북 안동(도산서원), 전남 장성(필암서원), 대구 달성(도동서원), 경북 안동(병산서원), 전북 정읍(무성서원), 충남 논산(돈암서원)
14	가야 고분군	2023년	1666	III	경남 김해 대성동 고분군, 경남 함안 말이산 고분군, 경남 합천 옥전 고분군, 경북 고령 지산동 고분군, 경남 고성 송학동 고분군, 전북 남원 유곡리와 두락리 고분군, 경남 창녕 교동과 송현동 고분군

주: 유네스코 세계문화유산 등재기준

자료: 유네스코와 유산 홈페이지(http://heritage.unesco.or.kr)를 바탕으로 재구성.

예를 들어 1997년에 지정받은 수원화성은 유네스코의 선정기준Ⅱ의 측면에서 이전 한국의 성곽과 구별되는 새로운 양식의 성곽으로 기존 성곽의 문제점을 개선하였을 뿐만 아니라 외국의 사례를 참고해 포루, 공심돈 등 새로운 방어 시설을 도입하고 이를 우리의 군사적 환경과 지형에 맞게 설치한 것으로 평가된다. 또한 선정기준Ⅲ의 측면에서 전통적인 성곽 축조 기법을 전승하면서 군사, 행정, 상업적 기능을 담당하는 신도시의 구조를 갖추고 있으며, 18세기 조선 사회의 상업적 번영과 급속한 사회 변화, 기술 발달을 보여 주는 새로운 양식의 성곽이라는 평가를 받았다. 특히 수원화성 자체의 문화적 가치뿐만 아니라 '화성성역 의궤'라는 자료를 통해 1700년대 당시 원형 그대로 모습으로 복원이 가능하다는 점에서 세계유산 지정 시 높은 점수를 받았다. 1922년 홍수로 유실되었던 수원화성의 남수문은 화성성역 의궤에 따라 2010년 복원하였다(한겨레, 2012).[1]

수원화성 전경

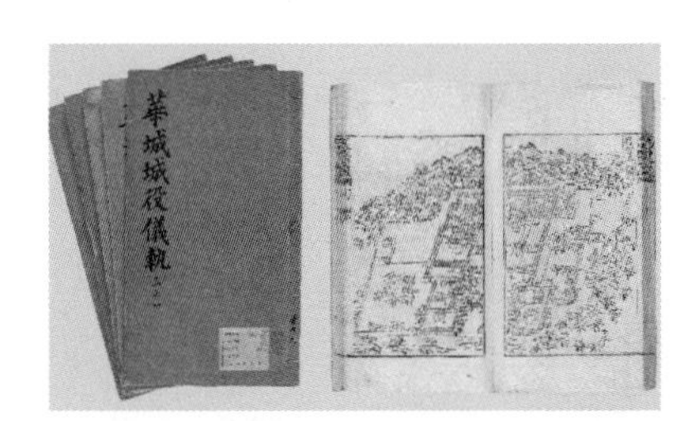

화성성역 의궤

남수문

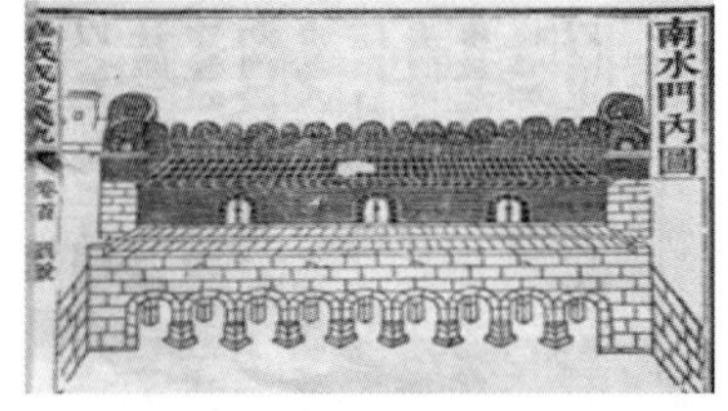

화성성역 의궤에 기록된 남수문 설계도

자료: 수원문화재단, 2019(수원화성관광. https://www.swcf.or.kr/).

〈그림 7-2〉 **수원화성과 화성성역 의궤**

1) http://www.hani.co.kr/arti/society/area/536338.html

이처럼 세계적으로 인정받는 우수한 문화유산은 관광자원으로서도 가치가 높다. 수원화성의 경우 조건부가치추정법(contingent valuation method: CVM)을 이용하여 입장료 지불의사(willingness to pay: WTP)를 추정한 최근의 연구에 따르면 잠재적 관광수요에 기반을 둔 관광자원으로서의 가치는 연간 약 150억 원에 달하는 것으로 추정되었다(박찬열·송화성, 2016).

| 3절 | 유산관광자

1. 유산관광자의 개념과 특성

앞 절에서는 가장 대표적인 유산관광 사례로 유네스코 세계문화유산을 중심으로 살펴보았다. 그렇다면, 이곳을 방문하는 관광자는 어떤 사람들일까? 단순한 질문처럼 보이지만 유산관광과 유산관광자의 개념 정의와 유산관광자의 유형 분류에 대한 다양한 논의가 진행되고 있다.

1990년 초까지 문화관광은 유산관광과 혼용되어 왔다(오정학 · 윤유식, 2010). 이때 문화관광자 혹은 유산관광자는 타 지역이나 타 국가를 방문하는 관광자 중 문화유적, 박물관 및 갤러리, 역사적 장소, 종교적 장소, 공연 및 축제 참가 등 문화경험을 주 목적으로 하여 일반 관광자와 구별되는 관광자를 의미했다(Prentice, 1993).

이후, 문화관광과 비교하여 유산관광은 역사적 장소나 건물, 기념물 방문 등에 더 관련되는 반면, 문화관광은 시각적이고, 행동적인 예술 및 축제 등에 가까운 것으로 보고 있다(Formica & Uysal, 1998). 즉 유산관광을 역사적 장소나 건물, 기념물 등에 관련된 역사 · 문화적 유산을 방문한다는 점에서 일반적인 문화관광과 구분한 것이다. 이에 따라 최근에는 유산관광자를 유산 경험을 주 목적으로 하여 대상지를 방문하는 사람들로 정의

한다(Liu, 2014).

대체로 유산관광자는 여타 관광자로부터 쉽게 관광 소비자로 간주된다. 유산관광자의 인구통계학적 특성을 살펴보았을 때, 그들은 고연령·고학력자이며, 경제적으로도 부유하다(송화성, 2014; Kerstetter et al., 2001; Teo et al., 2014). 또한 여성들의 비중이 상대적으로 높고, 한 곳에 오랫동안 체류하며 더 많은 활동에 참여하고 관광 소비 수준이 높을 뿐 아니라 방문 만족도와 재방문 의향도 높다(송화성, 2014; Kerstetter et al,, 2001; Teo et al., 2014). 더불어 관광경험이 풍부하며, 적극적인 참여와 교류를 통해 지식을 쌓고 학습하고자 하는 동기를 지닌다(McKercher, 2004). 즉 유산관광자는 유산 방문 동기의 중요성이 높을 뿐 아니라 보다 적극적으로 배우고 참여하고자 하는 특성을 지니고 있다.

2. 이론적 접근

유산관광자의 특성을 이해하기 위한 방법 중 하나로 전문화(specialization) 개념을 적용해 유산관광자가 관광 활동에 몰입해가는 과정을 살펴볼 수 있다(Kerstetter et al., 2001). 여기서 전문화란 발전적 과정으로 특정 활동의 초보자에서부터 전문가에 이르는 단계를 거치며 나타나는 다양한 태도와 행동의 연속체를 의미한다(Bryan, 1977). Kestetter et al.(2001)은 유산관광경험, 지식과 관여, 투자와 같은 전문화 요소를 통해 유산관광자의 특성을 분석하였다(<그림 7-3> 참조). 그 결과, 보다 전문화된 유산관광자는 학력이 높고 부유하며, 여성이 대다수를 차지하였다. 또한 그들은 역사적 사건의 학습과 진정성(authenticty)을 경험하고 싶은 욕구가 강한 것으로 나타났다.

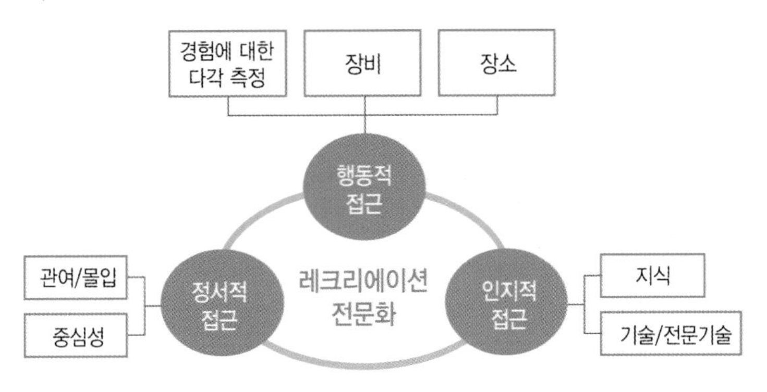

자료: Manning, 2010.

〈그림 7-3〉 **레크리에이션 전문화의 구성요소**

유산관광자의 특성은 여행경력패턴(travel career pattern)이론을 통해서도 설명가능하다. 이 이론에서는 관광동기는 일차원적 수직구조가 아닌 다차원적 구조로 구성되어 있음을 전제한다. 동기는 핵심동기층(core motives), 중간 동기층(mid layer motives), 외부동기층(outer layer motives)의 총합으로 분류되며, 먼저 핵심동기(core motives)는 가장 중요한 동기로 여행경력에 관계없이 모든 관광자에게 나타나며, 신기성(novelty), 일상탈출 · 휴식(escape/relax), 관계향상(relationship)으로 구성된다. 중간층은 여행경력에 따라 나뉘는데 경력이 적을수록 개인적 관심사나 성취감을 통해 얻을 수 있는 자아실현(self-actualization), 내적자기개발(self development)로 구성된 내적 여행동기가 강하며, 경력이 많을수록 외부나 현지 문화를 이해하고 참여함으로써 얻을 수 있는 자연에 대한 관심, 타 문화 이해 등의 외적자기개발(self development) 동기가 나타난다(Ryan, 1998). 마지막으로 외부동기층은 위 두 동기층 대비 중요도가 낮으며 고독(isolation), 향수(nostalgia)로 구성되어있다.

송화성 · 조경신(2015)은 중간층의 외적 자기개발을 역사나 문화의 이해를 추구하는 유산관광자의 특성으로 보고 관광자의 일반적인 동기특성인 여행경력패턴을 통해 유산관광자를 분류하여 접근하였다. 그 결과, 여행경력이 높은 집단은 외적 자기개발동기가 강했으며, 이들은 고소득자, 전문직에 속하는 40~50대 연령의 집단으로 깊이있는 역사문화체험을 추구하는 목적형 관광의 특성을 보였다.

시간이 흐를수록 이전 세대에 비해 고학력층 비중이 높아지고, 경제적 여유가 있는 베이비붐 세대들이 나이가 들어감에 따라 유산관광도 더욱 주목을 받고 있다(이수진 외, 2011; Kaufman & Weaver, 2006). 높은 교육수준은 문화학습 및 체험을 통한 자기개발 욕구와 함께 유산관광의 강력한 동기로 작용할 수 있다. 또한 일반적으로 나이가 들수록 역사적 사건을 포함하여 과거에 관심을 기울이는 성향이 있어 향후 유산관광 시장은 더욱 커질 것이라고 예측된다(Coathup, 1999; McKercher & Cross, 2002).

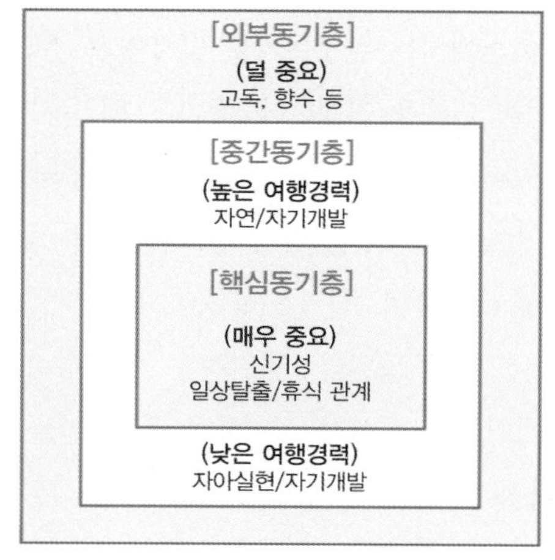

자료: Ryan, 1998.

〈그림 7-4〉 **여행경력모형**(Travel Career Pattern)

| 4절 | 유산관광자의 분류

1. 유산관광자의 유형

유산관광자는 어떻게 분류할 수 있을까? 시장세분화의 관점에서 유산관광자를 인구통계학적 기준, 동기, 관광행동 등을 기준으로 분류한 연구가 다수를 차지한다(McKercher, 2002; Poria et al., 2004; Espelt & Benito, 2006; Alazaizeh et al., 2016).

유산관광자의 유형 분류는 McKercher(2002)가 대표적이다. 그는 관광지 방문 결정에 있어 문화적 동기의 중요성과 체험수준에 따라 문화유산 관광자를 '목적형', '유람형', '우연형', '부수형', '예상 외 의미 발견형'으로 구분하였다(McKercher, 2002).

2. 세계 문화유산관광자의 유형화 사례

세계 문화유산관광자의 유형화에 대한 실증적 연구는 특정 국가 및 지역 방문자를 대상으로 수행되었다.

첫 번째 사례로는 요르단 페트라의 관광자를 대상으로 McKercher(2002)의 모형을 적용해 유산관광자를 구분한 Alazaizeh et al.(2016)의 연구이다. 여기서도 '예상 외 의미 발견형'을 제외한 네 가지 유형이 유산관광자의 대부분을 차지하는 것으로 보았다. 이 지역은 1985년에 이미 유네스코 세계유산으로 등재되었으며, 세계 7대 불가사의 중 하나이며 가장 입장료가 비싼 여행지 중 하나이다(<그림 7-5>). 특히 '인디아나 존스', '트랜스포머', '미생' 등 국내외 영화와 드라마의 촬영지였으며, 이러한 이유로 유산의 학습 추구형부터 가벼운 관광형까지 다양한 유형의 유산관광자가 방문하고 있다. 즉 유산관광의 목적으로 대상지를 방문했을지라도 일반적인 관광의 주 목적이 일상탈출이나 즐거움 추구임을 미루어볼 때, 목적형

보다는 유람형이 일반적이다. 또한 '목적형'과 '유람형' 관광자가 '우연형'과 '예상 외 의미 발견형' 관광자보다 보존적 가치를 높게 인식하고, 직접적 관리 활동에 더 적극적으로 참여하는 것으로 나타났다. 즉 각 집단별로 보존적 가치(preservation values) 인식과 직접적 관리활동에는 차이가 있는 것으로 나타났으나 이용가치(use values) 인식 및 간접적 관리 활동에는 차이가 없는 것으로 확인되었다.

자료: 유네스코 세계문화유산 웹사이트 (whc.vnesco.org).

〈그림 7-5〉 **요르단 페트라**

또 다른 사례로는 이스라엘의 유적지 중 통곡의 벽과 마사다 두 지역을 방문하는 관광자들을 대상으로 한 연구이다(Poria et al., 2004). 이곳을 방문하는 관광자는 문화유산 체험(heritage experience), 학습 체험(learning experience), 여가 체험(recreational experience)을 목적으로 하는 관광자로 구분되었다.

자료: 유네스코 세계문화유산 웹사이트 (whc.vnesco.org).

〈그림 7-6〉 **이스라엘 마사다**

연구결과 주로 유산체험 및 여가체험 동기를 보이는 관광자들이 유적지의 일부인 것처럼 느끼는 정도가 높게 나타났으며, 이를 통해 동기에 따라서 관광지에 대한 인식에 차이가 있음을 확인하였다(<그림 7-6>).

한편 유산관광자의 여행 행동을 중심으로 분류해본 결과 성별과 연령은 유산관광자 유형에 영향을 미치지 않는다는 연구결과도 있다. 예를 들어, Espelt & Benito(2006)의 연구에서는 접근가능지점의 수, 방문지점의 수, 총 방문 소요시간, 지점 당 소요 시간, 지점 간 평균 도보시간, 일정 중 이동거리, 도보 지점 수, 보행태도, 주요 지점 도보 방문 수, 보조 지점 방문 수 등 아주 구체적인 여행 행동을 중심으로 스페인 지로나 지구 관광자를 분류하여 총 4개의 세부 집단을 도출하였다(<그림 7-7>). 첫째, 비문화관광자(noncultural tourist)는 여행 지점의 수와 일정이 모두 매우 낮은 집단이다. 둘째, 의례적 관광자(ritual tourist)는 평균치에 가장 가까운 행동 양상을 보이며, 개인적 경험보다는 집단적 의식에 의해 행동하는 경우가 많은 집단이다. 셋째, 흥미 위주 관광자(interested tourist)는 평균에 가까운 행동 양상을 보이나 각 지점에서 더 많은 시간을 소비하는 집단으로 보통 유산소비주의(heritage consumerism)와 개별 경험, 유산지역의 실생활 경험 등에 의해 행동한다. 마지막으로 박식한 관광자(erudite tourist)는 유산관광자 중 가장 낮은 비율을 차지하고 있는데, 모든 지표들이 높게 나타나며, 특히 내부 응집성(internal coherence)이 높고, 단순경험만이 아니라 지식을 찾는다는 특징을 지닌다.

자료: 스페인 관광청, 2019.

〈그림 7-7〉 **스페인 지로나 지구**

마지막 사례로는 말레이시아의 세계문화유산 지정 도시인 말라카의 국내외 관광자를 대상으로 한 문화유산관광자 행동에 대한 연구이다. 말라카는 500여 년간 말레이시아, 중국, 인도 등 유럽 식민지 강대국과의 상업적 관문으로 건축, 도시형태, 기술, 예술 등에서 큰 족적을 남겨 유네스코 세계유산으로 등재된 곳이다(<그림 7-8>). Teo et al.(2014)는 관광자 행동의 차이가 문화적으로 유의한 관광자(culturally significant tourist)인가 여부에서 비롯된다고 파악했으며, 내국인보다 외국인 관광자들이 보다 높은 값을 보였다. 하지만 기억에 남는 관광경험(memorable tourist experience), 책임있는 관광자(responsible tourist), 비용 지불 관광자(willingness to pay tourist), 친환경 관광자(green tourist)인가 여부는 큰 차이가 없는 것으로 나타났다.

자료: 유네스코 세계문화유산 웹사이트 (whc.vnesco.org).

〈그림 7-8〉 **말레이시아의 말라카**

| 5절 | 유산관광에 대한 새로운 시각

1. 유산관광자의 다양한 유형

전통적 정의에 따르면 유산관광자는 유산의 매력에 깊이 빠져있고, 지적 풍부함을 얻고자 하는 욕구가 강하며, 유산관광체험에 참여하는 데 관심이 많은 상위 단계의 관광자이다(Poria et al., 2001). 그런데 위의 정의에 부합하는 사람들만 유산관광지(heritage site)를 방문하며, 따라서 이들만을 한정적으로 유산관광자로 분류할 수 있을까?

〈표 7-7〉에 정리된 바와 같이, 유산관광자는 방문동기, 체험강도, 체류시간 및 방문지점 수 등 분류 기준에 따라 다양하게 구분된다. 이는 문화유산의 가치, 위치, 개발상황(관련 정책, 사업 등) 등에 따라 관광자에게 해당 대상지가 어떻게 인식되고 있는지가 다양하기 때문이다. McKercher(2002)의 유형화만 보더라도 체험에 대한 추구 욕구가 낮고, 대상지 방문 결정에 있어 문화관광의 중요성이 낮은 '부수형', '우연형' 문화유산 관광자가 존재한다. 이는 유산에 대한 관심 외에 다른 목적으로 유산관광지를 방문하는 다양한 유형의 사람들이 있음을 의미한다.

한편 탈근대적 관점에서 여가와 관광의 경계가 사라지고 있다. 지역민에게도 유산관광지는 경치감상, 운동, 건강증진의 여가의 공간이 될 수 있다. 또한 문화유산 근교에 사는 사람에게 유산관광지는 유산 경험 외에 관광으로서의 가벼운 나들이 목적으로 방문할 수 있는 곳이다. 또한 유산관광지를 개발하고 관리하는 정책과 사업이 활발해지면서 방문자는 유산의 고유성(authenticity)뿐만 아니라 관광상품화된 유산을 경험하기를 원할 수 있다.

후자의 대표적인 예로 수원화성을 들 수 있다. 수원화성의 경우 성곽의 중요 부분이 잘 보존되어 있고, 건축 당시의 특성이 잘 남아있어 완전성(integrity)과 진정성(authenticity)을 높게 평가받아 유네스코 세계문화유산으로 지정받았다. 이후 〈그림 7-9〉에서 보듯 수원화성이 위치하고 있는 수원시에서는 수원화성을 중심으로 무예 24기와 정조능행차 등 각종 공연과 체험 프로그램을 지속적으로 개발하였다. 또한 2016년 관광 편의를 높이고 볼거리를 제공하기 위해 열기구와 화성열차를 도입하였다(강영애, 2016; 송화성, 2018). 수원화성을 역사문화적 가치와 관광자원적 가치로 구분하여 AHP(의사결정 계층분석)를 통해 전문가들이 느끼는 경제적 가치의 중요도를 매겨본 결과 역사문화적 가치는 57.2%, 관광자원적 가치는 42.8%로

〈표 7-7〉 유산관광자 유형 분류

연구자 (발표년도)	연구 대상지	조사 대상	분류 기준	세분 집단 및 특성	
				집단 분류	특성
McKercher (2002)	홍콩	관광자 (2,066명)	관광지 방문 결정에 있어 문화적 동기의 중요성, 체험 수준	목적형 문화유산 관광자 (purposeful cultural heritage tourist)	(높은 동기부여 · 많은 체험) 다른 사람의 문화나 유산에 대해 배우는 것이 목적지 방문의 주요 이유이며, 많은 문화적 체험을 추구함
				유람형 문화유산 관광자 (sightseeing cultural heritagetourist)	(높은 동기부여 · 적은 체험) 다른 사람의 문화나 유산에 대해 배우는 것이 목적지 방문의 주요 이유이지만, 이러한 유형의 비중은 낮으며 오락적인 체험을 추구함
				우연형 문화유산 관광자 (casual cultural heritage tourist)	(보통과 낮은 동기부여 · 적은 체험) 문화관광이 목적지 방문 결정에 제한적 역할을 하며, 문화관광의 참여 비율은 낮은 편임
				부수형 문화유산 관광자 (incidental cultural heritage tourist)	(낮은 동기부여 · 적은 체험) 문화관광이 목적지 의사결정과정에서 의미 있는 역할을 하지 않으나, 목적지에 있는 동안에는 문화관광적 활동에 참여하여 경미한 수준의 체험을 함
				예상 외 의미 발견형 문화 유산 관광자 (Serendipitous Cultural Heritage Tourist)	(낮은 동기부여 · 많은 체험) 문화관광이 목적지 방문 결정에 거의 작용하지 않으나, 문화관광 활동은 많이 참여함
Poria et al. (2004)	이스라엘 남부 통곡의 벽(Wall in Jerusalem), 마사다 (Massada)	관광자 (398명)	관광 동기	문화유산 체험 (heritage experience)	문화유산을 관광자 자신의 일부로 인식하고, 감정적으로 관여하고자 하는 집단, 문화유산에 대한 체험에 참여하고자 하는 욕구가 가장 큰 것이 특징
				학습 체험 (learning experience)	관찰하고 배우기 위해 역사적인 장소를 찾는 집단, 문화유산 경험 집단과 달리 '실제적 경험', '역사적 관찰'은 긍정적이었지만, '역사적 경험'은 부정적 상관관계를 가짐
				여가 체험 (recreational experience)	일탈 욕구, 세계적으로 유명한 장소를 구경하며 긴장을 풀고자 하는 욕구를 가진 집단, 레크리에이션 활동에 참여하고 싶은 욕구가 큰 집단

<table>
<tr><th rowspan="2">연구자
(발표년도)</th><th rowspan="2">연구
대상지</th><th rowspan="2">조사
대상</th><th rowspan="2">분류
기준</th><th colspan="3">세분 집단 및 특성</th></tr>
<tr><th>집단 분류</th><th colspan="2">특성</th></tr>
<tr><td rowspan="4">Espelt & Benito
(2006)</td><td rowspan="4">스페인
도시
지로나
(Girona)</td><td rowspan="4">관광자
(532명)</td><td rowspan="4">여행
행동</td><td>비문화관광자
(the noncultural tourists)</td><td colspan="2">평균 1.82지점 방문(보조지점 0.37), 구간별 이동 속도 2분 56초, 1.5km 이내 일정 등 전체적으로 모든 지표가 낮게 나타남</td></tr>
<tr><td>의식적
관광자
(ritual
tourists)</td><td colspan="2">평균 3.1지점 방문(보조지점 0.73), 1시간 반 정도 방문, 지점당 30분 정도 소요, 구간별 이동속도 4분, 2km이상의 일정</td></tr>
<tr><td>흥미위주
관광자
(interested
tourists)</td><td colspan="2">2,425m이상 일정, 평균 4.23지점 방문, 2시간 정도 방문, 구간별 이동속도 5분, 지점당 41분 소요</td></tr>
<tr><td>박식한
관광자
(erudite
tourists)</td><td colspan="2">평균 3시간 소요, 4km(38구간) 이상 일정 등 모든 지표가 전체적으로 높게 나타남</td></tr>
<tr><td rowspan="2">Teo et al.
(2014)</td><td rowspan="2">말레이시아
도시
믈라카
(melaka)
(유네스코
세계문화
유산)</td><td rowspan="2">국내외
관광자
(505명)</td><td rowspan="2">거주지</td><td>국내
관광자
(local
visitors)</td><td>문화적으로 유의한 관광자(culturally significant tourist) 특성 낮음</td><td rowspan="2">기억에 남는 관광경험(memorable tourist experience), 책임감 있는 관광자(responsible tourist), 비용 지불 관광자(willingness to pay tourist), 친환경 관광자(green tourist) 특성은 큰 차이 없음</td></tr>
<tr><td>국외
관광자
(foreign
visitors)</td><td>문화적으로 유의한 관광자(culturally significant tourist) 특성 높음</td></tr>
<tr><td rowspan="5">Alazaizeh
et al.
(2016)</td><td rowspan="5">요르단
페트라
(Petra)
지역</td><td rowspan="5">관광자
(301명)</td><td rowspan="5">체험
수준,
여행
동기
로서
유산
관광의
중요성</td><td>목적형
유산관광자
(purposeful heritage tourist)</td><td colspan="2">(높은 동기부여 · 많은 체험) 유산에 대한 체험과 배움이 목적지 방문 주요 목적인 집단</td></tr>
<tr><td>유람형
유산관광자
(sightseeing
heritage
tourist)</td><td colspan="2">(높은 동기부여 · 적은 체험) 유산에 대한 체험과 배움이 목적지 방문의 주요 목적이나, 활동은 비교적 적으며 오락적인 체험을 추구하는 집단</td></tr>
<tr><td>우연형
유산관광자
(casual
heritage tourist)</td><td colspan="2">(보통과 낮은 동기부여 · 적은 체험) 유산에 대한 배움이 여행 결정과정에서 제한적으로 작용하는 집단으로 적은 체험으로 목적지에 관여하는 집단</td></tr>
<tr><td>부수형
유산관광자
(incidental
heritage
tourist)</td><td colspan="2">(낮은 동기부여 · 적은 체험) 유산에 대한 배움이 여행 결정과정에서 적게 작용하거나 아예 작용하지 않으나, 관광지 내에서 유산관광 활동에 참여하여 적은 체험을 하는 집단</td></tr>
<tr><td>예상 외
의미 발견형
유산관광자
(serendipitous
heritage tourist)</td><td colspan="2">(낮은 동기부여 · 많은 체험) 낮은 중심성/얕은 체험, 유산에 대한 배움이 여행 결정과정에서 적게 작용하거나 아예 작용하지 않으나, 결국 유산관광활동에 깊이 참여하는 집단</td></tr>
</table>

나타났다(송화성, 2015; 박찬열·송화성, 2016). 이는 역사문화적 가치에 대한 중요도가 관광자원적 가치 대비 높으나, 관광자원적 가치 역시 간과할 수 없다는 것이다.

플라잉 수원

화성열차

자료: 수원문화재단, 2019(수원화성관광, https://www.swcf.or.kr/).

〈그림 7-9〉 **수원화성의 각종 관광 프로그램**

2. 장소적 관점에서의 유산관광자 분류

유산이 시간의 흐름과 시대적 상황에 따라 해당 자원의 가치를 인정받았음을 미루어볼 때, 유산관광지가 처음부터 역사, 문화, 유산으로서의 가치를 보유하지는 않았을 것이다. 유산관광지를 장소의 관점에서 바라본다면 해당 장소를 방문하는 다양한 사람들과 다양한 결합을 가질 수 있으며, 이는 각자의 장소에 대한 가치 평가로 이어질 것이다. 유산이 지역의 진정성, 역사를 나타내는 것임을 감안할 때, 방문자가 해당 장소를 어떻게 평가하고 인식하는지에 대한 연구도 필요하다. 특히 유산관광지의 경우 해당 유산이 위치하고 있는 장소의 특성에 따라 역사문화자원의 성격에서 나아가 자연자원, 도보관광자원, 도시관광자원, 농촌관광자원, 해양관광자원 등 다양한 관광속성과 편익이 혼재되어 있다.

McKercher(2002)의 유형 분류 중 '예상 외 의미 발견형', '우연형', '유람형', '부수형' 관광자는 문화관광이 주 목적이 아니었으며, '예상 외 의미발견형'은 그럼에도 불구하고 깊은 체험을 경험하였다. 이에 방문 선택에 영향을 미치는 장소적 측면을 고려하여 유산관광지 장소 자체의 특성 즉 해당 장소를 방문자들이 어떻게 인지하고 평가하고 있는지에 대한 연구가 시도되고 있다.

자료: 유네스코 세계문화유산 웹사이트 (whc.vnesco.org).

〈그림 7-10〉 **남한산성**

하나의 사례로 Ralph(1985)의 장소 형성 요소를 모형화한 Brown(2005)의 장소가치 인식 모형을 바탕으로 유네스코 세계문화유산인 남한산성에 대한 지역민과 관광자와의 인식차이를 비교한 연구를 들 수 있다(김예은 · 김현 · 백난영, 2015). 여기서 지역민과 관광자 모두 장소의 매력적(경치/향기/소리) 가치, 정신적으로 특별한 장소로서의 가치, 심신을 건강하게 하는 장소로서의 가치를 높게 평가하였다. 지역민이 관광자보다 다양한 동식물로서의 가치에 대해 높게 평가하였다면 관광자는 지역유산적 가치와 배움을 얻을 수 있는 가치를 높게 평가하였다. 대상지인 남한산성은 요새화된 도시를 보여주며 산성의 구조, 옛 산성의 기능을 이해하는 데 필요한 문화유산으로서의 특성을 인정받아 유네스코 문화유산으로 등재되었다. 그러나 산 위에 조성된 곳이니만큼 방문자는 문화유산 방문 목적 외에 심신 단련, 자연 감상 등 다양한 목적으로 방문하며, 해당 가치로 평가할 수 있다(〈그림 7-10〉).

유산관광지 방문자의 인식에 대한 또 다른 사례로 수원화성 방문자를 대상으로 장소가치 인식에 따른 유형 분류를 시도한 연구가 있다(Song &

Kim, 2019). 여기서는 방문자를 '나들이형'(outing seekers: OS), '관광형'(tourism seeker: TS), '유산형'(heritage seeker: HS), '진지한 여행 추구형'(serious travel seeker: SS)으로 구분하였다. 수원화성은 건축사적 가치에 따라 유네스코 세계문화유산으로 지정된 곳이다. 이를 반영하여 〈그림 7-11〉과 같이 해당 가치는 방문자 유형 분류의 주요 기준이 되었다.

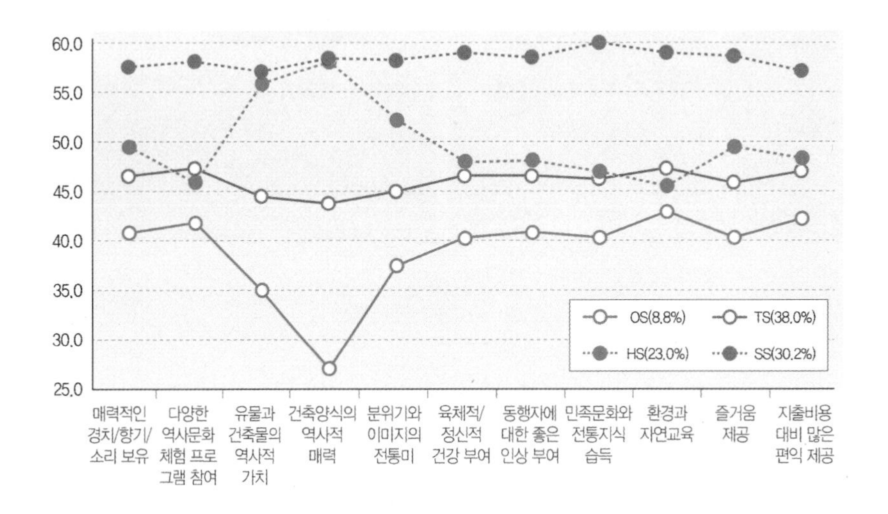

〈그림 7-11〉 **장소 가치 평가에 따른 수원화성 방문자 유형화**

먼저 '나들이형'은 수원화성이 건축사적·역사적 가치에 따라 유네스코 문화유산으로 지정된 곳임에도 불구하고 해당 가치를 가장 낮게 평가하였으며 해당 장소를 가벼운 산책과 기분 전환의 장소로 인식하였다. 두 번째 '관광형'은 전반적으로 '나들이형'과 유사한 패턴을 보였으나 건축사적/역사적 가치(중간 평가)를 포함한 전체 영역에서 고르게 인식하고 있어 '나들이형' 대비 장소의 다양한 면을 인지하였다. 세 번째 '유산형'은 '관광형'과 같은 패턴을 보였으나, 건축사적/역사적 가치에 대해 특히 높게 평가하는 것으로 나타났다. 마지막으로 '진지한 여행 추구형'은 건축사적/역사적 가치를 포함하여 모든 면을 높게 평가하였으며 특히 '민족문화와 전통 지식 습득'에 대한 가치가 높은 곳으로 평가하였다. 이처럼 세계문화유산으로 지정되어 인류 문화유산으로 대표성이 확보된 곳이라 할지라도 해당 장소에 대한 인식이 다양하다. 따라서 유산관광자의 다양성을 고려한 관광지 개발 및 상품 구성이 필요하다.

| 6절 | 결론

이 장에서는 문화관광의 가장 대표적인 유형 중 하나인 유산관광에 대해 소개하였다. 유산관광은 외지 관광자 유입에 영향력이 큰 관광자원이라는 점에서 특히 중요성이 높다.

2절에서는 유산관광의 정의와 대표적인 유산관광 자원을 살펴보았다. 유산관광이란 역사적 · 문화적 의미를 지닌 유 · 무형의 유산을 체험하기 위해 여행하는 것이라 할 수 있다. 가장 대표적인 유산관광 자원으로는 유네스코 세계문화유산을 꼽을 수 있으며, 세계적인 문화유산은 관광자원으로서의 가치도 높다는 것을 확인하였다.

3절에서는 유산관광자의 개념과 특성을 살펴보았다. 유산관광자는 유산 경험을 주목적으로 여행하는 사람으로 정의할 수 있으며, 일반 관광자 대비 상대적으로 고연령, 고학력, 고소득의 특성을 보인다. 또한 비교적 많은 관광 경험이 있으며, 적극적 학습과 참여의 특성을 강하게 나타낸다. 이와 같은 유산관광자의 특성을 심도 있게 분석하기 위해 전문화 개념을 적용하거나, 여행경력패턴으로 설명한 연구들에서도 유사한 사실이 확인된다. 유산관광자의 이러한 특징은 고령화, 고학력 비중 증가, 경제적 발전 등으로 인해 향후 유산관광 시장은 더욱더 증가할 것이라는 전망을 가능케 한다.

4절에서는 유산관광자의 유형분류 및 사례를 소개하였다. 유산관광자의 유형은 인구통계, 동기, 관광행동 등에 따라 다양하게 분류할 수 있으며, 가장 대표적으로는 McKercher(2002)의 체험추구와 방문동기에 따른 분류가 있다. 세계문화유산 관광자의 유형화 사례소개를 통해 유산관광자의 유형을 어떻게 구분하고 이해해 볼 수 있는지를 알아보고자 하였다.

5절에서는 유산관광에 대한 새로운 시각들을 소개하였다. 첫째, 유산에 대한 관심 외에도 매우 다양한 목적과 유형의 사람들이 포함된다는 것이다. 둘째, 장소적 관점에서 유산관광자를 분류하고 이해하려는 시도도 있다. 장소가치라는 개념을 통해 유산관광자를 분류한 연구들은 단순 방문동기나 목적뿐 아니라 대상지가 지니는 가치에 대한 인식으로 유산관광자를 분류하고 있다. 예를 들어 세계문화유산이라 하더라도 단순한 나들이 대상지로 인식하는 방문자 유형이 발견되었다. 이는 관광과 여가의 경계가 사라지며, 지역민에게도 유산관광지는 나름의 가치와 기능을 지닌다는 것을 보여준다.

코로나-19(COVID-19) 유행에 따른 국가 간 이동제한, 사회적 거리두기 등에 따라 관광욕구가 충분히 해소되지 못하면서, 최소한의 이동범위 안에서 여행하는 국내관광과 일상에서 새로움을 찾는 일상관광에 대한 관심이 커졌다. 선대로부터 물려받은 유·무형의 자산인 유산을 일상의 영역에서도 쉽게 발견할 수 있음에도 불구하고, 전통적으로 유산관광은 일반인들이 쉽게 접근하기 어려운 것으로 인식되었다. 그러나 4차 산업혁명으로 대표되는 새로운 기술들은 유산관광을 좀 더 쉽고, 재미있고, 편하게 다가갈 수 있게 하는 등 이해와 접근의 문턱을 낮추고 있다. 특히 코로나-19로 가속화된 가상현실, 비대면 기술의 발달은 공간과 시간을 초월하여 유산이라는 소재에 더욱 관심을 높일 수 있으며, 이에 따라 향후 유산관광 시장은 빠르게 성장할 것이다.

생각해볼 문제

1. 문화관광과 유산관광의 유사점과 차이점은 무엇일까?

2. 유산관광의 대상과 범위는 어떻게 정할 수 있을까?

3. 유산답사와 체험을 목적으로 방문하는 사람들만이 유산관광자로 분류할 수 있을까? 또한 유산관광지 거주자 즉 주민도 유산관광자가 될 수 있을까?

4. 유산관광자의 다양성을 고려한 상품 및 정책은 어떠한 것들이 있을까?

더 읽어볼 자료

1. McKercher, B. and Cross, H. (2002), *Cultural tourism: The partnership between tourism and cultural heritage management*, New York: Haworth hospitality press.

   문화유산관광의 개념 및 특성, 유형 분류, 대상(세계문화유산), 문화유산 관리 등 지속가능한 문화관광에 대해 설명한 서적. 문화유산관광의 이론을 실무에 적용하고 해당 분야 내에서 일어나는 다양한 관계, 현상을 정의하는 데 도움이 되는 다양한 관점을 설명하여 문화유산관광의 지속가능한 발전에 기여하였다.

2. Richards, G. (2018), Cultural tourism: A review of recent research and trends, *Journal of Hospitality and Tourism Management*, 36, 12-21.

   유산관광에 대한 최근의 동향과 함께 관련 이슈 제시, 향후 연구를 제시한 논문. 최근의 문화관광 연구트렌드를 문화소비, 동기, 문화관광의 경제적 효과, 문화유산(cultural heritage), 창조경제로서의 문화(관광과 창조경제의 결합), 토착 문화(정체성)로 분류하고 해당 연구와 주제를 향후 연구에서 공급과 수요, 수단과 측정의 면에서 다학제적 접근 필요성을 제시하였다.

3. Winter, T. (2013), Clarifying the critical in critical heritage studies. *International Journal of Heritage Studies*, 19(6), 532-545.

   유산관광에 다양한 논쟁과 연구 이슈 등을 제시한 논문. 세계가 현재 직면한 중요한 이슈 중 유산과 관련이 있거나 유산으로부터 외부로 확장되는 문제에 집중하여 비판적 연구의 방향을 포스트 웨스턴 관점의 추구, 문화유산 보존분야와 보다 생산적인 실효성 있는 대화 · 주제 개발로 잡는 등 비판적 유산 연구 이슈를 명료화하였다.

참고문헌

김예은 · 김현 · 백난영(2015). 남한산성도립공원 등산객과 비등산객의 장소 가치인식 비교 연구. 『농촌계획』, 21(4), 127-137.

박찬열 · 송화성(2016). CVM 을 활용한 역사관광자원의 입장료 지불가치 추정. 『지방정부연구』, 20(2), 255-271.

송화성(2014). 『문화관광경험분석: 전문화를 중심으로』. 수원시정연구원.

송화성 · 조경신(2015). 문화관광자 동기에 따른 시장세분화: 여행경력 이론을 중심으로. 『관광연구』, 30(6), 27-46.

이수진 · 허선희 · 홍순영(2011). 『베이비붐세대 은퇴에 따른 여가소비문화 활성화

오정학 · 윤유식(2010). 문화관광자 유형분류에 의한 세분시장 분석-관광형태와 선호관광지를 고려한 이단계 군집분석의 적용. 『관광학연구』, 34(8), 167-189.

이수진 · 허선희 · 홍순영(2011). 『베이비붐세대 은퇴에 따른 여가소비문화 활성화 방안』. 경기연구원.

문화체육관광부(각년도). 『국민문화예술활동조사』. 문화체육관광부.

문화체육관광부(각년도). 『외래관광객 실태조사』. 문화체육관광부.

Alazaizeh, M. M., Hallo, J. C., Backman, S. J., Norman, W. C., & Vogel, M. A. (2016). Value orientations and heritage tourism management at Petra Archaeological Park, Jordan. *Tourism Management*, 57, 149-158.

Bak, S., Min, C. K., & Roh, T. S. (2019). Impacts of UNESCO-listed tangible and intangible heritages on tourism. *Journal of Travel & Tourism Marketing*, 36(8), 917-927.

Brown, G. (2004). Mapping spatial attributes in survey research for natural resource management: methods and applications. *Society and natural resources*, 18(1), 17-39.

Bryan, H. (1977), Leisure value systems and recreational specialization: The case of trout fisherman, *Journal of Leisure Research*, 9, 174-187.

Coathup, D. C. (1999). Dominant actors in international tourism. *International Journal of Contemporary Hospitality Management*, 11(2/3), 69-72.

Espelt, N. G., & Benito, J. A. D. (2006). Visitors' behavior in heritage cities: The case of Girona. *Journal of Travel Research*, 44(4), 442-448.

Formica, S., & Uysal, M. (1998). Market segmentation of an international cultural historical event in Italy. *Journal of Travel Research*, 36(4), 16-24.

Kaminski, J., Benson, A. M., & Arnold, D. (2017). Cultural heritage tourism – Future drivers and their influence. *Contemporary Issues in Cultural Heritage Tourism*. Routledge.

Kaufman, T. J., & Weaver, P. A. (2006). Heritage tourism: A question of age. *Asia Pacific Journal of Tourism Research,* 11(2), 135-146.

Kerstetter, L. D., Confer, J. J., & Graefe, R. A. (2001), An Exploration of the Specialization Concept within the Context of Heritage Tourism, *Journal of Travel Research*, 39(3): 267-274.

Kim, H., Oh, C. O., Lee, S., & Lee, S. (2018). Assessing the economic values of World Heritage Sites and the effects of perceived authenticity on their values. *International Journal of Tourism Research*, 20(1), 126-136.

Liu, Y. D. (2013). Image-based segmentation of cultural tourism market: The perceptions of Taiwan's inbound visitors. *Asia Pacific Journal of Tourism Research*, 19(8), 971-987.

Manning, E. R. (2010). *Studies in Outdoor Recreation: Search and Research for Satisfaction (3rd ed)*. Oregon State University Press.

Maslow, A. (1970). *Motivation and Personality*. New York: Harper & Row.

McKercher, B. (2002). Towards a classification of cultural tourists. *International Journal of Tourism Research,* 4(1), 29-38.

McKercher, B., & Du Cross, H. (2002). *Cultural Tourism: The Partnership Between Tourism* Ad Cultural Heritage.

Pearce, P. (1998). *The Ulysses factor: Evaluating visitors in tourist settings*, New York: Springer-Verlag.

Poria, Y., Butler, R., & Airey, D. (2004). Links between tourists, heritage, and reasons for visiting heritage sites. *Journal of Travel Research*, 43(1), 19-28.

Prentice, R. C., Witt, S. F., & Hamer, C. (1998). Tourism as experience: The case of heritage parks. *Annals of Tourism Research,* 25(1), 1-24.

Ryan, C. (1998). The travel career ladder: An appraisal. *Annals of Tourism Research*. 25(1), 936-957.

Relph, E. (1976). *Place and placelessness* (Vol. 1). Pion.

Roh, T.S. Bak, S. Min, C. (2015). Do UNESCO Heritages Attract More Tourists? *World Journal of Management*, 6(1), 193--200.

Song, H. & Kim, H. (2019). Value-Based Profiles of Visitors to a World Heritage Site: The Case of Suwon Hwaseong Fortress (in South Korea). *Sustainability,* 11(1), 132.

Teo, C. B. C., Khan, N. R. M., & Rahim, F. H. A. (2014). Understanding cultural heritage visitor behavior: the case of Melaka as world heritage city. *Procedia-Social and Behavioral Sciences*, 130, 1-10.

UNWTO(2010). *International Recommendations for Tourism Statistics 2008*, World Tourism Organization.

Williams, Stephen (2009). *Tourism Geography: A New Synthesis*. Routledge.

유네스코와 유산 홈페이지(http://heritage.unesco.or.kr)

유네스코 세계문화 유산 홈페이지(https://whc.unesco.org)

스페인 관광청 홈페이지(https://www.spain.info)

수원문화재단 홈페이지(https://www.swcf.or.kr)

한겨레(2012.06.05.). 수원화성 남수문 90년만에 복원.

http://www.hani.co.kr/arti/society/area/536338.html

한국관광공사(2012.1.9.) 올해 반드시 방문해야 하는 45개 도시.

http://kto.visitkorea.or.kr/kor/notice/data/mast/global/dnajdsj/board/view.kto?id=391638&rnum=740

8장 문화와 종교관광

이 윤 정 (호서대학교 교수)

8장 문화와 종교관광

이 윤 정 (호서대학교 교수)

Highlights

1. 문화관광의 한 분야로서 종교관광 연구의 필요성과 중요성을 이해한다.
2. 종교관광의 연구 동향과 주요 주제를 이해한다.
3. 종교관광의 개념의 변화와 현대적 흐름을 이해한다.
4. 영성관광이 등장하게 된 배경과 특징을 이해한다.
5. 템플스테이의 등장배경과 특징, 연구의 동향을 이해한다.

| 1절 | 종교관광의 중요성

역사의 흐름 속에서 종교는 건축, 문학, 예술 등 인류 문화의 다방면에 지대한 영향을 끼쳤고 이러한 영향력은 현재에도 지속되고 있다. 바티칸, 메카, 예루살렘, 부다가야 등은 과거뿐 아니라 현재에도 많은 순례자들이 지속적으로 방문하고 있는 대표적인 종교관광지이다.

종교는 인류 문명의 초창기, 애니미즘, 토테미즘, 샤머니즘을 기반으로 한 자연신 숭배 및 기복(祈福)의 목적으로 시작되었다고 할 수 있다. 그리고 신을 숭배하기 위해, 축복을 기원하기 위해 이동하는 종교적인 행위(순례여행)가 문명의 발전 및 가치관의 변화로 인해 현재 쾌락을 추구하는 세속적 형태의 관광으로까지 다변화되었다고 할 수 있다(정병웅, 2002).

이처럼 종교관광이 인류의 역사와 함께한 가장 오래된 관광형태임에도 불구하고 지금까지도 여전히 많은 학자들로부터 관심을 받고 있는 이유는 종교관광이 끼치고 있는 사회문화적, 경제적 영향 때문일 것이다. 매년 약 3억 명 이상의 사람들이 종교적인 성지(聖地)를 방문하고 있다. 2022년 통계에 따르면, 종교관광 시장은 약 137억 달러(US)에 이르는 것으로 나타난다. 향후 종교관광 시장 규모는 연평균 약 10.4% 증가하여 2032년에는 370억 달러(US)에 달할 것으로 예측되고 있다(Future Market Insights Global, 2002.04.26.). 따라서 종교관광이 효과적으로 관리, 운영된다면 해당 지역의 발전에 크게 이바지할 수 있을 것이다. 뿐만 아니라 바람직한 종교관광은 문화적 상호이해를 증진시켜 관광의 지속가능한 발전의 효과적인 수단으로 작용할 수 있을 것이다. 그렇다면 어떻게 하면 종교관광을 효과적으로 운영할 수 있을 것인가? 먼저, 종교관광의 현황과 문제점에 대해서 제대로 파악하는 것이 중요하다. 따라서 이 장에서는 종교관광의 주요한 연구주제들과 그간의 연구 동향, 주요 쟁점들을 중심으로 종교관광을 더 잘 이해하도록 설명하는 데 초점을 맞추었다.

| 2절 | 연구동향 및 연구범위

1. 연구동향

관광학에서 순례여행이나 종교관광에 대한 연구는 1990년대 들어 본격적으로 시작되었다고 할 수 있다. 1970년대와 1980년대에는 종교관광이라는 개념이 등장하지 않았고 사회학자, 인류학자들을 중심으로 성지순례(pilgrimage)와 관련된 연구가 수행되었다. 따라서 1990년대 이전의 종교관광에 대한 연구는 순례여행과 관련하여 이루어졌고 순례자들의 경험이나 동기가 연구주제의 주를 이루고 있었다(Cohen, 1979, 1992a, 1992b, 1998; MacCannell, 1973; Turner & Turner, 1969, 1978). 70년대 순례여행 연구의 핵심은 관광자와 순례자를 어떻게 정의할 것인가와 관련이 있다. '현대의 모든 관광자는 진정성(authenticity)을 찾는 순례자'라고 주장했던 맥카넬(MacCannell, 1973)을 시작으로 관광자와 순례자에 대한 논의가 본격적으로 시작되었다. 관광자를 순례자와 동일시했던 맥카넬의 관점은 이후 많은 비판을 받았지만 그럼에도 불구하고 성지순례와 관광에 대한 흥미로운 관점을 제시하여 이후에 이루어진 종교관광에 대한 논의의 발판이 되었다.

1992년은 관광학계에서 종교관광에 대한 논의를 정립하는 중요한 해가 되었다. 관광학계 저명한 학술지인 *Annals of Tourism Research*에서 종교관광을 특집호의 주제로 다루었기 때문이다. 이 특집호에서 스미스(Smith, 1992)는 관광자-순례자의 스펙트럼을 제시하며 순례자를 종교적 여행자로, 관광자를 휴양객으로 정의하고 이들을 문화적으로 구조화된 양극단에 위치시켰다(<그림 8-3> 참조). 이 특집호에는 스미스의 스펙트럼뿐 아니라 종교관광을 큰 주제로 종교관광의 동기, 경험, 종교관광자의 구분 등 다양한 주제로 연구가 이루어졌다. 그러므로 *Annals of Tourism Research*의 특집호는 종교관광이 관광학 연구의 화제로 등장할 수 있도록 했을 뿐 아니라 '종교관광'이 개념화되는 데 단초(端初)를 제공했다는 점에서 종교관광 연구에 크게 기여하였다.

이후 기술의 발달과 여가시간 및 소득의 증가와 같은 사회구조적 여건의 변화로 관광이 급격하게 발달하게 되었다. 관광의 발달로 사람들의 여행 동기는 다양화되었고 이에 따라 종교관광의 범위 자체도 매우 확장되었다. 물론 전통적인 순례여행(자신이 믿고 있는 종교와 관련하여 성지를 방문하는 것)도 여전히 활성화되고 있지만 신비로운 체험을 하기 위해서나 정신수양, 자아발견 등과 같은 종교와는 관련 없는 이유로 성지(holy site)에 방문하거나 특정 종교와 관련이 없지만 신비하거나 성스럽다고 알려진 장소를 방문하는 관광까지 다양한 형태의 관광을 종교관광의 범위 내에서 다루고 있다(Badone & Roseman, 2004; Margry, 2008).

2. 종교관광의 범위

종교관광 범위의 외연을 어디까지로 정할 수 있을까? 사실 종교관광의 범주는 통합된 관점이 존재하지 않고 학자별로 다르게 정의되고 있다. 다음의 〈표 8-1〉에서 제시하고 있는 종교관광의 확장된 범주는 학자들이 제시하고 있는 다양한 범주의 한 종류라고 생각하면 될 것이다. 각각의 범주는 서로 배타적이지 않으며 다소 혼재될 수 있다. 즉 종교행사에 참여하고 난 후에 성지순례에 참여할 수도 있으며 성지순례 이후에 관광 명소를 둘러볼 수도 있다. 70년대에 성스러운(sacred) 동기의 순례여행이 세속적인(secular) 동기를 포함하며 종교관광으로까지 확장되고 다변화되었던 것처럼, 현대의 종교관광은 그 외연이 확대되어 특정 종교와 관련이 없지만 성스러운 장소를 방문하는 경우까지를 포함하는 의미로까지 확장되었다. 〈표 8-1〉의 가장 하단에 위치하고 있는 '영적인 순례여행'의 카테고리는 이 장의 후반부에서 살펴볼 '영성관광'과 일맥상통하다고 볼 수 있다.

영성관광의 경우를 보면 종교적 동기, 종교적 성지가 기존에 종교관광에서 규정하고 있는 특정 종교와의 연관성이 필수적이지 않다. 종교적인 동기를 기준으로 영성관광을 종교관광에 위치시켜본다면 종교관광 스펙트럼의 한 극단에는 순수하게 종교적인 신앙과 관련이 있는 동기로 행해지는 전통적인 순례여행이 위치하는 반면 반대편의 다른 극단에는 자아의 성찰이나 내면적 성장 등과 같이 종교와는 관련이 없는, 개인적인 동기에서 행해지는 영성관광이 위치해있다고 볼 수 있다. 영성관광을 어떻게 정의할 것인지, 영성관광과 종교관광과의 관계는 어떻게 되는지, 종교관광이라는 개념의 외연은 어디까지로 규정할 수 있는지 등 종교관광의 범주와 관련한 논의는 앞으로 종교관광 연구에서 지속적으로 다루어야 할 중요한 연구주제이다.

〈표 8-1〉 **종교관광의 범주**

종류	설명	종교적 동기	종교적 성지
전통적인 성지순례 (traditional pilgrimage)	참가자가 종교적 헌신의 행위로 어떤 신성한 장소로 여행	○	○
종교관광 (religious tourism)	신성한 곳으로 알려져 있는 관광명소(tourist attractions)를 방문	상관 없음	○
종교 행사 (religious events)	집회, 종교관련 캠프, 종교회의, 고난주간(the holy week) 행사 등 종교행사에 참여하는 것으로 종교적인 동기로 참여하지만 장소가 반드시 종교적 성지일 필요는 없다.	○	상관 없음
단기선교여행 (short-term mission trip)	주로 선교의 목적으로 종교단체에서 운영하는 자원봉사활동에 참여	○	상관 없음
종교문화길 (religious routes)	참회를 위해서 또는 종교 이외의 동기를 가지고 종교와 관련된 길을 따라 걷는 것 산티아고 순례길이나 프란치제나 길(via francigena)이 유명	상관 없음	○
영적인 순례여행 (spiritual pilgrimage)	개인의 영적인 성장을 목적으로, 평소와 다른 장소를 방문하는 것 동기나 장소가 반드시 종교와 관련이 있을 필요는 없다.	상관 없음	상관 없음

주: 이 범주는 Griffin & Raj (2017)를 토대로 재구성하였음.

| 3절 | 주요 연구 주제

지금까지 학자들이 종교관광에서 다루고 있는 주제는 크게 순례여행(pilgrimage/pilgrims)과 관광(tourism/tourists) 개념 간의 유사성과 차이점, 종교관광자들의 관광행동 패턴과 특징, 종교관광의 경제적인 효과, 종교관광이 해당 지역에 끼치는 부정적인 영향 등으로 구분해볼 수 있다(Olsen & Timothy, 2006). 이 절에서는 종교관광 연구에서 주로 다루고 있는 4가지 주제에 대해서 개략적으로 살펴본다.

1. 순례여행과 관광

종교관광에 관한 연구의 주요한 논쟁은 종교와 관광의 관계, 즉, 순례자(pilgrims)와 관광자(touritsts) 간의 관계를 어떻게 바라볼 것인가라는 질문으로부터 시작된다(Cohen, 1998). 이 논의는 '현대의 모든 관광자를 진정성(authenticity) 있는 경험을 찾아서 다른 문화로 여행하는 일종의 순례자'로 바라보는 데에서 시작되었다(MacCannell, 1973). 맥카넬(1973)에 따르면 관광은 '현대적 의례'(modern ritual)이다. 현대인은 일상적인 삶, 즉 사회에서 요구되는 노동인 '일'로부터 벗어나고자 한다. 관광이라는 것은 이런 일상적인 삶과는 대조되는, 한정된 기간에 이루어질 수 있는 도덕적 삶의 특별한 형태라고 할 수 있다. 일상적이지 않은 공간에서 제한된 시간 안에 변화를 경험하는 이러한 과정은 종교적 의례의 구조와 일치한다. 종교적 의례의 과정(ritual process)을 살펴보면, 참여자들은 의례를 위해 자신의 집, 즉 자신의 영역을 떠난다. 그리고 제한된 기간에, 일상의 상태를 벗어나 종교의 핵심, 초월적 존재에 더 가까이 다가가기 위해 의례에 참여하고 이를 통해 치료, 기적과 같은 특별한 경험을 얻게 된다. 그러므로 현대의 관광자들은 종교적 의례 과정을 겪는 순례자와 동일하다(<그림 8-1> 참조). 모든 관광자를 성지를 찾아 떠나는 순례자(관광자 = 순례자)로 바라보는 이러한 관점은 이후 많은 비판을 받았다. 관광자가 모두 진정성 있는 경험을 찾아 떠나는 순례자라고 볼 수는 없기 때문이다.

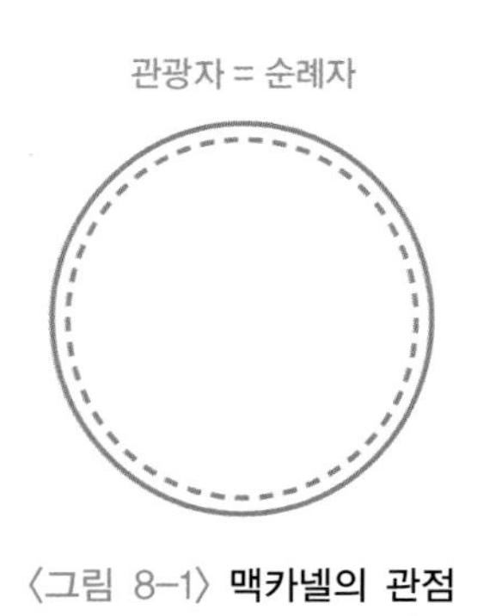

〈그림 8-1〉 **맥카넬의 관점**

이와는 반대로 순례자와 관광자의 관계를 완전히 대조적으로 바라보는 관점이 있다. 이런 관점에서 바라볼 때, 순례자들은 관광자가 아니다(순례자 ≠ 관광자). 깊은 영적인 경험이나, 종교적인 헌신을 위해 여행을 하는 순례자들은 쾌락, 교육, 호기심, 휴식 등 다양한 세속적인 이유들 때문에 여행을 가는 관광자와는 교집합이 전혀 없다(〈그림 8-2〉 참조).

코헨(Cohen, 1992a)은 세계의 중심(center)을 향해 여행을 떠나는 순례자들과 중심으로부터 쾌락적인 주변으로 여행을 떠나는 관광자들을 구별하였다. 코헨의 관점에 따르면 관광자와 순례자들은 완전히 다른 목적을 추구한다. 순례자들은 경건하고, 겸손하며, 현지문화를 존중하기에 현지문화에 민감하게 반응하는 한편, 관광자들은 쾌락적이고 자신의 필요와 욕구만을 추구하고 현지문화가 어떻든 개의치 않고 자신이 원하는 것을 요구하는 사람들이다.

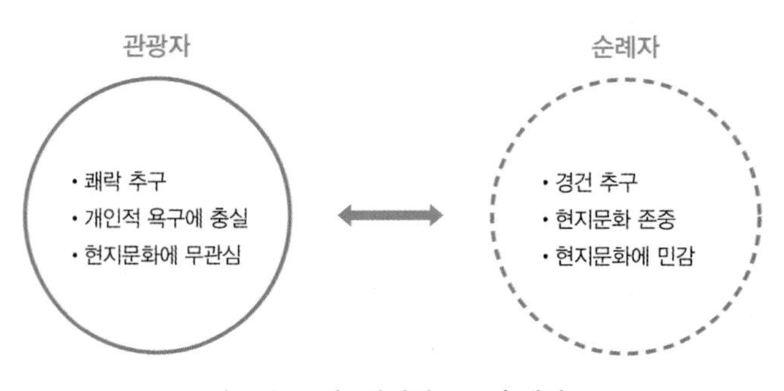

〈그림 8-2〉 **관광자 vs. 순례자**

두 가지의 상반된 견해 아래, 그래번(Graburn, 1983)은 맥카넬이 주장한 것처럼 관광자와 순례자들이 동일하다고 볼 수는 없지만 그렇다고 이 둘을 완전히 분리하여, 이분법적으로 볼 수는 없으며, 동일선상에서 바라보아야 한다고 주장하였다(Graburn, 1983). 스미스(Smith, 1992)도 관광자와 순례자를 분리하지 않고 이들의 공통점에 초점을 맞추어 종교관광 개념의 틀을 제안하였다. 스미스에 따르면 관광자와 순례자는 관광의 근본적인 요소들(여가시간, 소득, 관광에 대한 사회적 규범)을 공유하고 있다. 순례자들은 관광의 근본적인 요소들 외에도 관광자들과 마찬가지로 성지 주변에 있는 숙박시설, 관광 편의시설을 이용한다. 즉, 관광자와 순례자는 구조적으로, 공간적으로 동일한 선상에 존재한다. 자신이 속해 있는 영역을 떠나 다른 곳으로 이동(공간적 이동)하고 그 목적을 성취한 후에 본래의 자리로 돌아온다는 점(동일한 구조)에서 순례와 관광은 다르지 않다. 스미스는 이 둘을 일직선의 양극단에 위치시키며 양극단 사이에는 경건함과 세속적인 것의 무수한 조합이 이루어질 수 있다고 보았다(〈그림 8-3〉 참조).

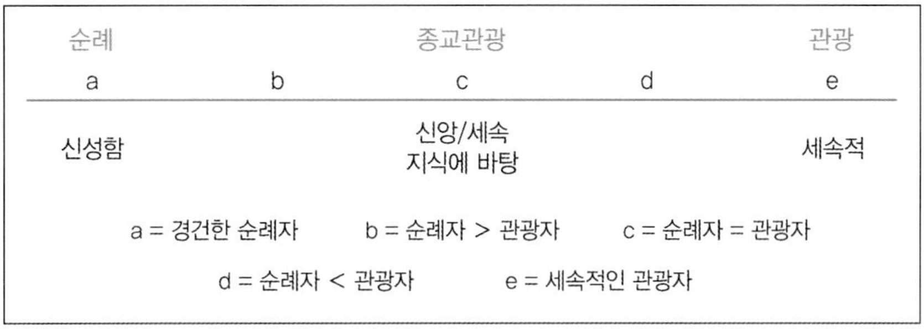

순례 종교관광 관광

a b c d e

신성함 신앙/세속 지식에 바탕 세속적

a = 경건한 순례자 b = 순례자 > 관광자 c = 순례자 = 관광자

d = 순례자 < 관광자 e = 세속적인 관광자

자료: Smith, 1992.

〈그림 8-3〉 **스미스의 스펙트럼 모형**

플레이셔(Fleischer, 2000)는 스미스의 스펙트럼 모형에 기반하여 종교관광(religious tourism)이 이 스펙트럼상의 가운데에 놓여있다고 주장하였다. 〈그림 8-3〉에서 볼 때 점 c에 해당하는 부분이 종교관광에 해당된다고 볼 수 있다. 이 스펙트럼 위에서 관광자는 한 극단에서 다른 극단으로 이동할 수 있다. 즉, 순례자들이 종교적 의식을 행한 이후에 근처 해변에 가서 휴식을 즐기는 것처럼 스펙트럼 내에서 자유롭게 이동할 수 있다.

"관광자의 반이 순례자라면, 순례자의 반은 관광자이다. 사람들은 해변에서 알지 못하는 수 많은 사람들과 함께 모래사장에 묻혀 있을 때

조차도 내가 살고 있는 일상적인 삶의 공간에서는 결코 얻을 수 없는 신성하고, 때로는 상징적이며, 공동체적인 것을 추구한다." (Turner & Turner, 1978, p.20)

스미스가 관광과 순례의 스펙트럼을 제시한 같은 해(1992년), 린셰드(Rinschede, 1992)는 종교관광을 "부분적 또는 온전히 종교적인 이유로 인해 참여하는 관광의 한 형태"(p.52)로 정의하였다. 때문에 오늘날 대부분의 학자들은 자연스럽게 성지순례 여행을 관광의 한 형태로 개념화한다. 하지만 종교관광 연구에서 이러한 관점은 매우 획기적인 생각이라고 할 수 있다.

지금은 모두가 자연스럽게 받아들이고 있는, 그리고 지금 이 장의 주제이기도 한 '종교관광'이라는 개념이 등장했고, 여행자를 경건한 순례자 아니면 쾌락적인 관광자로만 생각하던 이분법적 사고에서 벗어난 계기를 제공했기 때문이다. 현실적으로 순례자와 관광자를 그 동기에 따라 완전히 구분하는 것은 쉽지 않은 일이다. 실제로 종교관광자의 대부분은 스미스의 스펙트럼 양극단이 아닌 그 사이의 어딘가에 위치해 있는 사람들이라고 볼 수 있다.

2. 종교관광의 관광패턴과 특징

린셰드(1992)는 "종교관광은 그 자체로 다른 관광의 형태와는 확실히 구분된 것"(p.51)이라고 주장하였다. 종교관광이 그냥 관광이 아니라 '종교관광'이라고 명명되는 이유는 다른 관광과는 구별되는 특징을 지니고 있기 때문일 것이다. 따라서 종교관광 연구에 있어서 또 다른 주요한 주제는 종교관광자들은 어떤 행동패턴을 나타내는지 다른 관광과 구별되는 특징이 무엇인지와 관련된 것이다.

종교관광자들의 동기나 여행경험과 관련한 연구는 관광학이 등장하기 이전에 인류학의 문헌에서 많이 찾아볼 수 있다. 먼저 종교관광자의 동기와 관련된 연구는 엘리아드(Eliade, 1961)에 의해서 시작되었다. 엘리아드에 따르면 종교는 종교적 중심(center)을 제공하고 해당 종교를 믿는 사람들은 그 중심을 방문하길 원한다. 즉, 순례자들은 자신의 종교적 중심을 향해 여행하는 사람들이다(Cohen, 1992a).

터너(Turner, 1973)는 순례자인 관광자들이 겪는 두 종류의 경험을 제시하였다. 관광자들은 여행 과정 중에서 자신이 본래 살고 있는 사회와의 연결고리로부터 일시적으로 해방이 되는데 이러한 감정적 해방감을 '리미날리티'(liminality)(경계성)라고 정의한다. 리미날리티의 상태에서 관광자들은 자신이 일상적인 삶에서는 경험할 수 없었던 성스러운 경험을 하게 된다. 그리고 그곳에 있는 다른 관광자들과 함께 '코뮤니타스'(communitas)(공동체)를 구성하게 된다. 코뮤니타스의 상태에서는 이전에 친밀하지 않았던 사람들과의 관계 속에서 자유, 평등, 동등함이 이루어질 수 있다. 순례여행자들은 순례라는 과정 속에서 리미날리티와 코뮤니타스의 상태를 경험할 수 있다.

코헨(Cohen, 1992a)은 순례자는 모두 그들이 살고 있는 본래의 사회와 문화에서는 벗어나 성스러운 중심을 추구하고자 한다고 주장하였다. 왜냐하면 그들에게 있어서 본질적이며 의미 있는 삶은 그 성스러운 중심에서 발생하기 때문이다.[1)] 이드(Eade, 1992)는 코헨이 이야기하고 있는 순례자의 경험을 "종교관광자는 매일매일의 구조화된 삶 가운데에서 정서적인 해방감을 얻기 위해 순례를 떠나는 것이다"라고 표현했다. 이드가 이야기하는 "정서적 해방감"이라는 것은 앞서 터너가 말하고 있는 리미날리티의

1) Cohen(1979)은 관광자를 관광자가 살고 있는 사회와 관련하여 중심(center)의 위치와 중심을 대하는 관광자의 태도에 따라 다섯 가지 모드의 관광경험 — 휴식 모드(recreational mode), 기분전환 모드, 경험적 모드(experiential mode), 실험적 모드(experimental mode), 존재론적 모드(existential mode) — 을 제시하였다. 이 다섯 가지 모드는 하나의 일직선상에 위치시킬 수 있다. 한 극단에는 전적으로 즐거움만을 추구하는 관광자(휴식형 모드)가 다른 극단에는 센터에서 진정한 의미를 찾는 현대의 순례자(존재론적 모드)가 위치해 있는 관광자 경험의 스펙트럼을 제시하였다. Cohen은 실존적 모드를 경험하는 관광자는 순례자와 동일하다고 보았다. 존재론적 모드의 관광자와 순례자 모두 성스러운 중심을 추구하며 그들이 살고 있는 본래의 사회와 문화에서는 벗어나 있다. 왜냐하면 그들에게 있어서 본질적이며 의미 있는 삶은 그 성스러운 중심에서 발생하기 때문이다.

상태를 의미한다고 할 수 있다. 이 리미날리티라는 개념은 종교관광자들의 경험을 설명하는 데 있어서 매우 유용한 개념이라고 할 수 있다.

행동패턴과 관련해서는 여행일정과 방문지역에 초점을 맞춰 연구가 진행이 되었다. 예를 들면, 같은 종교를 가지고 있는 관광자들 가운데에서도 신앙의 종류가 어떻게 다른지에 따라 관광지에서의 행동패턴이 다르게 나타난다고 보는 연구도 있다(Sizer, 1999). 이드(Eade, 1992)는 성지인 루르데스에서의 순례자들과 관광자들의 상호작용이 어떻게 나타나는지, 린셰드(1992)는 순례관광지의 관광자 이용 유형이 어떻게 되는지, 보우만(Bowman, 1991)은 기독교 성지로서 예루살렘 지역에 대한 연구 등을 수행하였고 이 외에도 성지의 분포, 위치, 성지 간의 위계적 관계, 순례자들의 이동 경로 등이 종교관광의 특징과 관련하여 연구되었다. 하나의 예로 플레이셔(2000)와 콜린스-크레이너와 클라이어트(Collins-Kreiner & Kliot, 2000)는 가톨릭과 개신교 순례자들 사이에 방문패턴에 차이가 있음을 발견하였다. 플레이셔(2000)의 연구에서 가톨릭 순례자들은 성경에 있거나 역사적으로 유명한 지역만을 방문하려는 경향이 있는 반면, 개신교 순례자들의 경우에는 특정한 지역보다는 성경에 있는 지역 전체에 관심이 있는 것으로 나타났다. 따라서 가톨릭 순례자들의 경우에는 방문하는 지역의 선택이 제한되어 있으며, 방문지역이 사전에 결정이 되어 있고, 매일 기도와 미사에 참여하면서 일정을 엄격하게 준수하는 반면 개신교 순례자들의 경우에는 기도와 같은 종교적 행위에 대해서 가톨릭 순례자들보다는 좀 더 융통성이 있는 모습을 보여주는 것으로 나타났다. 즉, 같은 성지순례자라고 할지라도 믿고 있는 종교에 따라 그 관광행동에 차이가 날 수 있음을 알 수 있었다.

이슬람의 대표적인 순례여행인 하즈(Hajj)와 관련해서도 다양한 연구들이 행해지고 있다. 이슬람교에서는 성별이나 종파와 관계없이 무슬림이라면 육체적으로 재정적으로 여건이 되는 한 일생에 한 번은 반드시 성지인 메카를 순례해야 할 의무가 있다. 매년 250만 명이 넘는 사람들이 하즈에 참여하고 있으며(Preko et al., 2020) 사우디아라비아에서는 수많은 무슬림 순례자들의 모든 일들이 원활하게 운영되도록 하기 위해 정부 차원에서 적극적으로 노력하고 있다(Timothy & Iverson, 2006). 하즈는 종교적 동기에서 행해지기 때문에 여행 이전부터 철저한 준비를 해야 한다. 하즈에 가기 전에 순례자들은 모든 빚을 갚고, 주변 사람들과의 갈등이나 부정적인 감정이 있으면 그러한 것들을 다 해소하고, 자신이 떠나있을 동안 남아 있는 가족들을 돌볼 사람을 찾아야 한다(Khan, 1986; Long & Long, 1979; Robinson, 1999). 그리고 이슬람 전통에 하즈 동안 서로 돕고 지원할 수 있도록 혼자가 아닌 단체로 여행하는 것을 권고하고 있기 때문에 믿을만한 여행동반자를 찾는 것도 하즈를 준비하는 노력 중의 하나이다(Timothy & Iverson, 2006). 많은 나라에서는 국가기관과 민간 기관에서 모두 순례자들이 하즈를 잘 떠날 수 있도록 지원하고 있다.

자료: Wikimedia commons(https://commons.wikimedia.org/wiki/File:The_Kaaba_during_Hajj.jpg)

〈그림 8-4〉 **하즈 기간의 카바 신전(the Kaaba during Hajj)**

하즈에 가기 전의 행동뿐 아니라 하즈 동안에 순례자들이 어떤 경험을 하는지도 하즈에 관심이 있는 연구자들의 주된 연구주제였다. 순례자들은 하즈에서 영적인 경험, 교육적인 경험을 하고 순례를 통해 인생에 있어서 매우 중요한 경험을 할 수 있었다고 보고하고 있다(Digance, 2006). 하즈 순례자들은 다양한 국적을 가지고 있기 때문에 국적에 따라 순례자들의 경험이 어떻게 다른지를 비교하는 연구도 행해졌다(Haq & Jackson, 2009; Preko et al, 2020). 순례여행의 하나로 수백만 명의 무슬림들이 참여하고 있기 때문에 하즈와 관련하여 관광행동이라든지 하즈에서의 경험 등 하즈의 순례자들에 대한 연구는 종교관광 연구의 테두리 안에서 이루지고 있다.

3. 종교관광의 경제적 효과

종교관광의 경제적인 효과에 대해서는 다른 연구주제와 비교해 볼 때 많은 연구가 이루어지지 않았다(Vukonic, 2002). 그럼에도 순례여행이 해당 지역에 큰 경제적 이득을 가져올 수 있다는 것은 부정할 수 없는 사실이다. 오늘날에도 많은 주요 성지(예: Santiago de Compostela, Mecca, Medjugorje, Lourdes 등) 대부분이 주요한 관광명소일 뿐 아니라 관광산업이 이 지역의 경제 전반을 이끌어가는 역할을 한다고 해도 과언이 아니다. 종교관광은 해당 지역에 관광으로 인해 발생하는 소득의 증가, 이로 인한 고용기회를 증가시킬 수 있다. 또한 기존에 이미 가지고 있는 자원(성당, 교회 등)을 활용하여 쉽게 이루어질 수 있기 때문에 관광자들이 이용할 수 있도록 기반이 잘 닦여져 있다면 충분히 지역의 경제성장에 이바지할 수 있다.

이슬람교의 하즈를 생각해보면, 매년 250만 명이 넘는 사람들의 방문이 사우디아라비아의 경제에 얼마나 기여할 수 있을지 짐작해볼 수 있다. 물론 사우디아라비아의 경우 1938년에 석유가 발견된 이후 석유로 인해 급격한 경제성장을 이루었고, 석유산업이 사우디아라비아의 경제에서 차지하는 비중이 압도적으로 중요한 것은 사실이지만 석유의 발견 이전에는 메카와 메디나로 오는 순례자들로부터 오는 관광수입에 의존했다(Bokhari, 2018). 사우디아라비아에서는 매년 방문하는 수백만 명의 순례자들에게 편안한 운송수단, 음식, 숙소, 헬스 서비스 등을 제공하기 위해 많은 투자를 하고 있다. 사우디에는 하즈뿐 아니라 움라(Umrah)[2], 예언자의 모스크를 방문하기 위해 점점 더 많은 무슬림들이 방문하고 있다. 사우디아라비아의 경제가 전적으로 석유산업에 기반하고 있긴 하지만 사우디아라비아 정부에서도 석유에 대한 의존을 감소시키고 재원을 다양화시키기 위해, 또 순례를 통해 벌어들이는 경제적 수익이 얼마나 큰지 잘 알고 있기 때문에 관광산업에도 많은 관심을 가지고 있다. 하즈와 움라 같은 순례여행은 사우디아라비아에서 관광산업의 대부분을 차지하고 있다고 할 수 있다(Bokhari, 2018).

물론, 관광자들이 너무나 많이 몰려오게 된다면 이로 인해 발생하는 부정적인 영향이 있을 수 있지만 관광으로부터 얻는 경제적 혜택은 부정적인 영향보다 훨씬 크다(Olsen & Timothy, 2006). 때문에 성지의 명소들에서 관광자에 대한 규제를 할 수 없거나 혹은 하지 않는 이유는 관광자들이 지역의 재정에 큰 이득을 가져다주기 때문이다. 이런 이유로 인해 많은 종교단체들은 관광자들이 무분별하게 자신들의 종교적인 장소를 침해하고 훼손하는 것을 기꺼이 참아내고 있다. 물론 일부 종교단체들의 경우 관광으로부터 많은 이익을 창출하는 것을 경계하고 절제하고자 하지만 그럼에도 지역운영자들은 지역의 유지와 보존을 위한 재정확보의 방법으로 방문자들을 환영하고 있다(Griffin, 1994; Willis, 1994). 종교관광의 경제적인 부분에 관해 논의한다면 경제적인 혜택뿐 아니라 관광자들로 인해 야기되는 지역의 상업화, 진정성 경험의 어려움, 영적인 가치의 훼손과 같은 문제를 다루지 않을 수 없다.

---

2) 움라(Umrah)는 소순례라고 하며 하즈와 같이 순례의 달(dhu al-Hijja)에 여러 날에 걸쳐 행해지는 것이 아니라 연중 아무 때나 가능하며, 하루 안에 절차가 끝난다. 또는 하즈에서 행해지는 대순례의 일부 절차이기도 하다. 소순례로서 움라를 위해 메카를 방문하는 순례자의 규모는 연간 4~500만 명에 달하며, 매년 그 수가 증가하고 있다

사례 1 프랑스 루르드(Lourdes) 성지순례

루르드 지역은 프랑스 남서부 오트피레네주에 위치해 있다. 이 지역의 인구는 약 15,000명이지만, 매년 약 500만 명의 순례자와 관광자가 방문하는 종교관광의 명소이다. 관광자를 수용하기 위해 약 270개의 호텔이 있으며 이는 프랑스 내에서 평당 두 번째로 많은 호텔을 가지고 있는 지역이라고 할 수 있다. 이 지역이 알려진 이유는 가톨릭교회가 공식적으로 인정한 성모 마리아의 발현지이기 때문이다. 성모 마리아는 이 루르드 지역의 마사비엘 동굴에서 1858년 2월 11일에 가톨릭 신자이자 아직은 어린 14세 소녀인 베르나데트에게 처음 나타났다. 그리고 이후 총 18회에 걸쳐 발현했다고 전해진다. 성모는 소녀 베르나데트에게 특정 장소에서 땅을 파고 작은 샘물을 마시라고 했는데, 그 물은 질병을 치유하는 효험이 있다고 알려져 기적의 샘물로도 잘 알려져 있다.

순례지로 유명한 루르드에는 마사비엘 동굴, 루르드 무염시태 성당 등과 함께 19세기에 성모 마리아 발현을 기념하기 위해 지어진 루르드 로제르 노트르담 성당(Basilique Notre-Dame-du-Rosaire de Lourdes)도 있는데, '루르드 로제르 노트르담'이란 명칭은 베르나데트가 성모를 만났을 때 로제르(rosaire)라고 불리는 묵주를 손에 쥐고 있었다는 데서 유래하였다. 이 건축물은 비잔틴 양식으로 입구가 화려하고 예배당 내부는 아름다운 모자이크로 된 종교화로 꾸며져 있다. 1901년 성소로 공식 지정되어 많은 신자들과 관광자들이 찾는 관광지이다.

자료: Wikimedia commons (https://commons.wikimedia.org/wiki/File:VirgendeLourdes-2.JPG)

〈그림 8-5〉 **루르드 동굴의 마리아상**

자료: Wikimedia commons (https://commons.wikimedia.org/wiki/File:Basilica_of_chiquinquira.jpg)

〈그림 8-6〉 **루르드 로제르 노트르담 성당**

4. 종교관광의 부정적인 영향

종교관광은 때때로 해당 지역과 종교의식에 부정적인 영향을 끼칠 수 있다. 물론 관광을 통해 얻는 경제적인 혜택으로 해당 지역과 유적지가 보존되는 데 기여할 수 있고, 지역경제가 발전할 수 있지만 반대로 대중관광 때문에 자연이나 문화적 환경이 훼손될 수 있다. 성지에서 관광자들이 제대로 통제되지 않고 무분별하게 관광자들을 수용했을 때 그것의 부정적인 영향은 관광자에게 고스란히 되돌아가게 된다. 성지에 관광자가 지나치게 많이 있게 되면 지역 주민들이 자신들이 살고 있는 성스러운 환경을 더 이상 즐길 수 없게 되고 순례자들 역시 시끌벅적한 분위기에서 진정성 있는 경험을 얻기는 쉽지 않을 것이다(Fish & Fish, 1993). 현대 대중관광자들의 현지문화에 대해 존중이 없는 태도, 관광 예절의 결핍은 사람들이 성지에서 느끼고 싶어 하는 경건한 분위기를 해치게 된다. 즉, 대중관광자들의 배려 없는 행동들은 명상이나 예배를 위해, 또 종교적 의무를 이행하기 위해 성지에 방문한 사람들이 자신의 목적을 온전히 성취하는데 있어 장애가 되고 있다. 종교관광에 있어서 이러한 부정적인 영향들은 지역 주민들을 그 지역으로부터 소외시키고 관광자들의 참여를 제한하게 되며 이러한 결과로 인해 사회적 통합을 훼손시킨다(Cohen, 1998).

| 4절 | 영성관광

1. 영성관광

최근 들어 기성 종교에 기반한 전통적인 순례여행보다는 내면의 성장이나 내적인 치유 등 개인적 영성을 추구하고자 하는 관광이 학계에서 많은 관심을 받고 있다. 초창기 순례여행과 종교관광의 개념화에 학자들이 많은 시간을 할애했던 것처럼, 영성관광(spiritual tourism)을 어떤 유형의 관광으로 포함시킬 수 있을 것인지에 대한 논의가 활발하게 진행되고 있다.[3] 영성관광에 대한 수요가 증가하고 있는 원인을 알기 위해서는 현대의 사회문화적인 흐름을 살펴보면 알 수 있다. 현재도 종교관광의 수요는 여전히 인기가 있다. 그렇지만 개개인에 삶에 영향을 미치고 있는 제도화된 종교의 영향력은 쇠퇴하고 있는 역설적인 현상이 가속화되고 있다. 기존 종교기관에 대한 불신이 팽배해지면서 사람들은 자발적으로 종교로부터 자신을 분리시키고자 하고 이로 인해 발생한 정신적인 공허함을 채우기 위해 영적인 경험을 찾게 되는 역설적인 현상이 발생하게 되는 것이다(Tacey, 2004). 샤플리와 젭슨(Sharpley & Jepson, 2011)의 설명을 빌자면, "사람들은 이제 영적인 성취를 이루기 위해 다소 덜 형식적이고, (덜) 구조적이며, (덜) 의식화된 수단을 찾는다. 관광산업이 특히 이러한 방법 중 하나로 확인되고 있다"(p.53).

노만(Norman, 2011)에 따르면 영성관광자(spiritual tourists)는 영적인 행위에 참여하거나 또는 영적인 성장을 얻기 위해 관광에 참여한다. 노만은 영성관광, 종교관광, 성지순례를 모두 구분하고 이 세 종류의 관광형태의 관계를 〈그림 8-7〉과 같이 정립하였다. 〈그림 8-7〉에서 보는 바와 같이 이 세 종류의 관광은 각각 관광의 한 형태이며 서로 서로 교집합을 가지고 있는 관계라고 할 수 있다. 영성관광자는 종교적인 행위에 참여할 수도 있지만 그것이 반드시 종교와 연관되어 있다고 볼 수는 없다. 반면 종교관광자는 특정 종교, 자신이 가진 신앙과 관련된 지역을 방문한다. 순례자들은 특정한 지역에 개인적인 목적을 가지고 여행을 한다. 이 세 가지 형태의 관광은 유사하고, 공통점도 존재하지만 서로 다른 관광의 한 형태라고 할 수 있다.

3) 국내 관광학계에서는 spiritual tourism의 한글 번역어에 대한 합의가 도출되지 않았다. 몇몇 연구에서 spiritual tourism을 영성관광으로 번역하였기에 이 장에서도 영성관광이라는 번역어를 사용한다(예: 변찬복, 2013).

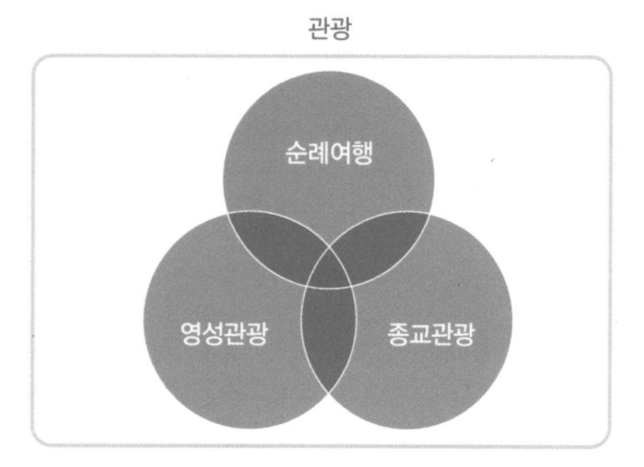

자료: Norman, 2011, p.200.

〈그림 8-7〉 **영성관광, 종교관광, 순례여행의 관계**

취어와 그 동료들(Cheer, Belhassne & Kujawa, 2017)도 영성관광의 개념화를 시도하였다. 이들은 영성관광의 동기에 기반하여 세속적인 동기(개인적 동기)와 종교적 동기로 구분하고 영성관광은 이러한 종교적 동기와 세속적인 동기의 교집합에 위치해 있다고 개념화하고 있다(〈그림 8-8〉 참조).

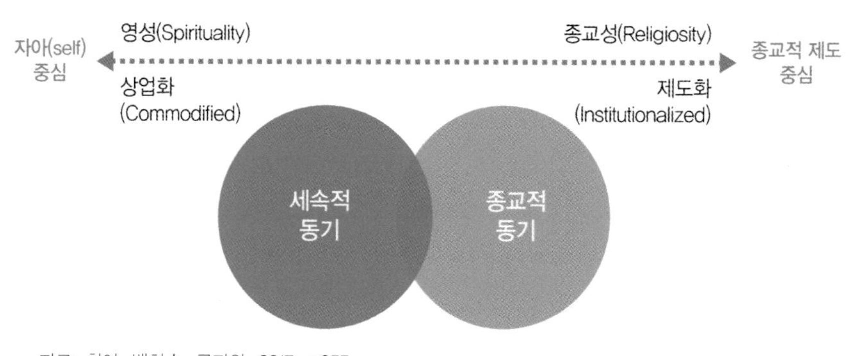

자료: 취어, 벨하슨, 쿠자와, 2017, p.255.

〈그림 8-8〉 **영성관광의 개념화**

〈그림 8-8〉에서 영성관광의 세속적인 동기에 관해 생각해보면, 웰니스,

모험, 휴양과 같은 다양한 요인이 있겠지만 이러한 동기의 기저를 이루고 있는 지배적인 주제는 관광자의 자기 자신에 대한 집중이다. 즉, 세속적 동기에 있어서의 초점은 내면 세계에 집중, 자아의 발견, 자아의 성장과 같은 자기 자신의 영적인 혜택을 얻는 데 있다. 반대로, 종교적 동기에 의해서 취해지는 영적관광은 대부분이 특정 종교와 연계되어 있으며 종교적인 의식, 자신의 종교와 관련된 정체성 등을 재확인하는 데 초점을 맞추고 있다. 종교적 동기로 시작한 영적관광의 결과물은 신앙심의 성장, 종교적인 의식에 의해 얻어진 보상 등이라고 할 수 있다. 이러한 동기는 종교제도에 초점을 맞추고 있으며 많은 부분 종교적인 틀 안에서 행해지고 있다.

가장 최근 연구 가운데 압둘 하림과 그 동료들(Abdul Halim, Tatoglu & Hanefar, 2021)은 영성관광의 개념을 다루고 있는 선행연구 결과를 통합하여 새로운 영성관광 개념틀과 영성관광의 7가지 차원을 제시하였다. 이들이 제시한 영성관광의 개념틀에 따르면 영성관광이 종교와 매우 밀접한 관련이 있는 영성(spirituality)이라는 개념에서 출발하긴 하지만 영성관광은 종교관광과 동일한 형태는 아니다. 이들이 제시하고 있는 영성관광과 종교관광의 관계는 양극단에 위치해 있으면서 연속선 상에 존재한다(<그림 8-9> 참조).

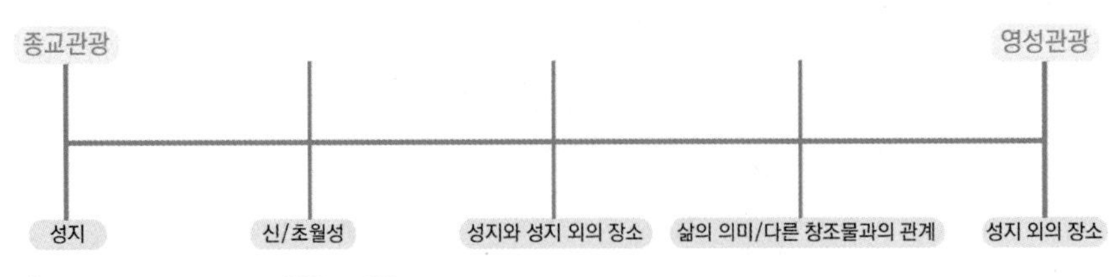

자료: Abdul Halim et. al., 2021, p.122.

〈그림 8-9〉 **영성관광과 종교관광의 스펙트럼**

〈그림 8-9〉의 스펙트럼을 보면, 종교관광과 영성관광은 서로 완전히 배타적이지 않으며 종교관광의 극단과 영성관광의 극단 가운데 수많은 형태의 종교/영성관광이 혼재할 수 있다. 특정 종교와 관련이 있는 성지에 가서도 개인적인 영성을 추구할 수 있으며, 특정 종교의 성지가 아니고 숲이나, 공원, 식물원, 동굴과 같은 자연환경에서도 내적인 평화와 관용의 마음을 얻고, 신적인 존재에 대해 감사할 수 있는 마음을 가질 수 있다. 두 차원에서 움직여 가면서 영성과 종교적 믿음을 함께 추구할 수도 있다.

국내에서도 영성관광의 개념을 가지고 관광자들의 진정성을 분석하는 시도가 있었다. 변찬복(2013)은 영성여행은 진정성(authenticity)의 문제와 매우 밀접하게 관련이 있다고 주장한다. 진정성을 추구한다는 것은 사회에서 개인에게 부과하는 사회적인 역할과 자신의 내면의 참된 자아 사이의 간극을 극복하고자 하는 마음의 노력이라고 볼 수 있다. 영성여행의 중요한 목적은 자신의 본래의 삶의 가치를 발견하고 이를 통해 변화와 깨달음을 얻기 위한 것이므로 영성여행과 진정성과는 일치하는 개념이다. 변찬복(2013)에 따르면 산업화 이전의 인류에게는 영성을 추구할 수 있는 장소가 종교와 관련된 장소로만 한정이 되어 있었고 영적 성장은 종교적 행위를 통해서만 이루어질 수 있다고 생각했다. 하지만 현대인들은 특정 종교의 행위에 의존하지 않고 영성(spirituality)을 추구할 수 있는 다양한 환경이 구비되어 있고 또 종교의 테두리를 떠나서도 영적인 체험을 할 수 있다는 것을 깨닫게 되었다.

명상, 요가, 정신 수양과 같은 비종교적 방법을 통해 사람들은 영성을 추구하고 있다. 스페인의 산티아고를 방문하는 모든 관광자가 특정한 종교에 기반하여 순례길에 오른다고 보기는 어렵다. 걷기, 참선, 신체적 한계에 도전하는 여정, 자발적인 문명세계와의 격리, 이런 행위들을 통해 사람들은 영적인 체험을 추구하고자 한다. 그 동기는 취어와 동료 연구자들(2017)이 언급했던 것처럼 종교적인 동기에서부터 세속적인 동기에 이르기까지 매우 다양할 것이다. 개개인마다 서로 다른 정도를 가지고 영성을 추구하지만 동기가 종교적인 동기가 아닌 단지 내면의 성장, 자아의 발견을 기대하는 것이라면 영성관광이라고 할 수 있다. 또한 영성여행의 진정성은 방문하게 되는 장소의 특성에서도 발견되어질 수 있다. 즉, 주로 사람들이 많이 찾지 않는 자연 그대로의 모습을 가지고 있으며 문명과는 다소 격리된 장소에서 진정성을 경험할 수 있다. 문명에 오염되지 않은 자연 그대로의 생활양식이나 웅장한 자연경관과 마주하게 되면 관광자가 자신을 성찰하게 되며 내면을 성장시킬 수 있기 때문이다.

영성관광(spiritual tourism)이라는 개념이 관광학에서 다루어지지 않았던 것은 아니지만, 과거에는 영성관광이라는 개념은 종교관광과 거의 동일한 개념으로 인식되거나 단지 사원과 같은 성지에 방문하는 일반적인 지역관광으로 혼동되어 사용되기도 하였다(Piewdang, Mekkamol, & Untachai, 2013). 지금까지 대부분의 영성관광은 종교관광의 극히 제한적인 테두리 내에서만 연구되었다. 영성이 종교와 밀접한 관련이 있는 것은 분명하지만 종교관광의 카테고리 내에서만 연구가 된다면 영성여행의 많은 것을 보지 못하게 될 수도 있다. 왜냐하면 영성관광자들이 반드시 종교인은 아니기 때문이다(Timothy & Olsen, 2006). 영성관광에 대한 연구가 누적이 되고 다양한 개념틀이 제공이 되면서 종교관광과 영성관광과의 관계성이라든지 영성관광자들의 동기, 경험, 만족 등에 대해서도 많은 연구가 이루어지고 있다. 최근에 제시된 압둘 하림과 동료 연구자들(2021)의 영성관광의 개념틀을 발판으로 영성관광의 개념에 대한 논의가 더욱 활발해질 수 있을 것으로 기대된다.

2. 영성관광 경험의 주제

압둘 하림과 동료 연구자들(2021)은 영성관광의 복합적인 본질을 더 잘 이해하기 위해 영성관광을 다루고 있는 12개의 논문을 선택하여 내용분석을 통해 40개 이상의 코드를 발견했고, 이 코드들로부터 영성관광을 설명할 수 있는 주요한 주제 7가지를 도출해내었다. 영성관광 경험을 설명할 수 있는 7가지 주제는 다음의 〈표 8-2〉와 같다.

〈표 8-2〉 **영성관광 경험의 주제**

주제	내용
제 1 주제	삶의 목적/의미(meaning/purpose in life)
제 2 주제	자각(consciousness)
제 3 주제	초월성(transcendence)
제 4 주제	영적 자원(spiritual resources)
제 5 주제	자기 결정(self-determination)
제 6 주제	성찰 - 영혼 정화(reflection-soul purification)
제 7 주제	장애물에 대한 영적인 대처능력(spiritual coping with obstacles)

자료: Abdul Halim et. al., 2021, p.128.

제1주제인 삶의 목적/의미는 영성관광의 연구에서 공통적으로 나타나는 차원이라고 할 수 있다. 종교적이든 종교적이지 않든 영성관광은 삶의 목적/의미와 관련이 있다. 영성과 관련 있는 행동은 결국 인간 존재의 의미를 찾고자 하는 과정을 포함하기 때문이다. 사람들은 영성관광을 통해서 삶의 의미를 찾고자 한다. 제2주제인 자각은 자아의 인식이나 신과 같은 초월적 존재의 인식 등 인식의 고양된 상태를 의미한다. 영성관광자들은 자신을 뛰어넘는 초월적인 것과의 연결 속에서 삶의 지혜를 터득할 수 있다. 영적인 경험, 힐링, 이타적인 경험과 같은 영적관광 활동을 통해 인식이 높아지고 영적인 발전을 이룰 수 있다. 제3주제인 초월성은 개인의 자아가 통합된 전체로 움직이는 것을 의미한다. 즉 영성관광을 통해 초월적인 능력을 경험할 수 있다. 예를 들면, 신성함을 느낀다든지 초월적인 존재와의 연결되는 것과 같은 경험을 들 수 있다. 이런 초월적 경험은 종교적 맥락 외에서도 경험될 수 있다. 영성관광은 이 초월적 존재를 느끼는 영감의 순간, 그리고 고양된 에너지를 체험할 수 있게 해준다. 제4주제인 영적 자원은 개인의 영적활동 및 매일 매일의 삶에서 필요한 영적인 에너지를 의미한다. 영적 자원은 사람들이 삶에서 마주치는 문제들을 해결할 수 있도록 도움을 주거나 개인이 무엇인가를 성취하는 데 기반을 제공한다. 영적인 자원은 영적인 경험, 내면에 있는 심리적인 발전, 회복 환경과 같은 것으로 영적인 발전에 매우 필요한 요소이다. 영적 자원은 다른 여행자나 호스트와의 대화를 통해 얻어질 수도 있으며 자연이라든지 다른 문화를 직접적으로 경험하고 다름을 학습하여 개인에게 성찰과 숙고의 기회를 제공할 수 있다. 궁극적으로 영적자원을 획득하여 영성을 계발할 수 있도록 한다. 제5주제는 자기결정이다. 일반적인 관광활동과 경험은 동기화된 활동이라고 할 수 있다 이런 동기의 중요한 요소가 바로 자기결정이다. 이 자기결정은 영적인 발전이나 심리적인 웰빙의 중요한 원동력이 된다. 동기에는 2개의 형태가 있는데 내적인 동기와 외적인 동기가 있고 내적, 외적 동기 모두 자신을 형성하는 데 필요한 힘이다. 높은 자기결정을 가진 사람은 매슬로의 5단계 욕구 이론에서 가장 높은 형태인 자아실현을 성취할 수 있다. 자기결정이 높은 사람은 스스로를 동기화할 수 있고, 건강한 심리적인 발전을 성취하고 영적으로 더 나은 사람이 될 수 있다. 제6주제인 성찰은 주로 종교적인 행위와 밀접한 관련이 있다고 믿어져 왔다. 그러나 성찰-영혼정화는 종교적이지 않은 행위를 통해서도 이루어질 수 있다. 행복한 경험, 긍정적인 변화, 이타성, 의미있는 경험과 같은 영성관광에서 얻어지는 경험들을 통해 자기반성을 하고 자기반성의 가장 높은 수준에서 영혼을 정화시킬 수 있다. 특히, 영성관광에서는 명상, 요가, 웰빙, 힐링, 순례 등과 같은 관광활동이나 경험 등을 통해 영혼정화를 경험할 수 있다(Bowers & Cheer 2017; Kelly 2012; Ponder

& Holladay 2013; Smith & Kelly 2006). 마지막 주제로 장애물에 대한 대처능력, 즉 어려움을 극복하는 과정에서 영성의 중요성을 확인해볼 수 있다. 영성이라는 것은 여행의 과정에서 또는 여행 이후 경험하게 되는 장애물 또는 어려움을 대처하는 것과 밀접한 관련이 있음이 밝혀졌다(Gosselink & Millykangas 2007; Heintzman 2008). 여행 과정에서 겪는 어려움을 극복하는 과정에서 영성이 높아지며 이를 통해 심리적으로 성장하고 영적으로 변화할 수 있다.

이 7가지의 주제는 각각 개별적인 연구주제로도 가능하지만 7가지 전체적으로 활용해볼 수 있다. 영성관광자들은 요가, 명상, 성찰 등과 같은 관광활동을 통해 자신의 영혼을 정화시키고, 삶의 의미/목적을 깨닫게 될 수 있다. 또 여행지에서 자연과 사람들과의 상호작용을 통해 영적 자원을 얻고 이것은 높은 자기결정을 가질 수 있도록 한다. 서로 다른 영적 자원을 통해 지혜를 얻을 수 있고 영성관광자는 자신을 초월하여 현실의 잠재력이 가장 높은 곳에 도달할 수 있게 된다. 높은 자각 상태는 관광자가 장애물에 대처하는 능력을 높여줄 수 있고, 이것은 영성관광자가 느끼는 큰 만족으로 이어질 수 있을 것이다. 이 7가지의 주제를 통해 영성관광자들이 관심있어 하는 경험이 무엇인지 영성관광을 통해 어떤 결과를 얻고자 하는지를 알 수가 있다. 영성관광자들이 얻고자 하는 것이 무엇인지를 더 잘 알 수 있다면 이들에게 더 큰 만족을 제공해줄 수 있는 맞춤형 서비스를 제공할 수 있을 것이다.

영성관광의 7가지 주제에서도 살펴보았듯이 영성관광은 순례여행에 그 기원을 두고 있는 것은 분명하나 종교관광이라고 할 수는 없으며 단순히 종교관광과의 비교를 통해서만 연구된다면 영성관광이 보여주는 새로운 현상들을 간과하게 될 수 있다. 영성관광은 하나의 관광의 형태로 보고 영성관광의 동기라든지 거기서 얻어지는 경험 등에 대해서 다양한 관점을 가지고 복합적인 현상으로 볼 수 있다면 앞으로 더 많은 논의와 연구가 이루어질 것으로 기대된다.

| 5절 | 템플스테이

템플스테이는 종교관광으로 시작되었으나 현재에는 영성관광의 특성을 보이고 있는 관광유형이다. 2002년 한일 월드컵 대회를 기점으로 정부에서 한국 전통문화의 우수성을 알리기 위해 본격적으로 시작이 되었으며 이후 OECD가 선정한 '창의적이고 경쟁력 있는 우수 문화상품', 국가브랜드위원회(2010)의 '대한민국을 대표하는 10대 아이콘'으로 선정되는 등 한국의 대표적인 종교문화 체험프로그램으로 자리매김하였다(한국불교문화사업단, 2017). 현재 약 150여 개의 사찰(2023년 기준)이 템플스테이를 운영하고 있으며 2002년 이래 연평균 13.2%의 증가율(연인원 기준)을 보이며 안정적인 성장을 유지하고 있다(<표 8-3> 참조). 또한 주목할 만한 점은 외국인 관광자들이 꾸준히 증가하고 있다는 점이다(한국불교문화사업단, 2017). 템플스테이의 수요가 지속적으로 증가하고 있는 것 이외에도 종교관광 연구에서 의미 있는 또 다른 이유는 장소가 불교사찰이라는 특정 종교와 연관된 곳임에도 불구하고 참여자의 종교와 상관없이 자유롭게 종교적 문화체험에 참여할 수 있다는 점이다(변찬복, 2013).

〈표 8-3〉 **템플스테이 방문자 현황** (단위: 수(개), 명)

연도	사찰 수(개)	내국인 방문자(명)	외국인 방문자(명)	전체 방문자(명)
2016	123	358,965	55,787	414,752
2017	137	416,454	70,910	487,364
2018	135	438,327	77,091	515,418
2019	137	458,730	70,520	529,250
2022	142	390,791	38,599	429,390

자료: 김권석, 2023.05.28.

1. 템플스테이의 개념화

템플스테이는 "한국의 사찰에서 머물며 한국불교의 전통문화, 수행정신, 사찰 내·외 문화관광적 자원과 자연환경 및 사찰의 일상생활을 체험하는 것"을 말한다(한국불교문화사업단, 2017). 템플스테이는 불교와 관련이 있지만 불교라는 종교성보다는 영성을 더욱 강조한다(Paszthory, 2017). 템플스테이 프로그램을 홍보하는 브로슈어의 슬로건들을 보면, 대부분이 불교에 초점을 맞추고 있기보다는 영적인 경험, 영적인 성장, 진정한 자아의 발견과 같은 개인의 영적인 체험을 강조하고 있음을 알 수 있다. 템플스테이 프로그램에 참여하는 외국인 참가자들은 불교가 아님에도, 또한 불교에 어떤 영향을 받지 않은 경우에도 템플스테이에 참여하여 불교의 종교적 행위와 전통에 참여한다. Paszthory(2017)는 템플스테이를 영성관광의 한 형태로 개념화하고 있다. 반면, 몇몇 연구자들은 템플스테이를 종교관광과 연관시켜 설명하기도 한다. 템플스테이를 한국형 종교관광의 성공 사례라고 설명하거나(박의서, 2011), 템플스테이가 가지고 있는 종교체험의 내용과 종교적 상징성 때문에 이를 종교관광으로 개념화 한다(배금란, 2011).

템플스테이는 종교와의 관련성이 없이 정의되기도 하였다. 가령, "템플스테이는 문화관광이며 체험관광으로 외부인이 사찰의 일시적인 구성원으로서 일상생활이나 의례에 참여하여 함께 생활하고 체험하며 느끼는 관광"으로 정의하는 경우이다(정병웅, 2002). 템플스테이를 대안관광(alternative tourism)의 한 형태로 보고, 템플스테이 프로그램에서 이루어지는 경험과 체험 등에 초점을 맞추어 템플스테이를 대안관광이면서 체험관광, 문화관광, 명상관광 등으로 설명하고자 시도한다(김철원·윤혜진, 2008). 대안관광은 대중관광이 가져오는 폐해 때문에 이에 대한 대안적인 의미의 관광으로 기존에 대중관광이 대규모 단체로 취해지며 환경 훼손에 대해 민감하지 않았던 것들을 지양하고 환경을 침해하지 않으면서 다양한 문화에 적극적으로 참여하는 소규모의 관광형태를 의미한다(Weiler & Hall, 1992). 템플스테이를 기존의 종교관광의 테두리 안에서 바라볼 것인지 아니면 종교관광과는 다른 독특한 문화적 체험으로 정의할 것인지 앞으로 논의가 필요한 부분이다.

2. 템플스테이 관광자의 참여동기

많은 연구자들이 템플스테이 참여 동기에 대한 연구를 진행하였다. 템플스테이 참여동기에 대한 연구를 살펴보면 종교적인 동기도 존재하지만 종교 외적인 다양한 동기가 있음을 알 수 있다. 예를 들면 템플스테이 참가요인은 지식추구 및 신기성, 일탈 및 휴식, 사교성, 가족친화성의 4개의 요인으로 구분될 수 있다(전재균 등, 2010). 이는 관광동기와 관련한 추진-유인(push-pull) 이론 가운데 추진요인(push)에 해당이 될 수 있다. 템플스테이 참여 동기를 추진요인과 유인요인으로 구분하고, 추진요인으로는 자아실현, 건강추구, 자연동화감, 관계고양, 종교적 체험, 여가체험의 6개의 항목, 유인요인으로는 휴식성, 템플스테이 프로그램의 질, 사찰의 특성, 이용 편리성, 관광체험거리, 접근성과 교통 등의 6개의 항목을 제시한 연구도 있다(김정민, 2011). 템플스테이에는 내국인뿐 아니라 외국인들도 많이 방문하고 있다. 템플스테이 프로그램을 통해 한국의 전통문화와 불교문화를 체험해볼 수 있기에 외국인들의 경우에는 내국인들과는 다른 이유에서 템플스테이에 참여해볼 수 있다. 외국인들의 템플스테이 참가동기에 대한 분석에 따르면, 한국 전통문화에 대한 관심, 불교문화에 대한 관심, 다른 문화의 체험 등의 동기가 내국인보다 유의미하게 더 높은 것으로 나타났다(심원섭 · 김자영, 2011). 따라서 외국인들의 경우에는 특정 종교와 연관된 의미 이상의 한국의 전통문화체험이라는 동기도 주요하게 작용한다고 볼 수 있다.

템플스테이의 참가동기는 다양하다고 할 수 있다. 때문에 반드시 종교와 관련지을 필요는 없으며, 종교관광이라는 틀에 국한해서만 볼 것이 아니라 더 다각적인 측면에서 연구해볼 필요가 있다.

3. 템플스테이에서 관광자의 체험

템플스테이는 체험형 관광으로 주목받고 있는 만큼 다양한 체험프로그램을 제공하고 있다(<표 8-4> 참조). 따라서 템플스테이와 관련하여 많은 연구들이 관광자가 템플스테이를 통해 어떤 경험을 하는지를 다루고 있다.

〈표 8-4〉 **템플스테이 프로그램 유형별 운영 현황**

프로그램	빈도(명)	비중(%)	프로그램	빈도(명)	비중(%)
참선/명상	227	12.2	체육행사	61	3.3
만들기(연등/염주)	127	6.8	글쓰기/그리기	61	3.3
예불	113	6.1	불교의식	46	2.5
놀이행사	112	6.0	문화행사	45	2.4
108배	110	5.9	사찰순례행사	37	2.0
다도	105	5.6	사찰음식체험	34	1.8
사찰안내	102	5.5	자아발견	30	1.6
스님과의 대화	100	5.4	운력	19	1.0
체험행사	95	5.1	타종의식	19	1.0
포행	93	5.0	민속놀이	14	0.8
교육	87	4.7	해맞이	11	0.6
발우공양	85	4.6	치유	5	0.3
인경/사경/독송	76	4.1	기타	46	2.5

자료: 한국불교문화사업단, 2017, p.44.

템플스테이 프로그램에서 제공하는 다양한 프로그램 가운데 어떠한 것을 주요한 체험으로 하느냐에 따라 관광자 체험은 자기 성장형, 치유형, 관광교육형, 스트레스 해소형 등으로 분류하기도 한다(김미정 · 유형숙, 2015). 관광자들은 다양한 체험을 통해 다른 관광자들이나 스님들과 교류하기도 하고, 휴식을 취하거나, 사찰 주변의 자연환경을 만끽하기도 한다. 도시의 생활과는 정반대의 삶 가운데에서 완전히 새로운 경험을 할 수 있다. 이러한 모든 것이 템플스테이 프로그램에 대한 전체적인 만족에 영향을 준다(안해연 · 이양희 · 박대환, 2012). 템플스테이에서의 만족스러운 체험은 일상으로 돌아가서까지도 긍정적인 영향을 불러일으킬 수 있다(김민자 · 전병길, 2016). 템플스테이 참가자들은 특히 자연과 교류하고, 사찰과 자연이 벗한 곳에서 휴식과 이완의 체험을 통해 긍정적인 정서와 자기성장감을 느낀다. 이것은 이후 전반적인 삶의 질에까지 긍정적인 영향을 주는 것으로 나타났다(김민자 · 전병길, 2016). 템플스테이 체험의 여가심리학적인 분석을 시도한 연구에서는 참가자들의 체험을 인지적 측면과 정서적 측면으로 구분하고 감정 체험과의 관계를 살펴보았다(정윤조 · 전병길, 2009).

인지적 차원은 자연동화감, 대인교류감, 자기성장감의 세 요인으로, 감정적 차원으로는 즐거움과 이완의 두 요인으로 구분하고, 인지적 차원의 각각의 요인들과 감정적 차원과의 관계를 분석하였다. 그 결과, 대인교류감은 이완보다는 즐거움과 정(+)의 관계에 있는 것으로 나타났다. 이것은 사찰에서 이루어지는 타인들과의 교류가 정서적으로 편안함을 유발시키는 것보다는 즐거움이라는 감정을 유발하는 것으로 해석될 수 있다. 자연동화감은 이완과 정(+)의 관계에 있는 것으로 나타났다. 참가자들이 복잡한 도심에서 벗어나 자연 속에 있는 사찰에서의 경험을 통해 자연동화감을 느끼면서 편안함을 느꼈을 것이다. 자기성장감은 주로 참선이나, 108배, 죽음체험 등과 같은 템플스테이 프로그램으로 통해 얻어졌을 것이다. 이러한 체험을 통해 편안함과 정서적인 안정감을 느꼈을 것으로 이해될 수 있다.

사례 2 금선사 템플스테이

서울 종로구 구기동에 위치한 금선사는 조선 초 창건되었다가 일제강점기에 전소되고 다시 중창되었기 때문에 오래되지 않은 사찰이다. 서울시 유형문화재 161호로 지정되었으며 서울 도심 한복판에서도 자연을 만끽하며 힐링체험을 할 수 있는 것이 금선사 템플스테이의 특징이라고 할 수 있다. 북한산 국립공원 내에 속해 있어 북한산국립공원 비봉코스를 따라 올라가다 보면 금선사의 첫 번째 관문인 일주문을 만날 수 있다. 금선사에 있으면 속세를 벗어나 자연과 함께하면서도 동시에 서울의 전경을 한눈에 볼 수 있기도 하다. 마치 바쁜 일상에서 벗어나 한 발짝 떨어진 곳에서 자신의 일상을 내려다보는 기분을 느낄 수 있을 것 같다. 이곳 금선사 템플스테이에서는 자연과 벗하며 108배, 염주 꿰기, 명상, 참선, 스님과의 차담시간 등과 같은 다양한 체험 프로그램을 운영 중이다. 사찰에서의 생활을 직접 체험해보면서 휴식과 힐링을 느껴볼 수 있다. 평일 휴식형, 주말 체험형, 평일 맞춤형 프로그램 등 바쁜 현대인의 일정에 적합한 다양한 정기 프로그램을 운영 중이기에 언제든지 쉽게 참여할 수 있다.

금선사 템플스테이 정기 프로그램 소개

프로그램	내용	비고
평일 휴식형	공양 시간, 예불 시간을 제외한 모든 시간을 자유롭게 사용 가능. 그 밖의 체험 프로그램도 참여 가능	• 주중 상시 가능, 주말 이용 불가 • 내외국인 모두 참여 가능 • 어린이는 보호자 동반 시 가능
주말 체험형	예불, 발우공양, 참선 등 스님들의 사중 일과와 유사한 다양한 프로그램, 전통문화 체험, 불교 및 명상 체험	• 매주 토일 운영 • 단체(10인 이상) 요청 시 평일도 운영 가능 • 고등학생 이상 모든 내외국인 참가 가능
평일 맞춤형	협의된 일정 및 시간(3시간 내외)에 2~3가지 불교문화 체험 프로그램 이용	• 평일 오전 10시~오후 5시 • 발우공양을 제외한 원하는 프로그램 참여 가능 • 내외국인 모두 참가 가능

자료: 금선사 템플스테이 홈페이지 (http://geumsunsa.templestay.com/page.asp?t_id=geumsunsa)

자료: 금선사 템플스테이 홈페이지
(http://geumsunsa.templestay.com/gallery_view.asp?idx=36819&page=1&t_id=geumsunsa)

〈그림 8-10〉 **금선사 템플스테이 프로그램**

인지적 체험요소의 3가지 차원은 모두 즐거움에 영향을 미쳤으며 특히 자기성장감과 같은 경우 즐거움과 동시에 이완상태를 경험하는 것으로 나타났다. 또한 이완과 즐거움이라는 감정체험은 만족에 효과를 가지는 것으로 나타났으며 인지적 체험요인들은 만족에 간접적인 효과를 보여주었다. 이러한 체험요인들은 템플스테이에 대한 만족 및 재방문의도 및 추천의도와 연결된다. 즉, 템플스테이 프로그램 체험에 만족한 경우, 다시 방문하고 싶어하거나 또는 다른 사람들에게 추천하게 되는 것이다.

템플스테이 프로그램은 한국을 대표하는 종교문화 프로그램이다. 이 프로그램에서 제공하는 다양한 체험을 통해 관광자들은 내면의 성장, 정서적 안정감뿐 아니라 불교문화 및 한국의 전통문화에 대한 지식을 획득할 수도 있다. 그리고 기본적으로 자연에 동화되어 휴식과 안정을 취할 수 있다. 즉, 템플스테이는 자연친화적인 공간과 힐링경험이 결합되어 있는 최적의 힐링관광이라고 할 수 있다.

이 장에서는 템플스테이를 종교관광으로 볼 것인지 아니면 영성관광으로 볼 수 있는지 정확히 규정하지는 않았다. 그러나 템플스테이 참여동기에 대한 다양한 연구를 통해 알 수 있는 것처럼 템플스테이는 종교관련 동기보다는 비종교적 동기에 의해서 이루어지는 경우가 더 많다. 영성관광의 개념에 대한 학문적인 합의가 이루어지게 된다면 템플스테이도 영성관광의 차원에서 살펴볼 수 있을 것이다.

| 6절 | 맺음말

이 장에서는 종교관광이 문화관광의 한 부분으로서 왜 중요한지, 그리고 지금까지 종교관광 연구는 어떻게 이루어졌는지, 종교관광 연구가 현재에는 어느 정도 발전이 되었는지, 이와 관련하여 최근 종교관광에서 많은 관심을 받고 있는 영성관광은 무엇인지, 그리고 우리나라에서 이루어지고 있는 템플스테이는 종교관광으로 볼 수 있는지, 또 이와 관련된 연구는 어떻게 이루어지고 있는지를 다루고 있다.

종교관광은 관광의 초기부터 지금까지 관광에 있어서 지속적으로 중요한 위치를 점유하고 있으며 최근에도 꾸준히 수요가 증가하고 있다. 종교관광 전체로 볼 때는 꾸준히 수요가 증가하고 있기는 하지만 그 종교관광 내부에서는 많은 변화가 이루어지고 있다. 무엇보다 사람들의 종교관광의 동기가 매우 다변화되고 있다. 종교관광의 동기가 다양화되면서 이전에는 종교를 통해 얻을 수 있었던 체험, 기적, 내적인 변화 등을 종교와 관련이 없이 추구하고 획득하려는 시도가 점점 증가하고 있다. 현재까지는 이러한 흐름을 영성관광이라고 개념화하고 있다. 영성관광을 종교관광과 관련하여 어떻게 정의할 것인지는 여전히 논의 중에 있다. 종교의 영향력이 지속적으로 약화되면서 이러한 영성관광의 흐름은 앞으로도 확산될 것으로 기대된다. 이러한 흐름과의 연장선상에서 우리나라에는 템플스테이 프로그램이 있다. 템플스테이는 불교라는 특정한 종교에 기반하여 만들어졌지만 종교보다는 영성 및 내면의 성장 등과 관련하여 국내외적으로 각광을 받고 있다. 이 장의 5절에서 볼 수 있듯이 템플스테이는 영성관광이 활발해지고 있는 시류에 잘 맞추어 적절하게 잘 운영되고 있으며 우리나라 문화관광의 대표 프로그램으로 확실히 자리매김 하고 있다. 종교관광의 범위가 확대되고 있어 어느 범위까지를 종교관광에서 다루어야 할지에 대한 합의점은 아직 도출되지 못했지만 사람들이 정신 수양 또는 영적인 체험 등에 관심을 가지는 것은 비단 우리나라뿐 아니라 세계적인 추세라고 할 수 있다. 우리나라에서도 템플스테이뿐 아니라 종교 또는 정신적 수양 등을 매개체로 하는 다양한 종교관광/영성관광 프로그램이 만들어지기 위해서 또 이러한 프로그램들이 적절하게 잘 운영이 되기 위해서는 종교관광과 관련한 현대의 흐름, 영성관광의 경험 등과 관련한 연구가 많이 이루어져야 할 것이다.

생각해볼 문제

1. 순례자와 관광자의 관계가 어떻게 변화해왔는지 생각해보자.

2. 종교관광을 가는 동기와 종교관광을 통해서 얻어질 수 있는 경험은 어떠한 것이 있는지 생각해보자.

3. 종교관광자의 경험에 만족을 주는 요인은 어떠한 것이 있는지 생각해보자.

4. 수용범위를 초과한 관광자를 받으면 들어오는 수입은 많겠지만 관광지에 부정적인 영향을 줄 수 있다. 경제적인 혜택과 대중관광에서 오는 폐해의 불균형 속에서 종교관광의 지속가능성을 추구하기 위한 방안에는 어떠한 것이 있는지 생각해보자.

5. 영성관광이 등장하게 된 사회적 배경과 흐름에 대해 생각해보자.

6. 템플스테이를 종교관광과 영성관광의 개념과 비교하여 생각해보자.

7. 한국은 다양한 종교가 유입되어 자유롭게 발전하였으며 각 종교 나름의 역사를 지니고 있다. 한국에서 발전하고 있는 다양한 종교문화를 기반으로 한국의 종교적 역사를 고려한 종교순례길을 개발할 수 있는지 생각해보자.

더 읽어볼 자료

1. Timothy, D. J., and Olsen, D. H. (Eds.) (2006), *Tourism, religion and spiritual journeys*, London and New York: Routledge.
   종교관광을 심도 깊게 또 포괄적으로 다루고 있다. 관광과 종교의 관계 및 이와 관련한 개념들, 그리고 주된 논쟁점에 대해 이해하기 쉽게 설명하고 있으며 종교관광과 관련한 이론과 실제적인 사례에 대한 적용이 균형 있게 논의되고 있다. 또한 현대의 새로운 현상으로서 영성관광도 함께 다루고 있다.

2. Vukonic, B. (1996), *Tourism and religion*, London: Elsevier science ltd.
   이 책에서는 인류학, 사회학, 문화, 경제적 관점에서 관광과 종교의 개념에 대한 이론적 기초를 제공한다. 종교적 동기로 취해지는 종교관광의 범주, 종교관광자, 관광과 종교 사이의 갈등 등 관광과 종교 관계에 대한 다방면의 접근을 통해 두 개념 사이의 관계를 포괄적으로 풀어내고 있다.

참고문헌

김권석(2023.05.28.). '템플스테이' 2002년 이후 누적 6백만 명 방문. 김천방송 모바일 Retrieved by http://m.gmtv.co.kr/news/articleView.html?idxno=30946

김민자 · 전병길(2016). 템플스테이 체험이 여가 삶의 질에 미치는 영향. 『관광학연구』, 40(4), 215-231.

김정민(2011). 국립공원 내 템플스테이의 추진요인과 유인요인에 관한 연구. 강원도 소재 국립공원 내 사찰을 중심으로. 『한국환경생태학회지』, 25(4), 621-630.

김철원 · 윤혜진(2008). 대안관광으로서 템플스테이에 관한 연구. 『호텔관광연구』, 10(2), 130-148.

박의서(2011). 한국 종교관광의 정책 방향과 성공 사례. 『관광연구저널』, 25(5), 121-137.

배금란(2011). 현대종교문화 현상으로서 템플스테이 고찰. 『종교학연구』, 29, 23-44.

변찬복(2013). 영성관광의 진정성에 관한 연구-하이데거의 존재론을 중심으로. 『관광연구』, 27(6), 75-95.

심원섭 · 김자영(2011). 템플스테이 참가동기와 체험만족도 비교연구. 『관광학연구』, 35(7), 343-366.

안해연 · 이양희 · 박대환(2012). 템플스테이체험관광이 관광만족, 추천의도 및 재방문의도에 미치는 영향. 『관광학연구』, 36(9), 73-91.

전재균 · 전창현 · 현경호(2010). 내국인과 외국인 템플스테이 참가자간의 참가동기 및 만족도에 관한 비교연구. *Journal of the Korean Data Analysis Society*, 12(2), 1053-1065.

정병웅(2002). 사찰관광개발을 통한 종교관광활성화에 관한 연구, 『관광개발논총』, 6(1), 117-146.

정윤조 · 전병길(2009). 템플스테이 체험의 여가심리학적 모형. 『관광학연구』, 33(2), 99-122.

한국불교문화사업단 (2017). 『템플스테이 5개년 계획(2018~2022) 수립을 위한 연구』.

Abdul Halim, M. S., Tatoglu, E., & Mohamad Hanefar, S. B. (2021). A Review Of Spiritual Tourism: A Conceptual Model For Future Research. *Tourism and hospitality management*, 27(1), 119-141.

Alderman, D. H. (2002). Writing on the Graceland wall: On the importance of authorship in pilgrimage landscapes. *Tourism Recreation Research, 27*(2), 27-35.

Badone, E., & Roseman, S. (Eds.). (2004). *Intersecting journeys: The anthropology of pilgrimage and tourism*. Champaign: University of Illinois Press.

Bhardwaj, S. M. & Rinschede, G. (1988) Pilgrimage: a world-wide phenomenon, in S. M. Bhardwaj and G. Rinschede (eds) *Pilgrimage in World Religions*, Berlin: Dietrich Reimer Verlag.

Bokhari, A. A. H. (2018). The economics of religious tourism (Hajj and Umrah) in Saudi Arabia. In *Global Perspectives on Religious Tourism and Pilgrimage* (pp. 159-184). IGI Global.

Bowers H., & Cheer J. M. (2017). Yoga tourism: Commodification and western embracement of eastern spiritual practice, *Tourism Management Perspectives*, 24, 208-216. https://doi.org/10.1016/j.tmp.2017.07.013

Bowman, G. (1991). Christian ideology and the image of a holy land: The place of Jerusalem in the various Christianities. In M. J. Sallnow & J. Eade (Eds.), *Contesting the sacred: The anthropology of Christian pilgrimage* (pp. 98-121). London: Routledge.

Cheer, J. M., Belhassen, Y., & Kujawa, J. (2017). The search for spirituality in tourism: Toward a conceptual framework for spiritual tourism. *Tourism Management Perspectives*, 24, 252-256.

Cohen, E. (1979). A phenomenology of tourist experiences. *Sociology*, 132, 179-201.

Cohen, E. (1992a). Pilgrimage centres: Concentric and excentric. *Annals of Tourism Research*, 19(1), 33-50.

Cohen, E. (1992b). Pilgrimage and tourism: Convergence and divergence. In A. Morinis (Ed.), *In Sacred journeys: The anthropology of pilgrimage* (pp. 47-61). New York, NY: Greenwood Press.

Cohen, E. (1998). Tourism and religion: A comparative perspective. *Pacific Tourism Review*, 2, 110.

Collins-Kreiner, N., & Kliot, N. (2000). Pilgrimage tourism in the Holy Land: The behavioural characteristics of Christian pilgrims. *GeoJournal*, 50(1), 55-67.

Digance, J. (2006). Religious and secular pilgrimage: Journeys redolent with meaning. In *Tourism, religion and spiritual journeys* (pp. 52-64). Routledge.

Eade, J. (1992). Pilgrimage and tourism at Lourdes, France. *Annals of Tourism Research*, 19, 18-32.

Eliade, M. (1961). *The sacred and the profane: The nature of religion* (Vol. 144). Houghton Mifflin Harcourt.

Fish, J. M., & Fish, M. (1993). International tourism and pilgrimage: a discussion. *Global Economic Review*, 22(2), 83-90.

Fleischer, A. (2000). The tourist behind the pilgrim in the Holy Land. *International Journal of Hospitality Management*, 19, 311-326.

Future Market Insights Global (2022.04.26.). Faith Based Tourism Market Will Expand at 10.4% CAGR through 2032: FMI, Retrieved by https://www.globenewswire.com/en/news-release/2022/04/26/2429296/0/en/Faith-Based-Tourism-Market-Will-Expand-at-10-4-CAGR-through-2032-FMI.html

Gesler, W. (1996). Lourdes: healing in a place of pilgrimage. *Health & Place*, 2(2), 95-105.

Gosselink C. A., & Myllykangas S. A. (2007). The leisure experiences of older U.S women living with HIV/ AIDS, *Health Care for Women International*, 28(1), 3-20. https://doi.org/10.1080/07399330601001402

Graburn, N. H. (1983). The anthropology of tourism. *Annals of Tourism Research*, 10(1), 9-33.

Graburn, N. H. (1989). Tourism: the sacred journey in V. L. Smith (ed.) *Hosts and Guests: The Anthrolpology of Tourism*, Philadelphia: University of Pennsylvania Press.

Griffin, J. (1994). Order of service, *Leisure Management*, 14(12), 30-32.

Griffin, K. & Raj R. (2017). The Importance of Religious Tourism and Pilgrimage: reflecting on definitions, motives and data. *International Journal of Religious Tourism and Pilgrimage*, 5(3), Article 2.

Gupta, V. (1999). Sustainable tourism: Learning from Indian religious traditions. *International Journal of Contemporary Hospitality Management*, 11(2/3), 91-95.

Haq, F., & Jackson, J. (2009). Spiritual journey to Hajj: Australian and Pakistani experience and expectations. *Journal of Management, Spirituality and Religion*, 6(2), 141-156.

Heintzman P. (2008). Leisure-spiritual coping: A model for therapeutic recreation and leisure services, *Therapeutic Recreational Journal Special Edition*, 42(1), 56-73.

Jackowski, A., & Smith, V. L. (1992). Polish pilgrim-tourists. *Annals of Tourism Research*, 19(1), 92-106.

Kelly C. (2012). Wellness tourism: Retreat visitor motivations and experiences, *Tourism Recreation Research*, 37(3), 205-213. https://doi.org/10.1080/02508281.2012.11081709

Khan, W. (1986). Hajj and Islamic da'wah. *Hajj in Focus*, 31-39.

Long, D. E., & Long, D. (1979). *The Hajj Today: A Survey of the Contemporary Pilgrimage to Makkah.* SUNY Press.

MacCannell, D. (1973). Staged authenticity: arrangements of social space in tourists.

MacCannell, D. (1976). *The Tourist: A New Theory of the Leisure Class,* New York: Schocken Books.

Mann, (2011). The Birth of Religion, *National Geographic,* June 2011, 34-59.

Margry, J. P. (Ed.) (2008). *Shrines and pilgrimage in the modern world: New itineraries into the sacred.* Amsterdam: University of Amsterdam Press.

Moufakkir, O. & Selmi, N. (2018). Examining the spirituality of spiritual tourists: A Sahara desert experience. *Annals of Tourism Research,* 70, 108-119.

Norman, A. (2011). *Spiritual tourism: Travel and religious practice in western society.* London, UK: Continuum.

Olsen, Daniel H. (2013). A Scalar Comparison of Motivations and Expectations of Experience within the Religious Tourism Market. *International Journal of Religious Tourism and Pilgrimage,* 1(1), Article 5.

Olsen, D. H., & Timothy, D. J. (2006). Tourism and religious journeys. In D. Timothy & D. *Olsen Tourism, religion and spiritual journeys, 4,* pp. 1-21.

Paszthory, F. D. (2017). Temple-stay in Korea: A Qualitative analysis of the Western visitors' experience. 경희대학교 석사학위논문.

Piewdang, S., Mekkamol, P., & Untachai, S. (2013). Measuring spiritual tourism management in community: A case study of Sri Chom Phu Ongtu Temple, Thabo district, Nongkhai province, Thailand. *Procedia-Social and Behavioral Sciences,* 88, 96-107.

Ponder, L. M., & Holladay, P. J. (2013). The transformative power of yoga tourism. *Transformational tourism: Tourist perspectives,* 1(7), 98-108.

Preko, A., Allaberganov, A., Mohammed, I., Albert, M., & Amponsah, R. (2020). Understanding spiritual journey to hajj: Ghana and Uzbekistan perspectives. *Journal of Islamic Marketing.*

Reader, I., & Walter, T. (1993). *Pilgrimage in popular culture.* Basingstoke: Macmillan.

Rinschede, G. (1990). Religionstourismus. *Geographische Rundschau,* 42(1), 14-20.

Rinschede, G. (1992). Forms of religious tourism. *Annals of Tourism Research,* 19(1), 51-67.

Robinson, F. (1999). Religious change and the self in Muslim South Asia since 1800. *South Asia: Journal of South Asian Studies,* 22(s1), 13-27.

Russell, P. (1999). Religious travel in the new millennium, *Travel & Tourism Analyst*, 5, 39-68.

Schlehe, J. (1999). Tourism to holy sites. *International Institute for Asian Studies Newsletter*, 19(8).

Shackley, M. (2002). Space, sanctity and service; the English Cathedral as heterotopia. *International Journal of Tourism Research*, 4(5), 345-352.

Sharpley, R., & Jepson, D. (2011). Rural tourism: A spiritual experience?. *Annals of Tourism Research*, 38(1), 52-71.

Sizer, S. R. (1999). The ethical challenges of managing pilgrimages to the Holy Land. *International Journal of Contemporary Hospitality Management*, 11(2/3), 85-90.

Smith M., & Kelly, C. (2006). Wellness tourism, *Tourism Recreation Research*, 31(1), 1-4. https://doi.org/10.1080/02508281.2006.11081241

Smith, V. L. (1992). Introduction: The quest in guest. *Annals of Tourism Research* 19, 1-17.

Tacey, D. (2004). *The spirituality revolution: The emergence of contemporary spirituality*. Routledge.

Timothy, D., & Olsen, D. (Eds.). (2006). *Tourism, religion and spiritual journeys* (Vol. 4). Routledge.

Timothy, D. J., & Iverson, T. (2006). Tourism and Islam: Considerations of culture and duty. In *Tourism, religion and spiritual journeys* (pp. 202-221). Routledge.

Turner, V. (1973). The center out there: pilgrim's goal. *History of Religions*, 12(3), 191-230.

Turner, V. W. & Turner, E. (1969). *The ritual process*. London: Routledge.

Turner, V. W. & Turner, E. (1978). *Image and pilgrimage in Christian culture*. Columbia University Press.

Vukonic, B. (2002). Religion, tourism and economics: A convenient symbiosis. *Tourism Recreation Research*, 27(2), 59-64.

Weiler, B., & Hall, C. M. (1992). Special interest tourism: in search of an alternative. *Special interest tourism: in search of an alternative.*, 199-204.

Willis, K. G. (1994). Paying for heritage: what price for Durham Cathedral? *Journal of Environmental Planning and Management*, 37(3), 267-278.

9장 문화와 예술관광

김 소 혜 (한양대학교 행복여행센터 연구교수)

9장 문화와 예술관광

김 소 혜 (한양대학교 행복여행센터 연구교수)

Highlights

1. 예술과 관광의 관련성을 이해한다.
2. 예술관광의 개념 및 특징을 이해한다.
3. 예술관광자의 기본 특성 및 주요 접근법을 이해한다.
4. 예술관광지에서 관광자 경험 탐색의 중요성을 이해한다.

| 1절 | 개관

예술관광을 어떠한 맥락에서 이해할 수 있을까? 관광학에서 예술관광은 비교적 늦게 관심을 받게 된 분야이다. 아직까지 관광학에서는 어떻게 예술을 관광 맥락에 접목하여 개념적으로 논의할 수 있는지에 대한 보편적 합의를 이루었다고 보기 힘들다.

반면 예술에서 관광적 측면을 논할 때 하나의 보편적 접근 방식이 발견된다. 관광의 평면성을 부각시킨다는 것이다. 예술작품에서는 관광자의 묘사를 통해 이러한 평면성을 나타낸다. 구체적으로, 작품 속 관광자들은 수동적으로 가이드를 따라 움직이고, 유명 작품에만 모여들고, 사진을 찍어대고, 기념품 가게에서 물건을 사는 존재로 흔히 그려진다(Verhagen, 2012).

위의 조소적 시선은 예술과 관광의 관계에 대한 두 가지 맥락을 전제한다. 첫째, 관광자는 주체적으로 예술콘텐츠를 체험하지 못하는 수동적 존재라는 것이다. 이는 예술작품 관람에서 관광자 역할을 일방향의 메시지 수용자로 제한하는 동시에, 교육적 메시지를 설명해주는 매개인의 중요성을 강조한다. 둘째, 예술관광 콘텐츠를 보유한 공간은 상류계층을 위한 장소라는 것이다. 이러한 배타적 공간에서 관광자는 소외되는 존재이다. 따라서 관광자의 행동은 예술작품 그 자체에 진지하게 몰입하기보다는 사진찍기, 쇼핑 및 즉각적이고 쾌락적 경험에 집중하는 것으로 그려진다.

이러한 시선을 전제로 관광/관광자와 문화예술 간 관계를 그리는 것은 초기 사회학자들이 관광을 이해하는 방식과 어느 정도 궤를 같이한다. 즉 학자들은 문화예술 관련 관광명소는 일상과 차별화되는 독특한 장소로 분리하고(MacCannell, 1976), 이곳을 방문하는 대다수는 일정 수준 이상의 교육을 받고 소득 수준이 높은 자들임에 주목한다(Bennett, 1994). 상대적으로 대중들이 예술관광지를 방문하는 현상은 큰 주목을 받지 못하였다. 관광자는 경제적 가치에 의해 상품화(commodification)된 공간을 소비하는 평면적인 존재로, 진정성을 추구하기보다는 매력적으로 꾸며진 가공의 사건들(pseudo-events)을 통한 쾌락적 경험을 추구한다고 간주되기 때문이다(Boorstin, 1961).

그러나 최근 학자들은 이러한 초기의 접근방식에 대하여 의문을 던진다. 기존 시선이 관광자들을 단순하고 즉각적이고 즐거움을 추구하는 평면적 존재로 그리는 과정에서, 그들의 문화예술 콘텐츠 체험 속에서 나타나는 풍요로움이 축소 및 삭제되었기 때문이다. 따라서 어리(Urry) 등은 포스트모더니즘적 시각에서 현대인의 문화예술 관광 경험을 볼 필요가 있음을 주장한다(Urry, 2002; Uriely, 2005). 이러한 움직임은 관광 현상의 다차원성을 강조하고, 삶의 일부로서 예술관광이 가지는 특성을 조명한다는 점에서 기존 방식과 차별화된다.

이 장은 관광학 내부에서 나타나는 관점의 진화를 반영하여 예술관광의 심도 있는 이해를 목표로 한다. 구체적으로 아래의 세 가지 논제를 중심으로 예술관광을 접근하였다.

- 예술관광이란 무엇인가?
- 예술관광에서 관광자들은 누구인가?
- 예술관광지 방문 경험은 어떻게 이해될 수 있는가?

| 2절 | 예술관광의 이론적 접근

1. 예술관광과 예술관광자의 개념적 접근들

관광학자들은 대체로 문화관광 내에서 예술관광을 규정하고 있다. 그러나 문화관광은 다양한 하위 구성 요소를 포괄하기에, 관점에 따라 예술관광은 다양하게 정의된다(Richards, 2007).

일반적인 합의점 부재가 나타나는 주요 원인 중 하나는 문화관광은 문화가 다양한 수준에서 정의 가능한 다차원적 개념이라는 것에 있다. 포괄적 관점에서 모든 관광은 문화관광적 요소를 지닌다. 관광자는 관광지에서 의식적 혹은 무의식적으로 다른 문화에 노출되고, 관광지가 낯설게 인지하는 것은 관광자의 일상과 다른 문화적 요소와의 접촉으로 나타난 결과물이기 때문이다. 이는 문화의 수준과 범주의 윤곽을 어떻게 제한하는지에 따라 예술을 논의하는 방법과 한계도 달라질 수밖에 없음을 가리킨다.

부재의 두 번째 요인은 문화와 예술의 관계가 관광학 내에서 명확하게 정립되지 않았다는 것에 있다. 이는 문화관광을 바라보는 관점이 학자들 간 동일하더라도, 그들 각각이 예술관광에 접근하는 범주와 수준이 다를 수 있음을 일컫는다. 문화와 예술의 관계를 정립하는 것은 또 다른 개념적 문제이기 때문이다.

이러한 복잡성으로 말미암아 예술관광은 유형학적 분류를 중심으로 개념적 논의가 시작되었다. 가장 기초적인 방식은 문화유산관광(cultural heritage tourism)의 하위 항목으로, '관광'을 강조하여 예술 관련 활동을 포용하는 것이다(Prentice, 1993; Smith, 1989). 이 접근의 특징은 예술관광을 독자적으로 정의하지 않고 간접적으로 개념화한다는 것에 있다. 즉 구체적인 관광행동 및 관광지를 열거 및 분류하는 것으로 예술관광에 대한 접근을 제한한다. 표면적 특질에 따른 이러한 분류는 예술관광에 대한 본질적 특질 고찰을 이끌어내지 못하는 태생적 한계를 지닌다.

이와 달리, 상대적으로 '예술'에 좀 더 강조를 두고 예술관광을 문화관광 내 독립적인 개별 하위분야로 접근하는 방식이 있다. '예술관광'(art/arts tourism)이라고 최초로 명명한 마이어스커프(Myerscough, 1988)의 접근이 그 예라 할 수 있다. 이 접근법을 활용하는 학자들은 예술관광이 여타 문화관광과 다른 차별화되는 특질을 고찰하는 것이 중요함을 강조한다.

예를 들어 그래튼과 테일러(Gratton & Taylor, 1992)의 경우, 예술관광은 기존 문화유산관광과 시간적 차원에서 다르다고 주장한다. 전자는 현시대의 문화 소비와 관련되며 후자는 과거 문화 소비 맥락을 통해 접근되기 때문이다. 반면 홀과 와일러(Hall & Weiler, 1992)는 예술의 지각적 특질에 기반하여 예술관광의 특수성을 주장하고, 예술관광을 전시예술과 공연예술로 나누고 있다. 전시예술은 정동적이고 시각적인 경험이 중시되며, 구체적 사례로는 미술관이나 갤러리 방문 등이 있다. 반면 후자의 경우 역동적 체험이 중심이 되기에, 오페라, 발레 및 뮤지컬 관람 등을 해당 예술관광 영역으로 생각할 수 있다.

그러나 이들의 연구는 여전히 범주적 접근에 머물러 있다는 측면에서 한계를 지닌다. 관광의 시선 속에서 예술 콘텐츠를 접근하는 차별점을 논하기보다는 매체의 특질 및 반응성을 중심으로 분류를 시도한 것에 그쳤기 때문이다. 이러한 한계를 지적한 휴즈(Hughes, 2000)는 예술관광에 대한 탐색이 여전히 기초적 수준에 머물러 있으며, 개념적 차원에서 관광학이 예술관광을 어떻게 접근할 것인지에 대하여 학자들 간 합의점에 도달하지 못한 상태라고 평가한다.

반면 예술관광의 개념적 발전과 비교해보았을 때, 관광자의 참여 동기 연구는 한층 발전된 예술관광에 대한 탐색 방식을 보여준다. 전자와 유사하게 개념적 분류에 관심을 두며, 동시에 표면적 특징 탐색에 머무르지 않고 내적 역동성도 주목하기 때문이다.

예를 들어 애쉬워스(Ashworth, 1995)는 예술관광을 문화관광의 하위분야로 놓는 것에 그치지 않고, 동기에 따라 세분화하고 있다. 즉 관광자에게 예술관광 경험은 특별관심관광(special-interest tourism)의 맥락에서 이해될 수 있으며, 이것이 주요 동기로 작용하는 경우와 다양한 활동을 위한 배경으로 의미를 가지는 경우로 나뉠 수 있다는 것이다.

같은 맥락에서 휴즈(Hughes, 2000)는 관광자의 동기와 흥미를 예술관광에서 고찰의 기본 단위로 접근한다. 즉 예술-중심(arts-core) 관람자와 예술-주변(arts-peripheral) 관람자라는 동기적 구분점을 제시하고, 이를 기존 '비휴일'(non-holiday)-'휴일'(holiday)의 분류에 더한다. 이러한 그의 작업은 문화예술 공간의 방문을 개인이 지닌 예술 콘텐츠의 흥미와 관광 맥락을 통합하여 조망한다는 데 가치가 있다. 예를 들어, 특정 작품을 감상하는 것이 주요 관광 동기로 작용한 경우 예술-중심 관광자로 접근될 수 있다. 반면 집을 벗어나는 것을 주동기로 인식하는 사람은 예술-주변 관광자의 예가 될 수 있다.

일부 학자들은 심도 있는 예술관광 연구 발전을 위하여 기존 문화관광자 연구 접근법들을 예술관광자의 행동 및 태도 연구에 응용하기도 한다. 스테빈스(Stebbins, 1996)의 문화관광자 분류를 활용한 맥커쳐와 두 크로스(McKercher & du Cros, 2002)의 연구를 활용하는 시도들이 그 예이다. 스테빈스(Stebbins, 1996)는 문화관광자를 '일반적인 문화관광자'(general cultural tourist)와 '특정화된 문화관광자'(specialized cultural tourist)로 구분지었다. 전자는 불특정한 문화관광지를 방문하는 취향을 가진 사람들을 말한다. 후자에 속하는 관광자들은 문화, 역사, 예술 등과 관련된 이해를 위해 특정 장소 및 국가를 반복적으로 방문하는 특징을 보인다. 맥커쳐와 두 크로스(McKercher & du Cros, 2002)는 이러한 스테빈스의 이원적 분류에 목적지의 중요도와 경험의 깊이 차원을 추가하였다. 그들은 '비의도적'(serendipitous), '의도적'(purposeful), '우연한'(incidental), '일시적'(casual), '구경중심의'(sightseeing) 다섯 가지 특질에 기초하여 관광자를 분류하였다.

비록 여전히 유형적 분류에 기초한 틀에서 벗어나지 못하였지만, 관광자의 다차원성을 반영한 이들의 접근은 후속 연구자들에게 예술관광자들의 방문 특질을 탐색할 시작점을 제공한다는 의의를 지닌다. 방문 유무 및 횟수와 같은 단순한 표층적 특질에서 한층 더 나아가 행동, 동기 및 흥미와 같은 심리적 차원을 예술관광자 논의에 끌어들였기 때문이다. 관련 후속 연구는 예술관광의 이론적·경험적 차원의 학문적 논의를 풍부하게 할 것으로 기대된다.

2. 예술관광과 관광자의 경험

관광자의 문화예술 관광지 경험 연구는 예술관광의 본질적 특성을 고찰할 수 있는 교두보를 마련한다는 데 가치를 지닌다. 경험 연구에 활용할 수 있는 접근방식으로 구조론적, 인지주의적, 현상학적 관점이 있다. 본 절에서는 이와 관련된 하위 관점들을 소개함으로써 예술관광과 관광자 경험 연구의 폭넓은 범주를 보여주고자 한다.

사회구조적 관점에서 관광자의 경험은 순수하게 개인의 인지적 감각을 통해 얻어진 관광대상물에 대한 반응이 아니다. 이는 담론을 통해 사회적으로 구성된 재현물이기 때문이다(Hooper-Greenhill, 1992). 이러한 접근에서 예술관광이 행해지는 장소는 고급문화(highbrow culture)의 보존고(repository)로 기호화 되어 있는 것이 특징이다. 이는 예술관광지가 대중 오락물을 제공하기 위한 여타 관광 장소와는 다른 상징적 지위를 가지고 있음을 암시한다.

이러한 장소성의 특이점은 관광자의 경험에서 차별화된 모습과 관련된다. 발레, 콘서트, 오페라 공연 등의 문화상품 소비는 관광 현장에서 얻은 즉각적 경험으로만 제한될 수 없다. 관광지 도착 전, 혹은 이후 관광 현장을 떠나 작품에 관한 연구 서적 및 과거 자료를 접하고 관련 지식을 축적하는 활동은 개인의 체험 맥락을 확장하는 데 중요한 역할을 맡기 때문이다. 즉 문화적 코드에 대한 심도 있는 이해가 관광 경험의 의미형성에 중대한 요소가 된다.

예술관광에 대한 차별화된 시선은 부르디외(Bourdieu, 1986)의 문화자본(cultural capital)이라는 이론 틀을 통해 깊이 이해할 수 있다. 그의 이론에 따르면 개인은 자신이 소유한 자본의 총량에 따라 사회적 위치가 결정되며, 문화자본은 이 위치가 반영된 무형의 자본 중 하나이다. 또한 문화자본은 가족에 의해 승계되거나 교육을 통해 (재)생산된다.

이러한 구조적 틀에 문화예술을 집어넣는 것은 예술 작품의 향유 및 감상과 관련된 문화적 취향은 가정 및 교육환경과 깊이 연결되어 있음을 강조한다. 즉 계급적 배경이 개인의 취향을 결정하는 주요인으로 작용한다는 것이다. 이는 예술 향유는 개인적 취향에 머무는 것이 아니라 구성원들의 계급을 구별짓기 위해 활용되는 사회적 도구로서 기능할 수 있음을 드러낸다(Bourdieu, 1986).

사회적 도구로서 고급문화예술 향유 방식은 모순되는 방향으로 작동할 수 있다. 즉 고급문화 취향은 구별짓기에 심어진 기존 사회적 질서에 저항할 수 있는 기반이 될 수 있으나, 다른 한편으로는 기존 질서를 공고히 하는 데 공헌할 수 있다는 것이다.

이러한 이중성은 중간계급과 상류계급의 고급문화예술 향유방식 차이에서 드러난다. 중간계급은 상류계급의 고급문화를 활용 방식을 '모방'하며, 이러한 활동은 자신의 계층을 상승시키고자 욕망을 반영한다. 반면 상류계급은 자신의 문화취향을 계속 바꿀 수 있는데, 이러한 변화는 자신과 아래 계급들의 간극을 굳건히 하는 데 목적을 둔다(Bourdieu, 1986). 이 역동적 움직임을 상류계급의 '도망가기'로 이해될 수 있으며, 고급문화예술이 시대별로 다양한 모습을 띄는 것은 차별성을 유지하고자 하는 그들의 시도가 낳은 결과로 이해될 수 있다.

후퍼-그린힐(Hooper-Greenhill, 1992)은 이러한 구조적 역동성에 주목하고, 어떻게 서양 역사 발전에서 미술관에 대한 인식이 사회문화적으로 진화하였는지를 설명한다. 구체적으로 그녀는 르네상스(16세기)-고전주의(17세기 후반)-근대(19세기)라는 역사적 흐름을 미술관의 거대 담론 틀로 적용하고, 미술관이 귀족 또는 부르주아를 위한 지식의 보존고에서 대중을 계몽 및 교육 기관으로 변모하는 가운데 여전히 차별적 기능이 건재함을 지적한다. 즉 변화 속에 여전히 미술관 속 대중은 소외되고 가르침을 받는 존재이며, 시대를 초월하여 미술관과 대다수 사회 구성원과의 간극은 모습이 바뀔 뿐 지속된다는 것이다.

미술관뿐만 아니라 여타 고급문화예술 기관에게도 대중을 교육하는 역할은 자신들만의 독특한 가치를 유지할 수 있는 중심 요소였다. 관광학이 고급문화예술을 다루는 방식도 이러한 시선을 반영한다(Tighe, 1989). 대표적인 예로 17세기 유럽에서 시작된 교양관광의 일종인 그랜드 투어(the Grand Tour)가 있다.

그랜드 투어는 젊은 귀족이나 고위 관료의 자제들이 예술애호가(dilettantes)로서 예술에 대한 지식과 소양을 함양시키는 것은 목적으로 하는 여행을 일컫는다. 이는 여행 방식에서 여타 여행과 차별점을 낳게 되는데, 관광자가 나이 많은 교사를 고용하고 동행하는 형태로 구성된다는 점이다. 이는 그랜드 투어가 자신들과 피지배계급을 구별짓기 위하여 교육의 수단으로 활용되는 측면을 강조한다. 이러한 예술관광과 교육적 경험의 긴밀한 관련성은 고급문화예술을 다루는 관광학의 전통적 시선(Towner, 1985)과 일치한다.

반면 심리학적, 인지적 관점에서 관광자 경험 연구는 개인 경험의 역동성에 주목한다. 인지주의적 관점에서 중요한 것은 사회적 맥락이 아닌 개인 수준에서 지각되는 체험이기 때문이다. 이러한 관점에 기초한 연구에서 예술관광의 정체성은 엘리트 및 고급문화의 장이라는 특성을 토대로 접근되지 않는다. 개인이 전시물 혹은 예술공연이 현장에서 얻는 몰입의 순간이 주요 관심사가 된다(Csikszentmihalyi & Hermanson, 1995). 따라서 심리적, 인지주의적 접근을 활용한 관광학 연구는 예술콘텐츠 체험 순간 관광자가 갖는 즉각적 경험을 분석의 기본 단위로 놓는다. 즉 동기, 만족, 기대와 같이 계량화 할 수 있는 인지적 구성개념들을 기반으로 문화예술 관광 경험을 접근한다는 것이다.

그러나 일부 학자들은 위의 환원주의적 분석이 경험의 총체성을 훼손하게 된다고 비판한다. 스냅샷 사진을 찍듯이 경험의 일부를 객관적 수치화하여 측정하는 것은 입체적인 경험을 총체적으로 이해하는 데 근본적인 한계를 가져오기 때문이다. 이러한 맥락에서 매스버그와 실버만(Masberg & Silverman, 1996) 같은 학자들은 참여자의 체험을 비환원적으로 접근하여 통합적으로 문화예술 관광 경험을 이해할 것을 강조한다.

전체성을 중요시하는 접근법 안에서도 다양한 관점이 존재한다. 그 중 '의식적인 삶의 세계를 안에서 우리의 주관적 경험이 어떻게 접근할 수 있는가'에 초점을 둔 현상학적 접근이 있다. 현상학적 접근은 관광자 개인의 경험에 대한 해석이 그들에 속한 사회문화적 맥락과 불가분한 관계로 놓여 있음을 전제한다. 이 관점에서 예술관광자의 경험은 예술을 감상하게 되는 방문 맥락 속에서 나타나고, 맥락 안에 놓인 경험은 해석을 통해 의미를 갖게 된 해석체이다. 따라서 현상학적 관점을 활용한 관광 연구의 중심은 문화예술 관광자가 자신의 경험을 얻게 되는 과정의 이해 및 해석에 있다.

정리하자면 본 절은 예술관광자의 경험을 세 가지 관점에 기반하여 접근하였다. 첫째, 구조론적 관점은 예술관광은 고급문화와 사회적 계층과 밀접하게 관련됨에 주목한다. 따라서 이는 관광자의 경험을 교육수준, 경제적 지위, 문화자본 등 구조적 틀을 통해 분석한다.

둘째, 인지론적 관점에서 예술관광은 인간의 경험을 환원적으로 분석 및 이해할 수 있는 하나의 영역으로 간주된다. 이 경우 관광자의 경험은 참여동기, 만족, 기대, 정서의 변화 등과 같은 환원적 구성개념으로 측정된다. 즉 양적으로 수치화된 자료만 가지고도 개인의 경험을 충분히 설명할 수 있다는 것이다.

마지막으로 해석주의적 현상학의 관점에서 개인의 예술관광지 방문은 개인, 역사, 문화적 맥락 가운데 던져진 경험이다. 따라서 자연물처럼 물리적 차원에서 분석되는 환원체가 될 수 없다. 이러한 관점에서 관광자의 경험은 주관적 해석체이며 세계 안 맥락을 통해 통합적으로 이해되는 구성물이다.

동일한 예술관광 현상을 연구하더라도 각 접근법이 초점을 맞추는 곳은 명확히 차이를 보인다. 예를 들어 메트로폴리탄 미술관을 방문하는 한국인 관광자들을 대상으로 예술관광 경험을 연구한다고 가정하자. 관람자의 사회경제적 지위가 주요 분석 차원으로 고려된다면 이것은 연구가 구조주의적 관점을 통해 관광자의 경험에 접근함을 의미한다. 만약 또다른 연구자가 한국인 관광자들의 메트로폴리탄 방문에 따른 기대와 실제 방문에서 그 기대감의 충족 정도를 정량화하여 측정한다고 가정하자. 이는 해당 연구자가 인지론적 관점을 사용하여 예술관광 경험을 접근하고 있음을 나타낸다. 마지막으로 현상학적 관점에서 연구할 경우, 연구의 주

초점은 관광자 자신들의 주관적 경험에 대한 이해에 놓인다. 따라서 각 개인이 어떻게 메트로폴리탄미술관 방문 경험을 의미화하게 되는지 그 과정을 이해하고 서술하는 데 목표를 둔다.

| 3절 | 연구동향

예술관광지 활용 및 경험과 관련된 연구의 초점은 관광자의 만족, 문화관광 상품의 활성화 등에 있다. 실증적, 경험적 연구들은 상기한 세 가지 접근법을 각각 혹은 혼합하여 활용하며, 주로 응용되는 것은 인지주의적 접근법이다.

이러한 연구 추세는 관광산업의 특성을 고려한다면 자연스러운 현상이다. 문화를 상품화하고 관광자의 문화관광지 방문 및 소비를 활성화를 촉진하는 것이 관광산업 입장에서 주요 목표이기 때문이다. 경제적 효과 및 소비와 직접적으로 관련을 맺지 않는 문화관광 현상은 최근에서야 주목받기 시작하였다. 이에 예술관광에 대한 이론적 논의 발전은 미진하고 기초적 수준에 머물러 있다(허윤주 · 이기종, 2016).

위와 같은 연구 경향은 국내외를 막론하고 일관적으로 나타난다. 차이점이 있다면 예술관광에 대한 연구가 시작된 시기이다. 미국 등을 필두로 하는 국외 예술관광 연구는 1980년대 후반에 태동하였다. 반면 국내 예술관광 연구는 2000년대 이후 시작되었다. 이 장은 이러한 특성을 반영하여 예술관광의 해외와 국내의 연구동향을 나누어 기술하였다.

1. 해외 연구동향

예술관광은 다차원적 구성개념인 '문화'를 어떻게 포괄적으로 이해하는지에 따라 다양한 접근법이 존재한다. 예술관광의 위치는 '관광'과 '예술'이라는 영역에 대한 구분에 명확성을 가지고 있지 않기 때문이다(Hughes, 2000). 이러한 특성은 현재 예술관광을 다루는 관광학자들에게 예술관광의 개별적 특성을 개념 수준에서 심도 있게 논의하는 데 장애가 되고 있다.

개념적 불명확성은 예술관광에 초점을 맞춘 실증연구가 상대적으로 적은 현상과 관련된다(Smith, 2003). 이전에 서술하였듯이 이는 예술관광에 대한 범위를 설정하는 데 있어 관광학자들이 개념 수준에서 일관적 합의점에 도달하지 못한 상황에 기인한다. 반면 유형적 분류 수준에서는 어느 정도 공통된 합의점에 도달한 것으로 보인다. 즉 고급문화로 구분 지어졌던 클래식 음악, 발레, 오페라, 순수미술 등과 같은 작품을 감상 및 경험하기 위한 이벤트, 축제, 전시, 공연 및 행사를 예술관광으로 간주하는 것에는 이견이 없다(Zeppel & Hall, 1991).

그러나 이러한 기초적 구분 또한 현시대에는 비판을 받고 있다. 예술관광의 제한적 범위 설정은 문화적 경계가 흐려지는 최근 현상을 반영하지 않기 때문이다. 이와 관련하여 페더스톤(Featherstone, 1991)과 같은 학자는 고급문화와 대중문화 사이 간극이 좁혀지고 있는 현대의 탈근대사회 맥락에 주목한다. 그리고 현대 예술관광이 위와 같은 전통적인 분류 안에서 접근되어야 하는지에 대한 의문을 던진다.

이러한 변화 속에서 실제 예술관광 연구 발전은 두 가지 경향성을 보인다. 첫째, 개념적 논의보다 예술의 경제적 효과 분석에 초점을 두고 있다는 것이다. 즉 실용적 측면에서 예술과 관광의 상호보완적인 관계에 탐구에 집중하고 있다. 예를 들어 예술관광에 대해 개념적 명확화를 최초로 시도했던 마이어스커프(Myerscough, 1988) 조차 예술관광을 지역경제 활성화의 관련성에 주요 관심을 둔다. 실제로 그는 논의의 중심을 어떻게 공공 문화예술기관 지원금 증가와 지역주민의 수입원 증가 및 지역경제에 활성화 할 수 있을 것인가에 두었다. 같은 맥락에서 초기 예술관광 실증연구는 관광 마케팅(Heilbrun & Gray, 1993), 관광유인효과(Tighe, 1986), 도시관광재생(Griffiths, 1993) 등을 중점적으로 다루고 있음을 확인할 수 있다.

둘째, 심리적 구성개념을 통한 환원주의적 측정이 대부분이다. 특히 개인의 관광 경험 연구에서 이러한 경향이 두드러지는데, 문화예술 관광자의 참여 동기와 전반적 만족 간의 상관성을 규명하는 것이 실증연구의 주류를 이룬다. 이는 관광학 연구가 예술기관 방문자 연구에서 나타난 주요 접근방식(Falk & Dierking, 2000)과 맥락을 같이함을 보여준다. 특히 예술관광의 문화자원으로의 가치를 탐색하고자 하는 관광학자들은 교육 및 학습 관련 동기의 충족 여부에 지속적으로 주목한다(Robinson, 1993).

참여동기 연구에서 주목받은 예술관광 행사는 박물관, 미술관, 클래식, 오페라, 콘서트, 무용 공연, 문학, 축제 및 이벤트, 민속예술 등이었다(McKercher & du Cros, 2002; Richards, 2007). 방문동기는 입장료, 티켓 가격, 관련 배경지식, 계층과 같은 외적 제약 변수와 더불어 일상에서의 도피, 사회적 상호작용, 재미, 교육과 같은 심리적 요인들이 다면적으로 연결되어 나타났다(Hood, 1983; Miles, 1986; Slater, 2007; Woosnam, McElroy, & van Wincle, 2008).

동기를 활용한 선행 연구에서 주목할 것은 교육 관련 동기들과 그 외 동기들과의 관계이다. 미적 혹은 교육적 경험 관련 동기는 고급문화예술로서 예술관광의 차별점을 파악하기 위한 중요 요소로 고려되었다. 그러나 연구결과는 불특정 다수의 방문자를 대상으로 하였을 때 높은 수준으로 고려되는 동기가 아님을 보여주었다. 참여자의 휴식 및 재미 동기 수준은 대중문화 관련 활동에서도 고급문화예술 관련 활동에서도 유사하게 나타났다(Falk, Moussouri, & Coulson,1998).

이러한 맥락에서 릿쳐와 리스카(Ritzer & Liska, 1997)는 대중화된 현대 여가 사회에서 문화예술기관 방문 동기에 일상탈출 욕구가 주 차원임을 지적한다. 더 나아가 리차즈(Richards, 2007)는 젊고 교육 수준이 높은 관광자들조차 현대 예술갤러리 등을 진지한 학습의 장으로 바라보기보다는 오락과 휴식을 위하여 찾고 있음을 지적하고 있다.

그들의 연구는 현대 예술관광 맥락에서 관광 경험의 다면성을 강조한다. 관광학적 관점에서 진지한 경험과 즉각적이고 쾌락적 경험을 상충된 관계로 볼 필요가 없다는 것이다. 이는 대중화된 현대 여가 사회에서 변화하는 현대 문화예술기관의 발전 양상을 반영한다.

대중의 부상으로 문화예술기관의 성공적인 운영은 대중의 호응과 밀접한 관련을 갖는다. 문화예술기관은 과거 그 어느 때보다도 상업화된 대중의 욕구를 무시할 수 없는 상황에 놓였다(Craik, 1997). 이에 문화예술공간은 상업화된 서비스 공간으로 역할이 중시되었다. 즉, 이제는 문화예술공간도 하나의 상품으로 가공되어 관광자들에게 대중적인 경험 맥락을 제공한다는 것이다(Ritzer & Liska, 1997).

이러한 소비의 부상은 대부분의 예술관광 연구가 예술 관광지 활용과 도시경제 재생과 관련되어 수행되고 있는 현재 연구 추세와 관련된다. 소수에게 최적화된 서비스보다는 대중에게 매력적으로 보이는 공간 창출이 관광산업에 기반한 도시경제 활성화에 직접 공헌하기 때문이다.

표준화된 소비문화를 제공하는 추세는 예술공연의 콘텐츠 변화에도 나타난다. 관광자에게 예술관광지로서 매력적인 예술공연은 시각적으로 화려하게 눈길을 끄는 콘텐츠를 제공하는 것으로 발전하고 있다. '캣츠', '노트르담 드 파리' 같은 초국가적인 컨텐츠를 지닌 공연이 전 세계적으로 활용되고 있다(<그림 9-1>). 이는 결국 상업화된 문화예술 상품은 관광자들의 시선 속에서 소비되며(Urry, 1990), "가벼운, 기분 좋은, 항상 관객을 즐겁게 하는, 인기 많은, 시각적으로 화려한, 오락적인, 블록버스터"인 경험이 예술관광 경험의 중요한 축을 차지하고 있음을 나타낸다(Bennett, 2005, p.407).

자료: https://www.sejongpac.or.kr

〈그림 9–1〉 **세종문화회관과 공연 프로그램들**[1)]

위의 소비성을 논하면서 주의할 것은 이러한 변화에 대한 주목이 관광자의 예술문화 콘텐츠 경험의 중심이 대중성임을 강조하지는 않는다는 점이다. 관광자 경험의 통합적 논의에서 대중적이고 오락적인 차원이 경시되거나 과장될 필요가 없다고 보기 때문이다.

문제는 관광학계 외부의 시선에서 관광자를 접근하는 방식이다. '관광자'라는 용어는 문화예술기관 방문자의 피상적이고 오락적인 경험 추구를 강조할 때 활용된다. 관광학에서 이러한 태도는 초기 관광자 연구에서 찾을 수 있다. 부어스틴(Boorstin, 1961)과 같은 학자는 관광자 경험은 본질적으로 피상적이고 진정성이 부족한 것으로 본다.

위의 접근법에 대한 비판이 20세기 말에 나타났다. 이 대안적 시선은 관광자의 문화예술 소비에 대해 좀 더 생산적인 이해가 필요함을 강조한다. 리파드는 "관광에 적대적이게 되는 것은 어렵지 않지만 이것은 쓸모없고 위선적이다. 관광의 즐거움을 인정하는 것에 시무룩하고 언짢은 투로 대부분 논하는 것에 이따금 반기를 들게 된다"고 지적한다(Lippard, 1999, p.11). 동일한 맥락에서 밋던(Meethan, 2001)은 예술문화와 관광에 대한 이분법적인 시선에 의문은 던진다. 저급과 고급문화, 엘리트와 대중문화를

1) 한국의 대표적 문화예술 기관 중 하나인 세종문화회관. 초국가적 전시공연 콘텐츠를 다양하게 제공하고 있다.

가르는 것은 한쪽으로 치우친 모더니즘적 경직성에 기반한 접근이기 때문이다. 이들의 주장은 관광과 일상 경험의 구분이 점차 모호해지고 있는 현대관광의 특성을 반영한다.

현상학적 관점의 활용은 이러한 대안적 시선이 활용 가치를 실증적으로 보여주고 있다. 이 관점은 예술관광자를 통합적 경험의 주체로 이해하고, 예술문화는 "체험된 생생한 경험"(lived experience)으로 접근한다(Richards, 2007, p.130). 매스버그와 실버만(Masberg & Silverman, 1996)은 문화예술 관광 분야에서 관광자들이 어떻게 방문지를 정의 내리고, 그들의 경험이 어떤 의미를 가지는가에 대한 학문적인 탐색이 부족함을 지적한다.

대안적 접근법이 활용되기 시작하였으나, 예술관광 연구의 대부분은 여전히 목표 지향적이고 인지주의적인 접근에 기반을 둔다. 문화예술 관광 콘텐츠의 경제적, 상업적 가치를 관광학 내부의 시선으로 효율적으로 측정할 수 있기 때문이다. 이는 문화예술 관광명소가 지역의 경제적 성장과 가지는 연관성을 분석에 적절하다. 또한 관광자의 문화적 소비 욕구의 충족 수준을 인지적 차원에서 평가한 양적 분석도 이에 속한다.

2. 국내 연구동향

한국에서 "예술관광"이라는 개념의 본격적인 논의는 비교적 늦게 2000년대 이후 시작되었다. 그러나 서구 관광학계와 마찬가지로 예술관광 전반에 대한 개념적, 이론적 논의가 미진한 것이 특징이다. 즉 연구의 대부분은 미술관 전시, 뮤지컬 공연과 같은 특정 문화예술 행사 체험에 대해 탐구하거나, 지역경제의 성장 및 재생 등 경제적 혜택과 예술관광 간 관련성을 논하는 것에 머무르고 있다(김지영, 2009).

이무용 · 이유진(2008)은 문화경제학적 관점에서 국내 예술관광 연구의 다양성 부재를 지적한다. 특히 그들은 예술과 관광이 어떻게 밀접한 관련성을 가지는지에 대한 관광학적 연구가 필요함을 강조한다. 이들의 논의는 문화관광 연구가 문화유산 부분에 치우침을 지적하고, 예술관광에 대한 논의 활성화를 주장하는 장혜원과 최병길(2011)의 주장과 결을 같이 한다.

실제로 예술관광의 정의 및 개념화 연구는 기초적 탐색 단계에 머물러 있다. 대부분의 연구는 관광학 외부에서 제시된 고급문화 예술 장르 구분을 단순 활용하여 관광 영역에 적용하고 있다. 예를 들어 이경모(2010)는 예술관광은 지적이고 예술적인 체험으로 예술축제나 대중문화에 참가하는 관광이라고 정의하고, 세부 분야를 순수예술(음악, 미술, 조각, 연극, 오페라, 무용, 발레 등), 전통문화예술(민속음악, 민속무용, 민속극, 민속공예 등), 대중예술(콘서트, 쇼, TV, 무용공연, 영화, 엔터테인먼트 등)로 나누었다. 장혜원과 오상훈(2013)은 예술관광을 "자연과 대비되는 개념으로서 인간의 정신적 가치와 미적 가치를 표현하는 예술작품을 대상으로 문화적 욕구를 충족시키는 관광활동"으로 정의한다(p.95). 그리고 상업화 및 대중의 이윤창출과 깊은 연관성을 가지는 엔터테인먼트를 배제한 나머지 정적예술 장르(회화, 조각, 사진, 미디어, 건축, 공공미술 등)와 동적예술 장르(연극, 클래식공연, 발레, 무용, 뮤지컬, 오페라, 예술축제, 문학행사 등)를 관광대상으로 규정하였다.

반면 몇몇의 학자들은 예술 장르 분류보다 개념에 대한 체계적 고찰에 집중하였다. 이무용과 이유진(2008)의 경우 학계와 지역개발 현장에서 적용 가능한 예술관광모델을 제시하고자 예술관광 정의가 중요함을 강조한다. 예술과 관광의 관계를 역사, 철학, 사회, 정치 행정, 경제, 기술 발전의 측면을 통합적으로 논의할 필요가 있기 때문이다. 그리고 그들은 예술관광 정의에 고려되어야 할 차원으로 시간, 대상, 형태, 특성, 방법, 공간을 제안한다. 같은 맥락에서 한성호(2002)는 예술관광을 체계적으로 접근하려는 시도가 요원하였음을 지적한다. 그는 이론적으로 관광과 예술의 관련성을 탐구하였는데, 이러한 탐색을 위해 예술의 개념적 구성, 예술의 관광적 가치, 예술경제와 예술관광의 관련성 등을 고려할 것을 제안한다.

그러나 실증연구 차원에서 대부분의 관광자 경험 연구는 경제학적인 목적지향적 접근법을 적용하고 있다. 예를 들어, 김지영(2009)은 예술관광으로서 클래식 공연을 관람한 참가자들이 지닌 관람동기와 만족의 정도를 비영리와 영리공연의 차이를 두고 연구하였다. 조사결과 나타난 동기의 5개 요인(탈출/오락, 예술, 사회지위, 교육, 사회친화) 중 사회지위, 예술적 동기가 영리공연의 전반적 만족에 통계적으로 유의한 영향력을 끼쳤다. 비영리 공연의 경우, 사회지위와 사회친화 동기가 전반적 만족에 영향을 끼치는 것으로 나타났다.

정유준 · 김경준(2017)은 광주비엔날레의 속성을 기반으로 참여자의 만족도와 지역이미지 간의 상관을 분석하였다. 연구결과 예술성과 교육성을 제외한 청결, 서비스, 체험거리, 정보 취득, 트렌드 반영 등의 요소가 만족에 통계적으로 유의미한 영향을 끼쳤다. 또한 행사운영과 전시방법에 대한 만족도가 지역의 예술적 이미지에 통계적으로 가장 큰 영향력을 끼치는 것으로 나타났다.

이러한 연구 발전 경향에도 불구하고 대안적 접근법을 활용하는 일련의 시도들이 나타나고 있다. 가장 두드러지는 것은 예술관광지 방문 경험 연구에서 비경제적 요인에 대한 관심이 확장되고 있다는 것이다. 신동주(2010), 장혜원 · 최병길(2011), 하동현(2009)은 파인과 길모어(Pine & Gilmore, 1998)가 제시한 체험의 4요소(일상탈출, 엔터테인먼트, 미의식, 교육)를 통해 관광자의 만족 과정에 접근한다. 그들의 연구는 미적이고 교육적인 전시물과의 상호작용이 어떻게 관광자에게 정서적으로 독특한 반응을 유발하는지 논의하고 있다.

또 다른 주목할 만한 경향은 체험을 기존의 인지주의적 접근법에 접목하는 시도가 나타난다는 것이다. 국내 관광학자들은 '체험' 혹은 '삶의 질'과 같은 주관적 맥락을 고려하여 인지적 경험을 탐구하기 시작하였다. 예술관광 체험을 객관적으로 측정하고자 하는 척도 개발 연구(손일화, 2009),

박물관 체험을 요인 별로 분석하여 지각 가치와 삶의 구조적 관계를 규명하고자 하는 연구(양길승 · 조은주, 2016), 박물관 체험이 박물관 브랜드와 애착 및 충성도에 미치는 영향 연구(하동현 · 이효희, 2012) 등이 그 예이다.

체험에 중심을 둔 관점의 전환은 관광지 안에서의 경제적 소비를 넘어서 관광자의 경험 그 자체에 주목하는 연구를 활성화하였다. 일부 학자들은 관광자 개인의 방문 경험이 관광지의 물리적 경계를 넘어서 어떻게 해석되는지에 대한 과정을 탐색한다. 김소혜 · 김철원(2018)의 경우, 현상학적 관점을 활용하여 관광자의 미술관 체험이 미술관 안팎에서 어떻게 의미화되는지를 고찰하였다. 연구결과 관광자들의 만족은 기대했던 경험의 충족 수준이 아니라 미술관 관람 전후의 삶의 맥락을 통해 다면적으로 변화되었음을 보여주었다.

그러나 전술된 방식들은 모두 TV, 서적, 인터넷, 스마트폰 등 다양한 활자 및 디지털 매체를 통해 미술관 밖 일상생활이 긴밀하게 연결되는 현대의 문화예술 관광 맥락 변화(Bennett, 2005)를 충분히 반영하지 않았다는 공통적인 한계점을 보인다. 앞으로는 온라인 공간에서 얻은 빅데이터 분석 등을 활용하여 변화하는 예술관광 현상을 탐구할 필요가 있다.

| 4절 | 쟁점

문화관광 영역에서 예술관광은 관광학자들에게 주요 관심 대상이 아니었다. 이에 관광학에서의 예술관광을 다루는 연구는 이론적 측면을 심도있게 다루지 않았다. 따라서 이 절에서는 국내 연구 동향을 반영하여 예술관광의 이론적 논의 확장을 위한 두 가지 쟁점을 소개하고자 한다.

1. 예술관광, 세부 예술 장르의 단순 합인가?

기존 예술관광 연구는 예술과 관광의 관계에 대해 두 가지 방식으로 접근한다.

첫째, 세부 예술 장르를 구분하고 이와 관련된 관광 부분을 예술관광으로 접근한다. 예술 장르의 세분화 방식은 학자 간 다양하나, 기존 예술이론 내 세부 예술 장르 구분을 기초로 활용한다. 예를 들어, 시각예술(건축, 조각, 회화, 평면장식 등)과 공간예술(음악, 문예, 연극, 영화, 무용 등), 혹은 사물적 예술(조각 · 회화 · 문예 · 연극 · 영화 등)과 비사물적 예술(건축 · 장식 · 음악 등)의 차원을 구분하는 것이다(Shimanura, 2012).

관광학 외부의 관점을 적용하는 이러한 접근법은 활용 방식의 적절성에 대한 논의에 관심이 적었다. 즉 기존 세부 예술 장르 차용이 관광학 맥락에서도 적절한지에 대한 이론적 고찰이 미진하다는 것이다. 이러한 맥락에서 관광학에서 충분히 발전된 관련 개념을 통합적으로 활용하는 것은 논의의 질적 깊이를 더할 것으로 기대된다.

특히 관광학에서 이론적 담론의 깊이를 고려했을 때, 시각성 중심으로 기존 장르를 재구성하는 것은 가치있는 시도로 보인다. 예를 들어 어리의 '관광자의 시선'(tourist gaze)을 활용하는 것이다.[2] 이 개념은 타자 혹은 타문화에 대한 관찰자의 시선이 문화적이며 체계적으로 기호화된 사회적 구성물임을 이론적으로 상술하고 있다. 이러한 응용은 연구자들에게 시각성이 중시되는 예술관광 경험과 그렇지 않은 경험 간 본질적 차이를 논할 수 있는 이론적 틀을 제공해줄 수 있다.

둘째, 예술에 대한 집합개념과 관광과의 관계를 고찰을 통하여 예술관

---

2) 어리는 그의 초기 저서(Urry, 1990)와 달리 후기 저서에서 '관광자의 시선'(tourist gaze)이 단순한 지각적 차원에서의 시각성을 말하지 않는다고 주장한다(Urry, 2002; Urry & Larsen, 2011). 즉 이론적이고 개념적인 시각성을 강조하는 것이다. 그러나 그는 후기에도 지속적으로 시지각을 제1의 주요한 감각으로 놓고 있다. 이는 관광의 실제 영역에서 특권적인 지위를 시각에 부여하고 있음을 보여준다. 이러한 논의 방식은 응시가 시각적 차원에서 혹은 이론적이고 구조적인 차원에서 둘 다 적용 가능한 개념임을 암시한다. 이에 이 장에서는 관광자의 시선을 '시지각 그 자체(visual perception)'에 중점을 두고 서술하였다.

광에 접근하는 것이다. 그러나 주지하다시피 현재까지 관광학계에서의 예술관광 개념화 작업은 아직 충분히 발전되지 못하였다.

관광과 예술은 이미 독립적으로 존재하는 영역이다. 즉 예술과 관광 각각의 용어는 서로에 관련되지 않고 독자적인 의미를 지니고 있다. 이러한 조건에서 '예술관광' 용어의 사용은 개념적으로 명확성이 수반될 필요가 있다.

예술철학 및 예술이론 분야는 일찍이 예술에 대한 개념적이고 이론적 논의를 발전시켰다. 그들의 논의에서 주로 고려되는 차원은 정신적 상호작용, 미적 가치, 미적 경험 등이었다. 그러나 이러한 형이상학적 접근을 응용사회과학인 관광학에 그대로 적용되기에는 학문의 기본 전제 및 패러다임 구성 차원에서 커다란 간격이 존재한다. 따라서 관광학적 관점에서 예술을 어떻게 접근할 것인지에 대한 논의가 필요하다.

2. 예술관광 방문 경험을 어떻게 접근해야 하는가?

여타 하위 문화관광 분야와 차별화되는 예술관광의 특질을 논하는 학자들은 종종 예술적 혹은 미적 경험에 관심을 가진다. 그러나 미적 경험의 어떠한 차원이 관광학의 분석 대상이 되는지에 대한 논의는 찾아보기 힘들다. 관광자가 어떤 식으로 예술콘텐츠를 인지하는가에 대한 고찰 또한 활발히 이루어지지 않은 실정이다.

그러나 예술의 정의 및 개념화가 쉬운 작업이 아님을 고려하였을 때, 응용사회과학인 관광학에서 예술 경험 및 가치에 대한 개념화 연구의 낮은 관심은 자연스러운 현상이다. 예술이론 같은 학제에서조차 예술 경험은 체험의 질적 속성을 도출하고 하위 요소를 명시하는 방식으로 접근하는 경향을 보이기 때문이다(Silvia & Brown, 2007). 이러한 경향성을 고려한다면, 예술관광 경험의 연구 발전을 위해서는 관광학이 어떤 방식으로 예술관광지 방문자 경험에 접근해왔는지에 대한 고찰이 선행되어야 하겠다.

이러한 맥락에서 미적 경험을 관광자원이라는 기준점을 통해 고찰한 한성호(2002)의 이론적 논문을 주목할 필요가 있다. 그는 예술이란 "문화의 한 형태로 존재하며, 창조성, 예술성, 순수성, 표현성 등의 특성을 가지고 있는" 것으로 정의한다(p.187). 이어서 예술자원을 "위의 4가지 특성 외에 관광자를 끌 수 있는 관광성, 교육, 학술성, 매력성을 갖춘" 것으로 정의한다(p.187).

한성호(2002)의 논문이 여타 논문과 차별화되는 것은 예술의 고유한 특성을 관광학의 시선에서 제시한다는 것이다. 즉 표면 형식에 따라 예술관광 하위 분야를 규정 및 구분하는 것에서 그치지 않는다. 대신 미적 경험에 접근하기 위한 기준점으로 '자원'이라는 개념적 틀을 강조한다. 이러한 그의 시도 덕분에 예술은 "여행경험을 더욱 풍요롭게 하려는 관광 욕구" 안에서 고찰되어야 하는 것으로 그 개념적 범위가 구체화될 수 있다(한성호, 2002, p.188).

그의 논의는 예술 경험에서 관광학만의 차별화된 분석점을 강조한다. 즉 관광학에서 예술은 대상 자체가 아닌 관광자의 경험을 통한 재구성물임에 초점을 맞추어야 한다는 것이다. 이는 소비와 오락 중심의 관광목적지로 편입된 맥락(Ibelings, 1999, cited in van Aalst & Boogaarts, 2002) 속에서 관광자의 예술 관련 경험을 고찰한다는 의미이다.

결국 관광학에서 예술관광지 방문 경험은 일상생활이 확장된 하나의 영역임(Kim & Jamal, 2007)을 강조한다. 이러한 시선에서 관광자는 '보기 위해' 특정 문화예술 공간을 방문하는 존재가 아니다. 그들은 자신이 속한 고유 맥락에서 관광을 '체험하는' 주체적인 존재인 것이다. 이는 결국 엘리트/대중, 고급문화/대중문화의 이분법적 접근을 넘어 문화예술공간 체험 경험을 다면적으로 이해할 것을 관광학계에 제안하고 있다(Roberson, 2010).

생각해볼 문제

1. 예술관광자의 경험에서 만족에 큰 영향을 미치는 요인은 무엇인지 생각해보자.

2. 예술관광지 방문자의 관람경험은 어떻게 접근 및 측정될 수 있는가?

3. 예술관광자의 유형 분류에 중요하게 고려되어야 할 사회 구조적, 심리적 차원이 무엇이 있는가 생각해보자.

4. 상업화된 문화예술 관광지 속에서 미적 체험은 어떻게 접근될 수 있는가?

5. 한국에서 특별히 고려되어야 할 예술관광의 하위 장르는 무엇이 있는가?

6. 현대사회에서 예술관광은 교육 및 고급문화예술 활동으로 이해되어야만 하는가? 그렇다면, 혹은 그렇지 않다면, 그 이유는 무엇인가?

7. 개인적 차원에서 예술문화 체험과 개인이 속한 사회문화적 맥락은 어떠한 관련성을 가지는가?

더 읽어볼 자료

1. Hughes, H. (2000), *Arts, entertainment and tourism*, Oxford: Butterworth-heinmann.

   문화소비 관점에서 관광과 예술에 대한 관계를 본격적으로 아우르는 책이다. 특히 관광의 테두리 속에서 예술을 다루고 있다는 점에서 선도적이다. 본서는 예술 맥락, 관광 맥락, 예술 중심 관광자, 예술 관련 관광, 예술의 관점, 관광의 관점 등을 조밀하게 나누어 소개하기에, 관광학에서 아직 낯선 예술에 대한 접근을 어떻게 할 수 있을지에 대한 탐색 시작 시 안내서로 적절하다.

2. **한숙영 · 류시영(2011), 여가활동으로서 문화예술체험에 관한 시론, 『관광연구저널』, 25(5), 47-61.**

   관광, 여가, 예술의 관계를 본격적으로 고찰하기 시작한 국내 연구 중 하나이다. 예술관광에 대한 국내학계의 관심이 태동하는 시점에서 어떻게 접근하였는지를 구체적으로 살펴보기 위한 연구 사례로 제시되었다. 21세기 여가 영역에서 예술 콘텐츠 관련 활동의 부상에 초점을 두고, 이러한 변화 속 문화와 예술 개념을 어떻게 접근할지 이론적으로 논의하고 있다.

3. **조광익(2006), 『현대관광과 문화이론: 푸코의 권력이론과 부르디외의 문화적 갈등이론』, 서울: 일신사.**

   문화관광의 사회학적인 접근을 통한 개괄적인 이해를 위한 안내서이다. 응용사회과학으로서 관광학을 조망하는 데 사회학은 이론적 기둥으로 굳건히 자리잡고 있다. 사회학적 이론 틀을 어떻게 적용하여 유기적으로 흐르는 관광문화 속 거시성을 접근할지에 대한 고찰을 돕는다.

참고문헌

김소혜 · 김철원(2018), 여가 참여자의 생생한 경험: 미술관 방문 경험의 해석학적 접근, 『관광학연구』, 42(5), 31-54.

김지영(2009), 예술관광으로서 클래식 공연의 관람동기 분석: 영리, 비영리 공연 비교 연구, 『관광연구논총』, 21, 71-92.

손일화(2008), 박물관 방문동기에 대한 척도 개발, 『관광연구저널』, 22(4), 317-337.

신동주(2010), 이벤트에서의 체험요소가 체험즐거움, 체험만족 및 행동의도에 미치는 영향, 『관광학연구』, 34(9), 251-270.

양길승 · 조은주(2016), 체험요인에 따른 지각가치와 삶의 질과의 구조 관계: 보성 한국차박물관 관광자를 대상으로, 『관광연구저널』, 30(5), 17-30.

이경모(2010), 『SIT: 미래관광의 대안모색』, 서울: 대왕사.

이무용 · 이유진(2008), 현대미술과 관광의 관계 고찰을 통한 예술관광의 이론적 체계 모형 연구, 『문화경제연구』, 11(2), 27-45.

장혜원 · 오상훈(2013), 문화관광자의 가치체계: 예술관광자의 문화관여도를 중심으로, 『관광학연구』, 37(5), 93-114.

장혜원 · 최병길(2011), 예술관광에서 감정반응의 역할, 『관광학연구』, 35(9), 425-444.

정유준 · 김경준(2017), 아트투어리즘의 만족도가 지역이미지에 미치는 영향: 광주디자인비엔날레를 중심으로, 『관광경영연구』, 21(6), 621-644.

하동현(2009), 대구, 경북 외래 관광자의 체험이 체험의 즐거움, 체험만족 및 애호도에 미치는 영향: Pine과 Gilmore의 체험경제이론(Experience Economy)을 중심으로, 『관광연구』, 24(5), 359-380.

하동현 · 이효희(2012), 박물관 관광자의 브랜드 개성과 체험이 감정적 애착 및 충성도에 미치는 영향, 『관광학연구』, 27(1), 397-395.

한성호(2002), 예술관광의 체계정립 및 활성화 방안에 관한 연구, 『관광정책학연구』, 8(3), 181-199.

허윤주 · 이기종(2016), 문화자본이 문화예술관광 태도 및 행동의도에 미치는 영향: 계획행동이론을 적용하여, 『관광레저연구』, 28(6), 139-157.

Ashworth, G. J. (1995), Managing the cultural tourist. In G. J. Ashworth and A. G. J. Dietvorst (eds), *Tourism and spatial transformation: Implications for policy and planning*. Wallingford: CAB International.

Bennett, T. (1994), *The reluctant museum visitor: A study of non-goers to history museums and art galleries*. Sydney: Australia Council.

Bennett, S. (2005), Theatre/tourism. *Theatre Journal, 57,* 407-428.

Boorstin, D. J. (1985[1961]), *The Image: A guide to pseudo-events in America.* New York: Atheneum.

Bourdieu, P. (1986), The forms of capital. In J. E. Richardson (Ed.), *Handbook of theory and research for the sociology of education.* New York: Greenword.

Craik, J. (1997), The culture of tourism. In C. Rojek & J. Urry (Eds.), *Touring cultures: Transformations of travel and theory* (pp. 113-136). London: Routledge.

Csikszentmihalyi, M., & Hermanson, K. (1995), Intrinsic motivation in museums: Why does one want to learn? In J. H. Falk & L. D. Dierking (Eds.), *Public institutions for personal learning: Establishing a research agenda* (pp. 66-77). Washington D.C.: American Association of Museums.

Falk, J. H., & Dierking, L. D. (1992), *The museum experience.* Washington DC: Whalesback Books.

Falk, J. H., Moussouri, T., & Coulson, D. (1998), The effect of visitors' agendas on museum learning. *Curator, 41*(4), 107-20.

Featherstone, M. (1991), *Consumer culture and postmodernism.* London: Sage.

Gratton, C., & Taylor, P. (1992), Cultural tourism in European cities: A case-study of Edinburgh. *Vrijetijd en Samenleving, 10,* 29-43.

Griffiths, R. (1993), The politics of cultural policy in urban regeneration strategies. *Policy and Politics, 21*(1), 39-46.

Hall, C. M., & Weiler, B. (1992), *Spfecial interest tourism.* London: Belhaven Press.

Heilbrun, J., & Gray, C. (1993), *The economics of art and culture: An American perspective.* Cambridge: Cambridge University Press.

Herreman, Y. (1998), Museums and tourism: Culture and consumption. *Museum International, 50*(3), 4-12.

Hood, M. G. (1983), Staying away: Why people choose not to visit museums. *Museum News, 61*(4), 50-57.

Hooper-Greenhill, E. (1992), *Museum and the shaping of knowledge.* New York: Routledge.

Hughes, H. (1987), Tourism and art: A potentially destructive relationship? *Tourism Management, 10,* 97-99.

Hughes, H. (2000), *Arts, entertainment and tourism.* Oxford: Butterworth-Heinmann.

Lash, S. (1989), *Sociology of postmodernism.* London: Routledge.

Lippard, L. (1999), *On the beaten track: Tourism, art and place.* New York: The New Press.

Kim, H., & Jamal, T. (2007), Touristic quest for existential authenticity. *Annals of Tourism Research, 34*(1), 181-201.

MacCannell, D. (1999[1976]), *The Tourist: A new theory of the leisure class*. Berkeley: University of California Press.

Masberg, B., & Silverman, L. (1996), Visitor experience at heritage sites: A phenomenological approach. *Journal of Travel Research, 34*(4), 20-25.

McKercher, B., & du Cros, H. (2002), *Cultural tourism: The partnership between tourism and cultural heritage management*. New York: Haworth Hospitality Press.

Meehan, K. (2001), *Tourism in global society*. New York: Palgrave.

Miles, R. (1986), Museum audiences. *The International Journal of Museum Management and Curatorship, 5*, 73-80.

Myerscough, J, (1998), *The economic importance of the arts in Great Britain*. London: Policy Studies Institute.

Prentice, R. (1993), *Tourism and heritage attractions*. London: Routledge.

Richards, G. (2007), *Cultural tourism: Global and local perspectives*. New York: Haworth.

Richards, G., & Wilson, J. (2006), Developing creativity in tourist experiences: A solution to the serial reproduction of culture? *Tourism Management, 27*(6), 1209-1223.

Ritzer, G., & Liska, A. (1997), McDisneyization and post-tourism: Complementary perspectives on contemporary tourism. In C. Rojek & J. Urry (Eds.), *Touring cultures: Transformations of travel and theory* (96-109). London: Routledge.

Roberson, D. N. (2010), Free time in an art museum: Pausing, gazing and interacting. *Leisure Sciences, 33*(1), 70-80.

Robinson, J. P. (1993), *Arts participation in America: 1982-1992*. Washington, D.C.; NEA.

Shimamura, A. P. (2012), Toward a science of aesthetics. In A. P. Shimamura & S. E. Palmer (Eds.), *Aesthetic science: Connecting minds, brains and experiences* (pp. 3-28), London: Oxford University Press.

Silvia, P. J., & Brown, E. M. (2007), Anger, disgust, and the negative aesthetic emotions: Expanding an appraisal model of aesthetic experience. *Psychology of Aesthetics, Creativity, and the Arts, 1*(2), 100-106.

Slater, A. (2007), Escaping to the gallery: Understanding the motivations of visitors to galleries. *International Journal of Nonprofit and Voluntary Sector Marketing, 12*, 149-162.

Smith, M. (2003), *Issues in cultural tourism studies*. London: Routledge.

Stebbins, R. A. (1996), Cultural tourism as serious leisure. *Annals of Tourism Research, 23*(4), 948-950.

Tighe, A. J. (1986), The arts/tourism partnership. *Journal of Travel Research, Winter,* 2-5.

Towner, J. (1985), The Grand Tour: A key phase in the history of tourism. *Annals of Tourism Research, 12,* 297-333.

Uriely, N. (2005), The tourist experience: Conceptual developments. *Annals of Tourism Research, 32*(1), 199-216.

Urry, J. (1990), The 'consumption' of tourism. *Sociology, 24*(1), 23-35.

Urry, J. (2002), *The tourist gaze* (2nd edition). London: Sage.

Urry, J., & Larsen, J. (2011), *The tourist gaze 3.0* (3rd ed.). London: Sage.

van Aalst, I. & Boogaarts, I. (2002). From museum to mass entertainment: The evolution of the role of museums in cities. *European Urban and Regional Studies, 9*(3), 195-209.

Verhagen, M. (2012), (Art) Tourism. *Art Monthly, 358,* 7-10.

Winner, E. (1982), *Invented worlds the psychology of the arts*. Cambridge, MA: Harvard University Press.

Woosnam, K. M., McElroy, K. E., & van Winkle, C. (2008), The role of personal values in determining tourist motivations: An application to the Winnipeg Fringe Theatre Festival, a cultural special event. *Journal of Hospitality Marketing & Management, 18*(5), 500-511.

Zeppel, H., & Hall, C. M. (1991), Selling art and history: Cultural heritage and tourism. *Journal of Tourism Studies, 2,* 29-45.

10장 축제와 문화관광

김 형 곤 (세종대학교 교수)

10장 축제와 문화관광

김 형 곤 (세종대학교 교수)

Highlights

1. 축제의 다양한 정의와 기원에 대해서 이해한다.
2. 축제체험을 구성하는 핵심요소들을 이해한다.
3. 축제가 지니고 있는 시·공간적 의미와 특성을 이해한다.
4. 지역 활성화를 위한 전략적 수단으로서 축제의 기능과 역할을 이해한다.

| 1절 | 개관

축제는 대다수 인류문명에서 공통적으로 나타나는 사회문화적 현상이라고 볼 수 있다. 전통적인 사회에서 축제는 신과의 교감을 바탕으로 공동체의 풍요를 기원하는 동시에 문화적 전통을 유지하기 위한 목적으로 특별한 의미가 있는 날이나 기간에 행해지는 신성한 회합의 성격을 지니고 있었다(류정아, 2003). 하지만 전통사회에서 산업화와 탈산업화 사회로 시대가 전환되면서 축제의 전통적인 의미와 역할 또한 변화되었다. 산업화시대의 축제는 산업 노동자들에게 노동으로부터의 일시적인 해방과 일터로 복귀할 수 있는 재충전의 기회를 제공하는 역할이 강조되었다. 탈산업화 사회로 진입하면서 축제는 더 이상 전통적인 신성성을 추구하는 제의적 행사 또는 단순히 노동자의 재충전을 위한 도구라기보다는 지역주민들의 삶의 질 향상과 관광자의 특별한 경험을 위한 스페셜 이벤트로 활용되고 있다. 즉 관광자를 유치하기 위한 경쟁이 각 국가뿐만 아니라 도시에서도 치열하게 전개되면서, 지역의 다양한 자원을 발굴하여 관광지로서의 매력을 강화하고자 하는 지역의 요구와 고유성을 추구하려는 관광자의 요구에 대응하는 전략적 수단으로서 축제에 대한 관심이 높아지고 있다(이훈 · 김미정, 2011). 국내에서 1995년부터 시행되고 있는 문화관광축제 지원 제도는 축제와 문화관광산업의 긴밀한 연관성을 보여주고 있는 사례라고 할 수 있다(오훈성, 2011). 이 장은 지역의 문화적 매력을 향상시키기 위한 수단이자 그 자체로 관광목적지가 되어가고 있는 축제에 대한 이해를 높이기 위해서 축제 및 카니발의 정의와 기원, 축제경험의 본질적 속성, 축제의 사회적 기능과 역할을 다양한 사례와 함께 논의하였다.

2절 축제의 다양한 정의

현재는 국내에서 축제라는 명칭이 보편적인 용어로서 통용되지만, 해당 명칭의 역사는 그리 길지 않다. 축제라는 명칭은 일본의 전통의례이자 축하행사인 마츠리에서 파생된 용어로 일제강점기부터 국내에서 사용된 것으로 알려져 있다. 조선시대에는 전통적 축제의 성격을 띠고 있는 행사를 지칭할 때 동제, 성황제, 별신제와 같이 제의적 의미를 강조하는 명칭이 사용되었다(한양명, 2004). 이러한 명칭의 변화는 축제가 전통적으로 오늘날 우리가 알고 있는 놀이적 문화행사의 성격뿐만 아니라 신과의 소통을 기원하는 성스러운 제사와 의례의 성격이 강했다는 것을 보여준다. 물론, 급속한 산업화와 도시화를 거치면서 국내외 다수의 축제에서는 제의적인 성격이 상당부분 소멸되었고, 지역주민 및 관광자들의 놀이욕구 및 문화체험 욕구를 충족시키기 위한 유희적 성격이 강조되고 있다. 특히,

세계화와 더불어 급속하게 성장하고 있는 관광산업의 영향에 따라서 축제 또한 관광자를 위한 문화이벤트로서 다루어지고 있으며 지역의 문화관광개발을 위한 전략적 수단으로 활용되고 있다. 역사 이전 시대부터 다양한 문화권에서 여러 형태로 발전되어온 축제는 여러 명칭으로 불리고 있다. 축제를 나타내는 여러 명칭들을 분석해 보면 축제의 기원과 의미에 대해서도 좀 더 자세하게 이해할 수 있을 것이다.

1. 축제 또는 페스티발

축제(祝祭)를 글자 그대로 분석해 보면 '축하하여 제사를 지냄'이라는 뜻을 나타내고 있다(<그림 10-1>). 즉, 축제는 특정한 날을 기해 신성한 존재에게 다양한 소망을 기원하는 제의적 성격과 많은 사람들이 모여 유희를 즐기는 놀이적 요소가 결합되어 있다.

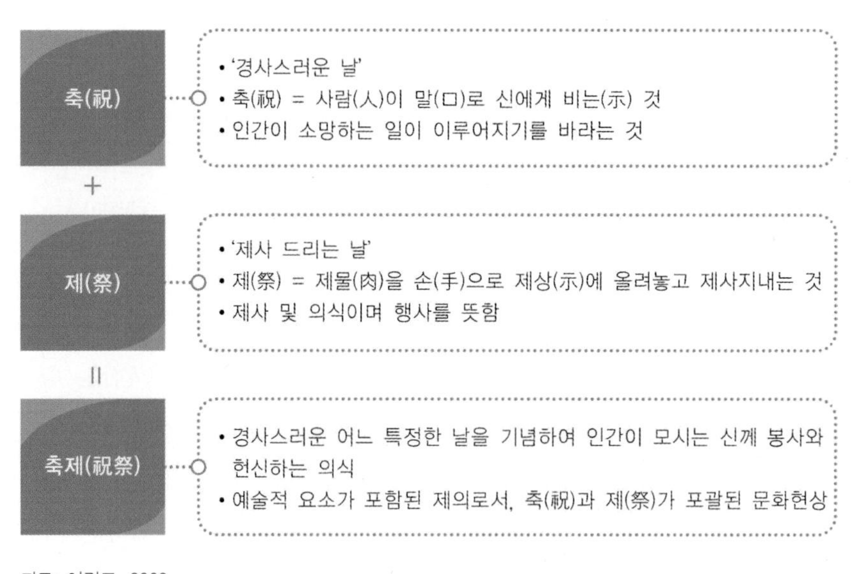

자료: 이경모, 2002.

〈그림 10-1〉 **축제의 의미**

캐나다의 이벤트 학자인 겟츠(Getz)는 페스티발(festival)을 "대중들이 주제를 가지고 행하는 축하"(a public themed celebration)라고 정의하고 있다(Getz, 2005). 이 정의를 분석해보면 축제는 세 가지의 핵심적인 요소로 구성되어 있다는 것을 알 수 있다. 첫째, 축제는 다수의 사람들을 대상으로 개최되는 이벤트이다. 둘째, 축제는 참여하는 대중들이 공유할 수 있는 특정한 주제를 지니고 있다. 셋째, 축제는 축하의 성격을 지니고 있다. 이 세 가지 요소를 결합해서 보면, 축제는 많은 사람들이 특정한 주제를 중심으로 축하를 벌이는 문화행사라고 이해할 수 있다.

2. 카니발

카니발(carnival)은 축제를 지칭하는 용어 또는 유사한 명칭으로 광범위하게 사용되고 있다. 카니발이란 서구문화권에서 등장한 용어로서, 그 기원 또한 기독교적 상징과 로마의 토착 문화의 결합에서 찾을 수 있다. 일반적으로 카니발의 기원은 로마의 토착 문화행사인 사투르누스(Saturn) 제전에서 찾고 있다(Scher, 2015). 카니발은 로마시대에 기독교가 정착되는 과정에서 지역의 토착 행사와 기독교적 제의가 결합되어 발전한 문화행사라고 볼 수 있다. 카니발의 어원을 살펴보면 그 축하행사의 본질적인 의미와 성격을 좀 더 쉽게 이해할 수 있다. 일반적으로, 카니발(carnival)은 라틴어로 고기와의 이별(farewell to meat)을 뜻하는 Carne vale이라는 단어로 부터 파생되었다고 보고 있다(Scher, 2015). Carne는 고기를 지칭하고, vale는 영어의 farewell에 해당하는 라틴어로서 이별이라는 의미이다. 두 단어가 조합되면 "고기와의 이별"을 나타내며, 해석하면 "고기를 금식하는 것"을 지칭한다고 볼 수 있다. 이 단어로부터 불어 Carnaval, 스페인어 Carnaval, 영어 Carnival, 독일어 Karneval 등이 비롯되었다. 과거에 우리나라에서 카니발을 사육제(謝肉祭)라고 번역했던 것도 이와 같은 금식전통을 나타낸 것이라고 볼 수 있다.

사례 1 마디그라(Mardi Gras)

마디그라(Mardi Gras)는 서구사회의 카니발 전통을 잘 보여주고 있는 행사이다. 마디그라는 라틴어로서 기름진 화요일(Fat Tuesday)이라는 의미를 지니고 있다. 앞서 소개한 금식기간의 시작으로 볼 수 있는 재의 수요일(Ash Wednesday)의 전날을 기름진 화요일이라고 지칭하며 카니발의 상징적 명칭으로 사용하고 있다는 것을 알 수 있다. 금식기간이 시작되는 전날이 통음난무의 절정이고, 이러한 전통이 마디그라라는 명칭으로 아직까지 서구 여러 도시들에서 이어지고 있다. 우리가 일반적으로 카니발 하면 떠오르는 이미지가 대중들이 모여 마음껏 먹고 마시며 노는 모습인 것은 이 기간이 금식기간 이전 대중들에게 잠시 허용되는 방종의 시간이기 때문이다. 마디그라 기간에는 다양한 사람들이 기존의 사회질서와 규범에 얽매이지 않고, 여러 형태로 개인적 혹은 집단적 통음난무를 즐겼던 것으로 기록되어 있다. 현대사회에 들어서면서 전통적 카니발이 지니고 있던 종교적 의미는 많이 희석되었고, 지역의 문화와 다양한 형태로 결합되면서 개최시기와 형식도 조금씩 달라졌다. 유럽에서 시작된 카니발은 중세 이후 기독교문화가 전파되면서 전 세계의 여러 지역으로 퍼져 나갔다. 북미지역과 호주에서는 전 세계적으로 유명한 마디그라(Mardi Gras) 행사가 개최되고 있다. 특히, 미국 뉴올리언스에서 개최되는 마디그라는 해마다 수십만 명의 관광자들이 방문하는 가장 중요한 관광이벤트중 하나로 자리 잡고 있다. 이 축제기간 동안에는 다양한 코스튬 퍼레이드와 볼(balls) 행사 등이 연속적으로 개최되며, 뉴올리언스의 독특한 재즈문화와 결합되어 지역의 고유성을 상징하는 행사가 되고 있다. 뉴올리언스 마디그라의 중요한 특징 중 하나는 축제참가자들의 일탈적인 행위들에서 찾을 수 있다. 행사가 개최되는 프렌치 쿼터(French Quarter)거리에는 수많은 관광자들이 발코니와 거리에서 자신의 신체를 노출시키고 비즈(beads)라고 불리 우는 플라스틱 목걸이들을 던져주고 받는 모습들이 연출된다. 일상에서 허용되지 않는 신체노출 및 길거리 음주 등의 행위들이 이 기간 동안에는 해당 축제공간에서 자연스럽게 이루어지며, 마디그라가 종료되는 시간에 맞추어 이와 같은 행위들은 일체 금지된다. 이러한 의례화된 모습은 마디그라가 지니는 카니발적인 본질을 표출한다.

카니발은 시기적으로 볼 때 금욕기간의 시작인 사순절(Lent)과 밀접하게 연관되어 있다. 기독교 전통에서 예수가 황야에서 겪었던 고난과 죽음을 기념하기 위해 금욕하는 기간인 사순절은 대략 40일 정도로서 부활절 이

전까지 지속되었다. 전통적으로 로마 카톨릭교에서는 금식기간 동안에 하루에 저녁 한 끼만 허용하였으며, 음식 또한 채소, 생선, 달걀로 제한하였다. 사순절의 시작은 '재의 수요일'(Ash Wednesday)로서 참회와 금욕을 상징하는 날이다. 일반적으로 카니발은 이러한 금욕기간의 개시 며칠 전부터 재의 수요일 전까지 개최되는 행사를 의미한다. 이 기간은 술, 고기, 음악과 함께 많은 사람들이 집단적으로 통음난무를 즐기는 기회로 활용되었다. 카니발이 지니고 있던 종교적 의미와 금식의 전통이 거의 사라진 현재에는 카니발이 지역을 대표하는 축제로서 관광자들이 참여하는 문화관광 상품으로 활용되고 있다. 대표적으로, 이탈리아의 베니스 카니발, 프랑스의 니스 카니발, 브라질의 리오 카니발 등은 전 세계적으로 널리 알려진 축제로서 해마다 수많은 관광자들이 카니발 기간 동안 해당 도시를 방문하고 있다.

| 3절 | 축제의 사회구조적 특징

집단적 놀이의 한 형태로서 축제는 참여자들에게 일시적이나마 일상과의 사회문화적 단절을 경험할 수 있는 환경을 제공한다. 이러한 일상과의 단절이 발생하는 현상은 인류학자인 터너(Turner)가 제시한 여러 개념을 통해서 좀 더 심층적으로 이해할 수 있다(Turner, 1969, 1982).

1. 구조와 반(反)구조

인류학자인 터너(Turner)는 우리가 생활하는 사회를 구조(structure)와 반구조(anti-structure)의 이중적 구조로 설명하고 있다(Turner, 1982). 구성원들 사이에 공유된 사회적 규범과 질서에 의해서 유지되는 구조화된(structure)

사회가 우리가 일상생활이라고 부르는 영역이다. 반면, 일상의 구조화된 사회적 질서에 반하는 전도적 영역은 반구조(anti-structure)라고 지칭하고 있다(<그림 10-2>).

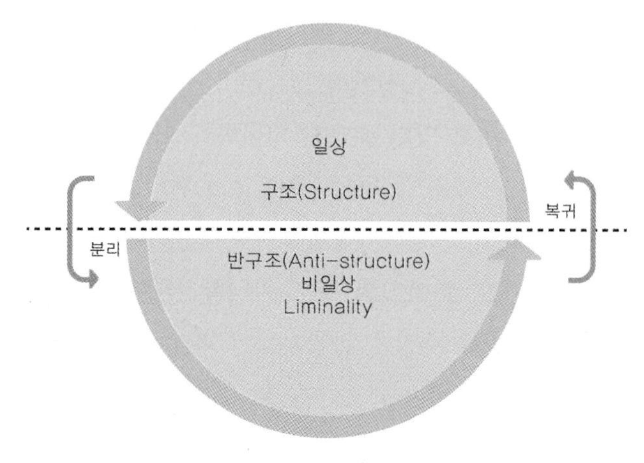

〈그림 10-2〉 **구조와 반구조의 개념**

터너(Turner)는 축제를 대표적인 반구조(anti-structure)의 영역에 속해 있는 사회현상으로 규정한다. 축제는 일상의 규범, 규칙, 의무, 가치 등이 일시적으로 정지되는 시·공간적 특성을 지니고 있으며, 이러한 특성 때문에 축제에 참가한 사람들은 종종 일상의 규범에서 허용되지 않은 생각, 말, 행동 등을 표출하여 해방감을 느끼게 된다. 일상의 전도적 시·공간으로서 축제는 우리가 일상적으로 당연하게 받아들이는 사회의 기본적인 구조에 대해 돌아보게 할 수 있게 하며, 사회구성원들에게 일시적이나마 현실의 사회구조를 탈피할 수 있는 기회를 제공해 준다. 이러한 시·공간적 특성에 의해 축제는 사회에 새로운 문화적 가치와 규범을 창조할 수 있게 하는 원동력을 제공해 줄 수 있다.

2. 경계성

축제에서 발생할 수 있는 일상과의 단절경험은 리미널리티(liminality) 혹은 리미노이드(liminoid) 개념을 통해 이해할 수 있다. '리미널리티'라는 용어는 프랑스 민속학자인 반게넵(Van Gennep)이 처음 제시한 개념으로 통과의례(rites of passage)에 참여하는 토착원주민들이 행하는 의식/의례(ritual)의 특성을 이해하기 위한 목적으로 소개되었다(Van Gennep, 1960).

반게넵은 사회적 신분의 영구적 변화를 초래하는 성인식과 같은 통과의례에 참여하는 사람들 사이에 과도기적으로 형성되는 독특한 사회적 관계와 상태를 리미널리티(역치성)이라고 지칭하였다. 통과의례에 참여하는 동안 참가자들은 사회적 위치와 신분을 나타내는 옷차림이나 장식들을 제거하고 일상의 규범과 사회구조에서 벗어나 일종의 무규범 혹은 무규칙 상태에서 다른 사람들과 평등한 사회적 관계를 맺게 된다. 즉, 리미널리티는 의식행사가 벌어지는 특별한 시간과 공간에서 참가자들의 일상을 규제하는 사회적 규범과 규칙이 일시적으로 정지된 상태를 의미한다. 이후, 터너는 이러한 리미널리티 개념을 신성한 의식이나 의례행위에 수반되어 나타나는 현상을 지칭하기 위해서 사용하였고, 현대사회의 다양한 여가활동들(관광, 축제 등)에서 형성되는 역치현상을 구분하기 위해서 리미노이드(liminoid)란 개념을 새롭게 제시하였다(Turner, 1982). 즉, 축제와 같은 집단적 놀이 활동은 축제에 자발적으로 참여한 개인들에게 일상생활의 여러 규칙과 규범으로부터 잠시나마 탈출할 수 있는 환경을 제공해주고 있으며, 이는 전통적 사회의 의식행위에서 발생하는 리미널리티 현상과는 참여자의 자발성이라는 특성에서 차이가 있다고 주장하고 있다. 하지만, 이후 여러 연구들에서는 리미널리티와 리미노이드 개념이 혼용되었고, 최근에는 리미널리티라는 용어가 학계 전반에서 보편적으로 통용되고 있기 때문에 이 장에서도 리미널리티란 용어로 통일해서 사용하였다. 국내에서는 리미널리티를 번역해서 역치성/경계성이란 용어로 사용하기도 한다.

축제에서 발생되는 리미널리티는 참가자들이 축제를 일상과는 명확히 구분되는 시간과 공간으로 인식할 때 형성될 수 있다. 즉, 리미널리티는 단순히 축제라는 공간의 물리적 특성이 아니라 참가자들의 암묵적인 사회적 합의에 의해 형성되는 사회적 상황이라고 볼 수 있다. 터너의 주장에 따르면, 축제에서 발생하는 리미널리티 상황의 특징은 단순히 참여자들의 해방감을 촉진시키는 측면뿐 아니라 이러한 상황에 참여한 사람들의 상상력과 창조성을 극대화하는 측면을 포함하고 있다.

축제와 같이 일상의 사회적 규범과 규칙이 일시적으로 정지된 상황에서는 참여자들이 적극적으로 자신의 상상력과 창조력을 발휘할 수 있는 기회를 가질 수 있다. 즉, 일상의 여러 규칙과 규범, 사회적 신분 등에서 자유로워진 상황에서 사람들은 자신의 본질적인 감정과 생각을 외부로 표출하고, 이를 통해 새로운 형태의 사회적 관계를 맺게 될 수 있다(Kim & Jamal, 2007). 축제가 지니고 있는 이러한 역치적인 특성은 참여자들에게 다음 절에서 논의할 '축제성' 혹은 카니발리스크(carnivalesque)라고 지칭할 수 있는 체험을 가능하게 한다.

| 4절 | 축제 체험 속성

보편적 수준에서 축제의 본질 혹은 축제성을 이해하기 위해서는 축제에 참여한 방문자들의 축제체험을 구성하는 개념적 요인들에 대해서 이해하는 것이 필요하다. 축제체험은 방문자가 축제에 직접적으로 참여해서 얻어질 수 있는 경험의 상태를 의미하는 심리적 측면에 가까운 개념이라고 정의될 수 있다(이훈, 2006). 축제는 일상과는 분리된 시 · 공간이며, 축제에 참가하는 방문자들의 경험 혹은 체험의 속성도 일상의 경험과는 본질적으로 차이가 있다. 이러한 논리에 기초해서 축제체험의 속성을 5가지(일탈성, 놀이성, 대동성, 신성성, 장소성)로 제시하고 있다(<그림 10-3>).

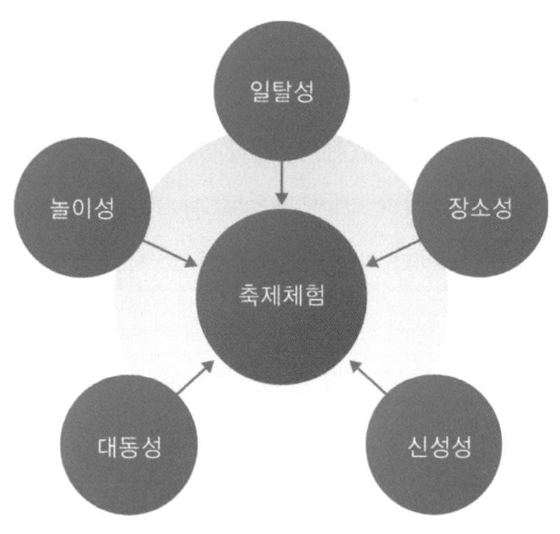

자료: 이훈, 2006, pp. 29-46.

〈그림 10-3〉 **축제 체험 속성**

이 5가지의 체험속성은 방문자의 특성 혹은 축제의 특성에 따라 중요도가 달라질 수 있고, 실제로 방문자가 얻게 되는 경험도 일부 속성에 제한되어 나타날 수 있다. 하지만, 축제체험의 5가지 속성은 축제경험의 보편적인 형태라고 볼 수 있으며, 5가지 요소들이 적절하게 결합되었을 때 진정한 의미에서의 '축제성' 경험이라고 볼 수 있다.

1. 일탈성

축제를 통해 참여자들이 얻을 수 있는 기본적인 경험은 일탈성과 밀접하게 연관되어 있다. 일탈성은 일상생활로 부터의 탈출이라는 말로 정의할 수 있다. 일상에서의 탈출이란 개념은 사회학에서 제시된 역할이론(role theory)에 비추어 이해할 수 있다. 역할이론에 따르면, 일상에서 사람들의 생활은 개인이 부여받은 여러 사회적 역할(회사원, 학생, 선생, 군인, 부모, 아들, 딸 등)을 연속적으로 수행하는 것이라고 이해할 수 있다(Hindin, 2007). 각각의 사회적 역할은 개별 역할에 맞는 권리, 의무, 규범, 가치와 같은 것들이 결합되어 형성되고 각 역할에 따른 개인의 의식과 행동 또한 그러한 의무와 규범의 범주 안에서 이루어진다.

사회적 관점에서 볼 때 이러한 사회적 역할은 사회의 시스템을 유지시켜 나가기 위해 필수적이지만, 개인적으로 볼 때는 인간의 본질적인 특성에 기초한 개개인의 개성과 자유를 제한하는 사회적 굴레라고도 해석할 수 있다. 사람들은 일상에서 다양한 사회적 역할들을 수행하면서 생활하기 때문에 그러한 사회적 역할이 주는 의무와 규범에 의해 정신적 압박감 또는 소외감을 느낄 수 있다. 사람들은 사회적 역할에서 기인한 정신적 압박감으로부터 벗어나기 위해 일상탈출의 욕구를 느끼게 된다. 요약해 보면, 일상탈출 혹은 일탈이란 개인에게 부여된 사회적 역할과 결합된 의무와 규범들에서의 탈출을 의미한다. 사람들은 사회적 의무와 규범에 의해서 지배되는 일상생활에서 잠시나마 탈출하기 위한 수단으로 축제를 포함한 다양한 여가활동을 선택하는 경향이 있다.

축제라는 집단적 놀이문화 현상은 사람들에게 일상의 공간(직장, 집, 등)과 규범에서 잠시 벗어나서 해방감을 느낄 수 있는 시·공간으로 활용되는 경향이 강하다. 즉, 축제가 역치성을 지닌 시·공간으로서 사람들에게 인식되어 일탈성을 경험할 수 있는 수단으로 활용된다는 것이다. 사람들은 일반적으로 일탈성을 경험하기 위해 여행이나 스포츠와 같이 사회적으로 용인된 방법들뿐 아니라 때로는 마약과 같이 불법적인 수단을 이용하기도 한다. 특히, 여행이 일상탈출의 대표적인 수단처럼 인식되는 것은 사람들이 여행을 통해서 실질적으로 자신의 일상생활의 역할로부터 벗어날 수 있고, 관광지에서 자연스럽게 보장되는 익명성을 담보로 자신의 사회적 의무와 규범으로부터 잠시나마 해방될 수 있는 기회를 얻을 수 있기 때문이다.

축제는 여행이 대중화되기 훨씬 오래전부터 사람들에게 일탈경험을 제공하기 위한 중요한 수단으로 활용되었다. 유럽 중세시대나 우리나라 조선시대의 축제들에서는 여러 가지 사회적으로 금기시되었던 행동이나 말들이 용인되는 경우가 많았다는 것을 알 수 있다. 이러한 기회를 통해 많은 민중들이 지배계층에 대한 불평과 불만을 공식적으로 배출할 수 있는 경험을 할 수도 있었다. 러시아 민속학자인 바흐찐(Bakhtin)은 이러한 축제의 일탈성을 카니발리스크(Carnivalesque)라는 말로 표현하고 있다(Bakhtin, 1984). "카니발리스크"란 카니발의 본질적 특성을 나타내는 표현이며, 유머(humor)와 혼돈(chaos)과 같은 축제적 특성을 통해서 참가자들이 사회 주류문화와 규범에 대한 저항과 해방을 시도하는 현상이다.

이와 같은 일탈성은 우리나라의 전통적인 축제에서도 발견할 수 있다. 예를 들어, 조선시대 축제에서 자주 볼 수 있는 탈춤놀이와 같은 행사들에서는 평민들이 양반의 행태에 대해 희화화하고 조롱하는 내용들을 담아 일시적이나마 불만을 해소할 수 있었다. 평민들에게 있어 사회지배계급인 양반에 대한 불만을 공개된 축제장에서 해소하는 행위 자체가 일탈행위라고 볼 수 있으며, 축제는 이러한 일탈행위를 암묵적으로 보장해 주는 특별한 사회적 시간과 공간, 즉 리미널리티가 형성된 공간이라고 볼 수 있다. 관광이 주목적이 되고 있는 현대사회의 여러 축제에 있어서도 이러한 일탈성은 여전히 유효하다(Kim & Jamal, 2007). 예를 들어, 전 세계적으로 잘 알려진 스페인 토마토축제에서는 일상생활에서는 상상할 수 없던 행동들(낯선 사람들과 서로 토마토를 던지면서 어우러져 노는 행위)을 방문자 누구나 손쉽게 할 수 있고, 이러한 일탈적 행위들을 통해 일상에서 감춰왔던 자신의 숨겨진 감정과 정체성을 표현할 수 있다. 이러한 의미에서 축제에서의 일탈성 경험은 해방감이라는 말로도 이해할 수 있다.

2. 놀이성

전통적으로 축제는 제의적 기능뿐 아니라 참가자들에게 일상의 금기를 잠시 벗어나 놀이적 즐거움과 환희를 제공하는 기능을 동시에 수행하였다. 관광상품으로서의 역할이 강해지고 있는 최근의 축제에서는 제의적 혹은 의례적 의미들은 대폭 축소되었지만, 참가자들에게 휴식과 재충전의 기회를 제공하는 놀이성은 강화되었다. 네덜란드 역사학자인 후이징가(Huizinga)에 따르면, 놀이는 인간의 본질적인 특성 중 하나이며 인간의 모든 문화현상의 기원은 놀이에서 찾을 수 있다고 주장한다(Huizinga, 1971).

후이징가가 규정하는 놀이의 핵심적 특성은 다음과 같다. 첫째, 놀이는 의무적이 아닌 개인의 자발적인 의지에 의해 참여가 결정된다. 둘째, 놀이만의 고유한 시간과 공간을 형성한다. 셋째, 놀이의 결과는 미리 정해져 있지 않고 불확실하다. 넷째, 놀이는 어떤 금전적인 이득 혹은 사회적 명예를 쟁취하기 위한 목적이 아닌 놀이 자체의 내재적 즐거움과 재미를 위해 존재한다. 다섯째, 놀이의 시간동안은 일상의 규칙과 규범이 잠시 정지되고 놀이자체의 규칙과 규범이 참여자들에게 작용한다. 여섯째, 놀이에서는 참여자들이 상호 동의하에 형성한 상상속의 현실을 공유한다. 축제는 위와 같은 여섯 가지의 놀이적 요소들을 중심으로 한 집단적인 놀이문화이다.

집단적 놀이문화로서 축제를 살펴볼 때, 중요한 체험적 요소 중 하나는 몰입이다. 몰입은 일이나 여가행위 모두에서 발생할 수 있는 일종의 최적화된 경험이라고 볼 수 있다. 대표적인 긍정심리학자인 칙센미하이(Csikszentmihalyi)는 플로우 이론(flow theory)을 통해 몰입경험을 설명하고 있다(Csikszentmihalyi, 1999). 그에 따르면, 몰입경험(플로우 상태)은 참여자의 집중력이 아주 강렬해져서 다른 주위의 것에 관심이 분산되지 않는 심리적 상태라고 본다. 플로우 상태의 특징은 자아의식이 실종되고 시간에 대한 감각이 왜곡되는 경험을 수반한다는 것이다. 몰입경험이 발생할 수 있는 조건은 칙센미하이가 제시한 플로우 이론(flow theory)에 잘 나타나 있다(<그림 10-4>).

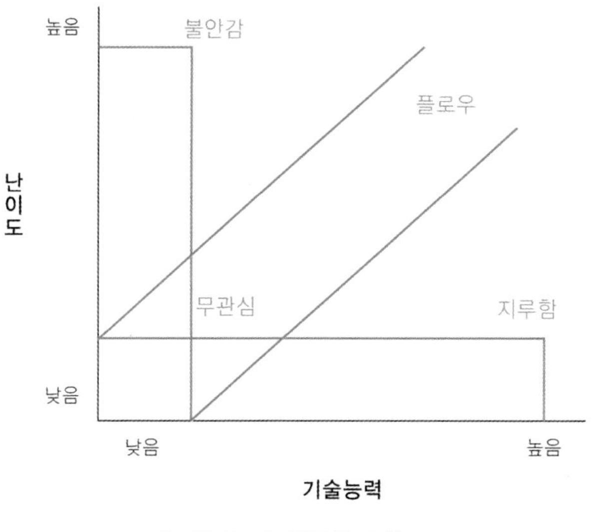

〈그림 10-4〉 **플로우 모형**

플로우는 개인이 특정한 일이나 여가행위에 참여할 때 자신이 지니고 있는 기술수준(혹은 능력)과 참여 활동이 요구하는 기술수준과의 비례에 의해 형성되는 일종의 심리적 몰입상태를 의미한다. 자신이 가진 기술수준에 비해 높은 수준의 난이도를 요하는 활동에 참여하게 될 때에는, 일종의 불안감(anxiety)을 느끼게 되고 몰입경험을 할 수 없게 된다. 반면에, 자신이 참여한 활동의 난이도가 자신의 기술수준에 비해 너무 낮은 경우에는 지루함(boredom)을 느끼게 되고 마찬가지로 플로우 상태에 빠질 수 없게 된다. 결과적으로 보면, 플로우 상태는 자신의 기술수준과 참여하는 활동의 난이도가 적절하게 일치했을 경우 발생하기 쉽다. 하지만, 자신의 기술수준과 참여활동의 난이도가 둘 다 낮은 수준에서 일치하는 경우에는 플로우 상태가 아닌 무관심(apathy)상태에 빠지게 된다.

놀이적 관점에서 보면, 축제는 방문자들의 자발적 참여를 통해 체험적 몰입상태를 경험하는 것을 목적으로 하는 집단적 놀이문화현상이라고 볼 수 있다. 축제적 즐거움이란 이러한 놀이적 몰입상태에 의해 좌우되며, 놀이성이 축제체험의 중요속성으로 포함될 수 있는 이유이다. 즉, 축제 방문자들이 축제장에 들어서면서 자신의 존재를 잊고, 시간이 흐르는 것을 의식하지 못하며, 순수한 즐거움을 통해 축제의 프로그램에 몰두할 수 있을 때 축제적 놀이성을 경험했다고 할 수 있다. 놀이성 강화를 통한 축제참가자들의 만족도를 높이기 위해서는 참가자들의 지식, 기술, 신체적 능력 수준에 비례하는 프로그램이 제공되어야 한다는 점 또한 명확하다고 할 수 있다.

축제에서 제공되는 다양한 체험프로그램은 기본적으로 다양한 놀이원리에 기초한 프로그램이라고 볼 수 있다(박동준, 2009). 프랑스 사회학자 카이와(Caillois)는 놀이를 크게 네 가지 유형으로 분류하고 있다(Caillois, 1994). 이 네 가지 놀이유형은 그리스어로 시합과 경쟁을 의미하는 아곤(Agon), 라틴어로 운을 뜻하는 알레아(Alea), 영어로 모방을 의미하는 미미크리(Mimicry), 그리고 마지막으로 그리스어로 소용돌이를 뜻하는 일링크스(Illinx)를 기본으로 하고 있다.

아곤(Agon)은 인간의 경쟁 심리를 기본으로 하는 놀이유형으로서 홍콩의 용선제나 베니스의 레가타 스토리카(곤돌라 축제)와 같은 축제들이 대표적이다. 축제에서 알레아(Alea)적인 요소는 경품추첨 행사와 같은 프로그램이 대표적이다. 미미크리(Mimicry)는 일시적으로 형성된 허구적인 세계에서 자신의 일상적인 모습을 탈피해서 새로운 역할을 수행하는 일종의 역할모방놀이로서 축제 참여자들의 일탈적 경험을 위한 중요한 장치로 활용된다. 전 세계의 많은 축제들에서 이러한 미미크리적 놀이가 주를 이루고 있다. 축제장에서 가면과 카스튬이 핵심요소가 되는 베니스 카니발(Crumrine, 1983), 중세시대를 재현하는 르네상스 축제(Kim & Jamal, 2007), 국내의 여러 역사재현 축제 등이 미미크리적 놀이가 중심이 되는 축제이다.

일링크스(Illinx)는 신체적 현기증과 혼란을 중심으로 이루어지는 놀이를 지칭하고 있다. 축제장의 다양한 놀이기구들(롤러코스터, 자이로드롭, 회전목마, 그네 등)이 대표적인 일링크스적 요소라고 볼 수 있다. 영국 코츠월드 지방에서 개최되는 치즈롤링 페스티발의 경우에는 언덕위에서 치즈를 굴리고 서로 그 치즈를 먼저 잡기 위해 언덕을 굴러내려오는 모습은 일링크스적인 요소와 더불어 경쟁원리에 기초한 아곤적인 놀이 요소가 결합된 축제이다.

3. 대동성

축제의 본질적 특징의 하나는 대중들이 참여하는 집단적 놀이행위라는 데에 있다. 이러한 점에서 축제의 중요한 체험속성의 하나는 대동성이다. 대동(大同)의 사전적 의미는 "큰 세력이 합동함" 혹은 "온 세상이 번영하여 화평하게 됨"을 나타낸다. 축제에서의 대동성은 다수의 사람들이 축제라는 시공간에 참여함으로써 다른 참가자와 집단적으로 일체감을 느끼는 과정인 동시에 정신이다. 동·서양을 막론하고 대다수 축제들의 사회적 기능 중 하나는 축제가 벌어지는 지역사회의 공동체 구성원들 간의 화합과 일체감을 확인하는 데에 있다. 이러한 집단적 일체감을 확인하는 과정은 사회공동체를 안정적으로 유지하는 데에 큰 기여를 할 수 있다. 관광지의 매력요소로 활용되고 있는 현대사회의 축제들에서는 전통적인 축제처럼 지역주민들 사이의 화합과 일체감뿐 아니라 축제에 참여하는 관광자들 사이 또는 관광자들과 지역주민들 간에 일시적으로 형성되는 일체감이 중요한 부분이 되고 있다.

축제에서 형성되는 참가자들 간의 집단적 일체감은 그 성격에 있어 통상적인 의미에서의 공동체 정신과는 다소 차이가 있다. 일반적으로 공동체 정신의 함양은 사회구성원 간의 계층과 신분을 유지한 상태에서 다른 사람들과 같은 지역사회의 구성원이라는 것을 확인하는 경험이라고 한다면, 축제에서 대동성은 그것과는 다소 차이가 있다. 축제에서의 대동성은 참가자들 사이를 구분지을 수 있는 사회적 계층과 차이를 일시적이나마 잊고 인본적인 평등함을 통해 형성되는 일체감이다. 인류학자인 터너(Turner)는 이러한 특성 때문에 축제를 일상의 전도적 의례(rites of reversal)행위라고 주장하기도 한다(Turner, 1982).

터너가 제시한 커뮤니타스(Communitas)개념은 축제에서 얻을 수 있는 참가자들의 대동성 경험(일시적이지만 평등하고 인본적인 일체감)을 설명하기 위해서 종종 활용되고 있다. 커뮤니타는 라틴어로서 영어로 공동체를 의미하는 커뮤니티(community)의 어원으로 알려져 있다. 하지만, 두 개념 사이에는 미묘한 차이가 존재한다. 터너에 따르면 공동체 정신(sense of community)은 공동체를 구성하는 구성원들이 사회적 계층과 계급을 인정한 상태에서 형성되는 일체감을 의미하는 반면, 커뮤니타스(communitas)는 사회적 계층구조가 존재하지 않는 평등한 공동체적 인간관계 혹은 인간의 본성에 기초한 공동체적 정신을 의미한다. 월드컵 거리응원에서 종종 나타나는 집단적인 일체감은 참여자들이 일시적으로나마 성별, 나이, 빈부, 인종 등과 같은 사회적 특징들을 의식하지 않고, 해당 주제에 평등하게 몰입한 상태라고 볼 수 있다. 이렇듯, 특정한 시간과 공간에서 일시적으로 발생하는 평등한 인간 교류의 모습이 터너가 제시한 커뮤니타 개념의 본질이다.

앞에서 언급했듯이, 축제는 사회적 규범과 규칙의 일시 정지되는 리미널리티한 환경이 조성되기 때문에 참가자들이 축제적 공동체 경험을 추구할 수 있는 것이다. 이러한 측면에서 살펴볼 때, 축제는 지역의 사회 통합적 기능을 수행할 수 있는 효율적인 수단일 뿐 아니라 현대사회의 중요한 화두인 개인의 인간성 회복이라는 문제와도 직접적으로 맞닿아있다.

4. 신성성

신성성은 축제의 제의적 요소와 밀접한 관련이 있다. 축제(祝祭)라는 단어에서 볼 수 있듯이 축제의 원형은 유희적 요소(祝)와 제의적 요소(祭)가

결합되어 나타난다. 우리나라 상고시대의 전통적인 축제들인 동맹, 무천, 영고와 같은 행사들에서는 기본적으로 신에게 마을의 풍요와 안전을 기원하는 제의적 기능이 유희적 기능에 우선하였다. 관광을 목적으로 하는 최근의 축제들에서는 과거 전통적인 축제들이 지녔던 제의적 요소들이 많이 사라지고 유희적인 기능이 강화되고 있는 것은 사실이다.

하지만, 축제의 제의적 영역인 신성함과 경외감과 같은 요소들 또한 간과되지 말아야 할 중요한 체험속성이다. 신성성과 놀이성의 관계는 긴장과 이완, 이성과 감성, 조임과 풀어짐 등의 대조적인 체험구조로 이해할 수 있다(이훈, 2006). 이는 다시 말해 사회학에서 논의하는 성(聖)과 속(俗)-영어로는 the sacred(성)와 the profane(속)의 영역으로도 이해할 수 있다. 전통적으로 인간은 동 시대의 사회·기술적 능력으로 해결되지 않는 문제들을 해결하기 위해 초월적인 존재에 의존할 수 있는 성스러운 영역을 지정해 왔다. 사람들은 신성한 경험을 통해서 초월적인 존재로부터 능력을 부여받는 과정을 겪고 이를 통해 다시 속(俗)-일상-의 영역으로 돌아오는 것이다. 축제는 이러한 성과 속의 영역이 공존하는 문화행사로서 이해할 수 있다.

물론 현대사회의 여러 축제들에서는 전통적인 의미의 신성성이 많이 사라졌지만, 축제가 전개되는 과정에서 발생하는 여러 의식적 행사들은 이러한 신성성 영역의 자취들이라고 볼 수 있다. 축제의 전통과 성격에 따라 다양하게 표출될 수 있지만, 보편적으로 축제의 전야제, 개막식, 폐막식, 퍼레이드와 같은 의례적 행사들은 그 전달과정에서 축제가 담고 있는 긴장, 질서, 성스러움을 경험하도록 유도할 수 있다.

5. 장소성

장소성을 이해하기 위해서는 공간과 장소에 대한 개념 구분이 선행되어야 한다. 공간(space)이란 개념은 단순히 물리적인 환경을 나타내는 것이고 이러한 물리적 공간에 의미가 부여 되었을 때 장소(place)로서 인식이 된다는 것이다. 간단하게 설명하면 장소성 경험은 사람들이 자신이 방문한 장소의 의미와 역사를 이해한다는 뜻이다. 축제체험 요소로서의 장소성은 참가자가 축제 개최지의 여러 가지 의미와 이야기들을 소비하는 경험과 관련되어 있다. 즉, 축제를 방문하는 사람들은 축제 자체에서 제공하는 여러 프로그램을 통해 축제와 관련된 체험을 할 뿐 아니라, 축제가 개최되는 장소가 지니고 있는 여러 문화적 상징성과 의미를 소비함으로서 축제경험을 형성하기도 한다.

관광자가 축제를 방문하여 축제가 개최되는 장소가 지니고 있는 역사와 문화를 이해하는 경험 또한 축제 참가자의 중요한 체험적 요소이며, 이를 장소성(placeness)이라고 규정할 수 있다. 세계의 여러 유명 축제들은 축제 자체가 지니고 있는 프로그램의 매력을 적극적으로 홍보할 뿐 아니라 축제가 개최되는 장소적 특성을 홍보하여 축제 방문을 유도하고 있다. 이것은 축제 방문자들의 장소성 경험을 극대화시켜 축제에 대한 전체적인 경험의 질을 풍부하게 만들려는 시도라고 이해할 수 있다. 국내의 많은 지역축제들이 프로그램 측면에서 대동소이한 모습을 보이면서 축제가 개최되고 있는 지역적 특성을 잘 반영하지 못하는 모습을 보여주고 있다. 오랜 시간 동안 축적된 역사적 사건과 삶의 방식들이 쌓여서 지역의 정체성이 형성되고 특정한 장소가 가지는 이러한 정체성 혹은 의미를 장소성이라고 이해할 수 있다. 고유성 있는 축제경험을 위해서는 본질적으로 개별 축제가 개최되는 장소가 지니고 있는 역사와 문화를 방문자들이 축제를 통해서 경험할 수 있도록 해야 한다.

| 5절 | 지역 활성화를 위한 축제의 기능 및 역할

1. 사회적 측면

뒤르켐(Durkheim)적 관점에서 보면 축제는 종교의 기능과 유사하게 사회의 통합(social solidarity)에 기여하는 사회문화적 현상이다(Durkheim, 1965). 앞서 언급하였듯이, 러시아의 민속학자인 바흐찐(Bakhtin)은 카니발의 사회적 의미를 사회계급에 의해 억눌려 있던 민중들이 기존의 엄격한 사회질서로부터 일시적인 해방감을 누리는 시간으로 규정하고 있다. 카니발 또는 축제기간 동안에는 신분 계급사회에서 대중들이 지배계층에 대한 여러 불만을 희화화해서 공개적인 자리에서 표출할 수 있게 사회적으로 허용하였다. 결과적으로, 이와 같은 축제의 기능은 사회구조에 대한 대중들의 불만을 안전하게 배출하게 도와주어 사회통합의 효과를 가져오는 데 기여했다. 벌크(Burke)와 같은 학자는 이러한 측면에서 카니발이 중세사회의 안전핀(safety valve) 역할을 수행했다는 주장을 하고 있다(Burke, 1978). 이와 같은 축제의 사회 통합적 기능은 사회자본(social capital)개념을 통해 더욱 자세히 이해할 수 있다.

1) 사회자본 확충

현대사회에서 관광산업의 중요한 요소로서 활용되고 있는 축제에서는 전통적인 계급사회의 안전핀으로서의 역할은 많이 사라졌으나, 지역적으로 개최지역의 주민들의 사회적 통합에 기여할 수 있다. 사회자본(social capital)관점에서 보면, 축제가 개최지의 주민들의 사회적 협력을 강화시키는데 기여할 수 있다는 점을 이해할 수 있다. 사회자본은 다양한 정의가 내려져 있지만, 가장 보편적인 정의 중 하나는 "사회구성원들 사이의 협력과 신뢰의 규범"이다(Putnam, 1995). 지역사회에서 개최되는 축제는 지역

주민들의 여가선용뿐 아니라 관광자들을 유치하기 위한 목적으로 진행되는 경우가 많기 때문에, 축제는 지역주민들에게 공동의 목표를 제공해 줄 수 있는 공동체 사업의 하나로 기능할 수 있다. 사회자본은 결속 사회자본(bonding social capital)과 연결 사회자본(bridging social capital) 두 가지 유형으로 구분해서 살펴볼 수 있다(김형곤 · 고성태, 2008; Putnam, 1995).

결속 사회자본(bonding social capital)은 사회구성원들 사이의 내부적 결속력과 관련 있는 것으로서 내부구성원들의 협력과 신뢰의 관계형성을 의미한다. 축제가 지역사회 주민들이 공동으로 유지해야 하는 공동체 사업의 성격을 지니고 있고, 성공적으로 축제를 개최하기 위해서는 주민들의 참여와 협력이 필수적인 선행조건이다. 축제의 성공적인 개최라는 공동의 목표를 이루기 위해서 주민들이 노력하는 과정에서 상호신뢰와 협력의 규범이 강화되는 결과를 가져올 수 있기 때문에 축제는 궁극적으로 지역사회의 결속 사회자본을 높이는 데 기여할 수 있다. 개최지역 주민들 사이에 주로 형성될 수 있는 결속 사회자본의 형성과정을 보면 다음과 같다. 축제를 개최하기 위해서는 담당 조직의 노력뿐 아니라 지역주민의 적극적인 참여와 협조가 필수적이다. 이러한 참여와 협력의 과정을 통해 지역주민들 사이에 공동체 의식이 강화될 수 있고, 성공적으로 개최된 축제는 지역주민들에게 지역에 대한 자긍심과 애착심을 향상시키는 촉매제의 역할을 한다. 지역에 대해 높아진 자긍심과 애착심은 다시 주민들 사이의 결속력을 강화시키는 데 기여하며, 높아진 결속력은 이후 축제를 더욱 성공적으로 개최하는 데 기여한다. 이와 같은 선순환적인 관계를 통해 축제가 지역사회의 사회자본을 높이는 데 있어 중요한 역할을 수행할 수 있다. 연결 사회자본(bridging social capital)은 성격이 다른 둘 혹은 그 이상의 집단 사이의 느슨한 연계를 의미한다.

결속 사회자본이 상대적으로 동질적인 사회구성원 내부의 단단한 결속력을 의미하는 반면, 연결 사회자본은 이질적인 집단 사이에 형성될 수 있는 느슨한 연대감을 지칭한다. 축제를 방문하는 외부 관광자들과 지역주민들 사이에 형성될 수 있는 연대감은 연결 사회자본의 관점에서 이해할 수 있다. 물론, 축제는 단기간에 이루어지는 이벤트이기 때문에 관광자와 지역주민들 사이에 상호신뢰와 협력이라는 규범이 형성된다는 것이 쉽지 않겠지만, 지역주민들과 관광자들 사이에 사회적 관계 형성이 이루어질 수 있는 기회를 제공할 수 있다는 자체에 큰 의미가 있다. 국내의 많은 지역축제들이 농촌지역 혹은 소도시에서 개최되고 있다. 이러한 축제들은 농촌주민들과 도시에서 축제를 방문한 관광자들 간의 사회적 교류를 증진시킬 수 있는 기회를 제공할 수 있다. 즉, 축제는 관광자 유입을 통한 개최지역의 경제적 활성화뿐 아니라 사회적 활성화도 동시에 도모할 수 있는 문화이벤트이다.

축제는 성공적인 관리기능 여부에 따라서 개최지역에 부정적인 사회적 영향을 끼칠 수도 있다는 점 또한 주목해야 한다. 교통 혼잡과 같은 부분은 축제의 특성상 개최지역에 일시적으로 많은 방문자들이 유입되면서 발생할 수 있는 대표적인 문제이다. 또한, 많은 외부 방문자들이 특정한 지역에 일시에 몰리면서 폭력, 절도, 도박, 매춘과 같은 여러 사회병리적인 문제들이 발생할 수 있다. 축제가 경제적인 측면에서 성과를 거두게 되면 축제에 적극적으로 참여해서 경제적 이익을 얻는 지역주민들과 그렇지 못한 지역주민들 사이에 발생할 수 있는 사회적 갈등도 예상할 수 있는 문제점이다. 마지막으로, 관광자들이 유입되면서 축제 기간 동안 보여주는 그들의 소비패턴과 경제적 격차에 의해 지역주민들이 상대적인 박탈감을 느끼게 될 수도 있으며, 관광자들의 소비행위를 모방하는 전시효과(demonstration effects) 또한 나타날 수 있다.

2. 지역경제 활성화의 촉매제

축제는 개최지역에 집중적으로 관광자를 유치하여 지역의 경제를 활성화시킬 수 있는 전략적 수단으로 활용될 수 있다(Getz, 2005). 경제적 관점에서 축제의 기능을 살펴보면 다음과 같이 정리해 볼 수 있다. 첫째, 축제는 그 자체로서 관광지의 매력이 될 수 있다. 축제는 개최 지역을 방문한 관광자들에게 지역문화를 응축해서 체험할 수 있게 하는 관광체험 상품으로의 기능을 수행할 수 있다. 지역관광 활성화를 위한 전략적 수단으로서 축제가 지니고 있는 가치는 다양하다. 관광자의 관심과 방문이 제한되어 있던 지역에 전략적으로 축제를 개최하여 관광자 활동범위를 지리적으로 넓힐 수 있고 특정지역에서의 관광소비를 촉진시킬 수도 있다. 축제를 통해 다양한 전시, 공연, 체험 프로그램이 제공되어 관광자들의 경험이 다양해지는 동시에 지역에서의 체류기간을 늘리게 할 수 있다. 덧붙여, 축제로 관광 비수기를 타개하는 전략적 수단으로 활용할 수 있다. 전통적으로 관광수요가 줄어드는 특정한 시기에 전략적으로 축제를 개최하여 지역을 방문하는 관광자 수를 연중 일정하게 유지시키는 데 도움을 줄 수 있다.

둘째, 축제는 개최지역의 호의적 이미지를 형성함으로 해서 관광자들의 지속적 방문을 위한 기반을 마련할 수 있을 뿐 아니라 이후 개최지역에서 생산하는 다양한 상품의 가치를 상승시키는 동력이 될 수 있다. 대중적인 인기가 높아진 축제는 단기간에 매스미디어의 높은 관심을 불러일으킬 수 있고, 이를 통해 축제가 개최되는 기간 동안 축제 자체에 대한 관심뿐 아니라 축제를 개최하는 지역에도 대중들의 관심이 기울여지게 된다. 리오 카니발이나 에든버러 페스티발 같은 유명 축제들은 축제 자체뿐 아니라 개최 지역의 이미지를 향상시키는 수단이 되고 있다. 국내에서도 화천산천어축제 또는 김제지평선축제처럼 대표적인 문화관광축제는 개최도시인 화천과 김제의 인지도를 향상시키는 데 기여하였고, 관광지로서의 긍정적 이미지를 형성시키는 데 기여하였다. 축제를 통해 향상된 지역의 인지도와 이미지는 지역에서 생산되는 다양한 농특산품의 가치를 높이는 수단으로 활용되었다. 즉, 김제는 지평선이라는 축제 명칭을 지역에서 생산되는 대다수의 농특산품 브랜드로 사용하여 부가가치 상승의 수단으로 활용하고 있다. 특히, 주목할 만한 것은 축제가 지역의 부정적 이미지를 상쇄하기 위한 전략적 도구로 활용된다는 점이다. 대규모의 자연재해, 테러, 사고 등의 부정적인 사건이 일어난 지역은 일반적으로 장기간 부정적인 이미지와 연관되어 관광자 및 다양한 투자수요의 감소를 겪게 된다. 단기간에 이러한 부정적 이미지를 상쇄하기 위해 택할 수 있는 효율적인 전략 중 하나는 축제이다. 성공적으로 진행된 축제는 단기간에 지역의 이미지를 개선하여 지역의 경제적 활성화에 기여할 수 있다.

셋째, 축제는 지역개발의 촉매제(catalyst)로서 역할을 수행할 수 있다. 지역개발에 있어 필요한 다양한 기반시설을 구축하기 위한 가교로 축제를 이용할 수 있다. 즉, 축제를 개최하기 위해 필요한 경제적 지원을 중앙정부, 지방자치단체, 혹은 후원기업들에게서 얻을 수 있고, 이렇게 유입된 자원들은 지역의 기반시설을 확충하는 데 활용된다. 축제를 통해 지역의 상권을 활성화시킬 수 있고 지역의 다른 관광지들의 매력을 제고하기 위한 역할 또한 수행할 수 있다. 또한, 도심 재개발을 진행하는 데 있어 전략적으로 축제가 활용되어 지역주민의 참여와 협력을 이끌어 낼 수 있다.

3. 문화적 자산 확충

축제가 지역사회에 미칠 수 있는 문화적 파급효과는 지역의 역사·문화자원과 밀접하게 연관되어 있다. 축제는 개최지역의 역사와 문화유산들을 소재로 해서 형성되는 경우가 일반적이다. 지역주민들은 축제를 통해 지역의 역사와 문화유산 자원에 대한 관심을 기울일 수 있고, 높아진 관심은 다시 지역의 전통문화에 대한 지속적 발굴과 보존노력으로 이어질 수 있다는 점에서 축제의 긍정적인 효과를 기대할 수 있다. 또한, 특정 주제의 문화·예술축제는 개최지역의 주민들에게 일상생활에서 누리기 힘든 다양한 문화·예술 활동에 참여할 수 있는 기회를 제공한다(류정아, 2008). 이에 따라, 축제는 지역민들의 문화·예술 욕구를 충족시킬 수 있는 중요한 수단이 된다.

축제는 지역의 역사·문화 자원들을 보존할 수 있게 하는 견인차 역할을 수행할 수 있지만, 동시에 지역의 역사와 문화를 지나치게 상품화할 가능성 또한 존재한다. 즉, 하나의 산업으로서 축제는 관광자들의 호기심과 체험 욕구를 자극하기 위해 지역의 역사와 문화자원을 상품화하는 경우가 일반적이다. 지역의 문화유산에 대한 일정 정도의 상품화 과정은 피할 수 없는 절차이지만, 과도한 상품화는 지역의 전통문화와 역사가 지니는 본질적인 의미를 훼손할 수 있다. 이는 지역민들의 자긍심 또한 훼손하는 결과로 이어질 수 있다는 점에서 주의가 요구된다.

덧붙여 지역주민들과 축제를 방문한 외부의 관광자들과의 사회적 교류가 지역주민 일부의 모방행위로 이어지면서 일종의 전시효과(demonstration effects) 문제가 대두될 수 있다(Fisher, 2004). 즉, 일부 지역주민들이 축제를 방문한 관광자들의 소비행태나 문화적 가치관을 모방하려는 행동을 보일 수 있으며, 이러한 모방 행동은 다른 지역주민들과의 갈등을 유발시킬 수 있다.

사례 2 영국 런던 노팅힐 카니발

노팅힐 카니발은 영국 런던시의 노팅힐 지역에서 매년 8월 마지막 주에 이틀 동안 카리브 해 문화를 주제로 하여 개최되고 있는 도심형 거리 축제이다. 노팅힐 카니발의 시작은 영국의 이민자 문화와 밀접히 관련되어 있다. 당시 영국에는 아프리카 및 카리브해 출신의 이주민들이 노팅힐 지역에 집중적으로 정착하였고, 이후 인종차별로 인한 주류 영국인들과의 사회문화적 갈등이 심화되었다. 노팅힐 카니발은 이러한 인종적 충돌과 갈등을 문화적 축제 행사를 통해 완화시킬 목적으로 1959년에 처음으로 개최되었다. 카리브 해 지역의 트리니다드토바고는 19세기부터 노예제 폐지를 기념하기 위해 카니발을 시작하였고, 이는 유럽의 기독교적 카니발과는 그 의미와 개최시기 또한 달랐다. 노팅힐 카니발은 이러한 트리니다드토바고의 카니발 전통을 그대로 적용하였다. 노팅힐 카니발의 핵심적인 기획 의도는 카리브 해 지역 이민자들의 소속감과 자긍심을 높이기 위한 것이었고, 이를 위해 카리브 해 지역의 다양한 문화를 표출하고 소개하는데 행사의 초점이 맞추어져 있었다. 노팅힐 카니발은 매해 규모가 커지면서 카리브지역 이민자들과 그 후손들뿐 아니라 다양한 배경의 지역주민들 및 관광자들이 참여하는 세계적인 거리 축제로 성장하게 되었다. 노팅힐 카니발의 대표적인 행사는 카리브 해 지역의 전통의상을 비롯한 다양한 의상을 착용한 가장행렬, 트리니다드토바고의 민속악기인 스틸팬을 연주하는 스틸밴드(steel band) 행진 등을 포함하고 있다. 세계적으로 유명한 거리 축제로 자리 잡은 노팅힐 카니발은 도시 관광 활성화 뿐 아니라 사회문화적 갈등을 극복하는 데 있어 축제가 어떠한 역할을 할 수 있는지 그 가능성을 보여주는 중요한 사례로 이해할 수 있다(Ferdinand & Williams, 2018).

〈그림 10-5〉 **노팅힐 카니발 퍼레이드**

생각해볼 문제

1. 축제의 본질적 의미가 시대에 따라서 어떻게 변화하였는가?

2. 축제에서 각각의 체험속성들이 잘 구현되기 위해서 필요한 요소는 무엇인가?

3. 축제공간에서 관광자들의 경험은 어떻게 구성되고, 그러한 경험이 가능해지는 사회문화적 요소들은 무엇인가?

4. 축제가 지역사회에 미칠 수 있는 긍정적인 영향과 부정적인 영향은 무엇인가?

5. 지역관광 활성화에 기여하기 위해서 축제가 어떻게 구성되고 운영되어야 할까?

더 읽어볼 자료

1. **박동준(2009), 『축제와 엑스터시』, 서울: 한울 아카데미.**
   축제의 원형에 대한 이해를 돕기 위한 목적으로 저술되었으며, 축제성을 대동, 일탈, 전복, 재미, 환상으로 규정하고 있다. 축제의 사회문화적 의미와 유형을 집중적으로 논의하고 있기 때문에, 축제의 본질적 의미에 대한 호기심을 충족시키기 위해 적합한 서적.

2. Getz, D. (2005), *Event management and event tourism* (2nd ed.), New York: Cognizant communication corporation.
   관광이벤트로서 축제의 기능과 역할뿐 아니라 실제 축제를 기획하고 운영하는 과정에서 고려해야 하는 여러 가지 단계별 이슈들을 종합적으로 보여주고 있는 축제학 개론서.

참고문헌

김형곤 · 고성태(2008), 농촌관광을 통한 사회자본 형성 연구: 마을 지도자들 인식조사, 『관광레저연구』, 20, 29-49.

류정아(2003), 『축제인류학』, 서울: 살림출판사.

류정아(2008), 축제의 "문화가치"와 "경제효과"의 갈등과 조화에 대한 일고, 『공연문화연구』, 17, 135-160.

박동준(2009), 『축제와 엑스터시』, 서울: 한울 아카데미.

오훈성(2011), 『문화관광축제 평가체계 연구』, 한국문화관광연구원.

이경모 (2005), 『이벤트학 원론』, 서울: 백산출판사.

이훈 (2006), 축제체험의 개념적 구성모형, 『관광학연구』, 30(1), 29-46.

이훈 · 김미정(2011), 한국 축제사-근현대사를 중심으로, 『관광학연구』, 35(10), 481-499.

손태도(2013), 우리나라 국가축제의 역사와 그 전망, 『한국전통공연예술학』, 2, 29-83.

한양명(2004), 조선시대 고을축제의 전승과 계승집단, 『실천민속학연구』, 6, 59-91.

Bakhtin, M. (1984), *Rabelais and his world*, Bloomington: Indiana University Press.

Burke, P. (1978), *Popular Culture in Early Modern Europe*, London: Temple Smith.

Caillois, R. (1994), 『놀이와 인간』, (이상율 옮김), 서울: 문예출판사.

Crumrine, N. R. (1983), Masks, participants, and audience. In *Power of symbols: Masks and masquerade in the Americas*, Crumrine, N.R., and M. Halpin(Eds.,), pp.1-10. Vancouver: University of British Columbia Press.

Csikszentmihalyi, M. (1999), 『몰입의 즐거움』, (이희재 옮김), 서울: 해냄.

Durkheim, É. (1965), *The elementary forms of the religious life*, (1912, English translation by J. Swain: 1915) The Free Press.

Ferdinand, N. & Williams, N. (2018), The making of the London Notting Hill Carnival festivalscape: Politics and power and the Notting Hill Carnival. *Tourism Management Perspectives*, 27, 33-46.

Fisher, D. (2004), The Demonstration Effect Revisited. *Annals of Tourism Research*, 31, 428-446.

Getz, D. (2005), *Event management & event tourism(2nd ed.)*. New York: Cognizant Communication Corporation.

Hindin, M. J. (2007), "Role theory" in George Ritzer (Ed.) *The Blackwell Encyclopedia of Sociology*, Blackwell Publishing, 3959-3962.

Huizinga, J. (1971), *Homo ludens: A study of the play-element in culture*. Boston: Beacon Press.

Kim, H. & Jamal, T. (2007), Touristic quest for existential authenticity. *Annals of Tourism Research*, 34, 181-201.

Mardi Gras in New Orleans. Wikipedia. (https://en.wikipedia.org/wiki/Mardi_Gras_in_New_Orleans)

Putnam, R. (1995), Bowling alone: America's declining social capital. *Journal of Democracy*, 6, 65-78.

Scher, P. (2015), *Carnival. International Encyclopedia of the Social & Behavioral Sciences* (Second Edition), 145-149.

Turner, V. (1982), *From Ritual to Theater: The Human Seriousness of Play*. New York: Performing Arts Journal.

Turner, V. (1969), *The ritual process*. Chicago: Aldine.

Van Gennep, A. (1960), *The Rites of Passage*. London: Routledge and Kegan Paul.

11장 음식과 문화관광

서 용 석 (사행산업통합감독위원회 전문위원)

11장 음식과 문화관광

서 용 석 (사행산업통합감독위원회 전문위원)

Highlights

1. 음식관광의 다양한 정의와 개념에 대해 이해한다.
2. 음식관광의 중요성에 대해 산업적인 측면과 여가적인 측면에서 이해한다.
3. 문화관광의 측면에서 음식관광의 명암에 대해 고찰해 본다.
4. 음식관광의 진화한 형태인 식도락 관광에 대해 이해한다.

| 1절 | 개관

음식은 관광과 불가분의 관계에 있다. 그 지역의 음식은 관광자에게 문화적 경험을 주기 위한 필수적인 요소라 할 수 있다(박보미 · 윤유식 · 이경희, 2009). 나아가 관광에서 음식이 가진 파급효과는 숙박, 운송, 오락 시설보다 크다는 점에서 지역 경제 발전에도 많은 기여를 하고 있다.

음식관광은 '고유한'(authentic) 음식을 찾아 떠나는 여행이다. 음식관광은 그 지역만이 가지고 있는 이름난 식재료, 음식의 역사, 그리고 그 음식 체험을 직접 향유하기 위해서 관광자가 음식의 본고장으로 방문하는 행태라고 정의할 수 있다(서용석, 2009). 지구화, 세계화로 인해 세계 어느 곳에서나 자신의 근거지에서 이국적 음식을 즐길 수 있는 시대가 도래하였지만, 여전히 관광자는 해당 관광지에 직접 방문하여 색다른 음식을 찾아다닌다. 문화관광 체험욕구 중 특히 음식은 즐거움과 행복감을 느끼고 기억에 오래 남게 할 수 있는 중요한 역할을 한다. 이러한 이유로 음식관광은 최근 들어 문화관광에서 새로운 흐름으로 각광받고 있다.

이처럼 음식은 각 나라와 지역의 문화를 대변하고 관광자의 경험을 형성하는 데 있어서 필수적인 요소이다(Hall & Sharples, 2003; Hjalager & Richards, 2002; Williams, 1997). 음식은 그 나라를 방문한 관광자들에게 해당 지역의 고유한 문화를 체험하고 이해할 수 있도록 해주는 중요한 관광자원이며 여행의 즐거움을 더해주는 문화관광상품(한국관광공사, 2007)이며, 특수목적관광(special interest tourism)의 대상이 될 수 있다. 주요 생산지를 방문하고, 음식축제에 참여하며, 음식점이나 특정한 장소에서 음식을 시식하거나, 특산물 생산지역의 특성을 체험하는 것은 여행 동기를 자극하는데 큰 역할을 하고 있다(Hall & Mitchell, 2001).

음식관광은 관광산업의 활성화에도 공헌하고 있다. 가령, 외국인 관광자 중 개별여행자와 단체여행자들의 방한 기간 중 음식 관련 지출경비는 각각 177달러, 70달러로서 쇼핑비 다음으로 높은 비중을 차지하는 것으로 조사되고 있다(문화체육관광부, 2018). 또한 음식은 관광산업 부가가치가 2조 6천억 원으로 반도체, 자동차 등을 앞서고 있다는 연구결과도 있으며(한국문화관광연구원, 2005), 전 세계적인 웰빙 트렌드로 인해 신 성장동력으로 급부상하고 있다. 한편 음식서비스에 대한 불만족은 전반적인 여행 불만족으로 이어지고, 결국 재방문 의사에도 영향을 미치게 된다(Nield, Kozak. & LeGrys, 2000). 이는 음식이 관광의 필수적인 활동으로서 여행경험의 평가에 핵심적인 영향을 주므로 관광활동 만족의 바로미터(barometer) 역할을 함을 의미한다.

여가문화적인 측면에서도 중요한 의미를 지닌다. 문화관광의 측면에서 음식관광을 바라볼 때 빼놓을 수 없는 것이 식도락(食道樂, gourmandism) 여가이다. 식도락은 음식에 대한 관심과 몰입을 나타내는 말 중 가장 높은 단계로서 일상적 음식 여가의 성숙화 단계인 식도락 여가가 무르익으면 식도락 관광으로 이어진다는 점에서 식도락 여가는 여가활동의 영역에서 주목을 받고 있다. 최근 특별한 음식을 원하는 소비자 욕구와 함께 TV, 책, 인터넷을 통한 다양한 맛집과 음식 소개가 전국민적으로 각광을 받게 됨에 따라 식도락에 대한 중요성이 날로 증대되고 있다.

이렇듯 음식관광과 식도락 관광은 산업적 측면과 여가적 측면에서 매우 중요한 위치를 차지하고 있으며, 앞으로 문화관광 영역에서 매우 큰 비중을 차지할 수 있을 것으로 전망되고 있다. 이 장에서는 음식관광의 정의와 중요성 그리고 관련 연구들을 살펴본다. 또한 문화관광의 측면에서 음식관광을 고찰한 후 음식관광의 진화한 형태인 식도락 관광까지 생각의 지평을 넓혀보고자 한다.

| 2절 | 음식관광의 개념과 특징

1. 음식관광의 정의와 분류

음식관광이란 용어는 주로 외국 학자들의 연구를 인용하여 사용되고 있다. 음식관광은 새롭게 정의된 틈새시장으로 여행과 음식 및 음료산업의 영향이 교차하는 것으로서, 관광산업과 음식산업의 융합적 요소라는 점이 강조되고 있다(Halloran & Deale, 2004). 음식관광은 관광 목적지에서 행하는 관광자들의 음식관련 활동으로 정의할 수 있다(Shenoy, 2005). 여기에서 음식관련 활동이란 식사, 지역 식료품 구입, 독특한 음식 생산, 지역의 특성 체험 등이 포함된다. 한편 음식관광은 음식을 통해 즐거움을 찾는 것이며, 독특한 음식이벤트, 요리학교, 식료품점 및 레스토랑과 와이너리를 모두 포함한 광범위한 것으로 정의되기도 한다(International Culinary Tourism Association: ICTA). 문화관광적 관점에서 캐나다 관광위원회(Canadian Tourism

Commission: CTC)에서는 음식관광을 방문자를 위해서 개발된 다양한 음식과 음료, 지역 음식문화에 관련된 활동으로 정의한다.

국내에서는 음식관광을 음식을 매개로 한 관광 활동이 특정한 관광목적지를 방문하는 중요한 이유나 동기로 작용하는 것으로서(문화체육관광부, 2013), 전문분야 관광(special interest tourism)의 일종으로 정의내리고 있다(이수진, 2010).

〈표 11-1〉 **음식관광의 개념 정의**

구분	내용
문화체육관광부(2013)	음식을 매개로 한 관광 활동이 특정한 관광목적지를 방문하는 중요한 이유나 동기로 작용하는 경우를 의미
이수진(2010)	전문분야 관광(special interest tourism)의 일종으로서 음식과 관련된 다양한 요소들이 여행의 동기를 자극하는 주요한 요소로 작용하는 관광
Hall & Sharples(2003)	음식 자원을 보유한 지역을 여행하는 것으로 음식과 관련한 체험 또는 활동이 관광의 주요 동기로 작용하는 것
Halloran & Deale(2004)	새롭게 정의된 틈새시장으로 여행과 음식 및 음료산업의 영향이 교차하는 것
Shenoy(2005)	관광목적지에서 행하는 관광자들의 음식관련 활동
International Culinary Tourism Association(ICTA)	음식을 통해 즐거움을 찾는 것이며, 독특한 음식이벤트, 요리학교, 식료품점 및 레스토랑과 와이너리를 포함한 광범위한 것
Candian Tourism Commission(CTC)	방문자를 위해서 개발된 다양한 음식 및 음료와 지역 음식문화에 관련된 활동

음식과 관련한 관광활동은 다양한 목적에 따라 세부적으로 분류되고 있다. 국내에서는 음식관광, 먹거리관광, 식도락 관광 등의 용어들이 사용되고 있고, 국외에서는 음식관광(food or culinary tourism), 식도락 관광(gourmet tourism), 지역색을 동반한 미식관광(gastronomy tourism), 요리 관광(cuisine tourism), 시식 관광(tasting tourism) 등의 용어들이 사용되고 있다(Hall & Sharples, 2003;

정두용, 2010).

음식관광 활동을 유형별로 살펴보면 다음과 같다. 첫째, 음식관광 활동 중 가장 높은 관심도(interest)를 보이는 활동은 원조 음식점, 지역 시장 또는 양조장 방문 등 음식과 관련된 원형을 찾아가는 모든 활동을 말하며, 식도락, 요리, 미식관광으로 세분화할 수 있다. 둘째, 중간 관심도를 보이는 활동은 목적지에서 음식과 관련된 광범위한 활동을 하는 것을 말하며, 음식관광으로 통칭할 수 있다. 셋째, 음식에 대해 낮은 관심을 보이는 활동은 음식 관련 호기심은 있지만 음식과는 직접적인 참여를 하지 않는 것을 말하며, 전원/도시 관광으로 세분화할 수 있다. 마지막 분류는 음식과 관련된 활동에 관심을 보이지 않거나 음식을 부차적이라고 생각하는 것이다.

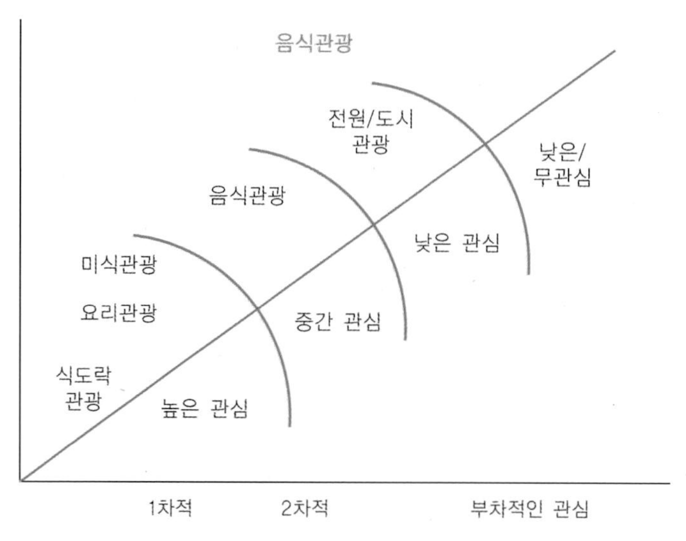

자료: Hall, C. M. 등, 2003.

〈그림 11-1〉 **전문분야 관광으로서 음식관광**

음식관광의 영역은 토착민 축제를 포함하여, 농촌관광활동, 요리교실, 주말농장, 과수원 체험, 음식축제, 지역 특산품 구매, 와인/맥주 시식, 전통음식 체험, 관광지 내 레스토랑에서의 식사, 농산물 직거래장 등을 포함하고 있다(CTC, 2002).

2. 음식관광의 중요성

음식은 인간의 생존을 위한 가장 구체적이고 직접적인 조건이며, 문화를 총체적으로 이해하는 중요한 기호이다(김미혜, 2007). 음식에 얽힌 우리의 행위는 인간의 삶 자체이며, 음식을 먹고 마시는 인간의 행위 속에는 너무나 인간적이면서 문화적인 표현들이 가득할 정도로 음식은 우리의 삶에 깊이 관여되어 있다(주영하, 2006). 질 좋은 음식은 고대 그리스 시대에도 높은 가치로 숭상 받았으며 프랑스 요리계에서 가장 숭상을 받고 있는 인물인 오귀스트 에스코피에(Auguste Escoffier)는 "좋은 음식이 진정한 행복의 기반이다"라고 역설할 만큼 인간의 삶에 높은 가치가 되고 있다. 또한 오늘날에는 외형적인 모습보다는 무엇을 먹고 어떻게 여가를 즐기며 사느냐가 더욱 중요하다는 인식이 확산되고 있다(김은주 · 박진우, 2005).

각 나라와 지역의 문화를 대변할 수 있는 여러 문화관광 자원들 가운데 관광자가 쉽게 접할 수 있는 것이 음식이며, 음식은 관광자의 경험을 형성하는 데 있어서 필수적인 요소라 할 수 있다(Hall & Sharples, 2003; Hjalager & Richards, 2002; Williams, 1997). 21세기는 문화가 산업이 되는 시대이며, 한국의 식문화는 문화적 측면에서 대표적인 웰빙음식으로서 국가 브랜드로 성장 가능성이 충분하다(이태리, 2008). 타 지방이나 이국을 여행할 때 그 지방 혹은 나라의 독특하고도 다양한 맛의 요리들을 경험한다는 것은 여행을 풍요롭게 하는 중요한 매력요소이며 깊은 수준의 문화체험으로 여행 가치를 높여 주는 훌륭한 사회적 관광자원이다(문화관광부, 2006). 관광 선진국들은 한 나라의 문화가 응집되어 표출되는 '음식'을 관광의 주된 소재로 삼아 관광 상품들을 개발하여 성공적으로 운영하고 있다.

음식관광의 중요성은 다음의 몇 가지로 요약할 수 있다. 첫째, 음식관광은 지역의 문화지도를 형성하고 더 나아가 지역의 정체성을 확립하는 등 다양한 역할을 제공하고 있다(Hall & Sharples, 2003). 캐나다 관광위원회(CTC)가 캐나다의 정체성과 문화적 개발을 강화시키기 위해 음식관광에 중요한 역할을 부여하고 있는 것이 대표적인 예이다. 둘째, 음식은 지역경제를 활성화하는 중요한 요소이다. 지역경제 발전, 고용 창출, 지방세·외환증가 등의 효과가 발생하며, 특히 초보자의 한시적 고용이 증가하는 동시에, 음식의 요리·소매·유통을 담당하는 관련 산업은 수입품(imports)에 대한 의존도를 낮출 수 있게 된다. 셋째, 음식관광은 문화관광 시장의 중요한 부분을 구성한다. 와이너리투어와 맛집탐방 등 음식과 관련한 체험은 문화관광에서 빼놓을 수 없는 요소가 되었다.

3. 관광매력물로서의 음식

세계관광기구(UNWTO)에 따르면 음식은 국가 브랜드 및 이미지를 형성하는 핵심적인 문화 콘텐츠로서 음식자원을 중심으로 문화체험 기회를 제공하는 문화 매개체의 기능을 담당한다. 즉 음식은 한국을 방문하는 외국인 관광자에게 한국의 음식문화 체험기회를 제공하는 중요한 유인 요소로 작용한다. 또한 음식자원은 방한 외국인 관광자의 방문 동기로 작용하며, 음식관광은 방한 외국인 관광자의 주요 체험활동에서 높은 비중을 차지한다. 때문에 음식 관광은 고부가가치화라는 측면에서 꾸준히 주목을 받고 있다. 특히 정부에서도 우리나라 고유의 전통음식, 식문화, 식재료 등을 기반으로 이를 관광콘텐츠화 하고 상품화하기 위한 정책 방안을 모색하고 있다.

관광매력물로서 음식의 중요성은 『2022 외래관광객조사』에서도 확인할 수 있다. 음식은 외국인들의 한국 방문 선택 시 주요 고려 요인이다. 외국인 방문자들의 방문 고려 요인(중복응답 기준) 중 '음식/미식 탐방'(68.0%)이 가장 높고, 다음으로 '쇼핑'(51.5%), '자연 풍경 감상'(38.0%) 등의 순서로 나타나고 있다.

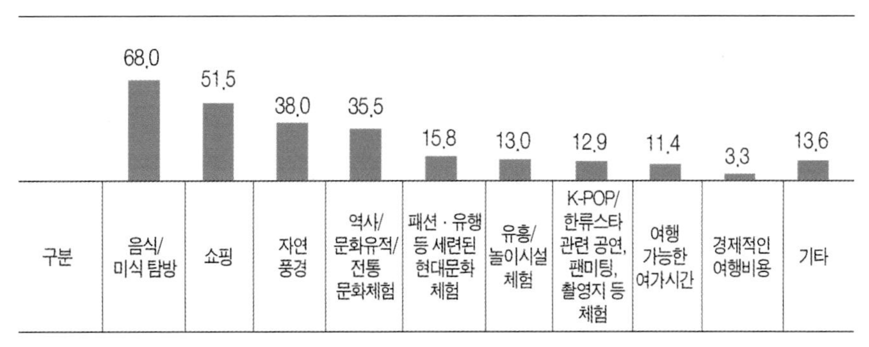

주: 중복응답. 2022년 상위 10위 기준(90일 이하 방문자)
자료: 문화체육관광부, 2023.

〈그림 11-2〉 **외국인 관광자 한국 방문 선택 시 고려 요인**

연도별 분석 결과를 봐도 음식관광의 중요성은 점점 커지고 있는 것을 알 수 있다. 외국인 관광자들의 한국 방문 선택시 고려 요인이 2019년에는 '쇼핑'(66.2%)의 비중이 가장 높았으나 2020년부터는 '음식/미식 탐방'이 가장 높게 나타나고 있다. 특히 2022년에는 그 비중이 68.0%에 달하였다. 외국인 관광자의 거주국별 한국 방문 선택 시 고려요인을 보면(2022년 기준), '음식/미식 탐방'은 홍콩(85.8%), 태국(83.4%), 일본(82.9%) 등에서 높은 비중을 보이고 있다. 대만, 베트남, 싱가포르, 필리핀, 인도네시아 등 동남아 주요 국가의 비중도 70% 이상을 차지하는 것으로 나타났다.

또 성별로 보면 남성보다 여성이, 연령별로는 20~30대가, 방한 목적으로는 여가/위락/휴식 목적의 관광자들이 '음식/미식 탐방'을 우선적으로 고려하고 있음을 알 수 있다. 특히 방한 횟수가 많을수록 대체로 음식관광에 대한 고려를 중요하게 생각하고 있는 것으로 조사되었다.

〈표 11-2〉 **연도별 한국 방문 선택 시 고려 요인**

구분	2022년	2021년	2020년	2019년
음식/미식 탐방	68.0	47.0	20.2	61.3
쇼핑	51.5	33.5	16.1	66.2
자연 풍경 감상	38.0	36.5	13.1	36.3
역사/문화유적/전통문화체험	35.5	22.1	13.1	23.6
패션, 유행 등 세련된 현대문화체험	15.8	8.1	3.6	19.4
유흥/놀이시설 체험	13.0	5.3	4.8	6.3
K-POP/한류스타 관련 공연, 팬미팅, 촬영지 등 체험	12.9	3.9	1.8	12.7
여행 가능한 여가시간	11.4	7.2	3.6	19.0
경제적인 여행비용	3.3	1.8	0.6	6.2
기타	13.6	43.6	70.2	4.0

주: 중복응답, 2022년 상위 10위 기준(90일 이하 방문자).
자료: 문화체육관광부, 2023.

사례 1 코리안 나이트 다이닝투어

'코리안 나이트 다이닝투어'는 온고푸드 커뮤니케이션에서 선보인 것으로서 '먹는 한식'에서 '체험하는 한식'으로 진화한 형태의 음식관광 상품이다. '회식'이라는 독특한 한국의 직장 문화를 외국인이 체험할 수 있도록 한 것이 특징이다. 이 관광상품은 종로구 일대 전통시장 등을 도보로 다니면서 한식에 대해 불고기, 김치, 비빔밥 정도로만 알고 있던 외국 관광자들이 삼겹살, 녹두전 등을 소주와 함께 즐길 수 있는 미식관광이다. '코리안 나이트 다이닝투어'는 한국인, 동네풍경 구경, 지역의 역사를 스토리텔링 형식으로 재미있게 들을 수 있는 등 음식관광의 체험적인 요소가 극대화된 상품으로 각광받고 있다.

자료: 문화예술지식정보시스템(https://blog.naver.com/policydb), 온고푸드 커뮤니케이션 홈페이지 (http://ongofood.com)

〈그림 11-3〉 **코리안 나이트 다이닝투어 회식 장면 및 전통시장 모습**

〈표 11-3〉 관광자 특성별 한국 방문 선택 시 고려 요인

연도	구분		사례수	음식/미식 탐방	쇼핑	자연 풍경 감상	역사/문화 유적/전통 문화 체험	패션, 유행 등 세련된 현대 문화 체험	유흥/놀이 시설 체험	K-POP/한류 스타 관련 공연, 팬미팅, 촬영지 등 체험	여행 가능한 여가 시간	경제적인 여행 비용	기타
2022	전체		9,588	68.0	51.5	38.0	35.5	15.8	13.0	12.9	11.4	3.3	13.6
	성별	남성	3,169	65.2	38.6	42.2	39.6	13.4	16.1	4.9	14.0	5.0	18.0
		여성	6,419	69.4	57.8	36.0	33.5	17.0	11.4	16.9	10.1	2.5	11.4
	연령별	15~19세	474	66.7	53.8	34.6	38.2	19.8	13.1	21.3	8.9	3.4	8.9
		20대	4,100	70.2	53.5	34.1	35.4	18.9	17.1	17.3	9.9	3.4	9.9
		30대	2,309	70.5	50.5	42.7	33.6	14.7	12.3	9.6	12.5	3.3	13.1
		40대	1,266	66.4	54.6	38.9	33.7	13.0	9.2	8.8	12.6	3.7	14.9
		50대	972	62.6	46.9	41.5	39.0	11.4	6.0	8.2	14.0	2.8	21.6
		60대 이상	467	54.2	36.8	43.7	41.1	6.9	4.5	2.8	12.0	3.2	33.0
	방한 목적	여가/위락/휴식	7,256	73.7	58.7	40.5	36.1	18.3	14.2	16.0	9.9	3.2	3.4
		친구, 친지방문	2,332	50.3	29.0	30.4	33.5	8.0	9.2	3.3	15.9	3.9	45.5
	방한 횟수	1회	4,726	63.0	40.7	40.2	48.3	16.4	15.3	14.5	11.7	3.7	13.2
		2회	1,684	70.8	56.2	41.9	29.1	16.1	11.9	9.3	11.6	3.7	12.6
		3회	928	74.8	62.7	40.2	24.7	15.0	11.6	10.6	12.5	2.7	12.3
		4회 이상	2,250	73.6	65.9	29.7	17.8	14.7	9.5	13.1	10.0	2.5	15.9
2021	전체		928	47.0	33.5	36.5	22.1	8.1	5.3	3.9	7.2	1.8	43.6
	성별	남성	393	45.0	26.5	38.9	23.9	7.9	4.3	2.3	6.9	2.5	48.1
		여성	535	48.4	38.7	34.8	20.7	8.2	6.0	5.0	7.5	1.3	40.4
	연령별	15~19세	49	55.1	38.8	46.9	34.7	14.3	16.3	12.2	10.2	2.0	20.4
		20대	259	53.7	35.9	41.7	20.1	11.6	5.8	8.9	10.0	1.2	33.2
		30대	255	55.3	38.4	33.7	24.7	9.4	5.5	2.0	8.2	2.7	38.0
		40대	130	43.8	34.6	34.6	19.2	6.2	3.1	0.8	3.8	0.8	46.2
		50대	149	30.9	25.5	29.5	20.8	3.4	3.4	0.7	4.0	2.7	63.1
		60대 이상	86	30.2	20.9	38.4	19.8	1.2	3.5	0.0	4.7	1.2	67.4
	방한 목적	여가/위락/휴식	270	76.3	56.7	53.3	30.7	10.0	9.3	11.1	11.5	1.5	3.7
		친구, 친지방문	658	35.0	24.0	29.6	18.5	7.3	3.6	0.9	5.5	2.0	60.0
	방한 횟수	1회	276	44.2	31.2	35.5	35.1	10.9	6.5	6.9	8.0	1.4	40.6
		2회	182	48.4	35.7	40.1	18.1	6.6	4.4	2.7	8.2	2.2	42.9
		3회	111	55.9	38.7	36.9	21.6	9.0	5.4	3.6	1.8	1.8	43.2
		4회 이상	359	45.7	32.6	35.4	14.2	6.4	4.7	2.2	7.8	1.9	46.5

주: 중복응답, 2022년 상위 10위 기준(90일 이하 방문자).
자료: 문화체육관광부, 2023.

사례 2 일본 사누끼 우동촌

일본 시코쿠 지방의 카가와현의 우동촌은 일본 대표음식 중 하나인 우동의 본고장으로 꼽히고 있으며, 1천여개의 전문 가게들이 밀집해 있다. 1,200여 년의 역사를 자랑하는 사누끼 우동촌은 우동을 소재로 한 관광상품의 개발이 두드러진 것이 특징이며, 특히 우동전문 택시·버스가 있어 유명 우동가게를 소개해 주거나 원하는 우동가게를 안내 받을 수 있는 장점을 가지고 있다. 지역 내에는 우동학교 등 다양한 우동체험 시설이 있으며, 전문해설가와 편리한 대중교통으로 인하여 외래 관광자의 접근이 용이하다.

자료: 나가노 우동학교 홈페이지(www.nakanoya.net)

〈그림 11-4〉 **일본 사누끼 우동학교 및 우동 체험 장면**

사례 3 미국 캘리포니아주 나파밸리 와인관광

미국 나파밸리는 고급 와인의 생산지로 유명하며 이곳에는 총 40여 곳의 와이너리가 입지해 있으며, 와인관광을 즐기려는 관광자들을 위한 다양한 관광코스가 준비되어 있다. 나파밸리는 와이너리를 연계하여 관광열차 안에서 와인을 즐길 수 있으며, 열기구를 타고 끝없이 펼쳐진 포도밭 풍경을 감상할 수 있는 등 명품 콘텐츠 관광을 지향함으로써 연간 300만명 이상의 관광자가 방문하는 세계적 관광지로 부상하는 효과를 누리고 있다.

자료: 광주전남연구원, 2016.

〈그림 11-5〉 **미국 나파밸리 와인트레인**

| 3절 | 음식관광 관련 주요 연구들

1. 음식관광에서의 장소성 및 관여도와 기대 가치

음식관광은 지역의 고유한 문화와 새로운 음식, 진정한 음식을 찾고자 하는 관광자로 구성되는 문화관광의 형태이다. 음식은 그 장소에 대한 향수(nostalgia)의 대상이 될 수 있고, 이러한 추억과 그 장소의 문화에 대한 애착도가 높은 사람일수록 방문과 구매에 강하게 영향을 미치게 된다(Cicero, 1998). 따라서, 음식관광에 있어서 장소성은 음식관광자의 방문의도를 설명하는 데 중요한 개념이 될 수 있다. 또한 관광자는 음식관광에 참여함에 있어서 관광행동에 영향을 주는 기대 가치가 장소성과 관여도에 의해서 영향을 받을 것으로 추리할 수 있다.

전통음식의 본고장으로 꼽히고 있는 전북지역을 대상으로 한 음식관광에 대한 연구에서는 장소성이 음식관광지로 결정하게끔 하는 결정적인 동기를 제공해 주고 있으며, 음식에 대한 관심과 애착이 관광지 선택에 있어서 중요한 영향을 미치고 있다는 점이 제시되기도 하였다(박승현 · 서용석, 2010). 또한 음식관광에 대한 기대 가치가 장소성, 관여도 그리고 관광행동과의 관계에서 매개 역할을 하고 있음을 밝혀냈는데 그 지역에 대해 관여도가 높은 사람에게 전북이 가진 음식관광지로서의 고유한 가치, 즉 진정한 전북음식의 고장, 아름다운 경관, 휴식의 장소, 토속적인 분위기를 적극적으로 알릴 경우 더 많은 음식관광 수요를 효과적으로 이끌어낼 수 있다는 결론을 도출하였다.

음식관광과 장소성과의 관계를 고찰한 연구에서 주목해야 할 부분은 관광자가 기대하는 음식관광이란 진정한 향토음식 이외에도 그 지역 고유의 경관, 자연 자원과 휴식을 위한 시설과 서비스 등 관광적 기능도 동시에 갖추어져야 한다는 것이다. 지역의 음식관광을 활성화하기 위해서는 지역 알리기 이벤트 개최와 같은 단편적인 계획보다, 그 지역이 가진 고유한 음식문화를 적극적으로 활용해야 한다. 더불어 관광지로서 가져야 하는 다양한 자원의 매력성도 동시에 관리 · 개선해야 할 것이다.

2. 음식관광 동기

관광 동기는 전통적으로 가장 인기 있는 연구 주제 중의 하나로 꼽히고 있다. 음식관광 동기와 관련하여 주목할 만한 연구는 음식관광자 유형별 특성과 동기 분석 연구를 꼽을 수 있다(정두용, 2010). 이 연구에서는 음식관광을 하는 주된 목적으로 고유성과 차별성을 가진 음식체험을 강조하였다. 따라서 음식관광 활성화를 위해 고려해야 할 부분은 다른 곳과 차별화된 지역 음식문화로 접근하여 판매하는 것에 대한 필요성을 제기하고 있다. 이 연구에서의 흥미로운 발견은, 관광자 동기요인들 중 음식과 직접적 연관성이 있는 음식 품질과 고유음식 요인들뿐만 아니라, 음식과 직접적 연관성이 없는 교류, 행복, 문화동기 요인도 비슷하게 중요한 것으로 발견되었다는 점이다. 전주시를 방문한 관광자를 대상으로 한 연구에서는 세부적인 음식관광 동기를 체험, 행복, 문화, 교제, 음식의 고유성 등 5개 요인이 제시되기도 했는데(이사원, 2012), 이들 동기 중 가장 높은 것으로 음식의 고유성이 꼽혔고 다음으로 행복 동기가 강조되었다. 또한 음식관광에 대한 관여도와 동기가 참여활동과 만족도에 미치는 영향에 대해 연구한 결과를 보면 체험 및 행복, 문화, 고유음식 동기들 중 체험 및 행복과 문화요인이 참여활동에 유의하게 영향을 미치는 것으로 나타났다(이덕순, 2013). 이에 따라 단순한 먹거리로서의 접근이 아닌 지역문화를 이해하는 차원에서 음식문화 체험을 할 수 있도록 관광동기를 자극하는 것이 필요하다는 제안을 하고 있다.

3. 비교문화 관점에서의 서비스 품질과 음식관광

서비스 품질(service quality)의 영역은 음식과 관련한 서비스를 제공하는 과정에서 발생하는 것과 서비스 전달과정에서 발생되는 품질에 이르기까지 소비자를 위해 제공되는 모든 것을 망라한다(Gronroos, 1984).

음식관광의 서비스 품질을 보기에 앞서 외식서비스 품질을 살펴볼 필요가 있다. 외식서비스 품질은 위생, 예의, 보건, 어린이, 불평불만, 편리성, 식사차례, 이용가능성, 신속성, 커뮤니케이션 등으로 나눌 수 있는데(Oyewole, 1998), 소비자들은 음식 자체의 품질뿐 아니라 이러한 부가적인 서비스 품질들을 종합적으로 평가하여 재방문 여부를 판단하게 된다.

음식은 문화의 일부분이기 때문에 국제관광에서는 비교문화적 관점으로 살펴볼 필요가 있다. 한류 확산과 더불어 중국인과 일본인들이 한국음식에도 관심을 가지기 시작했는데, 특히 일본인들이 한국 음식에 더 큰 만족도를 보인다는 흥미로운 결과가 발표되기도 하였다(이인구 · 김종배 · 오재환, 2006). 또한 국적에 관계없이 관련 지식, 한국 거주기간에 따라 한국음식 선호도 차이를 보이기도 하였다(주규희 · 설원식, 2007).

한편 음식관광에 대한 종합적인 서비스품질에 대해서는 중국인들이 음식관광의 유희성을, 일본인들은 차별성을 강조하였으며 영어권 국가에서 온 사람들은 대응성과 심미성, 안정성 그리고 효용성 요인이 중요하다고 생각하고 있는 것으로 나타났다(유지윤 · 서용석, 2009).

| 4절 | **문화관광의 관점에서 본 음식관광의 명암**

음식은 한 사회 또는 국가에 의해 습득, 공유, 전달되는 문화의 중요한 측면이다. 식품의 생산과 조리, 가공, 상차림, 음식 먹는 습관, 용구와 식기 등 여러 가지 요소들 그 자체가 그 나라를 대표할 수 있다. 한 나라의 식문화는 그 나라의 정체성이며 현재와 전통이 혼합되어진 역사적 산물이기도 하기 때문에 관광에 있어서 식문화는 현대 관광에 있어 필수적이고 핵심적인 요소이다(김장호 · 최영민 · 전지영, 2010).

음식관광은 특별 관심분야로서의 역할도 중요하지만 문화관광적 측면에서도 매우 큰 역할을 하고 있다. 음식은 인간이 생존함에 있어 필수적인 것이듯이 먹지 않고서는 관광을 유지하는 것은 거의 불가능하다. 관광지에서 접하게 되는 음식은 관광자들을 더욱 즐겁게 하는 매력물로서 관광의 가치를 더욱 높여주는 훌륭한 사회문화적 매력요소로서 역할을 훌륭히 해 낼 수 있다. 특히 향토음식은 고유한 전통 문화자원으로서 그 속에는 그 지방의 풍물이 배어 있어, 음식을 통해 그 지역의 고유한 문화를 느낄 수 있는 것이다.

한편, 음식관광은 문화관광의 어두운 면을 그대로 내포하고 있다. 전통음식문화의 훼손, 음식문화의 문화적 충돌, 음식문화의 종속화가 대표적이다. 먼저 전통 음식문화의 훼손은 관광자의 대량유입에 따른 전통음식문화의 정체성이 약해지는 것을 말한다. 관광자의 입맛에 맞는 음식을 개발하고 그들을 배려한 다양한 음식의 퓨전화를 통해 우리의 전통음식의 특색이 모호해질 수 있다는 것이다. 인류학자인 데이비드 그린우드가 지적하였듯이 문화적 상품화 관점에서 관광은 한 민족의 문화적 실체들을 다른 자원들과 함께 그저 판매용으로 포장될 수 있으며(전경수. 1994), 음식 역시 단순한 돈벌이를 위한 하나의 상품으로 전락하여 본래의 의미가 퇴색될 수 있다.

또한 관광자와 지역주민 간 문화 차이로 인해 문화충격(cultural shock) 현상이 발생할 수 있다. 서구인들이 야만적이라고 꺼리는 보신탕을 우리는 전통적인 보양문화로 받아들이는 경우나 서양의 '카수 마르주'(Casu Marzu. 구더기치즈) 등이 우리 나라 사람에게는 혐오 음식으로 인식되고 있는 경우가 대표적이다. 한편 국외자본이 투자되었거나 국제자본에 의하여 운영되는 관광지 또는 음식점은 투자 국가의 문화에 큰 영향을 받을 수밖에 없다는 측면에서 음식문화의 종속화도 중요한 이슈가 될 수 있다. 음식은 한 나라 문화의 핵심을 담고 있기 때문에 자본에 의한 종속화는 단순한 음식만의 종속화가 아닌 언어, 습성, 정체성 등 문화의 종속화로 악화될 수 있는 것이다.

5절 음식관광의 진화: 식도락 관광[1)]

1. 음식과 식도락

음식에 얽힌 우리의 행위는 인간의 삶 자체이다. 음식을 먹고 마시는 인간의 행위 속에는 너무나 인간적이면서 문화적인 표현들이 가득할 정도로 음식은 우리의 삶에 깊이 관여되어 있다(주영하, 2006). 앞서 언급했다시피 질 좋은 음식은 고대 그리스 시대에도 높은 가치로 숭상 받았으며, 에스코피에는 "좋은 음식이 진정한 행복의 기반이다"라고 역설할 만큼 인간의 삶에 높은 가치가 되고 있다. 또한 오늘날에는 외형적인 모습보다는 무엇을 먹고 어떻게 여가를 즐기며 사느냐가 더욱 중요하다는 인식이 확산되고 있다(김은주 · 박진우, 2005).

식도락은 '여러 가지 음식을 두루 맛보는 것을 즐거움으로 삼는 일'을 말하는 것으로 주로 '식도락을 즐긴다'라는 뜻이며(두산백과사전) 영어로는 'gourmandism' 혹은 'epicureanism'이라고 하는 데서 근거를 찾을 수 있다. 여가 분야에서 학술적으로 식도락이라는 직접적인 용어를 쓴 국내외 연구는 별로 많지 않다. 관광학에서 음식에 대한 관심(interest)과 관여(involvement)가

1) 이 절은 서용석(2009)의 연구 일부를 수정 · 보완한 것이다.

높을 경우 Hall & Sharples(2003)가 식도락 관광(gourmet tourism)으로 분류한 바 있다. 국내에서는 손대현(2007)이 사람의 8락(행도락 · 식도락 · 기도락 · 면도락 · 뇌도락 · 음도락 · 소도락 · 통도락) 중 하나로 식도락의 중요성을 역설한 바 있다.

식도락은 관광현상과도 밀접하게 관련된다. Kivela & Crotts(2006)은 식도락을 위한 여행 동기가 타당성이 있으며, 식도락이 관광 목적지 경험에 중요한 역할을 하고 있으며 독특한 음식을 맛보기 위해 똑같은 목적지를 다시 방문한다고 하였다. 음식 마니아로 분류되는 식도락가들은 일상생활 속에서 삶의 지향으로서 음식을 탐닉하는 것으로 만족하지 않고 주거지를 떠나 맛의 본고장을 찾기 위해 여행하는 자들을 말한다.

2. 진지성 여가와 식도락

여가와 음식과의 관계는 여가와 비슷한 여유(餘裕)에 쓰이는 한자 여(餘)에서 함의를 찾아낼 수 있다. 한자 '여'(餘)자는 배불리 먹고 남음이 있다는 뜻을 위해 만들어졌다. 손대현(2007)은 재미와 멋이라는 말 속에 이미 맛과 먹는 것이 숨어있으니 삶의 재미와 음식은 떼려야 뗄 수 없는 관계라고 제시한 바 있다.

여가 행위로서의 식도락을 설명하기 위한 이론으로서 진지성 여가(serious leisure)와 전문화 이론, 관여도, 몰입, 중독이론 등이 있다. 이 중 진지성 여가 이론은 특정한 여가에 대해서 매우 높은 집중과 관심을 보이고 일상적인 영역뿐 아니라 시공간과 1, 2차적인 인간관계를 벗어나 광범위하고 다양한 사회현상을 빚어내고 있는 것을 설명하는 데 매우 유용한 것으로 여겨지고 있다(Stebbins, 1992).

진지성 여가의 가장 큰 특징은 여가활동에 일시적으로 참여하거나 금방 싫증을 내지 않고 지속적으로 전념하여 참가하는 것이다. 한편 Stebbins(1998)가 제시한 바와 같이 향후 도래하게 될 노동 소외 및 여가 기회의 급속한 확장 시대에는 삶의 주요 가치로서 여가가 중요한 사회적 요구로 대두될 것이기 때문에 진지성 여가가 기존에 노동이 주는 가치를 대체한다는 점에서 그 절박성까지 내포하고 있다.

진지성 여가와 식도락 여가는 전문성과 동일 여가 향유자들 간의 교류, 대상에 대한 높은 관심과 관여, 지속적인 활동 등에서 맥락적 공통성을 발견할 수 있다.

〈표 11-4〉 **진지성 여가와 식도락 여가**

	진지성 여가	식도락 여가
특징	• 전문적 지식 확보 • 여가 참여자들간 교류와 독특한 규범 공유 • 높은 몰입과 관여, 이해수준 • 제약을 극복하는 지속적인 활동	• 음식과 관련한 높은 식견 • 음식에 대한 높은 관심과 관여 • 삶의 지향으로서 음식을 탐닉 • 맛있는 음식을 찾아 돌아다님

식도락가들을 대상으로 여가의 진지성을 설명할 때는 전문성, 자아실현성, 제약극복성 등을 고려할 수 있는데 이는 식도락가를 설명해주는 이론으로서 진지성 여가 이론이 적용될 수 있음을 의미한다. 진지성 여가의 관점에서 식도락가를 정의한다면, 식도락가는 '음식과 관련한 여가를 어려운 일이 닥치는 것에 연연하지 않고 전문성이 있으면서 자아실현성을 위한 활동을 하는 사람'이라고 정의할 수 있을 것이다(서용석, 2009).

식도락가들은 맛있는 음식을 먹기 위해서라면 그 과정에서 발생하는 어려움을 감내하고서라도 목적을 이루고야 마는 사람들이다. 그리고 자신들이 운영하고 있는 블로그에 맛집을 소개하고 시식 후기를 올리기도 한다. 음식 관련 SNS에서는 끊임없이 식도락 활동에 대한 사진과 글이 올라온다.

한편 연령대별 식도락가의 특징을 살펴보면 대체로 20, 30대 회사원들은 음식여가를 통한 만족과 성취감이 높은 반면 전문성이 낮으며, 50대 이상의 자영업자들은 음식을 통한 사교활동을 지향하지만 음식여가에 대한 제약이 찾아오면 그것을 극복하려는 노력을 하지 않거나 구조적, 대인적으로 극복하지 못하는 것으로 나타났다(서용석, 2009).

3. 식도락 관광과 음식관광

일상생활에서의 여가가 시공간을 뛰어넘어 장시간 동안 진정성을 추구하며 일상생활 공간 이외의 공간에서 이루어진다면 관광행위가 될 수 있듯이(Cohen, 2007), 식도락이 일상생활의 시공간을 장시간 벗어나게 되면 식도락 관광으로 진화할 수 있다. 반면 음식관광은 일상에서의 여가생활과의 연결을 고려하지 않은, 음식과 관련한 모든 관광행위를 음식관광으로 볼 수 있다.

즉 음식관광과 식도락 관광은 관광 주체가 식도락가이냐, 불특정 다수의 일반적인 관광자(general tourist)이냐에 따라 1차적으로 분류가 된다고 할 수 있다. 또한 관광의 주체가 식도락가라 할지라도 관광의 주요 목적과 활동이 음식과 관련되어 있지 않은 것은 식도락 관광이나 음식관광의 범주에 속할 수 없다.

〈표 11-5〉 **식도락 관광과 음식관광 분류**

		관광대상	
		음식	**일반 관광매력물**
관광주체	일반 관광자	음식관광	일반 관광
	식도락가	식도락 관광	일반 관광

4. 식도락 관광의 유형 및 특성

Ignatov(2003)는 식도락 관련 행동을 'food traveller', 'wine traveller', 'food and wine traveller' 등 세 가지 그룹으로 분류하는 연구를 진행하였다.

〈표 11-6〉 **식도락 관광자의 유형 및 특성**

유형	특징
실존적 식도락 관광자	• 음식에 관하여 배울 수 있는 경험과 음식의 조합을 추구 • 지역의 음식이나 와인, 그리고 문화에 대한 깊이 있는 지식을 취득 • 관광식당이나 혼잡한 체인 레스토랑, 유명한 레스토랑 방문 확률 적음 • 지역민들만이 먹는 특별한 식당이나 포도밭을 방문할 때 성공적인 휴가로 봄 • 전통적으로 만들어진 단순하고 순박한 시골음식을 적극적으로 추구 • 농장이나 포도밭 체험 추구, 요리강좌에 참여하거나 과일, 야채 수확을 체험해 보고 치즈 만드는 곳을 방문하고 전문적인 어부와 함께 낚시하러 감 • 화려한 장식과 서비스를 제공하는 비싼 레스토랑은 "제조된 식사 경험"으로 기피 • 나중에 집에 가져갈 수 있는 제품을 사거나 경험해보자 하는 경향 • 인터넷과 전문 여행서적이 주요한 정보원, 여행사 광고나 목적지 브로슈어 배제
실험적 식도락 관광자	• 유행하는 음식을 통해 자신의 라이프스타일을 상징화 • 뛰어난 디자인을 지닌 카페나 혁신적인 메뉴와 세련된 서비스를 제공하는 레스토랑 적극적 추구 • 최신 유행의 세련된 음식, 식재료, 조리법에 대하여 새로운 정보 끊임없이 추구 • 음식의 스타일과 요리는 자신의 이미지와 위신의 일부분을 형성, 유행하는 라이프스타일과 요리잡지를 읽음으로써 많은 정보를 흡수 • 음식의 질과 트렌드가 가장 주요한 고려요인 • 음식, 와인, 요리는 디자이너 의류나 멋진 자동차, 인테리어, 디자이너 조리기구와 동의어. 최신의 음식과 외식 트렌드에 주의를 기울임으로써 위신이 생김 • 여행 기념품으로 디자이너 식기, 도자기, 주방기구, 요리책이나 와인서적을 구독
오락적 식도락 관광자	• 좀 더 보수적인 유형, 자신의 집에서 먹던 음식과 익숙함을 추구 • 여행 중에 직접 조리해먹는 경우가 많음. 조리가 가능한 숙소 등에 머무르는 경우가 많음, 식재료를 가지고 오는 경우도 많음 • 가족의 가치와 식사를 함께 하는 것의 즐거움을 강조하며, 웨이터나 멋진 레스토랑, 복잡한 와인, 비싼 청구서에 겁을 먹는 경향이 있음 • 식사 분위기나 서비스 스타일은 이들에게 거의 영향을 미치지 않음
일상생활 탈피적 식도락 관광자	• 일상적인 장보기나 식사 준비와 같은 현재 생활에서 벗어나고자 하는 사람들 • 휴가 중 음식은 노력을 기울이지 않고 쉽게 얻어져야 하며, 양은 많아야 하고, 유명하거나 체인 레스토랑을 선호, 익숙한 메뉴 아이템 선호 • 이국적인 음식을 싫어함 • 먹고 마시는 행위는 친구들과 함께 하며, 인생을 즐기는 좋은 방법이기 때문에 식사하면서 시끄럽게 웃고 떠들 수 있는 레스토랑 선호 • 여행사나 브로슈어, 인솔자에게 의존하는 경향이 있음

자료: Kivela & Crotts, 2006.

그 결과 모든 관광자의 45% 정도는 식도락 관광자로 볼 수 있으며, 여행 동기, 흥미, 추구하는 활동은 매우 다양하다고 하였다. 인구통계적 특성을 살펴보았을 때, 식도락 관광자들은 주로 40대 여성이고 교육 수준이 높고, 수입은 평균 이상이며, 여행 동반자로는 배우자나 파트너를 주로 동반하고, 신문이나 여행관련 서적 읽기를 즐기며 정보원으로서 인터넷을 많이 활용하고 있는 것으로 나타났다.

한편, 현상학적 관점에서는 관광자의 라이프스타일에 기초하여 음식에 대한 관광자의 태도와 선호도를 실존적 식도락 관광자, 실험적 식도락 관광자, 오락적 식도락 관광자, 일상생활 탈피적 식도락 관광자 등 네 가지 범주로 분류하기도 한다(Hjalager, 2003).

식도락 관광자의 행태적 특성은 Lang Research Inc.(2001)가 조사한 TAMS (The Travel Activities and Motivation Survey)를 통해 파악할 수 있다. TAMS의 조사결과, 여행과 관련하여 음식과 관련한 높은 관심 수준에 있는 사람들은 캐나다 성인의 경우 전체의 12.9%, 미국 성인의 경우 17.9%를 차지하고 있다고 보고하였다. 또한 이들은 지난 2년 동안 야외 관광활동과 문화 활동을 동시에 즐겼고 아침식사가 제공되고, 스파(spa)나 미식 레스토랑이 구비된 숙소를 선호하였다.

5. 식도락과 식도락 관광 모형 구축

일상에서의 식도락 활동이 식도락 관광으로 이어짐을 확인하기 위하여 일상에서의 식도락 활동이 곧바로 식도락 관광에 대한 태도와 행동의도로 이어지는지 검증한 연구가 있다(서용석, 2009). 이 연구는 Wilensky(1960)가 제시한 과잉여가 가설(The Spillover Leisure Hypothesis)에 입각하여 일상에서의 진지성 여가활동이 관광의도로까지 스필오버(spillover)되었다고 해석하였다. 즉 여가가 무르익으면 관광으로 이어진다는 명제를 기초로 하여 식도락 여가가 무르익으면 음식관광으로 이어진다는 점을 밝혀낸 것이다. 식도락 여가와 식도락 관광과의 연결고리는 앞서 고찰한 여가의 진정성과 집중성이 큰 역할을 하고 있는데, 이는 여가의 진지성을 설명하는 요인 중 전문성과 자아실현 욕구, 제약극복과 밀접한 관련을 맺고 있다.

한편 식도락가들은 관광지에서도 식문화 체험에 가장 큰 가치를 두고 있는 것으로 나타났다. 또한 식문화 체험 못지않게 사회교류 가치와 관광지 고유가치에 대한 인과관계도 중요한 역할을 하고 있음이 밝혀졌다. 이러한 연구결과에 기초하여 그는 성숙한 음식관광지가 되기 위해서는 중장기적으로 사회교류와 관광지 고유가치가 구현될 수 있는 정책을 마련해야 한다고 주장하였다. 특히 식도락을 통하여 자아실현을 꾀하고자 하는 식도락가들에게 사회적 교류가치와 관광지에서의 고유가치가 중요하다는 것은 자칫 음식만 맛있으면 관광자들이 저절로 찾아오는 것이 아니라는 점을 말해주고 있어 향후 음식관광의 지속가능한 발전을 위해 많은 시사점을 주고 있다.

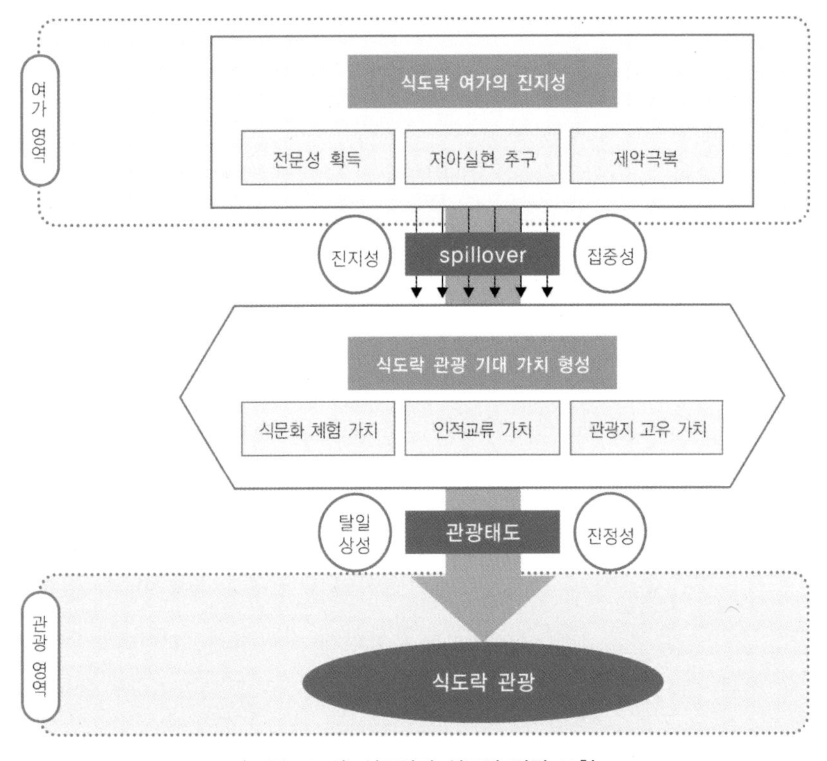

〈그림 11-6〉 **식도락과 식도락 관광 모형**

| 6절 | 음식관광의 성숙과 질적 도약을 위한 제언

지금 지구촌은 산업의 시대에서 정보의 시대로 숨가쁘게 내달리고 있다. 많은 미래학자들이 일의 시대는 가고 여가의 시대가 올 것으로 예견하고 있다. 이는 일을 통해 삶의 의미를 찾는 것이 아니라 여가를 통해 자아를 실현하고 여가활동을 잘 하는 사람이 대접받는 시대가 온다는 것을 의미한다.

앞으로의 관광 역시 많은 비용을 치르더라도 높은 가치를 창출할 수 있는 가치지향적인 활동으로 발전해 나갈 것이다. 현기증이 날 정도로 빠른 물류와 교통환경 구축으로 우리는 멀리 가지 않더라도 주거지 근처에서 전세계의 온갖 유명한 요리들을 맛볼 수 있게 되었다. 그리고 메타버스 등의 첨단기술 발달로 굳이 관광지에 가지도 않아도 갖가지 가상체험을 할 수 있는 길이 열리게 되었다. 그럼에도 불구하고 여행자들은 어떤 가치를 추구하기 위하여 자신이 좋아하는 음식을 맛보기 위해 해당 음식이 탄생한 본고장으로 여행하는 것일까? 가장 큰 이유는 바로 일상생활에서는 만끽할 수 없는 진정성이 담긴 음식을 맛보기 위한 것일 것이다.

일상에서의 활발한 식도락 활동에서도 자기목적성을 가지고 진정성을 추구할 수 있지만 진짜 음식이 생산되는 곳에서 제대로 된 음식을 먹으며, 그곳에 방문한 사람과 음식에 대한 정보를 교류하고 주변의 경치도 구경하고 싶어질 것이다. 이러한 욕구들이 곧 음식관광 행동으로 이어지게 되는 것이다.

음식이 관광자들에게 매우 큰 매력요인임은 누구도 부인할 수 없을 것이다. 그러나 음식을 통한 관광산업 활성화에 지나치게 집중하게 되면 오히려 전통 음식문화의 훼손, 문화충돌, 종속화 등 문화관광에 대한 부작용을 오롯이 떠안게 되는 문제가 발생할 수 있다.

이러한 일련의 문제의식에서 음식을 통한 지역의 관광매력화를 꾀하고자 하는 정책입안자들은 음식관광 활성화를 위해 관광자들을 대상으로 음식에 대한 가치를 부각하는 것과 동시에 그 음식이 좋아서 방문한 또 다른 사람들과 교류할 수 있는 장을 마련해 주어야 하며, 지역 특유의 관광자원들을 매력적으로 가꾸는 일도 게을리 하지 말아야 할 것이다.

식도락가들은 맛있는 음식을 먹기 위해서라면 그 과정에서 발생하는 어려움을 감내하고서라도 목적을 이루고야 마는 사람들이다. 그리고 자신들이 운영하고 있는 블로그에 맛집을 소개하고 시식 후기를 올리기도 한다. 음식 관련 온라인 동호회에서는 끊임없이 식도락 활동에 대한 사진과 글을 올린다. 그들이 올린 글이나 사진은 동호회 회원들이나 우연히 블로그를 방문한 사람들에게 향후 음식관련 관광활동을 하는 데 있어 큰 영향을 미친다. 이렇듯, 식도락가들이 관광에 있어 중요한 이유는 음식문화를 선도하는 식도락가들의 식도락 관광 기대가치와 태도 그리고 행동의도를 밝혀내면 그들의 입소문과 의견 선도력에 영향을 받은 수많은 음식 애호가들을 관광활동으로 끌어올 수 있으며 궁극적으로는 성숙한 음식관광 문화를 구축하는 기반을 마련할 수 있기 때문이다.

식도락은 여행과 관광목적지의 틈새시장(niche)으로서 점점 더 중요한 속성이 되어가고 있다. 음식관광의 성숙과 질적 도약을 위하여 매력 있는 지역 음식을 발굴하고 서비스품질을 키워가는 노력도 중요하지만, 이와 동시에 음식을 인생 최고의 가치로 여기고 있는 식도락가와 그들의 관광활동인 식도락 관광에 대한 더욱 심도 깊은 연구도 동시에 진행되어야 할 것이다.

생각해볼 문제

1. 문화관광적인 측면에서 음식관광은 왜 중요한가?

2. 문화관광적인 측면에서 음식관광의 부작용은 무엇인가?

3. 식도락 여가가 식도락 관광으로 이어질 수 있도록 하는 기제는 무엇인가?

4. 음식관광과 식도락 관광은 어떤 차이점이 있는가?

5. 음식관광이 성숙한 문화관광으로 발전할 수 있는 방안은 무엇인가?

6. 메타버스 등 첨단기술 발달로 인해 음식관광은 어떠한 변화가 생길까?

더 읽어볼 자료

1. Stebbins. R, A. (2007). *Serious leisure: A perspective for our time*, Transaction publishes.
   여가를 일보다 우선시하는 시대가 도래함에 따라 여가생활을 일처럼 진지하고 열성적으로 향유하는 진지성 여가(serious leisure) 현상을 분석하였다. 음식관광의 진화한 형태인 식도락 관광을 이론적으로 이해하는 데 도움이 되는 서적.

2. **주영하(2006). 『음식전쟁 문화전쟁』, 서울: 사계절.**
   음식이 왜 문화적으로 중요하고 마케팅적 측면에서 강력한 힘을 발휘하는지 인류사, 경제, 공동체, 사회, 종교, 민족 등의 관점에서 풀어낸 음식문화비평서.

3. Long, Lucy M. (2003). *Culinary tourism*, University press of kentucky.
   음식관광과 관련한 원형에 가까운 전문연구서. 음식에 초점을 맞춘 관광현상을 진정성, 경험, 커뮤니케이션 등 다양한 사회문화적 관점에서 서술한 서적.

4. **김복래(2022). 『미식 인문학(프랑스 가스트로노미의 역사)』, 서울: 헬스레터**
   중세부터 르네상스와 앙시앵레짐, 프랑스 혁명기, 현대까지 연대기별로 미식(美食)이 어떻게 발달돼 왔는지를 분석하였다. 음식관광과 관련한 인문학적 상상력을 키우는데 도움이 되는 서적.

참고문헌

광주전남연구원(2016), 『광주시 식도락 관광 활성화 방안』.

김미혜(2007), 조선후기 문학과 총서에 나타난 한국음식문화 연구: 판소리소설, 풍속화, 기속시를 중심으로, 호서대학교 박사학위청구논문.

김은주 · 박진우(2005), 『외식경영학』, 서울: 형설출판사.

김장호 · 최영민 · 전지영(2010), 『음식관광』, 파주: 대왕사.

나가노 우동학교 홈페이지(www.nakanoya.net)

문화예술지식정보시스템(https://blog.naver.com/policydb).

문화관광부(2006), 『음식관광 산업화 촉진방안』.

문화체육관광부(2013), 『음식관광 활성화 방안』.

문화체육관광부(2023), 『2022 외래관광객조사』, 대전: 문화체육관광부.

박보미 · 윤유식 · 이경희(2009), 관광 자원으로서 전통 음식의 매력성에 따른 구매의사에 관한 연구, 동아시아식생활학회 학술발표대회논문집, 178-178

박석희(2007), 『신관광자원론』, 서울: 일신사.

박승현 · 서용석(2010), 음식관광 결정 요인: 전북의 장소성과 관여도를 중심으로, 『관광학연구』, 34(6), 149-169.

서용석(2009), 진지성 레저로서 식도락 관광의 기대가치와 행동, 한양대학교 박사학위청구논문.

손대현(2007), 『재미학 콘서트』, 서울: 산호와 진주.

온고푸드 커뮤니케이션 홈페이지(http://ongofood.com)

유지윤 · 서용석(2009), 방한관광자 음식서비스품질의 인과모형: 중 · 미 · 일 방한 관광자를 중심으로, 『관광 · 레저연구』, 21(1), 165-182.

이덕순(2013), 음식관광 관여도와 동기가 참여활동과 만족도에 미치는 영향, 『관광연구』, 28(5), 325-342.

이사원(2012), 음식관광 동기에 관한 연구, 우석대학교 석사학위청구논문.

이수진(2010), 신한류콘텐츠 음식관광 활성화 방안, 경기개발연구원.

이인구, 김종배, 오재환(2006), 음식 한류에 대한 중국과 일본의 비교연구, 『대한경영학회지』, 19(6), 2335-2355.

이태리(2008), '외식산업 세계 재패한 일본 음식에 문화를 입혀라', fromwww.globalstandard.or.kr, 2008년 5월 19일 12:24.

전경수(1994), 『관광과 문화』, 서울: 일신사.

정두용(2010), 음식관광자 유형별 특성 및 동기분석, 전남대학교 석사학위청구논문.

주규희 · 설원식(2007), 한국 거주 외국인의 한국음식 선호도에 영향을 미치는 요인

분석, 『2007년도 한국국제경영관리학회 학술논문집』, 355-371.
주영하(2006), 『음식전쟁 문화전쟁』, 서울: 사계절.
한국관광공사(2007), 『외래관광객실태조사』.
한국문화관광연구원(2005), 한국관광위성계정 TSA.
Canadian Tourism Commission (2002), *Acquiring a taste for cuisine tourism: A product development strategy*, Canadian Tourism Commission, Ottawa. Chang, Stansbie, & Roods, 2014.
Cicero, P. (1998), T*he real thing: Foods we miss and where to find them in Seattle*. Seattle, 7(7), 34-37.
Cohen, E. (2007), Leisure, Tourism and Authenticity. 제3회 춘천국제여가심포지움 발표문, 317-325, Dicember, 2001.
Gronroos, Christain (1984), A service quality model and marketing implication, *European Journal of Marketing*, 18: 38-39.
Hall C. M. & Mitchell, R. (2001), Wine and food Tourism. In N. Douglas, N. Douglas & R. Derrett(Eds.). *Special Interest Tourism*, 307-329, Wiley.
Hall, C. M. & Sharples, L. (2003), The consumption of experiences to the experience of the consumption? An introduction to the tourism of taste. *Food Tourism around World: Development Management and Markets*, Elsevier Butterworth-Heinemann, 1-24.
Hall, C. M., Sharples, L., Mitchell, R., Macionis, N. & Cambourne, B. (2003), *Food Tourism Around the world: Development, Management and Markets*. Oxford; Boston: Butterworth-Heinemann.
Halloran & Deale (2004), *Food tourism: creating and positioning a supply chain*. Administrative Science Association of Canada, Laval City, Quebec Canada.
Hijalager, A. M., & Richards, G. (2002), *Tourism and Gastronomy*(First ed.). London: Routledge.
Hjalager (2003), What do Tourists Eat and Why? Towards a Sociology of Gastronomy and Tourism. *In Gastronomy and Tourism*, J, Collen, G. Richards, Schilde: Academie Voor de Streekgebonden Gastronomie.
Ignatov, E. (2003), *The Canadian Culinary Tourists: How well do we know them?* University of Waterloo.
International Culinary Tourism Association (2008), Introduction to Culinary Tourism. www.culinarytourism.org/introduction.html
Kivela & Crotts (2006), *Tourism and Gastronomy: Gastronomy's Influence on How Tourists Experience a Destination*.

Lang Research Inc. (2001), TAMS: *Wine and Culinary*. Toronto.

Nield, K., Kozak, M. & LeGrys, G. (2000), The role of food service in tourist satisfaction. *International Journal of Hospitality Management,* 19(4), 375-384.

Oyewole, P. (1998), Multi-Attribute dimensions of service quality in the fast food restaurant industry. *Jounal of Restaurant and Foodservice Marketing,* 3(3), 65-68.

Rust, Roland & Oliver (1994), Service Quality: Insights and Managerial Impications from the Frontier, in *Service Quality: New Direction in Theory and Practice*, Roland Rust & Richard Oliver(Eds.), Thousand Oacks, CA: Sage Publications.

Shenoy, S. S. (2005), *Food Tourism & Culinary Tourist*. Clemson University.

Stebbins R, A. (1992), *Amateurs, professionals and serious leisure*, McGill-Queen's University Press.

Stebbins R, A. (1998), Of time and serious leisure in the information age: The case of the Netherlands. *Journal of Leisure Research*, 16(3), 19-32.

Wilensky, H. (1960), Work, careers, and social integration. *International Social Science Journal*, 12, 543-560.

Williams, J. (1997), We never eat like this at home: food on holiday. In Caplan, P., Editor, *Food, health and identity*, Routledge, London, 151-171.

12장 문화와 커뮤니티 관광

정 란 수 (대안관광컨설팅 프로젝트수 대표, 한양대학교 겸임교수)

12장 문화와 커뮤니티 관광

정 란 수 (대안관광컨설팅 프로젝트수 대표, 한양대학교 겸임교수)

Highlights

1. 문화와 커뮤니티 관광에 대한 개념과 주요 이론을 이해한다.
2. 문화와 커뮤니티 관광과 연관 및 유사한 개념과 특징을 이해한다.
3. 문화와 커뮤니티 관광이 관광의 지속가능성 측면에서 각광받는 이유와 그 효과에 대해 이해한다.
4. 문화와 커뮤니티 관광이 야기하는 문화적 충돌, 공유경제의 폐해, 오버투어리즘에 대해 이해한다.
5. 문화와 커뮤니티 관광이 적용된 정책 사례와 운영 사례를 살펴본다.

| 1절 | 개관

"여행지를 이해하는 첫 조건은 그곳의 냄새를 맡는 것이다" _ 러디어드 키플링

정글북의 저자, 러디어드 키플링이 이야기한 여행의 의미는 그 지역의 냄새, 즉 해당 여행 및 관광지의 문화자원과 소속 구성원의 생활상을 보고 느끼는 것에서부터 출발한다고 말하고 있다. 문화관광자원 중 지역공동체나 지역사회 구성원이 생활과 모습을 보여주며 이를 관광자들에게 체험하게 하는 커뮤니티 관광은 이러한 이유로 매우 중요한 요소로 자리매김하고 있다.

커뮤니티 관광은 학술적으로 합의된 정의가 내려졌다고 볼 수 없으나,

커뮤니티 기반 관광, 커뮤니티형 관광, 지역사회구성원이 만드는 관광활동이라는 형태로 사용되고 있다. 커뮤니티, 즉, 지역사회구성원이 관광자들에게 제공하는 숙박, 체험, 식음, 판매 활동을 의미한다고 볼 수 있다. 유사한 개념의 관광형태로는 커뮤니티 구성원이 직접 운영하고 그들의 문화생활이 곧 관광자원화가 될 수 있다는 측면에서 마을관광이나 생활관광 등의 용어로 표현되기도 하며, 농촌관광과 같은 형태가 대표적인 커뮤니티 관광의 형태로 구현되기도 한다.

가처분소득의 증대, 밀레니얼 세대의 등장 등에 따라 예전에 비하여 여행과 관광이 보다 일상화, 다양화되면서 근거리 지역형 여행이나 생활속에서의 관광지 방문이 많아지는 추세이다. 그만큼 관광활동 자체가 관광명소나 특정한 관광리조트 등을 찾기보다는 지역생활 속에서의 방문이나 교류가 많아지고 있다고 볼 수 있다. 커뮤니티 관광의 한 형태라고 볼 수 있는 마을관광의 경우 방문자수가 지속적으로 증가하고 있는데, 2017년과 2018년, 2년 연속 200만 명을 돌파하기도 하였으며, 방문자 중 60%는 커뮤니티의 문화를 보고 느끼기 위한 외국인이 찾은 것으로 나타났다(노컷뉴스, 2019). 국내에서는 문화체육관광부에서 그동안 관광두레사업을 중심으로 커뮤니티 관광의 발전을 정책적으로 추진하고 있으며, 해외에서도 역시 많은 국가나 지역에서 지역사회가 기반이 되는 지역사회 기반형 관광 즉 CBT(Community Based Tourism)를 육성하고 있다. 국외에서도 국내의 커뮤니티 관광이 각광을 받고 있는데, 공적개발원조(ODA)[1] 차원에서의 개발도상국의 관광분야 공무원 국내연수시 가장 성공적인 관광 사례로 커뮤니티 관광 형태의 관광두레사업의 주민사업체 방문 및 강의를 진행하기도 하였다(한국관광공사, 2016).

1) 공적개발원조(Official Development Assistance, 公的開發援助)란 개발도상국의 경제발전 · 사회발전 · 복지증진 등을 주목적으로 하는 원조로, 정부개발원조라고도 하며, 최근 관광분야의 공정개발원조로 사업이 확산되고 있다.

그렇다면 커뮤니티 관광은 무엇이고, 이에 대한 현재 연구 논의사항은 무엇일까? 커뮤니티 관광이 문화관광적 관점에서 어떻게 접근을 해야 할 것인가? 이에 본 장에서는 커뮤니티 관광에 대한 이론과 연구 동향을 살펴보고, 최근 커뮤니티 관광의 중요 쟁점을 소개하고자 한다. 커뮤니티 관광에 대한 이해를 돕기 위해 관련 사례와 필자의 경험에 대해 소개하고 이를 국내 실정에 적용해보고자 한다. 커뮤니티 관광과 함께 수반될 수 있는 관련 문제점과 토론사항에 대해서도 함께 논의를 해보도록 한다.

| 2절 | 커뮤니티 관광의 개념 및 특성

1. 커뮤니티 관광의 개념

커뮤니티 관광을 구성하는 가장 주요한 요인은 말그대로 커뮤니티라고 할 수 있는 지역사회 및 지역공동체이다. 지역사회가 기반이 되는 관광이라는 뜻의 CBT, 즉 Community Based Tourism은 바로 이러한 커뮤니티 관광의 이론적 토대를 제공해준다고 할 수 있다. 송영민(2010)의 연구에 따른 지역사회 기반형 관광은 지역주민들이 자신의 자원을 동원하여 스스로의 개발에 참여하고, 그들 자신의 요구들을 정의하며 그리고 그것들을 어떻게 충족시킬 것인가에 대한 스스로의 의사결정을 통해 문제를 해결하는 것을 말하므로, 지역 관광사업의 기획 및 실행을 지역 주민들이 주체적으로 운영하는 형태를 말한다.

커뮤니티 관광의 특성은 지역사회 구성원이나 관광자 모두에게 편익을 제공해준다. 지역사회 구성원 입장에서는 커뮤니티가 스스로 먹거리와 기념품을 생산하는 등 관광콘텐츠를 지역사회 구성원이 만들어 그 경제적 편익이 직접적으로 돌아갈 수 있는 장점이 있다. 관광자 입장에서는 지역의 현지문화를 보다 근접하여 체험할 수 있고, 관광경험이 곧 지역에 직접적인 혜택을 주어질 수 있다는 긍정적인 기여가 가능해진다. 또한, 커뮤니티가 언제나 활동하고 있는 공간과 경험이 정적이지 않은 활발하고 언제나 변화 가능한 문화적 경험이 가능한 장점 역시 존재한다.

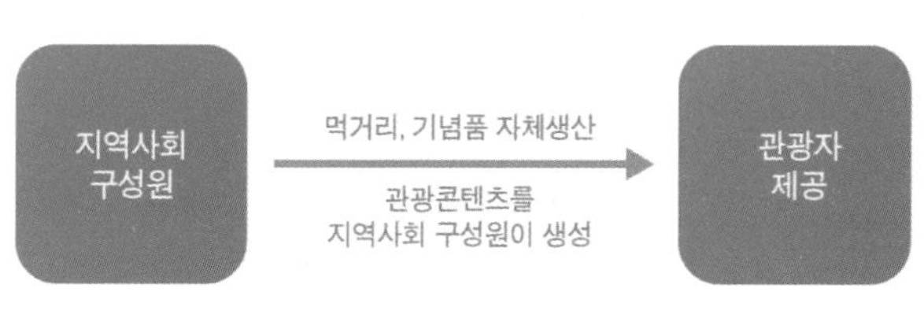

자료: 서울특별시, 2018.

〈그림 12-1〉 **커뮤니티 관광의 특성**

커뮤니티 관광은 외부자본과 기술에 의존한 대중관광형태가 지역사회에 미치는 역기능과 폐해를 예방하고 지역사회의 편익을 극대화하기 위한 지속가능한 관광의 실천적 대안을 모색하는 과정에서 등장한 개념이다(심진범, 2012). 즉, 커뮤니티로부터의 상향식 접근방식[2]에 의해 지역사회 중심의 관광 개발이 실현가능하다는 주장이 제기된 이후 지역주민의 소외, 개발이익의 역외 유출, 지역의 전통문화와 환경 훼손 등의 문제점을 극복하고 긍정적인 효과를 극대화하기 위하여 커뮤니티가 중심이 되어 지속가능한 성장과정을 주도해 나가는 지역사회 기반형 관광이 등장하게 되었다(이지선 · 강신겸, 2010).

커뮤니티 관광에 대한 연구는 비교적 최근부터 많은 관심을 갖고 진행되기 시작하였다. 초기의 지역사회 기반형 관광은 커뮤니티 비즈니스 운영 모델 수립 및 활성화 방법 등 경영 개선 측면의 연구가 주를 이루었다. 이러한 연구 동향은 현재까지에도 이어지며 커뮤니티 비즈니스의 의미 및 과제의 발굴, 모델 개발, 거버넌스 형성 등 다양한 커뮤니티 비즈

2) 상향식 접근방식이 지역주민이나 공동체가 의사결정을 통해 관광개발 및 콘텐츠를 개발, 구성 및 운영을 시행하는 주체로서 접근하는 방식이라면, 하향식 접근방식은 중앙정부, 지자체, 또는 관계기관이 의사결정을 통해 지역의 개발을 시행하고 이를 지역주민과 공동체에게 전달하는 방식으로 볼 수 있다.

니스 연계 분야의 연구들이 진행되고 있다(황희정 · 심진범, 2014; 김경희 · 야스모토 아츠코 · 이연택, 2016). 관광 커뮤니티 비즈니스 관련 연구는 지속가능한 관광(sustainable tourism)의 패러다임에서 관광개발 주민참여, 커뮤니티 기반 관광, 커뮤니티 관광개발 등의 연장선상에서 시행되고 있으며, 실질적인 적용 및 개선방안을 모색하는 규범적 연구가 주를 이루고 있는 것이 특징이다(정인혜, 2017). 최근 들어서는 커뮤니티 관광에 대한 실질적인 적용을 위한 연구들이 진행이 되고 있는 것도 특징이다. 지속가능성 지표를 개발하여 적용을 실시하거나, 지역의 실질적인 지역사회 기반형 관광 모델을 만들고 운영을 하기 위한 움직임도 전개되고 있다(최경지, 2015; 서울특별시, 2018).

커뮤니티 관광은 베트남, 캄보디아, 미얀마, 태국 등 동남아 지역에서의 원주민, 소수민족 관광의 발전에서도 많은 영향을 미치며 다양한 연구가 수행이 되고 있다. 특히 관광 ODA 연구에서도 원주민이나 지역주민 참여형 관광을 연구할 때 지역사회 기반형 관광의 개념이 함께 접목되고 있는 것도 특징으로 볼 수 있다(오수진, 2018; 최호림, 2018), 그만큼 커뮤니티 관광은 그 운영으로 인한 수혜가 지역주민들에게 혜택이 돌아갈 가능성이 높기에 동남아지역 및 관광 ODA 관련 연구에서 많은 관심을 갖고 연구가 되는 주제이기도 하다.

2. 커뮤니티 관광의 유사 개념

1) 생활관광

관광은 통상적으로 일상생활권을 떠나 휴식, 위락, 스포츠 등을 행하는 장소성과 활동성에 대한 특성을 갖고 있는데, 최근 관광의 장소권은 관광의 일상화 이후 비교적 생활권을 벗어나지 않고 관광활동을 행하는 경우가 있다. 최근들어 학자들은 이를 생활관광(life tourism)이라고 표현하기도 한다. 즉, 관광이 탈경계화에 따른 관광 패러다임의 변화, 관광 비일상성에서 일상으로의 전환이 생활관광이라는 형태를 만들어내고 있는 것이다. 일상이 곧 관광으로서, 생활관광의 시대가 도래하였다고 설명하는 전문가도 있다(파이낸셜뉴스, 2018). 즉, 시민들이 가까운 곳에서 자기가 살고 있는 장소를 여행하듯 즐길 수 있다면 그게 바로 생활관광이라며 시민의 일상이 방문자에게는 색다른 경험을 주는 관광콘텐츠가 된다는 점에서 시민의 생활관광 활성화는 다른 관광자 만족도 제고에도 긍정적인 영향을 미친다고 표현하기도 하였다. 다시 말하면, 생활속의 관광활동은 관광자 주체에게 지역의 일상적 문화 교류를 위한 장소와 콘텐츠를 구성하는 토대를 마련하게 된다는 것이다.

한편으로 생활관광은 거대자본과 여행사가 아니라 지역주민과 마을이 방문자를 환대하는 생활속의 관광이라는 뜻도 내포하고 있다. 이러한 이유로 생활관광이라고 불리는 커뮤니티 관광은 관광지와의 경계가 명확치 않고, 관광자의 소비 및 지출에 대한 분석도 애매하다. 관광진흥법상의 관광사업이나 관광지, 관광단지로서의 구분이 쉽지 않아 관광진흥개발기금 등의 지원도 쉽지 않고, 관광에 대한 피해에 대한 규제 등도 어려운 실정이다. 즉, 전통적인 관광의 경계가 무너진 생활 속의 관광 형태로 여러 과제를 남기고 있다.

2) 마을관광

커뮤니티 관광은 커뮤니티가 포함되어 있는 장소적인 의미를 지니고 있다. 대표적인 커뮤니티 구성 장소 단위는 마을이 될 수 있기에, 커뮤니티 관광은 곧 마을관광으로 표현되기도 한다. 마을관광은 관광이 이루어지는 공간 가운데 마을을 강조한 개념이며, 마을 단위의 관광활동을 의미한다. 즉, 마을관광은 마을 공동체가 마을이 보유한 공동의 문화관광자원이나 자연, 생산자원을 활용하여 상품과 서비스를 개발하고 공급하는 경우를 의미한다(박주영, 2016).

다시 말해서, 마을관광은 관광 '활동'을 칭하는 용어이며, 관광마을은 앞에서 제시한 마을관광 활동이 이루어지는 대상인 '공간'을 칭한다. 특히, 국내에서는 농촌 지역에서의 관광마을이 커뮤니티 관광개발을 추진하기도 하는데, 여기에서의 농촌 관광마을은 농촌관광을 추진하는 마을을 의미한다. 이병훈(2012)은 농촌관광마을을 "자연마을단위 혹은 행정단위로 농촌 관광서비스를 제공하는 공동체의 단위"라 정의했다. 실제로 관광마을은 자연적으로 발생하는 경우보다 정부 및 지자체의 정책과 지원에 의해 발생하는 경우가 많다(이병훈, 2012).

전통적인 마을의 경우 지역사회 공동체가 조직이 되어 생산활동을 함께 하는 경우가 많은데, 이 때문에 커뮤니티 기능이 도시에 비해 보다 잘 유지되는 경우가 많다. 이러한 이유로 마을관광이 보다 커뮤니티 관광으로의 기능을 갖추고 있는 경우가 많다. 관광자 입장에서도 하나의 마을 방문이 그 지역을 이해하고, 다양한 현지 지역경험을 할 수 있다는 점에서 마을단위의 문화적 교류와 경험이 중시될 가능성이 높겠다.

3) 로컬관광

로컬관광(local tourism)은 학술적인 용어는 아니지만, 코로나 팬데믹 이후 매우 각광받는 관광의 영역이라 할 수 있다. '로컬'(local)은 곧 지역, 또는 해당 지역에서 살고 있는 사람들의 생활모습을 의미하는데, 해외여행을 가지 못하는 관광자들이 국내여행으로 눈을 돌리면서 보다 현지의 경험을 할 수 있고, 그 지역만의 문화를 할 수 있는 관광을 원하게 되는 것이다. 이러한 형태로 지역의 일상과 문화를 경험화하고, 스토리텔링을 통해 만들어지는 관광이 바로 로컬관광이라 할 수 있다.

수요자의 관점에서의 로컬관광 관심의 증대에 힘입어, 정부, 지자체에서는 각종 로컬관광을 육성하는 정책이나 사업들에 힘을 쏟고 있다. 예컨대 스타트업을 육성하는 사업이지만 로컬 스토리텔링이나 자원을 기반으로 하는 "스타트 인 로컬" 사업, 서울의 젊은 청년들이 지역에 가서 창업을 할 수 있게 만들어주는 “넥스트 로컬” 사업, 지역의 관광콘텐츠를 육성하기 위한 지자체의 “로컬 크리에이터 과정” 등은 공급자 측면에서의 로컬관광에 대한 관심 증대를 보여주고 있다.

3. 커뮤니티 관광의 하위 및 연관 개념

1) 농촌관광

국내에서 커뮤니티 관광의 접근 및 실행이 실천적으로 이루어져 왔던 지역은 바로 지역민들이 관광에 참여하는 농촌지역의 관광, 즉 농촌관광이라 할 수 있다. 일본에서는 그린투어리즘으로 불리는 농촌관광은 커뮤니티 관광의 대표적인 형태 중 하나이다. 농촌관광은 초기에는 농촌지역을 대상으로 하는 관광활동이라는 장소적 의미로서의 접근이었으며, 농촌체험이라는 한정된 활동으로 시작되었으나, 최근들어 농촌관광은 농촌지역의 역사와 문화, 자연을 포괄하는 개념으로 사용되며, 도시민들이 농촌다움을 경험하고 머무르면서 생활을 체험하는 커뮤니티 관광의 형태로 발전되고 있다.

대표적인 농촌관광 정책 시행 주체인 농림부의 정의로는, 농촌관광은 농촌의 자연경관과 전통문화, 생활과 산업을 매개로 한 도시민과 농촌주민간의 체류형 교류활동이며, 도시민에게는 휴식, 휴양과 새로운 체험공간을 제공하고, 농촌에는 농산물 판매(1차), 가공산업(2차), 숙박, 음식물, 서비스(3차) 등 소득원을 제공하는 지역활성화 운동으로 제시하고 있다(농림축산식품부, 2015). 따라서, 농촌관광은 단순히 농촌에서의 농산물 판매나 농촌체험이라는 요소만이 아니라, 지역구성원인 농민, 농촌 거주민들이 스스로 운영하며, 문화적 교류를 행하는 커뮤니티 관광이라 할 수 있다.

농촌관광에 대한 연구는 수요자 관점과 공급자 관점으로 구분될 수 있다. 수요자 관점에서는 농촌관광에 대해서는 농촌체험관광으로 인한 만족도를 분석하는 연구가 주를 이루었다. 심리적인 변수인 동기, 성과, 선택속성, 만족 등의 요인을 통해 농촌관광이 보다 발전할 수 있는 방안에 대해 관광자의 유인 관련 연구를 수행하고 있다(김병국 · 김용기 · 박석희, 2013; 송완구 · 이승현 · 조용현, 2014). 공급자 관점에서는 실질적인 농촌관광 운영에서의 제약요인이나 이를 해결할 수 있는 개선방안 등 정책적 제언을 담은 연구들이 늘고 있다. 이는 농촌관광의 경우 이를 운영하는 주민사업체 내 조직원들에 대한 갈등이나 운영에 대한 미숙, 농촌과 관광이라는 상이한 개념의 융합에서 야기되는 충돌 등에 대한 문제들이 존재하여, 이에 대한 문제점을 분석하고 해결하고자 하는 연구가 많기 때문으로 판단된다.

최근의 농촌관광은 그 의미가 보다 넓어지면서 농촌관광에 대한 확대 가능성을 모색하는 것도 연구의 특징이기도 하다. 한국문화관광연구원(2019)은 농촌 유토피아 구상의 관광이 지녀야 할 역할을 제시하면서, 관광이 체험으로서의 접근만이 아니라, 경관적인 심미감이나 어메니티에 대한 강조, 갭이어(gap year), 한 달 살기 등의 보다 확장된 의미에서의 휴양지역으로의 접근, 식음관광, 쿠킹클래스, 동물과의 교감, 친환경 소재의 놀이터 등의 프로그램이나 인프라 개발이 가능한 공간으로의 인식을 주장하기도 한다. 즉, 농촌관광은 단순히 농촌이라는 지역적 공간으로서만이 아니라, 도시민들이 바라는 일상에서 벗어난 지역에서의 도시민과 농촌지역 커뮤니티간의 교류와 이에 대한 문화적 차이가 곧 관광자원이 되는 형태로 발전이 되고 있다.

2) 원주민 관광

Yamamoto(2005)의 경우, 원주민에 대한 주민 개념과 원주민 관광에 대해 커뮤니티 관광의 범주에 대해 논의를 진행한 바 있다. 그에 따르면 원주민(indigenous people)이란, 그 국가의 구성체를 갖는 다른 부분에서 사회적, 문화적, 경제적 상황이 구별되는 독립적인 소수 민족이며, 그들은 그들 나름대로의 관습과 전통, 특별한 법규나 규제 등에 의하여 전체 또는 부분적으로 그들의 상황을 유지하는 사람들로 규정하고 있다. 통상 원주민들은 그렇기 때문에 오랜 시간동안 그들의 원래의 살고 있는 토지 또는 야생에서 자연적 환경에 적응하여 살아가고 있으며, 그들의 삶은 그들의 사회적, 경제적, 환경적인 양분을 통해 지속가능한 자원의 이용을 가지고 살아가는 것을 말한다.

이제는 원주민들도 동등한 개발, 자원 이용, 서비스를 제공받을 권리를 지녀야 하지만, 많은 경우 그들의 다름으로 인하여 제한되어 있는 것이 현실이다. 따라서, 그들이 보다 차별받지 않고, 동등한 삶을 누릴 수 있도록 주류층에서 보다 손을 내밀고, 베풀어야 한다는 의견이 지배적이다. 이러한 원주민들을 대상으로 하는 원주민 관광(indigenous tourism)에 대해 일반적으로, 원주민관광은 비원주민들 즉, 관광자들에게 그들의 진정한 토착 경험의 이미지를 제공하는 것을 의미한다.[3)]

원주민 관광은 대개는 대안관광의 한 요소로 제시하고 있는데, Smith (1996)의 경우 원주민 관광은 "민족에 대한 관광 매력요소가 있는 현지인을 포함한 관광산업의 요소"로 표현하며, 이 산업은 4가지의 H, 즉 거주지, 역사, 유산, 수공예(habitat, history, heritage, handicraft)가 주 관광 요소이며, 이와 더불어 이들을 보여주는 원주민들의 차별성을 뽑기도 하였다. 관광자들에게는 훌륭한 원주민의 생활과 매력을 보여주어야 한다. 그렇게 하기 위하여 현재 살고 있는 거주지나 생활상을 관광자들에게 어필할 수 있도록 개선도 해야 한다. 하지만, 그러한 개선이 원주민의 문화와 생활을 왜곡해서는 안 된다는 절대 명제는 필요하다고 제시하고 있다.

예를 들어, 발리의 유명한 춤의 하나인 케차크 춤은 마을의 특별한 축제 때 추는데, 춤을 추면서 황홀 상태에 들어가기 때문에 전후 몇 시간이 걸리는 경우도 있다. 그런데 관광자들이 많아지면서는 관광을 위한 연출

---

3) 양위주(2014)의 경우, 원주민 관광(indigenous tourism)을 번역하는데 대해 주의를 요하면서 토속 문화관광으로 번역한 바 있다. 원주민, 토착민 등의 번역을 하는 경우도 있지만, 관광목적지를 Host-guest Relationship 관계에서 접근하고자 하는 방향성으로 문화원형에 대한 관광경험이 중요하다는 인식으로 토속 문화관광으로 번역을 하였다고 밝혔다.

가가 그 춤을 15분짜리 무대용으로 축소시켜 짜맞추었다. 그러자 춤의 종교적 뉘앙스는 사라지고 관광자의 입맛에 맞추어진 이상한 행위로 변모되어 버렸다. 관광자와 원주민과의 문화적 모순이 얼마나 원주민의 생활상을 변모하게 되는지를 보여줄 수도 있기에 원주민 관광의 접근은 조심스러워야 한다(O'Grady, 1981).

자료: 위키미디아(commons.wikimedia.org)

〈그림 12-2〉 **발리의 케차크춤**[4)]

자료: 위키미디아(commons.wikimedia.org)

〈그림 12-3〉 **하와이의 훌라춤**[5)]

3) 공유 지역경제 관광

공유경제란 물품을 소유의 개념이 아니라, 서로 대여해주고 차용해주는 경제활동으로 인식하며, 경제활동의 근간을 이루는 것은 가격이 아니라 사회관계가 동인이 된 협력적 소비를 기반으로 하는 것으로 정의내리고 있다(Lessig, 2008). 다시 말해 공유경제는 사회관계 속에서 공동체의 수준이 발달하고, 관계적 역할이 증진될 때 일어날 수 있는 형태로 커뮤니티의 기능을 보다 강조하는 개념으로 볼 수 있다. 관광부문의 공유경제는 관광활동이나 관광상품의 특성으로 인하여 다른 서비스분야보다 활발하게 논의되고 있다.

---

4) 최근 관광자 공연으로 인해 종교적 뉘앙스는 사라지고, 관광자의 입맛에 맞추어진 이상한 행위로 변질되었다.

5) 훌라춤은 본래 즐거움과 경외, 노래, 기도, 한탄, 신에 대한 찬미가 어우러진 원주민 사회의 대표적 제의였다. 서구인들은 이를 접대용 환락 춤으로 변질시켜 관광상품으로 전락시켰다.

반정화 · 박윤정(2015)은 공유경제가 관광분야에서 더 빠르게 확산되는 이유를, 첫째, 온라인 공유플랫폼을 이용한 비용 절감 가능성, 관광 서비스 제공 범위의 확대, 나만의 로컬문화 경험을 위한 가능성 등을 제시하고 있다. 즉, 관광분야는 공유경제가 가지는 저렴한 비용으로 언제 어디서나 서비스를 제공받을 수 있다는 장점이 존재하고, 생산과 소비가 동시에 일어나는 관광상품의 특성상 일상을 벗어나 다른 지역으로 이동을 해야만 받을 수 있는 서비스 특징이 한시적으로 서비스를 대여하는 것이 보다 효율적이라는 점, 그리고 여행 경험이 많아지고 욕구도 다양해지면서 더 심도 있고 지역적 냄새가 나는 여행 수요 증가로 인해 지역의 로컬문화 공유경제가 발달하게 된다는 점을 제시하고 있다(반정화 · 박윤정, 2015).

따라서, 커뮤니티 관광의 증가는 곧 지역 로컬문화의 경험 확대 측면으로 이어지고 있으며, 지역 공동체가 스스로 관광자원을 발굴하고 운영하면서 공유 지역경제의 형태로 관광이 연결되는 가능성을 보이고 있다. 대표적으로는 마이리얼트립과 같은 플랫폼에서 관광 경험 및 스토리를 공유하면서 잠재적인 관광자들에게 다양한 정보를 제공하는 기능을 하거나, 에어비앤비, 카우치서핑과 같은 플랫폼에서 남는 지역 커뮤니티의 방을 활용하여 관광자들에게 이용할 수 있게 해주고, 우버나 그랩과 같은 플랫폼을 통해 지역민이 운영하는 교통수단을 함께 이용하는 형태로 커뮤니티 관광의 한 형태로 확장이 되고 있다.

| 3절 | 커뮤니티 관광의 이론적 토대

1. 관광의 일상화, 일상의 관광지화

커뮤니티 관광의 관심은 여행의 일상화 및 다양화 추세에 부합되는 관광형태라고 볼 수 있다. 한국관광공사(2017)에서는 2018년 여행트렌드를 START라는 키워드로 분석한 바 있다. 이중 S는 스테이케이션(Staycation)이라는 신조어로, 당일치기, 근거리여행 등을 중심으로 하는 여행활동을 의미하고 있다. 이는 여행이 일상화되면서 보다 짧은 일정으로 다양한 곳을 방문하는 여행 변화를 이야기하고 있다.

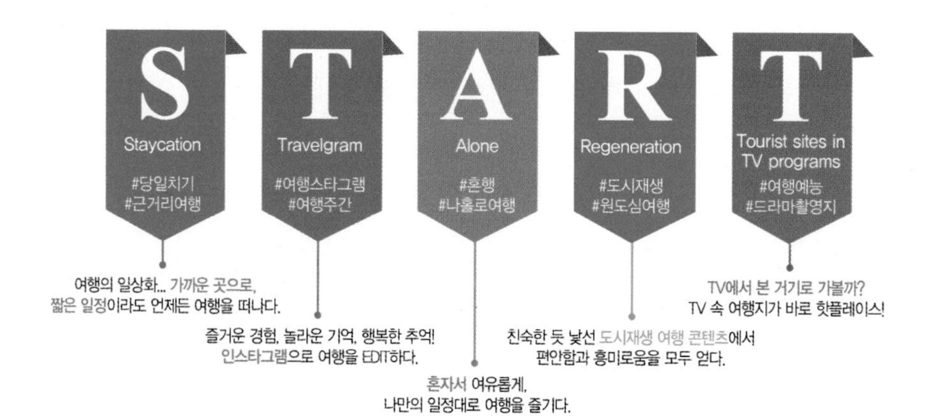

자료: 한국관광공사, 2017.

〈그림 12-4〉 **2018년 여행 트렌드**

이러한 흐름과 연결되어, 2019년 여행트렌드 역시 한국관광공사(2018)에서는 BRIDGE라는 키워드로 분석한 바 있다. 이중 G는 언제든지 떠날 수 있다(go anytime)이라는 뜻으로 특별하지 않는 날에도 일상처럼 언제든 여행을 즐긴다는 의미를 갖고 있다. 결국, 이 또한 여행과 관광의 일상화와 연결되는 키워드라고 하겠다.

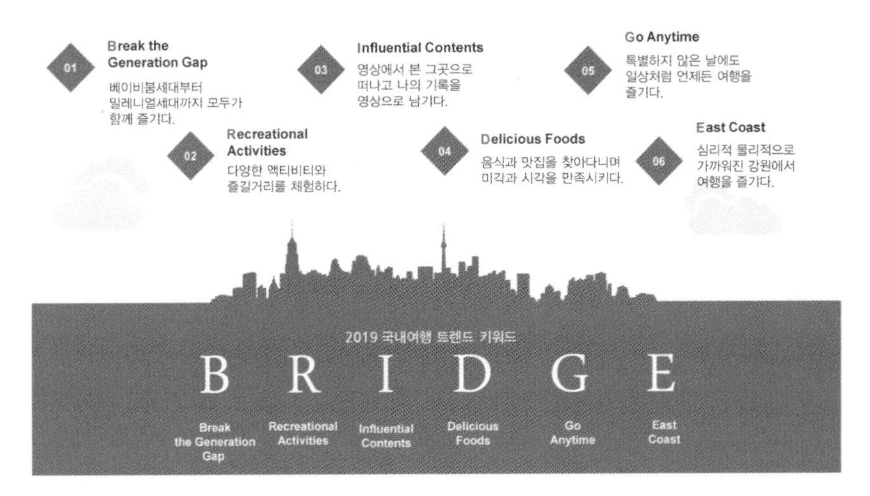

자료: 한국관광공사, 2018.

〈그림 12-5〉 **2019년 국내여행 트렌드 전망**

코로나 팬데믹 이후에 제시된 여행트렌드에서도 역시 관광의 일상화는 여전히 주목받고 있다. 2021년 여행트렌드는 BETWEEN이라는 키워드로 발표를 하였는데, 이 중 W는 어디든 관광지(Wherever)로서, 유명 관광지가 아닌 내가 가는 곳이 바로 여행의 장소라는 것을 의미하였고, 최근 발표된 2022년 여행트렌드인 HABIT-US에서도 기존의 여행패턴이 여행경계나 정해진 틀을 넘는 여행이 많아진다고 제시하고 있다(Beyond Boundary). 2024년 관광 트렌드인 R.O.U.T.E 역시 관광의 일상화를 주요 키워드로 제시하고 있다. 나만의 경험을 찾아가는 여정이라는 뜻의 2024 관광 트렌드 R.O.U.T.E 중 키워드 O에 해당하는 원포인트 여행은 관광/비관광의 무너짐으로 관광의 일상화, 근거리 관광, 새로운 경험을 위한 관광(당일치기, 맛집투어, 카페투어 등) 등이 선호되고 있음을 보여준다(한국관광공사, 2023). 이렇게 코로나 이전과 이후에 지속적으로 여행 트렌드에서는 일상의 관광지화가 주목받고 있는 것이다(한국관광공사, 2021a, 2021b).

자료: 한국관광공사, 2023.

〈그림 12-6〉 **2024년 국내 관광 트렌드 전망**

심창섭(2018)은 관광의 일상화를 Ian Munt의 주장인 "everything is tourism", John Urry의 "the end of tourism"으로 소개하며, 관광 자체가 이제는 특별한 것(extraordinary)이 아닌 평범한(ordinary) 활동으로 변화하고 있다고 제시한 바 있다. 그만큼 관광이 일상화된다는 것은 관광자가 보다 관광명소가 아닌 지역의 일상 장소를 방문하고 즐긴다는 것을 설명할 수 있다. 여행자와 관광자는 지역사회구성원들이 생활하는 장소를 방문하여 그들과 같은 삶을 체험하고 싶은 욕구가 커지는 현상을 여행의 일상화로 표현할 수 있다.

이러한 여행의 일상화를 설명할 수 있는 이론 중 하나로 여행경력패턴(travel career pattern) 이론을 들 수 있다. 여행경력패턴 이론이란, 여행경력이 쌓일수록, 즉 높아질수록 현지 문화를 이해하고 참여함으로써 얻을 수 있는 외적 자기계발 동기가 강하며, 여행경력이 낮을수록 개인적 관심사나 성취감을 통하여 얻을 수 있는 내적 자기계발 동기가 높다는 이론이다. 즉, 여행경력이 쌓이면 다양한 여행의 변화가 나타나며, 여행의 일상화, 현지화, 다양화 등에 대한 관심이 증대된다고 볼 수 있다(송화성 · 조경신, 2015). 즉, 여행자들이 처음 여행을 다닐 때에는 자신들의 여행을 즐기며, 관광명소를 방문하거나, 사진을 촬영하여 남기는 등의 여행을 떠나게 된다면, 이후 여행자들이 많은 여행경력이 늘게 되면서 문화적 경험이 증가하는 현상을 의미한다. 다시 말해서, 여행이 일반화되는 현대인의 여행경력이 보다 증가할 가능성이 높게 되는데, 이때에는 보다 문화적 교류에 관심이 많은 여행자들이 문화교류가 많은 커뮤니티 관광 참여가 높아질 수 있다는 의미가 된다. 다만, 개별여행자의 경우 여행경력이 낮을수록 현지문화체험을 위한 외적 여행동기가 높고, 여행경력이 높을수록 자기중심적 여행패턴을 보이는 내적 여행동기가 높은 것으로 확인되었다(이상훈 · 고동완, 2012). 최근 현지인처럼 지역의 일상을 경험하고자 하는 관광자들의 증가는 관광자원의 범위가 기존의 자연경관, 역사유적에서 주거지역, 맛집, 거리, 대학가 등으로 확장되고 있으며, 관광, 여가, 문화, 엔터테인먼트, 소비, 교육, 주거 등의 경계가 모호해지고 있다(종로구청, 2017).

이러한 일상의 관광지화에 대해서는 부정적인 영향 역시 존재한다. 주거지의 관광지화는 낙후된 주거지에서 그 지역만의 매력요소를 개발하여 방문한 관광자들에게 수익을 창출하는 과정에서 주민의 정주성을 증진시키기도 하나(김석원, 2014), 반면에 관광자들의 사생활 침해로 인한 불이익은 관광자와 주민 간의 갈등을 일으키며, 이러한 갈등은 관광자가 지역자체를 관광대상으로 보아 공공재로 인식하는데 반해 주민은 관광자가 일방적으로 주거공간을 침범한다는 피해의식을 가지기 때문이다(정상윤 · 유인혜 · 여정태 · 고동완, 2009). 결국 주거지의 관광지화로 인하여 주거 기능의 제한, 주거생활의 불편은 지역주민이 지역을 떠나는 원인이 될 수도 있다(손대원, 2007).

2. 호스트-게스트 관계성

문화관광 차원에서의 커뮤니티 관광은 호스트-게스트 관계성(host-guest relationship)의 관계성에서 해석의 접근을 할 필요가 있다. 호스트-게스트 관계성은 지역의 구성원과 방문자 간의 관계에서 드러난 상이한 문화적 배경을 가진 사람들 간의 대면접촉이며, 여행의 동기 역시 차이를 발견하고자 하는 욕구에서 시작되어 현지 주민과 새로운 관광환경과의 관광적 조우를 통해 세계를 알아가는 과정으로 설명하고 있다. 관광의 본질과 대상은 문화나 문물이며, 사회학적 의미에서 문화를 사람들과의 만남과 상호작용이라 한다면 관광의 본질 역시 문화행동과 문화접촉이라고 할 수 있는 것이다. 여행활동에서 얻어지는 만족은 상호작용으로 결정된다. 이 만족은 체험에서 얻어지고 상징적 상호작용은 주객 간의 조우, 즉 대인적 조우이기 때문에 관광자의 조우는 현지주민과 관광자 간의 상호작용을 통해 이루어진다. 이는 여행구조의 핵심이라 할 수 있다(유지윤, 2001).

양위주(2015)는 문화관광 형태에서 Guest는 명확하지만, Host는 상당히 다양하게 정의내릴 수 있다고도 제시하고 있다. 즉, Guest는 관광자로 설정되는데, Host는 그 지역에 존재하는 주민인 경우도 있으나, 어떠한 경우에는 그들의 삶의 영역과 관광대상과 분리되어 단지 관광자를 위해서만 재현하는 경우도 존재하기도 함을 주장한다. 또 다른 경우에는 Host가 거주하는 일상의 공간과 생활이 연출되어 부분적으로 보여지는 경우가 있다. 이러한 Host 관광경험과 대상의 수준 차이는 그 자체가 옳고 그른 것은 아니며, 실제 문화적 변이나 충돌을 얼마나 최소화하고 관리할 수 있는지에 따라 다르게 설정될 수 있으며, 그 자체가 고유성이나 진정성을 어느 정도까지 수용하여 보여주는가의 차이로 볼 수 있겠다. 다만, 커뮤니티 관광은 호스트의 입장이 보다 실존적 진정성을 보이며 이를 관광경험으로 보여주는 것에 더 가깝게 표현되는 경우가 많다. 커뮤니티의 일상이나 그들의 경험이 곧 관광자원화가 되기 때문이다.

커뮤니티 관광이 보다 활성화된 이유는 단순히 호스트-게스트 간의 주객 관계의 관광형태가 점차 변화하고 있기 때문이다. 즉, 최근의 호스트-게스트 관계성은 단순히 주체와 객체로서의 관계를 벗어나 이웃과 이웃(neighbor-to-neighbor relationship) 간의 관계, 시민과 시민과의 관계성(citizen-to-citizen relationship)으로 확대되기도 한다. 이는 관광자가 수동적인 의미에서의 문화적인 수용만을 위한 것이 아니라, 관광자가 관광대상의 커뮤니티와의 문화 교류와 상호작용을 보다 선호하기 때문이다. 커뮤니티 관광은 다른 관광 형태에 비하여 상호작용적인 관계가 보다 가능하며 이에 따른 관광경험의 증진, 관광자의 만족도 제고가 가능하게 할 수 있다.

| 4절 | 커뮤니티 관광의 정책 및 운영 사례

1. 국내정책 사례: 문화체육관광부의 관광두레사업

다수의 관광정책사업이 지역을 방문하는 관광자수의 증대에만 관심을 가지게 되는데, 관광자가 증가한다고 하여 필연적으로 지역경제가 활성화되는 것은 아니다. 지역 내 일자리와 소득 창출 등 실질적으로 긍정적인 경제효과가 발생하기 위해서는 관광자의 증가와 함께 관광사업이 창출되어야 하며, 이 관광사업이 지역의 주민공동체가 중심으로 운영되며, 관광자의 소비가 지역 내에서 순환되는 구조를 만들기 위하여 관광두레사업이 시작되었다(문화체육관광부 · 한국문화관광연구원, 2018). 관광두레는 '관광'과

'두레'를 조합해 명명한 정책사업의 명칭이다. 관광은 비즈니스를 의미하고, 두레는 주민사업체를 상징하고 있는데, 관광두레는 주민사업체가 공급자 중심의 프레임에서 벗어나 누구에게 무엇을 어떻게 팔 것인지 계획할 수 있도록 육성을 하고 있다. 관광두레사업은 대표적인 커뮤니티 관광의 기반을 조성하고 운영자를 만들어내는 사업이라 할 수 있다.

관광두레사업의 추진 주체는 문화체육관광부, 한국관광공사 본사, 한국관광공사 지사, 지방자치단체(사업 대상지역), 관광두레 PD로 구성이 되어 있

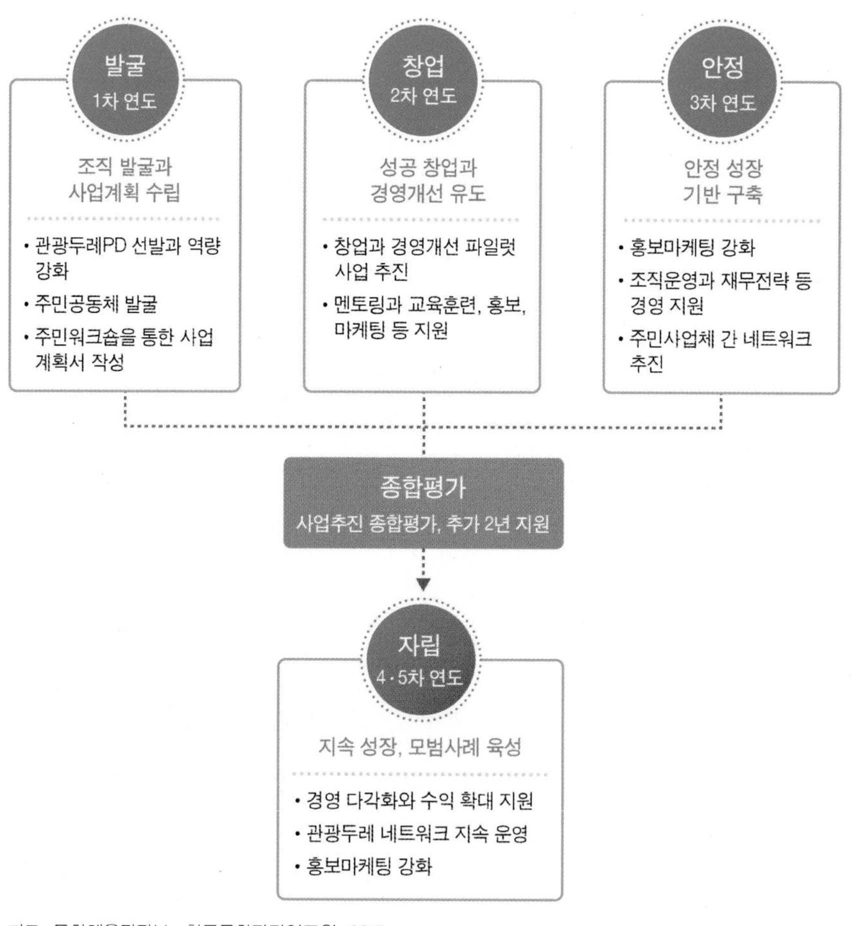

자료: 문화체육관광부 · 한국문화관광연구원, 2018.

〈그림 12-7〉 **관광두레사업의 연차별 목표 및 진행사항**

다. 문화체육관광부는 기본계획 수립과 재정 지원을 맡으며, 한국관광공사는 관광두레 PD의 활동 지원과 관리, 주민사업체의 발굴과 육성(사업화계획 수립 지원, 멘토링과 역량강화, 창업과 경영개선 파일럿사업 지원 등), 사업 모니터링, 평가 등 사업을 운영 총괄하고 있다. 지방자치단체는 관광두레 사랑방 제공, 지역자원 연계 지원과 같은 간접지원을 맡고 있다. 마지막으로 관광두레 PD는 지역 관광두레를 총괄하는 중간조직자 역할을 수행한다. 지역 현장에서 주민사업체 발굴과 조직화에서부터 창업과 경영개선 지원까지 사업을 총괄 진행하며 관광두레사업단과 주민, 지자체와 주민, 고객과 주민, 주민과 주민 사이에서 중간 지원 역할을 수행하는 기획자이자 활동가이다(문화체육관광부 · 한국문화관광연구원, 2018).

2020년 말 현재 관광두레사업은 총 56개 지역에서 172개 주민사업체의 창업과 경영개선 지원을 시행하고 있다. 사업아이템별로는 관광체험분야 52%, 식음 35.2%, 관광기념품 31.2%, 주민여행사 16.8%, 숙박 8%, 기타 12.8% 비율로 관광사업을 추진 및 운영을 실시하고 있다(문화체육관광부 · 한국관광공사, 2021). 커뮤니티 관광의 활성화를 위하여 관광두레사업은 관광두레 PD 선정과 역량강화 등 중간조직자를 육성하고, 주민사업체 발굴과 사업계획을 수립하게 하며, 주민사업체 창업과 경영개선, 연계통합 프로그램 운영, 홍보마케팅 등을 추진하고 있다(문화체육관광부 · 한국문화관광연구원, 2018).

대표적인 커뮤니티 관광 주민사업체로는 가평 관광두레 이일유 발효여행과 홍천 관광두레 컬러팜웨딩 등이 주목할만한 사례로 들 수 있다. 가평 이일유 발효여행은 장아찌를 제품화하여 판매를 하였던 주민사업체였으나, 조성주 가평 관광두레 PD와 함께 의논하여 기존의 제조와 판매는 그대로 두되, 체험 프로그램을 추가하여 건강하고 맛있는 '가평 발효음식'의 가치를 알릴 수 있는 구조로 만들었다. 이일유 발효여행은 현재 켄싱턴리조트 등에서 파머스가든 마켓을 개최하고, 핑거푸드 파티 등을 실시하였다. 특히 관광자들에게 발효밥상을 만드는 체험이 알려지면서, 건강하고 세련된 발효음식을 관광자에게 제공하는 사업체로 널리 알려지고 있다. 홍천 컬러팜웨딩은 정원에서 결혼식을 할 수 있도록 만들어주는 팜웨딩 주민사업체이다. 리마인드 웨딩, 프로포즈 및 웨딩 촬영, 팜웨딩, 팜파티 등을 시행하며 색다른 결혼식을 열고 싶은 참가자들을 대상으로 지역주민 공동체와 지역자원을 활용한 색다른 행사를 개최하는 것으로 알려져 있다. 여섯 농가가 자신들의 컨셉에 맞는 웨딩을 만들어 신랑, 신부에게 특별한 날을 선물하고 싶다는 컬러팜웨딩 주민사업체는 수려한 자연지역에서의 주민소득 창출 뿐 아니라, 아름다운 자연이 있는 홍천지역 홍보에 기여하고 있다(문화체육관광부 · 한국문화관광연구원, 2017).

자료: 관광두레 공식 블로그(https://tourdure.blog.me/)

〈그림 12-8〉 **이일유 발효여행**

자료: 관광두레 공식 블로그(https://tourdure.blog.me/)

〈그림 12-9〉 **컬러팜웨딩**

2. 해외정책 사례: 캄보디아 동북부 원주민관광 개발 사례

국내외에서 커뮤니티 관광에 대한 중요성이 커져가면서, 커뮤니티 관광을 개발하고 운영하는 사례가 증가하고 있다. 글로벌발전연구원(2016)에서는 왕립프놈펜대학교와 함께 한국국제협력단(KOICA)의 지원을 받아, 캄보디아 동북부 원주민 관광 ODA 전략 연구를 수행하였다. 캄보디아는 천연 자원의 보존과 빈곤 감소를 위해 관광산업을 육성하고 있으나, 지역사회에 환원되는 관광산업의 혜택이 상대적으로 적고, 관광자에게도 앙

코르와트 등 대규모 유적지 이외에는 지역사회의 모습을 보여주고, 함께 하는 관광자원 발굴이 비교적 적은 편이었다.

다만, 캄보디아 정부는 2006~2010 캄보디아 국가 전략 개발 계획 문서에서 경제 개발과 빈곤 완화를 위한 주요 도구로써 지속가능한 관광 산업 개발이 국가에 기여할 수 있음을 밝혀왔으며, 이에 따라 관광 분야를 국가 개발 우선순위로 선정하였으며. 2013년 4월에 발표된 '2014-2018 국가 전략 개발 계획 형성을 위한 가이드라인' 문서에서 역시 경제 개발 분야의 주요 목표를 '보편적인 포괄적 성장 증진'으로 두고 주요 우선순위 중 하나를 관광 분야 증진으로 선정하고 있다(Royal Government of Cambodia Ministry of Planning, 2005, 2013).

캄보디아는 수도 프놈펜에 집중된 개발, 대규모 개발 사업, 역량 부족, 높은 외국인 소유율, 높은 경제적 누수 수준 및 제한된 커뮤니티 참여가 이슈로 제기됨에 따라 캄보디아 정부는 지속가능한 관광 개발을 위해 노력을 기울이고 있다. 그럼에도 불구하고 그동안 캄보디아의 소수 민족들은 여러 혜택에서 소외된 계층으로서 차별, 토지 및 산림 강탈, 문화 비하 등으로부터 오랜 기간 고통 받았으며, 경제개발의 측면에서도 소외되어 있는 실정이었다(왕립프놈펜대학교 · 글로벌발전연구원, 2016). 캄보디아 동북부 지역은 4개의 주(Kratie, Stung Treng, Ratanakiri, Mondulkiri)로 구성되어 있으며, 캄보디아에서 가장 빈곤하고 소외된 지역이다. 동 지역은 주로 원주민들이 거주하고 있으며, 이 중 라타나끼리(Ratanakiri)지역과 몬둘끼리(Mondulkiri)지역은 인구밀도가 매우 낮은 곳이기도 하다.

캄보디아의 몬둘끼리와 라타나끼리 지역의 어원에서 끼리는 '산'을 의미하고, 몬둘은 '만다린', 라타나는 '보석'을 의미한다. 즉, 만단라의 산, 보석산 정도로 해석이 가능하다. 캄보디아는 대체적으로 녹음이 우거진 곳을 찾아보기 어려운데, 이 두 지역은 푸르른 녹음과 풍광을 자랑한다. 배낭여행자들에게는 베트남, 라오스 등지에서 크라티에를 거쳐 프놈펜으로 가는 경로에 들리는 곳으로 알려져 있다. 이 두 지역은 캄보디아 대다수를 차지하는 크메르 민족뿐 아니라 원래부터 살고 있었던 원주민이 거주하는데, 몬둘끼리는 부농이라는 종족이 대다수를 차지하고 있으며, 라타나끼리는 라오, 자라이, 땀뿐, 까초 등 다양한 민족이 살고 있다.

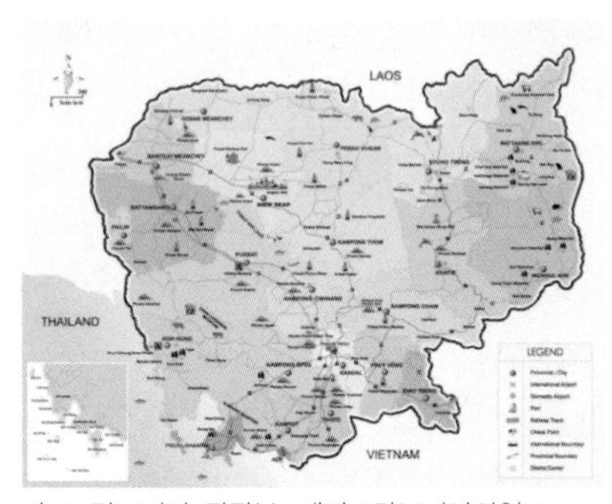

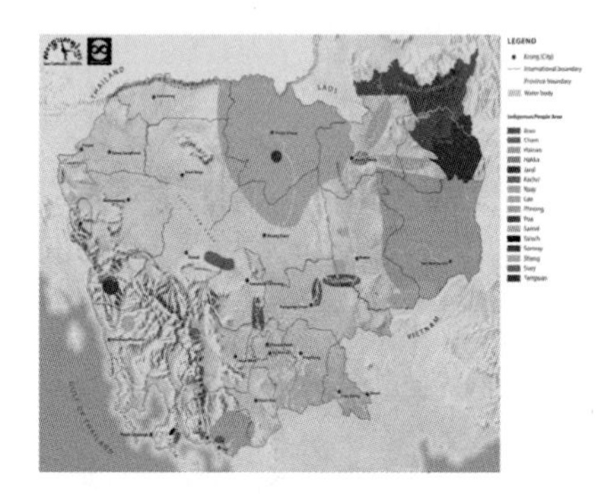

자료: 캄보디아 관광부, 세이브캄보디아와일드.

〈그림 12-10〉 **캄보디아 전도 및 소수민족 분포도**

〈표 12-1〉 **캄보디아 동북부 2개 지역 기본현황**

구분	라타나끼리 지역	몬둘끼리 지역
면적	11,052㎢	14,288㎢
위치	캄보디아 북동쪽	캄보디아 남동쪽
인구	94,243명	44,913명
수도(주도)	반룽	센 모노룸
기후	우기, 건기	우기, 건기
주요 산업	농업, 관광	농업, 관광
주요 특산품	젬스톤(보석원석), 관광	수공예품

자료: 왕립프놈펜대학교 · 글로벌발전연구원, 2016.

〈표 12-2〉 **캄보디아 동북부 커뮤니티 관광 발전을 위한 과제 제시**

구분	도전과제	개선방안
파트너십 구축	다수의 이해관계자들로 인한 의사 결정 지연	명확한 멤버 간 R&R(Role and Responsibility) 명시
	주요 이해관계자들의 역량 부족	공동체 리더 등 주요 이해관계자들의 전문 지식 및 기술 함양 필요
자연 자원 보존	불법 벌목 성행 등 숲, 자연 자원이 파괴됨	마을 공동체게 삼림 자원 관련 법 홍보와 교육 필요 벌목 시 덜 파괴될 수 있도록 전통 벌목 기구 사용 법적·제도적으로 접근
투자 및 재정	재정 자원 부족	잠재 투자자 발굴 등 시장 확장 방안 마련 민간 분야와의 협업 증대 기술 교육을 통한 다양한 소득 창출 방안 마련
	관광 상품 판매 시장 부재	공급 수요 조절을 위해 투자자와 계약 체결 고려
역량 강화	관광 관련 이해 부족과 높은 문맹률	문해 수업 장려 관광에 대한 교육 및 트레이닝 실시 진학 장려를 위해 다양한 소득 창출 방법 마련
인프라 구축	식수와 전기 등 기본적 인프라 부족	전기 및 식수 시스템 개선
	심각한 위생 보건 문제	공중 보건 시스템 개선
	도로 사정이 좋지 않아 우기 시 관광지 접근이 불가능	도로 인프라 구축 공항 재정비 고려
	커뮤니티 지역 관광 호수 내 익사 문제 발생	응급 상황 구조 장비 및 안내판 마련
마케팅 및 홍보	웹사이트 관리 등 홍보 역량 부족	마케팅 및 프로모션 트레이닝 실시
	아시아 관광자를 위한 아시아 언어 구사 가이드 부재	아시아 언어(한/중/일) 구사 가능 투어 가이드 확보
기타	주민들의 주인의식과 리더들의 전문성 부족	마을의 리더들이 지역 발전 계획 수립 시 적극적으로 역할 수행할 수 있도록 장려
	양성 불평등 발생 가능성	여성 연대 등을 조직하여 여성들이 목소리를 낼 수 있도록 장려

자료: 왕립프놈펜대학교·글로벌발전연구원(2016)의 연구를 토대로 필자 재구성.

캄보디아 동북부 거주 원주민들은 자신들의 전통 복장이나 장신구, 전통 음악을 보여주며, 전통 가옥에서 원주민들의 음식을 제공하는 원주민 관광을 상품화하고 싶어 했다. 그들은 원주민 관광을 통해 주민들에게 소득이 생기고, 농촌에서의 부가적인 수익원이 창출되는 것을 희망하였다. 하지만, 그들이 더 캄보디아 동북부의 관광상품 개발을 원했던 이유는 자신들 고유의 문화자원을 관광자들에게 보여주고 교류하며 알리고 싶어하기 때문이라는 말도 전했다(정란수, 2016).

이러한 원주민들의 요구사항에 대해, 왕립프놈펜대학교와 글로벌발전연구원은 캄보디아 동북부 관광에 대한 타당성을 검토하고, 원주민들이 스스로 관광자를 맞이할 수 있는 관광전략을 수립하였다. 원주민 관광전략으로는 크게 원주민 관광 비즈니스의 개발 및 투자, 원주민 관광 거버넌스 발전 및 강화, 원주민 관광자원의 보존 및 이용, 원주민 관광역량의 발전, 원주민 관광 파트너십의 강화 등을 제시하였다. 즉, 원주민 관광을 위해 주민들이 스스로 관광역량을 발전시키고, 사업체를 개발하여 운영하는 과정과 함께, 정부 및 지자체, 민간의 협력체계를 함께 만들어, 커뮤니티를 유지하며 보전적 활용을 주장하고 있다(왕립프놈펜대학교 · 글로벌발전연구원, 2016).

3. 해외운영 사례 1: 베트남 짜꿰마을의 농촌관광상품 운영 사례

최근 관광자들에게 상품 판매가 되며 각광을 받는 커뮤니티 관광 사례 중 베트남 호이안 지역의 짜꿰(Tra Que) 마을의 농촌관광상품은 매우 인상적인 특성을 지니고 있다. 2018년 12월 현재, 짜꿰마을의 농촌관광상품은 여행자 평가 플랫폼인 '트립어드바이저'(Tripadvisor)에서 호이안 지역 내 관광거리 1위의 평가를 보이고 있다. 베트남 짜꿰마을은 대표적인 커뮤니티관광이자, 농촌관광상품으로 운영되고 있었다.

자료: 트립어드바이저(Tripadvisor.com)

〈그림 12-11〉 **짜꿰마을 트립어드바이저 평가 페이지**

우선, 짜꿰마을 농촌관광상품은 쿠킹클래스 관광과 농촌마을 체험 관광 형태로 나뉘어진다. 다만, 쿠킹클래스 관광은 농촌마을 체험 관광까지 포함되어 운영이 되고 있다(짜꿰마을 홈페이지, 2018). 쿠킹클래스는 국내외에서 매우 각광받는 관광상품 중 한 형태이다. 따라서, 해당 관광지에 방문하여 지역의 문화와 음식을 체험하는데 있어서 많은 관광자가 참여하는 관광상품으로 자리매김하고 있다(한식재단, 2015). 짜꿰마을은 유기농 채소를 재배하는 마을로 베트남 중부지역 대표적인 관광지인 호이안에 위치해 있다. 호이안 시내에서는 차량으로 약 15분 거리에 위치해 있어 접근성이 우수하여 관광자들의 방문이 용이한 편이다. 짜꿰마을의 커뮤니티 관광 운영자는 모두 짜꿰마을에 거주하며 지역의 농부들과 유대관계를 갖고 있다. 또한 2016년부터 짜꿰마을에서 레스토랑을 함께 운영하며 농촌관광뿐 아니라 일반적으로 음식을 즐기고자 방문하는 이들에게도 식사를 제공해주고 있다(정란수, 2021).

짜꿰마을 쿠킹클래스를 인터넷에서 사전예약 신청을 하면, 오전 8시 30분에 차량이 숙소로 와서 참가자들을 태우고 마을로 가게 된다. 또한, 투어가 종료되고 나면 다시 숙소에 오후 2시경 데려다주는 형태로 편리하게 당일투어상품으로 참가가 가능하다. 짜꿰마을 참가자는 차량으로 바로 마을까지 이동하지 않고, 중간에 현지 시장에 들려서 시장에서 판매되는 채소, 과일, 쌀국수 생면에 대한 설명을 듣고, 마을에서 생산되지 않는 식재료는 시장에서 직접 사서 마을로 이동을 하게 된다. 단순한 마을 농부들이나 구성원과의 교류만이 아닌, 지역의 시장 상인들과의 교류를 함께 염두해두고 운영을 하고 있었다.

자료: 짜꿰마을 홈페이지(http://en.traquevegetablevillage.com) 및 필자 직접 촬영

〈그림 12-12〉 **짜꿰마을 홈페이지**　　〈그림 12-13〉 **현지 시장 방문**

참가자들은 시장을 방문하고 난 뒤 짜꿰마을에 도착하게 된다. 짜꿰마을에서는 농부체험을 하게 되는데, 전통적인 방식으로의 물을 주고, 씨앗을 뿌리는 방식을 체험하고, 농촌마을과 각 채소들에 대한 설명을 들을 수 있다. 간단한 발마사지 이후 네 가지 베트남 전통 메뉴를 직접 만들어보게 되는데, 이때의 식재료는 시장에서 구매한 재료와 마을에서 재배한 재료로 구성이 된다. 네 가지 메뉴를 만들고 식사까지 하게되는데, 농촌 체험형 관광과 식음관광인 쿠킹클래스, 그리고 지역사회 기반형 관광인 CBT 형태가 모두 결합된 복합적인 커뮤니티 관광활동을 체험할 수가 있다.

〈그림 12-14〉 **농촌체험 및 쿠킹클래스 참가 모습**

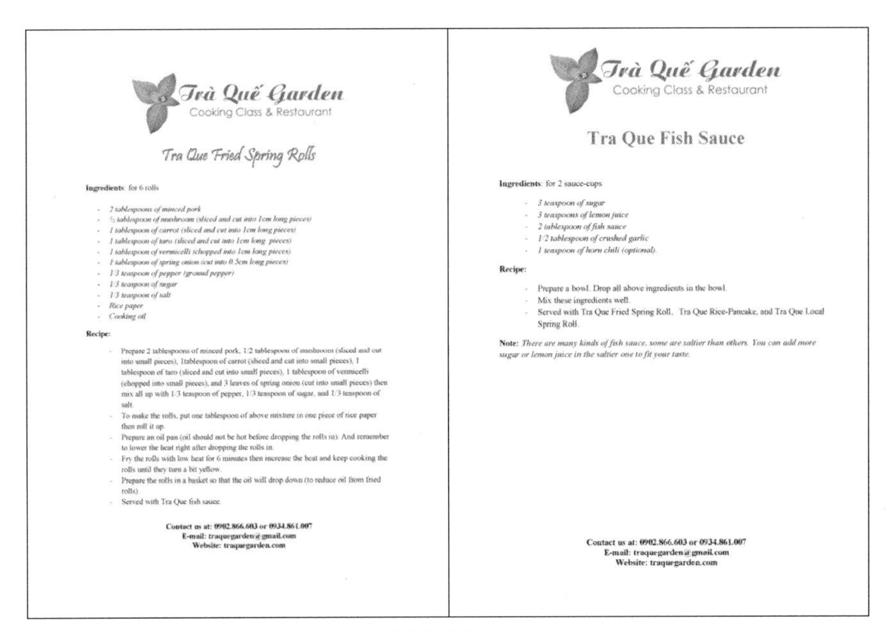

Trà Quế Garden
Cooking Class & Restaurant

Tra Que Fried Spring Rolls

Ingredients: for 6 rolls

- *2 tablespoons of minced pork*
- *½ tablespoon of mushroom (sliced and cut into 1cm long pieces)*
- *1 tablespoon of carrot (sliced and cut into 1cm long pieces)*
- *1 tablespoon of taro (sliced and cut into 1cm long pieces)*
- *1 tablespoon of vermicelli (chopped into 1cm long pieces)*
- *1 tablespoon of spring onion (cut into 0.5cm long pieces)*
- *1/3 teaspoon of pepper (ground pepper)*
- *1/3 teaspoon of sugar*
- *1/3 teaspoon of salt*
- *Rice paper*
- *Cooking oil*

Recipe:

- Prepare 2 tablespoons of minced pork, 1/2 tablespoon of mushroom (sliced and cut into small pieces), 1tablespoon of carrot (sliced and cut into small pieces), 1 tablespoon of taro (sliced and cut into small pieces), 1 tablespoon of vermicelli (chopped into small pieces), and 3 leaves of spring onion (cut into small pieces) then mix all up with 1/3 teaspoon of pepper, 1/3 teaspoon of sugar, and 1/3 teaspoon of salt.
- To make the rolls, put one tablespoon of above mixture in one piece of rice paper then roll it up.
- Prepare an oil pan (oil should not be hot before dropping the rolls in). And remember to lower the heat right after dropping the rolls in.
- Fry the rolls with low heat for 6 minutes then increase the heat and keep cooking the rolls until they turn a bit yellow.
- Prepare the rolls in a basket so that the oil will drop down (to reduce oil from fried rolls).
- Served with Tra Que fish sauce.

Contact us at: 0902.866.603 or 0934.861.007
E-mail: traquegarden@gmail.com
Website: traquegarden.com

Trà Quế Garden
Cooking Class & Restaurant

Tra Que Fish Sauce

Ingredients: for 2 sauce-cups

- *3 teaspoon of sugar*
- *3 teaspoons of lemon juice*
- *2 tablespoon of fish sauce*
- *1/2 tablespoon of crushed garlic*
- *1 teaspoon of horn chili (optional).*

Recipe:

- Prepare a bowl. Drop all above ingredients in the bowl.
- Mix these ingredients well.
- Served with Tra Que Fried Spring Roll, Tra Que Rice-Pancake, and Tra Que Local Spring Roll.

Note: *There are many kinds of fish sauce, some are saltier than others. You can add more sugar or lemon juice in the saltier one to fit your taste.*

Contact us at: 0902.866.603 or 0934.861.007
E-mail: traquegarden@gmail.com
Website: traquegarden.com

자료: 짜꿰마을에서 필자에게 이메일로 보낸 레시피 이미지

〈그림 12-15〉 **짜꿰마을 쿠킹클래스의 프라이드 스프링롤 레시피**

짜꿰마을 쿠킹클래스를 마치고 숙소에 도착하면, 예약 당시 기재했던

이메일로 쿠킹클래스에서 배웠던 네 가지 메뉴에 대한 레시피를 보내주게 된다. 레시피에는 메뉴를 집에서 다시 요리할 수 있도록 재료와 조리 과정을 설명해주고 있다. 이메일에는 레시피와 함께 트립어드바이저 등 평가를 독려하는 글과 트립어드바이저 링크가 함께 연결되어 있는데, 이를 통해 참여자들은 트립어드바이저에 리뷰를 남기는 효과를 볼 수 있다. 결국, 관광상품에 대한 운영과 관리가 단순히 관광 도중에만 그치는 것이 아니라, 이후 평가와 재방문을 위해서도 고민을 하는 흔적을 엿볼 수 있다(정란수, 2021).

4. 해외운영 사례 2: 일본 요시노 삼나무 하우스 운영 사례

일본 요시노 삼나무 하우스는 에어비엔비의 사마라 프로젝트로 실행된 주민참여형 사업이다. 2016년 에어비앤비는 사마라라는 혁신 연구소를 설립했는데, 사마라 연구소는 주택 건설과 도시 계획에 대해 이때까지의 관점과는 다른 방식으로 접근해보자는 취지에서 설립되었다. 에어비앤비의 공동 설립자 '조 개비아'(Joe Gebbia)의 주도로 제품 디자이너, 건축가, 시나리오 작가 등으로 구성된 프로젝트 '사마라' 계획을 통해 대부분 여행을 할 때면 유명하고 멋진 관광지를 찾게 되는데, 가끔은 알려지지 않은 한적한 시골에서 쉬고 싶을 때도 있는 것을 착안하였다. 이러한 수요를 위해 작은 마을과 손을 잡고 현지인과 소통하며 지낼 수 있는 공간을 짓기로 했다. 그 첫 번째로 삼나무로 유명한 일본 나라 현 요시노의 작은 마을에 현지에서 공수한 삼나무로 공동 숙박 시설 '커뮤니티 센터'를 만들게 된 것이다(한겨레, 2016).

요시노라는 작은 마을에 위치한 삼나무 하우스는 지역주민이 이용하는 일종의 커뮤니티 센터이다. 1층은 식사 및 소통공간, 화장실 등이 있고, 2층으로 올라가니 복도를 사이에 두고 객실이 2개가 존재한다. 객실 이름이 선라이즈, 선셋 객실이 있는데 이유는 하나는 일출을 볼 수 있는 객실이고 하나는 일몰을 볼 수 있는 객실로 구성이 되어 있는 것이다.

이 삼나무 하우스의 원래 컨셉이 주인과 여행자, 즉 호스트와 게스트가 함께 숙박을 하는 스타일을 추구한다. 그렇게 삼나무 하우스는 단순한 숙소라기보다는 지역의 문화를 공유하고, 함께 교류와 이해를 하기 위한 장소로 설계되었다. 삼나무 하우스는 게스트하우스 또는 호텔과 같은 숙박시설이기도 하지만 커뮤니티센터의 기능을 지닌 주민자치회관이기도 하여, 당연히 주민들도 그저 게스트하우스로서의 기능과 이용만을 하는 것이 아니라 지역주민이 진짜 주인이 된 것처럼 행동하는 것이 특징이다 (정란수, 2021).

삼나무 하우스는 단순히 여행지에서 지역주민과 여행자, 즉 호스트와 게스트가 떨어져 있는 것이 아니라 하나가 되어 교류하고 이어지는 곳을 추구하는 곳이다. 이는 선언적 의미를 넘어서 물리적으로, 그리고 운영상의 기능적으로 이루어지게 된다. 공간적 기능의 결합은 결국, 다른 융합이 가능하다는 점을 느낄 수 있는 곳이다.

자료: 정란수(2021)

〈그림 12-16〉 **삼나무 하우스 1층**

〈그림 12-17〉 **삼나무 하우스 2층**

| 5절 | 커뮤니티 관광의 영향에 대한 쟁점

1. 커뮤니티 관광은 지속가능한가?

문화관광 분야 중 커뮤니티 관광이 각광받는 이유는 다양하게 해석이 될 수 있다. 우선, 관광수요자인 관광자 입장에서의 커뮤니티 관광의 중요성이다. 관광을 떠나서 내가 속한 문화와 다른 문화자원을 보고 체험하고 느끼길 원할 때 가장 먼저 보는 것이 바로 지역사회에 속한 구성원들이 할 수 있다. 즉, 커뮤니티 관광은 관광 수요자 입장에서 관광의 진정성을 확보하는데 매우 주요한 역할을 수행할 수 있다. 인위적인 공간에서 관광자만을 위해 만들어진 관광상품인, 이른바 '무대화된 고유성'의 모습에서 벗어나 진짜 관광을 경험할 수 있는 것이다. 커뮤니티 관광은 관광공급자 입장에서도 관광의 지속가능성 적용 측면에서 중요한 요소가 될 수 있다. 관광이 지속 발전하기 위해서는 관광으로 인한 수익이 존재하여 경제적인 혜택이 존재해야 한다. 커뮤니티 관광의 특징은 관광으로 인한 편익이 지역민에게 직접적으로 환원이 될 수 있다는 점이다. 관광에 대한 경제적 환원과 함께, 지역사회 공동체를 보다 공고히 하고, 재투자를 할 수 있는 기반이 조성될 수 있다는 측면에서 커뮤니티 관광은 그동안 공공이나 민간 대기업 위주의 관광개발의 새로운 대안을 제시해 줄 수 있다.

마지막으로 커뮤니티 관광의 중요성은 관광정책자 입장에서도 중요하게 다룰 수 있겠다. 지역을 알리고, 이미지를 증진시키는 효과에서도 지역사회 구성원들은 보다 지역의 애착도를 가지고 지역에 맞는 관광자원이나 관광상품을 개발하게 된다. 인프라만이 구성되어 있는 관광자원의 경우 정적인 관광지에 커뮤니티가 스스로 콘텐츠를 개발하여 활력을 불어넣어 동적인 관광지로 탈바꿈할 수 있는 것도 커뮤니티 관광의 특성이다.

이러한, 커뮤니티 관광은 수요자, 공급자, 정책자 입장에서 문화관광의 교류와 증진을 위하여 긍정적 효과를 가져오게 되나, 그 관광이 지속가능하기 위해서는 경제적, 사회·문화적, 환경적 지속가능성을 확보해야 할 것이다. 우선, 커뮤니티 관광은 경제적으로도 지속가능해야 할 것이다. 현재 국내에서 추진되고 있는 관광두레사업은 대표적으로 성공한 관광커뮤니티 비즈니스 모델로 제시되고 있다. 실제로 많은 사업체들이 관광두레사업의 지원을 통해 다양한 성과를 발굴하고 있다. 그럼에도 불구하고 관광두레사업은 연속성이 있는 사업이 아닌 기한이 존재하는 사업으로, 지자체의 관광두레사업 지원이 종료되고 관광두레 PD가 사라지게 되었을 때에도 지속적으로 운영 가능해야 경제적인 지속가능성이 존재한다고 할 수 있다. 하지만, 몇몇 주민사업체는 관광두레사업의 지원이 종료된 이후에는 사업의 경영이 악화되거나, 조직이 해체되는 경우도 존재한다. 결국, 커뮤니티 관광 모델 자체가 자생할 수 있는 수준으로의 철저한 준비가 필요할 것이다.

사회·문화적으로 커뮤니티 관광의 문제를 고민하여야 하는 경우도 상당히 많다. 앞서 살펴본 사례인 캄보디아 동북부지역의 원주민 관광 전략 수립시에도, 자칫 관광자들의 무분별한 유입이 지역사회의 문화적 풍습을 파괴할 수 있는 부분에 대해서 상당히 경계하고 조심스럽게 접근을 한 바 있다. 그럼에도 원주민 입장에서는 관광자의 유입으로 인한 경제적 소득이 보다 중요하게 다가갔으며, 아직 닥치지 않은 막연하게만 느껴지는 부작용으로 인해 문화적 피해가 가늠되지 않기에 커뮤니티 관광 초기 운영 단계에서는 사회·문화적 지속가능성을 고민하는 데 한계가 존재한다. 마을관광에 있어서도 마찬가지이다. 커뮤니티 관광은 직접적인 지역문화를 체험하는 매우 흥미있는 관광이지만, 한편으로는 이러한 이유로 지역민들에게 너무나 큰 문화적인 영향을 미치는 관광형태라고도 볼 수 있다. 실제로 지역민들의 생활 속에 침투되어 생활에 불편을 겪는 마을관광지들이 늘고 있는 실정이다. 이러한 문화적 충돌은 일정 부분 불가피하다고 할지라도, 커뮤니티 관광이 해결해야 할 과제로 남겨져 있다.

환경적 지속가능성에 대해서는 커뮤니티 관광이 지녀야 할 가치이면서 이에 대한 우선적 집중에서 충돌이 되는 경우가 적지 않다. 앞서 소개한 캄보디아 동북부지역의 경우에도 환경단체가 주도로 하는 관광자원과 상품 운영은 환경적인 부분을 최우선으로 고려하여 관광수입을 생태적 보전과 관리에 다시 재투자하는데 사용하고 있으나, 커뮤니티 관광의 수입은 우선적으로 지역 구성원의 운영비용과 마을의 교육 및 보건위생 발전에 사용되고 난 뒤, 환경적인 가치 증진은 후순위로 밀려나게 되어, 환경단체와의 충돌이 간혹 생기기도 한다(왕립프놈펜대학교 · 글로벌발전연구원, 2016).

2. 커뮤니티 관광의 일상 침해는 어떻게 극복할 것인가?[6]

특히, 최근 관광수용력 초과현상으로 대두되는 오버투어리즘 문제는 필연적으로 주거지역의 관광으로 인한 피해로 볼 수 있다(박주영, 2018). 커뮤니티 관광은 지역사회가 곧 관광자들을 위한 공간이 되다보니 그로 인한 피해가 수반되기도 한다. 최근 마을관광으로 대표되는 곳들에서는 커뮤니티 관광으로 인하여 교통혼잡, 쓰레기 및 소음문제, 사생활 침해 등의 문제들을 공통적으로 겪고 있다. 이 외에도 부동산 및 물가 상승으로 인하여 상인들과 지역민들의 갈등, 신규유입 상인과 전통상인간의 갈등, 젠트리피케이션 문제 등이 유발되기도 한다. 결국 커뮤니티 관광의 활성화로 인하여 커뮤니티가 위기를 겪고 정체성이 상실되는 역설이 동반되는 문제점에 대해서도 고민이 필요하다.

박주영(2018)의 연구에서는 전주한옥마을에서 관광자와 지역민 간의 갈등에 대해 근본적인 원인을 제시하고 있다. 전주한옥마을 내 수많은 갈등들은 근본적으로 각 이해관계자들이 각자의 이익을 취하기 위한 행위들

6) 본 절의 내용은 박주영(2018)의 연구 중 공동 연구로 수행한 필자의 원고 일부를 수정 · 보완한 것이다.

에서 비롯한다. 관광자가 증가하면서 상업 행위가 활성화되자 지역주민들은 경제적인 소외감을 느끼는 가운데 상인들의 개인적인 욕심이 과하기 때문에 갈등이 야기된다고 보았다. 결국, 지역주민들은 외지에서 와서 장사만 하는 상인들로 인해 지역주민들의 소외감과 불편함을 감수하게 된다는 것이다. 또한 일부 상인들 간에는 불법을 자행하면서까지 경제적 이익을 쫓기 때문에 더 큰 갈등을 야기하고 있다고 보았다. 그러나 전주 한옥마을이 전통적인 주거공간에서 관광자가 방문하기 좋은 상업공간으로 변하게 된 것은 시대적으로 한옥마을에 대한 가치가 변하였기 때문이라고도 인식하였다. 결국은 한옥마을 내에서 나타난 다양한 갈등 양상들은 한옥마을이 더 이상 거주민만을 위한 주거지역이 아니라 상업적 가치가 이를 초과하는 과정에서 겪는 성장통이라는 것이다. 즉, 도시 및 지역 변화의 현상으로 이해할 수도 있다.

이에 대하여 커뮤니티 관광이 지역의 일상으로 관광장소가 흡수되면서 다양하게 나타나는 문제점과 이에 대한 여러 대응책을 박주영(2018)의 연구에서는 도식화하여 보여주고 있다. 이 도식에 따르면 무료 관광형태의 마을관광과 일상화된 주거지역의 관광 방문이 곧 수용력 초과 문제를 야기하며, 젠트리피케이션 문제, 지역민의 혼잡도 증가 및 문화적 충돌 문제로 이어지게 된다는 것이다. 결국 교통분산이나 방문 분산 정책, 지역민의 경제적 편익을 증대시키는 방안, 다양한 자정적 노력을 통해 커뮤니티 관광의 갈등요소를 해결할 수 있어야 한다.

특히, 코로나 팬데믹 상황을 겪으면서 커뮤니티 관광은 또 하나의 과제와 도전을 겪고 있다. 지역주민들이 관광자들의 방문을 통해 지역의 감염병 증가와 확산에 걱정을 하고 있기에, 이렇게 일상적인 침해는 단순히 소음이나 교통문제 수준이 아닌 생활의 안전에 위협을 겪게 만드는 원인이 되기도 한다. 일상 속의 관광이 보다 지역의 안전과 방역에 노력을 기울여야 할 중요성을 코로나 팬데믹 사태에서 깨닫게 만든다.

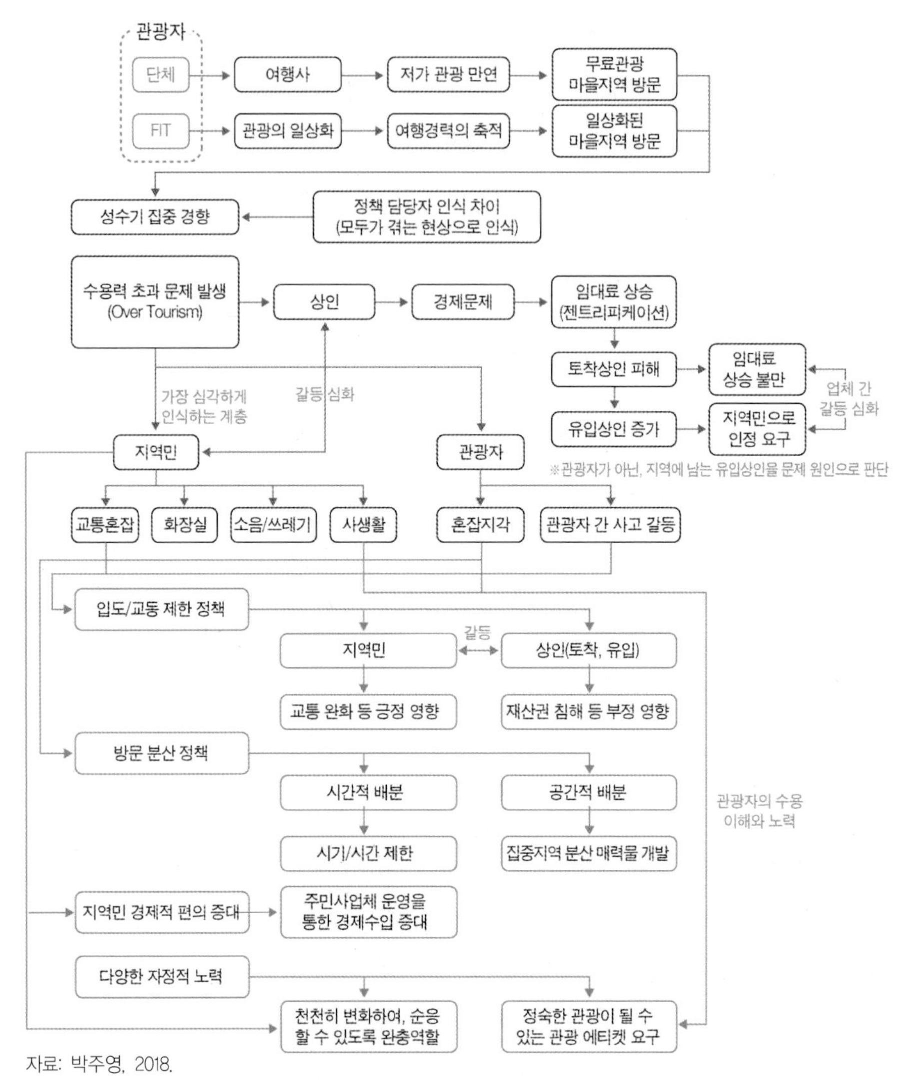

자료: 박주영, 2018.

〈그림 12-18〉 **커뮤니티 관광에 대한 지역갈등 원인과 해결책**

3. 관광과 공유경제가 지니는 명과 암

관광의 일상화, 일상화된 관광지의 모습을 통해 커뮤니티 관광은 보다 관심을 보이고 있기 때문에, 커뮤니티 구성원들은 자신들이 참여할 수 있는 소규모 관광분야의 사업을 영위하기도 한다. 특히 이미 소유한 기술이나 시설, 역량을 통하여 관광자들을 맞이하여 커뮤니티 관광으로 참여할 수 있는 공유경제형 관광사업은 이를 대표한다고 할 수 있다. 관광숙박의 경우 민박 형태의 숙박이나 공유숙박 형태로 관광자와 교류를 한다든지, 지역마을 협동조합에서 운영하는 관광교통수단을 이용하는 부분은 기존의 비경제적 경제 영역을 넘어서 공유경제로서의 관광산업 증대를 가져오는 효과가 존재한다.

이러한 공유경제의 이러한 긍정적 영향에도 불구하고, 공유경제로 인한 지역사회에 영향을 미치는 악영향 역시 무시할 수 없다. 에어비앤비로 대표되는 공유숙박은 다양한 문화적 경험 증진, 숙박시설 가격 부담 저하 등의 효과가 있으나 지역민들의 편안한 잠자리를 방해하거나, 부동산 물가 상승 등을 초래하기도 한다. 특히, 공유숙박의 경우 관광숙박업이나 공중위생관리법상의 숙박업에 등록되어 있지 않은 무허가 영업을 통하여 화재나 도난, 각종 범죄에 노출시 이를 보상받기가 어려운 실정이다. 공유교통도 역시 문제가 존재한다. 해외에서 비교적 활성화된 그랩, 우버 등의 공유교통수단은 관광자들에게 편리함을 제공하나, 국내에서는 택시 생존권 문제와의 충돌이 야기되고 있다. 2018년부터 2019년까지 택시업계가 카카오 카풀 도입에 반발하며 강력하게 불만을 표출하였던 사항 역시 공유교통수단에 대한 갈등을 단적으로 보여준다고 할 수 있다.

커뮤니티 관광의 발전은 그동안 관광사업의 경계가 불명확하고, 지역커뮤니티에서 스스로 운영할 수 있는 관광형태가 발전하게 되며 보다 공유경제형 관광이 관심을 받게 된다. 이에 대한 명확한 제도적 규정과 함께, 사회적인 합의 역시 필요한 실정이다.

생각해볼 문제

1. 커뮤니티 관광에 있어서 커뮤니티는 관광주체로서 어떠한 역할을 수행하는가?

2. 마을관광이나 농촌관광이 커뮤니티 관광을 대표할 수 있는가? 마을과 농촌의 커뮤니티 주체는 누구인가?

3. 커뮤니티 관광을 경험하는 관광자는 어떠한 진정성을 발견하게 되는가? 관광 경험의 진실성을 커뮤니티 관광은 담보할 수 있는가?

4. 관광자의 무분별한 커뮤니티 관광 참여가 어떠한 문제를 야기하고, 커뮤니티는 어떻게 문제점을 극복할 수 있는가?

5. 커뮤니티 관광의 한 형태인 관광두레 주민사업체가 지속가능한 관광사업을 추진하기 위하여 정부, 커뮤니티, 관광자는 어떠한 노력을 기울여야 하는가?

더 읽어볼 자료

1. **Elizabeth, B. (2013). *Overbooked: The Exploding Business of Travel and Tourism*, Simon & Schuster. (유영훈 역(2013), 『여행을 팝니다』. 서울: 명랑한 지성)**
   여행 및 관광에 대한 불편한 문제점을 살펴보고, 이에 대한 영향을 고발한 책으로, 여러 내용 중 하나인 문화관광 파트에서는 베네치아의 오버투어리즘 문제와 커뮤니티 관광에 대한 부정적 영향을 살펴보고 이에 대한 관광자의 역할을 제시한 단행본.

2. **O'Grady, R. (1981). *Third World Stopover*, Geneva: World Council of Churches.**
   (한국기독교사회문제연구원 편역, 『제3세계의 관광공해』. 1985)
   관광자의 관광활동이 지역에게는 큰 피해를 불러일으킬 수 있으며, 특히 그 피해가 무분별한 선진국의 관광자가 제3세계의 지역관광에게 영향을 미치는 문제를 제시. 관광지는 지역주민의 일상 생활의 장으로부터 분리되어야 한다는 문화적 충돌에 대한 방지를 제기한 공정관광의 지침이 되는 고전.

3. **김성진 · 박주영(2013). 주민주도형 관광사업의 사례연구. 한국문화관광연구원.**
   커뮤니티 관광의 대표적 사례인 관광두레사업에 대한 기초를 마련한 연구로, 커뮤니티 관광에 대한 기본적인 개념, 적용방법, 주민이 주도하는 관광사업에 대한 비즈니스 모델, 주민주도형 관광사업의 대표적인 사례를 소개하고 있는 연구서.

4. **김현주(2011). 관광 커뮤니티 비즈니스 TCB 운영체계 및 지원방안. 한국문화관광연구원.**
   커뮤니티 관광의 운영 형태로서 관광 커뮤니티 비즈니스의 특징 및 도입환경, 국내외 사례 및 지원정책에 대한 분석을 소개하면서, 실제로 지역사회의 기반이 되는 커뮤니티 관광의 실제 운영과 정책적 특성이 제시되어 있는 연구서.

참고문헌

김경희 · 야스모토 아츠코 · 이연택(2016). 관광 커뮤니티 비즈니스 정책의 협력적 거버넌스 형성 영향요인: 관광두레사업을 중심으로. 『관광학연구』. 40(6), 11-30.

김병국 · 김용기 · 박석희(2013). 농촌관광이미지가 관광객 만족 및 재방문의도에 미치는 영향: 완주 창포마을과 아산 외암마을을 사례로. 『관광학연구』. 37(1), 303-324.

김석원(2014). 지역관광 개념을 적용한 송추역말 활성화계획. 서울대학교 석사학위논문.

노컷뉴스(2018). 부산감천마을 2년 연속 200만 방문객 돌파. 노컷뉴스 2019년 1월 26일자.

농림축산식품부(2015). 『농촌연계 관광 비즈니스 모델 개발』. 강원대학교 산학협력단.

딘 맥켄널(1994). 『관광객』. 서울: 일신사.

문화체육관광부 · 한국문화관광연구원(2017). 관광두레, 주민이 만드는 진짜 여행 두 번째 이야기.

문화체육관광부 · 한국문화관광연구원(2018). 『모두가 행복한 여행 관광두레 2017』 실적보고서.

문화체육관광부 · 한국관광공사(2021). 주민이 만들어 나가는 지속가능한 지역관광, 관광두레 설명회 자료집.

반정화 · 박윤정(2016). 『서울시 공유경제 활성화방안: 숙박공유 중심』. 서울연구원.

박주영(2016). 『농촌 마을관광 활성화방안』. 한국문화관광연구원.

박주영(2018). 『오버투어리즘 현상과 대응방향』. 한국문화관광연구원.

서울특별시(2018). 『서울관광 중기발전계획: 2019~2023』. 한양대학교 산학협력단.

손대원(2007). 민속마을의 주거생활 제약과 거주자의 대응: 경주 양동마을 문화재 지정 고가옥을 중심으로. 안동대학교 석사학위논문.

송완구 · 이승현 · 조용현(2014). 농촌관광 인적자원 육성 교육프로그램에 대한 중요도 - 만족도 평가. 『관광학연구』. 38(9), 265-290.

송영민(2010). 커뮤니티 기반 관광의 지속가능성에 대한 고찰: 농촌 관광마을 운영 사례를 중심으로. 『관광학연구』, 34(4), 249-272.

송화성 · 조경신(2015). 문화관광객의 동기에 따른 시장세분화: 여행경력 이론을 중심으로. 『관광연구』, 30(6), 27-46.

심진범(2012). 지역관광정책의 대안적 접근: CBT를 통한 해법의 모색. 『월간 자치발전』, 2012년 7월호.

심창섭(2018). 세 가지 시선 - 2018 한국관광 이해하기. 다시 뛰는 한국관광과 그 질의 저변 확대. 제4회 머니투데이 관광포럼 자료집.

양위주(2014). 『글로벌문화관광론』. 서울: 한올.
왕립프놈펜대학교 · 글로벌발전연구원(2016). 『캄보디아 동북부 몬둘끼리 및 라타나끼리주의 원주민 관광 프로젝트 타당성분석』.
오수진(2018). 관광 공적개발원조(ODA) 사업 수혜지역 주민의 태도 연구: 베트남 북부 소수민족 커뮤니티기반관광(CBT) 사업을 대상으로. 부산대학교 박사학위청구논문.
유지윤(2001). 이문화 상호작용으로서 게스트-호스트 관계에 관한 연구. 『한국문화관광학회』, 3(2), 43-64.
이병훈(2012). 농촌관광마을에서의 스토리텔링구현 전략. 『관광연구』, 26(6), 247-261.
이상훈 · 고동완(2012). 해외 개별자유여행 기획의 여행동기: 여행횟수에 따른 여행동기의 차이분석, 『관광학 연구』, 36(2), 201-220.
이지선 · 강신겸(2010). 커뮤니티 관광개발에서의 이해관계자간 협력관계 분석: 사회연결망 분석을 중심으로. 『관광연구논총』, 22(2), 75-97.
정란수(2016). 여행을 가다, 희망을 보다: 일상의 반성으로부터 시작되는 여행이야기. 아미르하우스.
정란수(2021). 『여행자의 눈으로 본 관광개발: 가장 성공적인 관광사례 벤치마킹』. 백산출판사.
정상윤 · 유인혜 · 여정태 · 고동완(2009). 전통 민속마을의 관광지화에 따른 지역주민과 관광객의 변화 인식과 태도. 『국토계획』, 44(1), 245-258.
정인혜(2017). 관광 커뮤니티 비즈니스 주민사업자의 거버넌스 경험에 대한 현상학적 연구: 관광두레사업을 대상으로. 한양대학교 석사학위청구논문.
종로구청(2017). 『주거지역 관광명소 주민피해 실태조사』. 한양대학교 산학협력단.
짜꿰마을 홈페이지(2018). http://traquegarden.com.
최경지(2015). 커뮤니티 기반 관광의 지속가능성 지표 개발과 지역관광 발전방안. 전남대학교 석사학위청구논문.
최호림(2018). 베트남의 지속가능한 소수민족 관광 역량개발에 관한 연구. 『아시아연구』, 21(3), 23-50.
파이낸셜뉴스(2018). "생활관광 시대 도래... 지속가능한 관광 전략 수립". 파이낸셜뉴스 2018년 8월 30일자.
한국관광공사(2016). 『저개발국 관광지도자 벤치마킹 사업연수평가』. 글로벌발전연구원.
한국관광공사(2017). 『소셜미디어 빅데이터 활용 여행 트렌드 분석』.
한국관광공사(2018). 『소셜미디어 빅데이터 활용 국내관광 트렌드분석 및 2019 트렌드 전망』.
한국관광공사(2021a). B.E.T.W.E.E.N. 코로나시대 관광…'불안과 기대' 사이에서. 한국관광공사 보도자료.

한국관광공사(2021b). 2022년 관광트렌드는 나의 특별한 순간. 한국관광공사 보도자료.
한국관광공사(2023). 『2024 관광 컨설팅 이슈 발굴』. 프로젝트 수.
한국문화관광연구원(2019). 『농촌 유토피아 구상에서 관광의 역할과 정책 방안』. 2018년 발간예정 연구보고서.
한식재단(2015). 『2015 음식관광 투어상품 조사 및 개발용역 보고서』. 청운대학교 산학협력단.
황희정 · 심진범(2014). 지역관광과 연계한 관광 커뮤니티 비즈니스의 의미와 과제: 인천시 아시아 누들타운 사업을 중심으로. 『관광연구』. 29(4), 43-64.
Lessig, L. (2008). *Remix: Making Art and Commerce Thrive in the Hybrid Economy*. The Penguin Press. US.
O'Grady, R. (1981). *Third World Stopover*, Geneva: World Council of Churches.
Royal Government of Cambodia Ministry of Planning (2005). *National Strategic Development Plan 2006-2010*.
Royal Government of Cambodia Ministry of Planning (2013). *Guidelines for formulating National Strategic Development Plan (NSDP) 2014-2018*.
Smith, V. L. (1996). Indigenous tourism: the four Hs. *Tourism and indigenous peoples* International Thomson Business Press.
Yamamoto, R. (2005). Indigenous tourism destination development: The Case of Sami Peoples in Sweden. IIIEE, Lund University.

저자 (집필순)

조 광 익 (대구가톨릭대학교 교수)
심 창 섭 (가천대학교 교수)
최 석 호 (한국레저경영연구소 소장)
황 희 정 (대구경북연구원 부연구위원)
윤 혜 진 (배화여자대학교 교수)
송 화 성 (수원시정연구원 연구위원)
이 윤 정 (호서대학교 교수)
김 소 혜 (한양대학교 연구교수)
김 형 곤 (세종대학교 교수)
서 용 석 (사행산업통합감독위원회 전문위원)
정 란 수 (한양대학교 겸임교수)

문화관광론: 관광 현상에 대한 문화적 이해

2019년 2월 22일 초 판 1쇄 발행
2022년 2월 25일 제2판 1쇄 발행
2024년 2월 25일 제3판 1쇄 발행

지은이 조광익 · 심창섭 · 최석호 · 황희정 · 윤혜진 · 송화성
이윤정 · 김소혜 · 김형곤 · 서용석 · 정란수
펴낸이 진욱상
펴낸곳 백산출판사
교 정 박시내
본문디자인 오행복
표지디자인 오정은

등 록 1974년 1월 9일 제406-1974-000001호
주 소 경기도 파주시 회동길 370(백산빌딩 3층)
전 화 02-914-1621(代)
팩 스 031-955-9911
이메일 edit@ibaeksan.kr
홈페이지 www.ibaeksan.kr

ISBN 979-11-6639-422-5 93980
값 27,000원